Variable Pitot-Triebwerkseinlässe für kommerzielle Überschallflugzeuge

Stefan Kazula

Variable Pitot-Triebwerkseinlässe für kommerzielle Überschallflugzeuge

Konzeptstudie mittels eines Entwicklungsansatzes für sichere Produkte

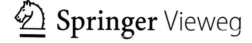

Übernahme des Zweitgutachtens und seine Unterstützung seit unserem Kennenlernen. Zudem danke ich Herrn Prof. Dr.-Ing. Ralf Woll für die Übernahme des Vorsitzes im Promotionsausschuss.

Ein herzlicher Dank gilt allen Freunden und Weggefährten, die mich während der Promotionszeit begleitet und unterstützt haben, sei es für die Teilnahme an Konzeptfindung und -bewertung, den regen fachlichen Austausch, das Korrekturlesen meiner Manuskripte, ihre motivierenden Worte und Taten, ihre große Geduld oder das Schaffen eines privaten Ausgleichs. Jedem Einzelnen möchte ich dafür meinen persönlichen Dank aussprechen. Ein besonderer Dank gebührt meinen Eltern. Sie haben mich stets bedingungslos unterstützt, an mich geglaubt und somit meinen Werdegang erst ermöglicht.

Cottbus   Stefan Kazula

Kurzfassung

In der modernen globalisierten Welt besteht ein großer Bedarf an schnellen, flexiblen und sicheren Transportmitteln, die zugleich möglichst nachhaltig sind. Kommerzielle Überschallflugzeuge könnten die Nachfrage nach solch einem Transportmittel erfüllen, wenn sie im Vergleich zu früheren Anwendungen eine höhere Nachhaltigkeit durch einen verringerten Kraftstoffverbrauch bieten würden. Dazu könnte eine Luftwiderstandsreduktion ihrer Triebwerke durch die Verwendung variabler Pitot-Einlässe beitragen. Diese finden in der gegenwärtigen reinen Unterschallluftfahrt keine Anwendung, da deren erhöhte Masse sowie die eingeschränkte Zuverlässigkeit und Sicherheit das vorhandene aerodynamische Einsparpotenzial überwiegen.

Daher ist zu untersuchen, ob variable Pitot-Einlässe für den Überschallbetrieb bis Mach 1,6 konstruktiv umsetzbar sind, die luftfahrtspezifischen Standards für Sicherheit und Zuverlässigkeit erfüllen können und dabei eine Verbesserung der Nachhaltigkeit ermöglichen. Hierfür wird in der vorliegenden Arbeit der Stand der Technik zu variablen Pitot-Einlässen sowie zur Konstruktionsmethodik dargestellt. Zudem wird der zugrunde liegende Konstruktionsansatz zur Erarbeitung eines sicheren und zuverlässigen Konzepts sowie seine Umsetzung vorgestellt. Aus der Umsetzung dieses Ansatzes gehen Anforderungen, Funktionen und über 30 Konzepte für variable Pitot-Einlässe hervor. Nach einer Vorauswahl dieser Konzepte anhand erarbeiteter Bewertungskriterien ergeben sich drei Konzeptgruppen. Diese variieren die Geometrie des Einlasses durch Verschieben starrer Komponenten, Verformen des Oberflächenmaterials oder Grenzschichtbeeinflussung. Basierend auf Sicherheitsanalysen, Integrationsstudien sowie aerodynamischen Untersuchungen zur Ermittlung idealer und umsetzbarer Einlassgeometrien stellte sich die Konzeptgruppe verschiebbarer starrer Komponenten als am besten geeignet heraus. Aus dieser Konzeptgruppe wurde ein Konzept hergeleitet, das die

Geometrie des Einlasses durch Verschieben eines Vorderkantenrings sowie von Segmenten der unterteilten Einlasshülle variiert. Das Konzept wurde strukturell dimensioniert, modelliert und in einem Prototyp realisiert.

Durch den Prototyp wurde die Funktionsfähigkeit des variablen Pitot-Einlasskonzepts nachgewiesen, wodurch Technologie-Reifegrad TRL 3 erreicht ist. Zudem ergibt sich in Abhängigkeit der finalen Konzeptmasse ein Reichweitengewinn für Überschallflugzeuge bis Mach 1,6 von 20 % bis 30 %. Dieser Reichweitengewinn würde in einer signifikanten Verbesserung der ökonomischen und ökologischen Eigenschaften dieses derzeit schnellsten Transportmittels resultieren. Somit könnten variable Pitot-Einlässe durch das erarbeitete Konzept eine Schlüsselrolle bei der Wiedereinführung eines umweltfreundlicheren kommerziellen Überschallflugs einnehmen.

Abstract

In the modern globalised world, there is a high demand for fast, flexible and safe transport that is also as environmentally sustainable as possible. With improved sustainability, commercial supersonic aircraft could meet the demand for such a means of transportation. Improved sustainability could be achieved by reducing the drag of the aircraft engines by using variable pitot inlets. This way, the required thrust and fuel consumption could be decreased. However, variable pitot inlets are not used yet, as their increased mass, as well as their limited reliability and safety outweigh their potential aerodynamic benefits in modern solely subsonic aviation.

Hence, it must be investigated whether variable pitot inlets for supersonic operation up to Mach 1.6 are feasible in terms of design, can meet the aviation-specific standards for safety and reliability and, at the same time, enable a higher level of sustainability. For this purpose, the current thesis presents the state of the art concerning variable pitot inlets and design methodology. In addition, a design approach for the development of a save and reliable concept is introduced and implemented. The implementation of this approach results in requirements, functions and over 30 concepts for variable pitot inlets. Following a pre-selection of these concepts based on elaborated evaluation criteria, three concept groups result. These concept groups vary the inlet geometry by adjustment of rigid surface components, by elastic deformation of the surface material or by boundary layer control. Based on several safety analyses, integration studies and aerodynamic investigations to determine ideal and feasible inlet geometries, the concept group that adjusts rigid components emerged as the most suitable group. From this concept group, a concept has been derived that varies the geometry of the inlet by adjusting the position of a leading-edge ring, as well as the circumferential and axially segmented inlet cowl. This concept has been structurally dimensioned, modelled and implemented in a prototype.

By means of the prototype, the functionality of the concept has been demonstrated and technology readiness level TRL 3 has been achieved. Depending on the final mass of the concept, a resulting range benefit of 20% to 30% has been identified for the application of variable pitot inlets in supersonic aircraft up to Mach 1.6. This would significantly improve the economic and ecological properties of this fastest, currently possible means of transportation. Thus, variable pitot inlets could become a key technology for the reintroduction of commercial supersonic flight in a new, more environmentally sustainable way.

Inhaltsverzeichnis

Abkürzungs- und Symbolverzeichnis

Akronyme

ACARE   Beirat für Luftfahrtforschung in Europa, engl. Advisory Council for Aviation Research and Innovation in Europe

AMC   Akzeptierbare Nachweismittel, engl. Acceptable Means of Compliance

ARP   Empfohlene Praktiken und Methoden in der Luftfahrt, engl. Aerospace Recommended Practices

CAD   Rechnerunterstützte Konstruktion, engl. Computer Aided Design

CCA   Analyse von Fehlern gemeinsamer Ursachen, engl. Common Cause Analysis

CMA   Analyse redundanzüberbrückender Fehler, engl. Common Mode Analysis

CS   Bauvorschrift/Zertifizierungsspezifikation, engl. Certification Specification

DAL   Absicherungsgrad einer Konstruktion, engl. Development Assurance Level

DC   Ungleichförmigkeitskoeffizient/-korrelation, engl. Distortion Coefficient/Correlation

DIN   Deutsche Industrienorm herausgegeben vom Deutschen Institut für Normung e.V.

DoE   Versuchsplanung, engl. Design of Experiments

EASA   Europäische Agentur für Flugsicherheit, engl. European Aviation Safety Agency

EMA   Elektromechanischer Aktor

EN	Europäische Norm
FAA	Luftfahrtbehörde der Vereinigten Staaten, engl. Federal Aviation Administration
FHA	Gefährdungsanalyse, engl. Functional Hazard Assessment
FKM	Forschungskuratorium Maschinenbau
FMEA	Fehlermöglichkeits- und Einflussanalyse, engl. Failure Mode and Effects Analysis
FTA	Fehlerbaumanalyse, engl. Fault Tree Analysis
ICAO	Internationale Zivilluftfahrtorganisation, engl. International Civil Aviation Organization
ID	Identifikationsnummer
IEEE	Berufsverband von Ingenieuren, engl. Institute of Electrical and Electronics Engineers
IPS	Eisschutzsystem, engl. Ice Protection System
ISO	Internationale Organisation für Normung, engl. International Organization for Standardization
MIL	Militärstandards der Vereinigten Staaten, engl. United States Military Standards
MoC	Nachweismethoden, engl. Means of Compliance
MorphElle	Europäisches Forschungsprojekt, engl. Morphing Enabling Technologies for Propulsion System Nacelles
NACA	Ehemalige Luftfahrtforschungsorganisation der Vereinigten Staaten, engl. National Advisory Commitee for Aeronautics
NASA	Aeronautik- und Raumfahrtbehörde der Vereinigten Staaten, engl. National Aeronautics and Space Administration
PRA	Analyse besonderer Risiken, engl. Particular Risks Analysis
PSSA	Vorläufige Systemsicherheitsanalyse, engl. Preliminary System Safety Assessment
SAE	Organisation für Technik und Wissenschaft, engl. Society of Automotive Engineers
SAMPSON	Forschungsprojekt, engl. Smart Aircraft and Marine Project System Demonstration
SSA	Systemsicherheitsanalyse, engl. System Safety Assessment
TRL	Technologie-Reifegrad, engl. Technology Readiness Level
US	Vereinigte Staaten von Amerika, engl. United States
VDI	Verein Deutscher Ingenieure
ZSA	Zonensicherheitsanalyse, engl. Zonal Safety Analysis

Symbole

A	Querschnittsfläche (m^2)
A_0	Fangstromröhrenquerschnitt (m^2)
b	Breite (m)
c	Geschwindigkeit (m/s)
c_0	Fluggeschwindigkeit (m/s)
c_D	Widerstandskoeffizient $(-)$
CO_2	Kohlenstoffdioxid $(-)$
d	Durchmesser (m)
D	Widerstandskraft, engl. Drag (N)
$D_{aft-end}$	Gondelheckkörperkraft, engl. Aft-End Drag (N)
D_{fb}	Gondelvorkörperkraft, engl. Cowl Forebody Drag (N)
$D_{inl,int}$	Widerstand resultierend aus dem Einlassdruckverlust, engl. Internal Inlet Losses (N)
$D_{nacf,ext}$	Externer Gondelvorköperwiderstand, engl. External Nacelle Front Drag (N)
D_{pre}	Zulaufwiderstand, engl. Pre-Entry Drag (N)
D_{ram}	Aufstauwiderstand, engl. Ram Drag (N)
E	Elastizitätsmodul (N/mm^2)
e	Maximaler Randabstand zur neutralen Faser (m)
f	Bewegungsfreiheitsgrade $(-)$
	oder
	Frequenz (Hz)
F	Kraft (N)
F_D	Flugzeugluftwiderstand (N)
F_{gross}	Vom Triebwerk erzeugter Bruttoschub (N)
F_{krit}	Kritische Knicklast (N)
F_L	Auftriebskraft des Flugzeugs (N)
$F_{n,inst}$	Installierter Nettoschub (N)
$F_{n,uninst}$	Uninstallierter Nettoschub (N)
g	Gravitationskonstante $(m \cdot s^{-2})$
h	Höhe (m)
h_{ext}	Gondelvorkörperhöhe (m)
i	Trägheitsradius (m)
I_{ax}	Axiales Flächenträgheitsmoment (m^4)
l	Länge (m)
l_k	Freie Knicklänge (m)
L_P	Schallleistungspegel (dB)

L_p	Schalldruckpegel (dB)
m	Masse (kg)
m_{fuel}	Mitzuführende Kraftstoffmenge (kg)
$m_{i,j}$	Numerischer Wert bei der Punktbewertung $(-)$
$m_{to,max}$	Maximal zulässige Startmasse eines Flugzeugs (kg)
$\dot{m}$	Massenstrom (kg/s)
$\dot{m}_0$	Triebwerksluftmassenstrom (kg/s)
$\dot{m}_{fuel}$	Brennstoffmassenstrom (kg/s)
M	Moment (Nm)
Ma	Machzahl $(-)$
Ma_0	Flug-Machzahl $(-)$
n	Anzahl $(-)$
	oder
	Drehzahl (s^{-1})
p	Druck (N/mm^2)
p_{ext}	Projizierter Druck auf einer Kontur (N/mm^2)
$p_s(t)$	Schalldruck in Abhängigkeit der Zeit (Pa)
$\tilde{p}_s$	Effektivwert des Schalldrucks (Pa)
P	Leistung (W)
$P(x)$	Wahrscheinlichkeit eines Ereignisses $(-)$
q	Kinematischer Druck (N/mm^2)
r	Radius (m)
r_j	Relative Bewertung einer Lösungsvariante $(-)$
$\mathbb{R}^7$	Raum 7. Dimension $(-)$
R	Flugreichweite (km)
R_m	Zugfestigkeit (N/mm^2)
$R_{p0,2}$	Dehngrenze (N/mm^2)
S	Sicherheitsbeiwert $(-)$
SFC	Spezifischer Brennstoffverbrauch, engl. Specific Fuel Consumption $(kg \cdot kN^{-1} \cdot s^{-1})$
t	Breite (m)
T	Temperatur $(°C)$
v_c	Auslegungsreisefluggeschwindigkeit (m/s)
$W_{b,ax}$	Axiales Widerstandsmoment gegen Biegung (m^3)
x	Vektor von Entwurfsvariablen $(-)$
x_A	Vektor aerodynamischer Entwurfsvariablen $(-)$
x_G	Vektor geometrischer Entwurfsvariablen $(-)$
x^l	Untere Schranken der Entwurfsvariablen $(-)$
x^u	Obere Schranken der Entwurfsvariablen $(-)$

w_i	Relativer Gewichtungsfaktor eines Kriteriums ($-$)
X	Entwurfsraum ($-$)
y^+	Dimensionsloser Wandabstand ($-$)
α	Winkel ($°$)
Δ	Differenz ($-$)
θ_{dif}	Halber Diffusoröffnungswinkel ($°$)
λ	Schlankheitsgrad ($-$)
μ	Dynamische Viskosität ($kg \cdot m^{-1} \cdot s^{-1}$)
π_{inl}	Einlassdruckverhältnis, Druckrückgewinnung ($-$)
ρ	Dichte (kg/m^3)
σ	Spannung (N/mm^2)
σ_B	Biegespannung (N/mm^2)
σ_D	Druckspannung (N/mm^2)
σ_k	Knickspannung (N/mm^2)
σ_p	Proportionalitätsgrenze eines Werkstoffes (N/mm^2)
σ_w	Wechselfestigkeit (N/mm^2)
τ	Schubspannung (N/mm^2)

Indizes

0	Umgebungsgröße, Größe im Fernfeld
1	Größe in der Eintrittsebene des Einlasses
2	Größe in der Fanebene
3	Größe am Verdichteraustritt
9	Größe am Austritt der Triebwerksdüse
Aktor	Größe bezüglich des Aktors
avg	Gemittelte Größe, engl. Average
dif	Größe bezüglich des Diffusors
ext	Extern wirkende Größe
Fremdkörper	Größe bezüglich von Fremdkörpern
gestört	Größe im Bereich gestörter Anströmung
Gewicht	Größe bezüglich des Gewichts
inl	Größe bezüglich des Einlasses, engl. Inlet
lip	Größe bezüglich der Einlasslippe
max	Maximalwert einer Größe
min	Minimalwert einer Größe
ref	Referenzgröße
Strömung	Größe bezüglich der Strömung

t	Totalgröße
th	Größe in der Einlasskehle, engl. Throat
ungestört	Größe im Bereich ungestörter Anströmung
Vogel	Größe bezüglich eines Vogels
w	Größe im Wandbereich
zul	Zulässige Größe

Abbildungsverzeichnis

Tabellenverzeichnis

Einleitung 1

1.1 Motivation

Unsere Zeit ist geprägt von stetigem Wandel. Dazu zählt auch die Globalisierung, die unter anderem Möglichkeiten für den schnellen Transport von Menschen, Gegenständen und Informationen erfordert. Im Vergleich zu anderen Transportmitteln ermöglichen es Flugzeuge, jeden Ort des Planeten schnellstmöglich und mit höchster Sicherheit zu erreichen [1]. Angetrieben werden Flugzeuge vorrangig durch Fluggasturbinen, auch als Flugtriebwerke bekannt. Diese verbrennen zur Schuberzeugung überwiegend den fossilen Brennstoff Kerosin und tragen unter anderem mit 3 % der globalen CO_2-Emissionen [2] zum Klimawandel bei. Diesen und seine Folgen aufzuhalten oder zumindest einzuschränken [3], wird bereits von Organisationen wie den Vereinten Nationen verfolgt und sollte ein primäres Ziel der Menschheit darstellen. Hierfür ist langfristig die Erforschung regenerativer Technologien sowie kurzfristig die Verbesserung bestehender Anwendungen notwendig.

Der Klimaschutz spiegelt sich auch in den politisch gesteckten ACARE-Zielen (Advisory Council for Research and Innovation in Europe) der Europäischen Union für 2020 [4] und 2050 [5] wieder. Diese beinhalten unter anderem die Reduktion von CO_2-, Stickoxid- und Lärmemissionen sowie die Verringerung von Unfallraten [4], [5]. Die CO_2-Emissionen können durch eine Reduktion des Kraftstoffverbrauchs reduziert werden, wodurch gleichzeitig die Betriebskosten gesenkt werden. Aus diesen Gründen werden im Bereich der Luftfahrt bereits seit vielen Jahren große Anstrengungen unternommen, stets die effizientesten und sichersten Technologien einzusetzen.

© Der/die Autor(en) 2022
S. Kazula, *Variable Pitot-Triebwerkseinlässe für kommerzielle Überschallflugzeuge*, https://doi.org/10.1007/978-3-658-35456-5_1

Ansätze zur Nutzung regenerativer Energiequellen werden intensiv untersucht und befinden sich bereits in Testphasen [6]. Zu nennen sind hierbei insbesondere Power-to-Liquid-Verfahren und Biokraftstoffe als Kerosinersatz sowie elektrische Antriebssysteme, die nachhaltig erzeugten Strom nutzen [6]. Jedoch ist ein flächendeckender Einsatz dieser Ansätze in absehbarer Zeit noch nicht möglich [6]. Deshalb gilt es, den Anteil der Luftfahrt an den globalen CO_2-Emissionen zu reduzieren, indem beispielsweise die existierenden Triebwerke, vgl. Abbildung 1.1 links oben, und deren Integration in das Flugzeug verbessert werden. Eine verbesserte Integration des Triebwerks kann beispielsweise den Luftwiderstand des Flugzeugs verringern. Dies hat positive Auswirkungen auf den erforderlichen Schub und somit die Reichweite des Flugzeuges, seinen Kraftstoffverbrauch sowie seine CO_2-Emissionen.

Eine Möglichkeit der Widerstandsreduktion besteht in der Optimierung der Umströmung des Triebwerkseinlasses, vgl. Abbildung 1.1 links zentral und unten. Auch als Einlauf bezeichnet, stellt dieser die Schuberzeugung sicher, indem er die Zufuhr des erforderlichen Luftmassenstroms zum Triebwerk gewährleistet. Die Luftzufuhr muss in jedem Betriebszustand mit hoher Gleichförmigkeit und in einem Geschwindigkeitsbereich bis maximal Mach 0,6 erfolgen [7]. Die Erfüllung dieser Aufgabe wird vorrangig durch die Einlassgeometrie bestimmt, vgl. Kapitel 2. Heutige kommerziell eingesetzte Flugzeuge fliegen ausschließlich im Unterschallbereich. Anwendungen in diesem Geschwindigkeitsbereich verwenden annähernd kreisringförmige Pitot-Einlässe mit einer starren Geometrie [8, S. 252]. Solch eine starre Geometrie kann stets nur einen Kompromiss bezüglich der unterschiedlichen aerodynamischen Anforderungen während der Flugmission abbilden.

Während des Flugzeugstarts und des Steigflugs können Fehlanströmungen durch Anstellwinkel und Seitenwind auftreten. Daraus können Strömungsablösungen im Bereich des Einlasses entstehen. Die Einlassgeometrie muss diese Strömungsablösungen und potenziell daraus resultierende gefährliche Ereignisse vermeiden [9]. Dies erfolgt mit Hilfe einer abgerundeten, verhältnismäßig dicken Geometrie [10, S. 172], vgl. Abbildung 1.1 rechts oben. Im Reiseflug hingegen liegt der Fokus auf einem minimalen Luftwiderstand. Hierfür ist im Unterschallbereich eine verhältnismäßig schlanke Geometrie erforderlich [10, S. 172], vgl. Abbildung 1.1 rechts zentral. Darüber hinaus existieren nichtkommerzielle Überschallanwendungen, die einen Pitot-Einlass verwenden [9]. In diesem Geschwindigkeitsbereich sollte die Geometrie eines Pitot-Einlasses möglichst scharf und dünn sein, um einen minimalen Luftwiderstand zu erzeugen [11, S. 127], vgl. Abbildung 1.1 rechts unten.

Abbildung 1.1 Einordnung variabler Einlässe [A1]

Die Identifikation der idealen Geometrie starrer Pitot-Einlässe ist Gegenstand zahlreicher Studien [12], [13], [14], [15], [16], [17], [18], [19], [20].

Variable Einlässe – Potenziale und Herausforderungen
Die Geometrie des Lufteinlasses variabel zu gestalten, bietet großes Potenzial. Durch einen formvariablen Einlass kann zum einen während des Flugzeugstarts und Steigflugs eine Einlasskontur eingestellt werden, die widerstandsfähig gegen gefährliche Strömungsablösungen ist. Zum anderen kann für den Reiseflug eine

effizientere Geometrie mit geringerem Luftwiderstand umgesetzt werden. Im Rahmen des von der Europäischen Union geförderten Forschungsprojekts MorphElle wurde ein aus der Verwendung variabler Einlässe im Unterschallbereich resultierendes Kraftstoffeinsparpotenzial von 5 % bestimmt [21, S. 2]. Zudem konnte ein geringfügig positiver Einfluss auf den während des Flugzeugstarts vom Fan des Triebwerks abgestrahlten Lärm identifiziert werden [22].

Im Rahmen des MorphElle-Projekts wurden verschiedene Konzepte variabler Pitot-Einlässe [23], [24], [25], [26] erarbeitet. Ein weiteres Konzept [27], [28], [29] wurde von Kondor et al. in Zusammenarbeit mit der NASA (National Aeronautics and Space Administration) entwickelt. Zudem existieren auch zahlreiche Patente bezüglich variabler Pitot-Einlasslippen, unter anderem US5000399 [30] und US4075833A [31]. Allerdings finden die genannten Lösungsansätze keine Anwendung in modernen Flugzeugen.

Die fehlende Anwendung variabler Pitot-Einlässe lässt sich unter anderem damit begründen, dass mit der hinzukommenden Funktion der Variabilität auch zusätzliche oder neuartige Komponenten, wie Stellsysteme oder formvariable Werkstoffe, erforderlich werden. Dies kann die Herstellungskosten und die Masse des Systems negativ beeinflussen [32, S. 22]. Die zusätzliche Masse wirkt sich zudem negativ auf die Nutzlast oder die Reichweite des Flugzeugs aus. Aus diesem Grund wird in der Luftfahrt stets versucht, die Gesamtmasse zu minimieren. So werden auch Anstrengungen unternommen, Triebwerksgondeln möglichst kurz und dünn zu gestalten [33], [16]. Darüber hinaus stellen die zusätzlichen Komponenten eines variablen Systems eine erhöhte Ausfallgefahr dar [32, S. 7]. Daraus können unter anderem ein erhöhter Wartungsaufwand und eine geringere Nutzungsdauer hervorgehen, was in Zusatzkosten für den Flugzeugbetreiber resultiert. Zudem kann ein Ausfall des Einlasssystems Sicherheitsrisiken, wie beispielsweise Schubverlust, bergen und bei mehreren betroffenen Einlässen bis hin zu fatalen Folgen führen [34, 2-F-168–169]. Diese Nachteile überwiegen wahrscheinlich die potenziellen aerodynamischen Vorteile variabler Pitot-Einlässe, sodass die Unternehmen der Luftfahrt von einem Einsatz im Unterschallbereich derzeit absehen.

Größeres Potenzial im Überschallbereich

Das aerodynamische Potenzial variabler Einlässe für transsonische oder Überschallanwendungen ist größer als das reiner Unterschallanwendungen, vgl. Abschnitt 4.4.3. Dies liegt vor allem daran, dass die Anforderungen an die Einlassgeometrie zwischen Unterschall- und Überschallbetrieb stärker variieren als während des reinen Unterschallbetriebs.

Seit den 1960er Jahren werden regelmäßig Entwicklungsprojekte für Überschallflugzeuge durchgeführt [35]. Von diesen Projekten gelangten lediglich die Tupolev

Tu-144 und die Concorde in den zivilen Flugbetrieb. Dabei erreichten sie Fluggeschwindigkeiten von knapp über Mach 2,0. Die Triebwerke besagter Flugzeuge nutzten Einlässe mit einer rechteckigen Grundfläche, vgl. Abbildung 1.1 links unten. Starke Verluste durch Verdichtungsstöße und Strömungsablösungen wurden mit variablen Rampen, Öffnungsklappen und sehr langen Einlässen reduziert. Zudem waren auch aufgrund der rechteckigen Grundfläche sehr lange Einlässe erforderlich, um die Gleichförmigkeit der kreisförmigen Anströmung des Verdichtersystems, insbesondere während des Flugzeugstarts und des Steigflugs, zu gewährleisten. Diese Länge von etwa fünf Metern und die erforderliche Aktorik der Klappen und Rampen führten zu einer großen Masse im Vergleich zu äquivalenten Pitot-Einlässen für den Überschall [36].

Gegenüber Unterschallflugzeugen hatten beide genannten Flugzeugmuster große Defizite in Bezug auf Reichweite, Effizienz, Lärm und Sicherheit, weshalb sie außer Betrieb genommen wurden [37]. Seit der Außerbetriebnahme dieser bisher einzigen kommerziellen Überschallflugzeuge im Jahr 2003 ist ziviler supersonischer Transport (SST) nicht mehr möglich [35], obwohl weiterhin ein Markt dafür existiert [38].

Deshalb arbeiten zahlreiche Forschungseinrichtungen und Flugzeughersteller kontinuierlich an ehrgeizigen Programmen für zukünftige Überschallflugzeuge [35], [37], [38]. Dazu zählen Aerion, Lockheed Martin, Sukhoi, Boom Technology, Spike Aerospace, Gulfstream, SAI (Supersonic Aerospace International), Dassault, DARPA (Defense Advanced Research Projects Agency), Mitsubishi Heavy Industries, Tupolev, HiSAC (Environmentally Friendly High Speed Aircraft), JAXA (Japan Aerospace Exploration Agency), NASA (National Aeronautics and Space Administration) und SCIA (Supersonic Cruise Industry Alliance) [37], [38], [39].

Die Gründe für das große Interesse an der Entwicklung von Überschallflugzeugen sind vielfältig. Derartige technologische Erfolge, die ein Alleinstellungsmerkmal darstellen, gehen stets mit einem großen Prestigegewinn für den Hersteller einher. Das Marktvolumen von Geschäftsreiseflugzeugen betrug 2008 etwa 24 Milliarden US-Dollar [40] und wird momentan auf 30 Milliarden US-Dollar jährlich geschätzt [35]. Für Überschallflugzeuge werden Abnahmemengen von 400 Maschinen über 20 Jahre [35] bis hin zu 350 Flugzeugen über 10 Jahre [39] prognostiziert. Als potenzielle Kunden werden unter anderem Privatpersonen, Firmen und Regierungen in Betracht gezogen [38]. Neben dem praktischen Nutzen des schnellsten der Menschheit verfügbaren Transportmittels, stellt der Besitz eines Überschallflugzeugs für den potenziellen Kunden auch ein Prestigeobjekt dar.

Den Vorteilen der Entwicklung eines Überschallflugzeuges stehen Entwicklungskosten im einstelligen Milliarden-US-Dollar-Bereich gegenüber [40]. Diese resultieren in einer hohen Abbruchquote und Verzögerungen der Projekte. Gründe hierfür sind hohe Anforderungen an Sicherheit, Komfort, Leistung und Effizienz [37]. Für aktuelle Überschallkonzepte ist der prognostizierte Kraftstoffverbrauch pro Kilometer beispielsweise vier bis fünf Mal höher als der Verbrauch vergleichbarer Unterschallflugzeuge [38, S. 32]. Neben den technischen Anforderungen müssen auch behördliche Regularien erfüllt werden. Gegenwärtig verbietet beispielsweise die Luftfahrtbehörde der Vereinigten Staaten von Amerika FAA (Federal Aviation Administration) in 14 CFR Part 91.817 den Betrieb von Flugzeugen über dem Festland mit Geschwindigkeiten über Mach 1, sofern diese keine Ausnahmegenehmigung seitens der FAA haben [41]. Das Verbot des Überschallflugs begründet sich aus dem dabei erzeugten Überschallknall (Sonic Boom) [41]. Ein Überschallknall ist das akustisch wahrnehmbare Ergebnis eines Verdichtungsstoßes. Ein Verdichtungsstoß kann in kompressiblen Medien, wie Luft, auftreten, wenn sich ein Körper mit einer Geschwindigkeit größer Mach 1, also mit Überschallgeschwindigkeit, durch dieses kompressible Medium bewegt. Dabei erfolgt eine sprunghafte Zustandsänderung des Mediums hin zu einem höheren Druck und einer geringeren Geschwindigkeit. Der Überschallknall kann in einer Lärmstörung der Anwohner bis hin zu gesundheitlichen Folgen resultieren [37]. Zudem können durch den entstehenden Überdruck strukturelle Schäden an Dächern, Putz und Fenstern von Gebäuden auftreten [37].

Aus dem Verbot des Überschallknalls über dem Festland resultieren zwei verschiedene Herangehensweisen für Überschallflugzeuge. Bei der ersten Herangehensweise wird versucht zu verhindern, dass der Überschallknall den Boden erreicht [42]. Bei diesem als knallfrei (boomless) bezeichneten Ansatz werden unter anderem große Flughöhen, angepasste Machzahlen beim Flug über dem Festland bis etwa Mach 1,2 sowie spezielle schlanke umströmte Konturen eingesetzt [35]. Dieser Ansatz soll beispielsweise im Flugzeug Aerion AS2 Anwendung finden, das eine geplante Maximalgeschwindigkeit von Mach 1,4 aufweist [43]. Bei der zweiten Herangehensweise wird nicht versucht den Überschallknall zu vermeiden. Stattdessen sollen hierbei die behördlichen Regularien erfüllt werden, indem über dem Festland ausschließlich im hohen Unterschallbereich, z. B. bis maximal Mach 0,99, geflogen wird, während über den Ozeanen eine Fluggeschwindigkeit bis Mach 1,6 erreicht wird [44]. Der Einfluss des dortigen Überschallknalls auf die Tierwelt soll akzeptabel sein, da ab einer Wassertiefe von ca. fünf Metern keine Auswirkungen mehr vernehmbar sind [37, S. 764]. Dieser Ansatz wurde beispielsweise im inzwischen eingestellten Aerion SBJ-Projekt verfolgt [44].

Viele Konzeptstudien für Überschallflugzeuge, beispielsweise die Aerion AS2 [45], und vereinzelte wissenschaftliche Studien [36] verwenden ringförmige Pitot-Einlässe an Stelle rechteckiger Einlässe. Auch militärische Überschallflugzeuge, wie die Lockheed Martin F-16, die MiG-19 oder die Dassault Rafale, nutzen Pitot-Einlässe mit starrer Einlasshülle [46]. Teilweise werden diese Pitot-Einlässe mit einem variablen Zentralkörper (Konus) kombiniert, um Stoßkonfigurationen zu steuern und somit die Effizienz zu erhöhen [46]. Die Geometrie der Einlasslippe ist für Überschallanwendungen dünn bis scharf und somit anfällig für Strömungsablösungen beim Start und während des Steigflugs [47, S. 359–371]. Eine vergrößerte Einlasslänge und optionale komplexe Öffnungsklappen ermöglichen den sicheren Betrieb während dieser Flugphasen [8, S. 267–269]. Durch die Verwendung einer variablen Einlasslippengeometrie könnten Strömungsablösungen in diesen Flugphasen ebenfalls umgangen werden, wodurch die Einlasslänge reduzierbar wäre. Weiterhin könnte in allen Flugphasen eine jeweils höhere Effizienz erreicht werden.

Die häufige Verwendung von starren Pitot-Einlässen im Geschwindigkeitsbereich bis maximal Mach 1,6 und vereinzelt auch bis Mach 2,0 ist damit zu erklären, dass sie den bisher besten Kompromiss aus Masse, Komplexität und Effizienz ermöglichen [9]. Bei militärischen Anwendungen nehmen geringe Komplexität und maximal erreichbare Leistung einen größeren Stellenwert als die Effizienz ein. Deshalb sind bei diesen Anwendungen vermehrt starre Pitot-Einlässe im Gegensatz zu variablen rechteckigen Einlässen mit Stoßkonfigurationen zu finden. Ein Pitot-Einlass erreicht im Vergleich zu einem rechteckigen Einlass eine höhere Gleichförmigkeit der Fananströmung [9]. Dies ermöglicht eine signifikant kürzere Länge und damit eine geringere Masse sowie eine bessere Integration des Einlasses in das Flugzeug. Dadurch wird auch die Gefahr von Strömungsablösungen durch eine dicke Grenzschicht verringert. Die Grenzschicht beschreibt den Bereich reduzierter Strömungsgeschwindigkeit in der Nähe einer umströmten Oberfläche, resultierend aus der Viskosität des strömenden Mediums und der wirkenden Reibung [10, S. 132]. Durch die reduzierte Einlasslänge müssen keine Maßnahmen zum Abbau der Grenzschicht, wie z. B. Abluftklappen, in den Einlass integriert werden. Zudem ist bei Modellen ohne variablen Konus keine Aktorik mit zusätzlicher Masse und Ausfallgefahr erforderlich. Durch die starre Geometrie und den Verzicht auf einen variablen Konus wird während des Überschallfluges ein senkrechter Verdichtungsstoß vor dem Einlass erzeugt. Dieser hat direkten Einfluss auf den Wirkungsgrad des Einlasses und somit auch auf den vom Triebwerk erzeugten Schub [11, S. 105]. Der Wirkungsgrad des Einlasses wird durch das Einlassdruckverhältnis definiert. Während bei Fluggeschwindigkeiten bis Mach 1,6 ein akzeptables Einlassdruckverhältnis von 90 % erreicht werden kann, gilt dies bei Fluggeschwindigkeiten über Mach 2,0 nicht mehr [11, S. 105], [47, S. 359]. In diesen Geschwindigkeitsbereichen sind komplexere Einlässe, die Stoßkonfigurationen erzeugen, deutlich effizienter [46].

Zukünftige kommerzielle Überschallflugzeuge müssten bei verschiedenen Reisefluggeschwindigkeiten betrieben werden, um sowohl den behördlichen Anforderungen bezüglich Überschallknall als auch den Kundenanforderungen nach schnellstmöglichem Transport nachzukommen. Ein mögliches Flugzeug könnte Reisefluggeschwindigkeiten ohne Überschallknall über dem Festland von Mach 0,95 und mit Überschallknall über den Ozeanen von Mach 1,6 umsetzen. Darüber hinaus sollte das Flugzeug höchstmögliche Effizienz erreichen, um einerseits die Reichweite für den Kunden zu maximieren und andererseits Umweltbelastungen durch CO_2- und Schadstoff-Emissionen auf ein zulässiges Maß zu senken [48], [49]. Der Pitot-Einlass eines solchen Flugzeuges sollte gegensätzliche aerodynamische Anforderungen erfüllen. Zum einen müssen Strömungsablösungen im Bereich des Einlasses während des Flugzeugstarts und des Steigflugs vermieden werden. Zum anderen sollte der Einlass maximale Effizienz sowohl im Unterschallreiseflug über dem Festland bei Mach 0,95 als auch im Überschallreiseflug über den Ozeanen bei Mach 1,6 ermöglichen. Um diese Anforderungen zu erfüllen, sind unterschiedliche Einlassgeometrien erforderlich. Beispielsweise sollte der Rundungsradius der Einlasslippe mit steigender Geschwindigkeit tendenziell abnehmen, vgl. Abbildung 1.1 rechts. Diese Geometrien könnten durch einen variablen Einlass, der die Kontur der Einlasslippe, des Diffusors und des äußeren Gondelvorkörpers verändern kann, realisiert werden. Dadurch wird die Länge im Vergleich zu anderen Überschalleinlässen deutlich reduziert. Die Variabilität des Einlasses erhöht jedoch auch seine Komplexität und kann einen inakzeptablen Einfluss auf die Zuverlässigkeit und die Sicherheit des Einlasssystems haben. Deshalb sind diese beiden Aspekte von Beginn an in den Entwicklungsprozess einzubeziehen.

Sicherheit und Zuverlässigkeit durch geeigneten Entwicklungsansatz
Für die Entwicklung neuartiger Technologien existieren zahlreiche konstruktionsmethodische Ansätze, vgl. Kapitel 3. Im Maschinenbau werden sehr häufig lineare Entwicklungsmodelle verwendet. Diese führen Schritt für Schritt von den Anforderungen an ein Produkt über seine Funktionen und verschiedene Konzeptdetaillierungsgrade hin zum vollständig entwickelten Produkt. Ein Beispiel dafür ist die im deutschsprachigen Raum häufig eingesetzte Entwicklungsmethodik vom Verein Deutscher Ingenieure nach VDI-Richtlinie 2221 [50].

Die zunehmende Komplexität moderner (mechatronischer) Systeme bringt potenziell eine erhöhte Fehleranfälligkeit bzw. verringerte Zuverlässigkeit mit sich. Auch in der Luftfahrt gehen aus der zunehmenden Komplexität Sicherheitsrisiken hervor, wie unter anderem die aus Softwarefehlern resultierenden Unglücke der Boeing 737 Max-Serie zeigen [51]. Aus diesem Grund wurden Modelle entwickelt, die über die gesamte Entwicklungsphase den Fokus auf eine hohe Absicherung der Funktionsweise legen, wie das V-Modell nach VDI-Richtlinie 2206 [52]. In diesem Modell werden allen Entwicklungsphasen zugehörige Verifikations- bzw. Testphasen zugeordnet. Dem V-Modell entspricht beispielsweise der seitens SAE International (Society of Automotive Engineers) in der ARP 4754A (Aerospace Recommended Practice) empfohlene Entwicklungsansatz für die Luftfahrt [32, S. 24], [53, S. 7].

Im Vergleich zu industriellen Entwicklungsprojekten ist der mögliche Personal- und Sachmittelaufwand akademischer Untersuchungen meist deutlich geringer. Dadurch wird der mögliche Umfang der Studien und der erreichbare Detaillierungs- grad der entwickelten Konzepte eingeschränkt. Dies sind Gründe dafür, dass die bisher durchgeführten akademischen Konzeptstudien bezüglich variabler Einlässe noch nicht Einzug in die Serienproduktion hielten. Ein weiterer möglicher Grund besteht in der geringen Zuverlässigkeit und Sicherheit der Konzepte, resultierend aus einem fehlenden Schwerpunkt des verwendeten Entwicklungsansatzes auf diese Aspekte [54, S. 7]. Das Ziel einer akademischen Studie sollte zudem nicht sein, ein fertiges Produkt zu entwickeln, das reif für die Serienproduktion ist. Vielmehr soll- ten geeignete Konzeptideen bis zu einem Detaillierungsgrad untersucht werden, der eine Entscheidung über die Umsetzbarkeit einer Technologie ermöglicht.

Der Nachweis der Umsetzbarkeit einer Technologie kann beispielsweise mit Hilfe des Technologie-Reifegrads (Technology Readiness Level, TRL) beschrie- ben werden [55], [56]. So stellt für grundlegende akademische Untersuchungen ein Reifegrad TRL 3 ein sinnvolles Ziel dar. Der Reifegrad TRL 3 beschreibt den Nachweis der gewünschten Funktion durch Analysen, Simulationen und Laborexpe- rimente [56, S. 10–11]. Weiterführende Studien können auch einen Reifegrad TRL 4 zum Ziel haben. Dieser Reifegrad beinhaltet die Integration und den anschließenden Test der entwickelten Technologie im Laborumfeld [56, S. 10–11]. Weiterhin sollten akademische Untersuchungen einen Ausblick über bestehende Herausforderungen geben, die in möglichen nachfolgenden akademischen Studien oder industriellen Entwicklungsprozessen zu untersuchen sind.

Zum Erreichen des Reifegrads TRL 3 im Rahmen akademischer Studien ist ein Entwicklungsansatz zu wählen, der den einzelnen Entwicklungsphasen geeignete Verifikations- bzw. Testmethoden, beispielsweise nach ARP 4761 [57], zuordnet. Somit werden sicherheitskritische Aspekte von Beginn an im Entwicklungsprozess beachtet und behandelt, wovon die Entwicklung im späteren Verlauf profitiert. Ein auf dem V-Modell basierender Entwicklungsansatz mit verschiedenen Methoden der Sicherheits- und Zuverlässigkeitsanalyse wurde beispielsweise von Grasselt [54], [58], [59] bei der Untersuchung von Aktorsystemen im Bereich der Triebwerksgon- del erfolgreich angewendet. Zusätzlich sollte der Entwicklungsprozess durch den Bau von Demonstratoren zum Nachweis der gewünschten Funktion ergänzt werden.

1.2 Ziel und Aufbau der Arbeit

Die vorliegende Arbeit umfasst die Ergebnisse einer fünfjährigen akademischen Studie, die zum Ziel hatte, ein Konzept für variable Pitot-Einlässe bis zu einem Technologie-Reifegrad TRL 3 zu erforschen. Der Schwerpunkt lag dabei auf der Erarbeitung und konstruktiven Gestaltung eines umsetzbaren Konzepts, welches das Potenzial hat, die industriellen Standards für Sicherheit und Zuverlässigkeit zu erfüllen. Da die Gestalt möglicher Konzepte vorrangig von den idealen Einlassgeometrien für die jeweiligen Flugzustände abhängt, wurden zudem mögliche Geometrien aerodynamisch untersucht und näherungsweise bestimmt. Basierend auf diesen Untersuchungen konnte das grundlegende Einsparpotenzial variabler Pitot-Einlässe ermittelt werden. Dabei übersteigt das Einsparpotenzial im Überschallbereich das Potenzial von Unterschallanwendungen deutlich, weshalb im weiteren Verlauf ein Konzept für den kommerziellen Überschallbetrieb bis Mach 1,6 erarbeitet wurde. Für kommerzielle Überschallflugzeuge mit einer maximalen Reisefluggeschwindigkeit von Mach 1,6 wurde dabei ein Reichweitengewinn von etwa 20 % im Vergleich zu starren Einlässen identifiziert. Somit könnten variable Pitot-Einlässe eine Schlüsseltechnologie bei der Wiedereinführung des kommerziellen Überschallflugs darstellen.

Nachdem die Motivation für die Entwicklung variabler Einlässe bereits in Abschnitt 1.1 dargelegt wurde, wird nachfolgend detailliert auf den Triebwerkseinlass eingegangen, vgl. Kapitel 2. Anschließend wird ein Überblick über den Bereich der Konstruktionsmethodik und den in dieser Arbeit verwendeten Ansatz zur Erarbeitung eines sichereren und zuverlässigen Konzepts gegeben, vgl. Kapitel 3. Die Anwendung dieses fünfphasigen Prozesses wird in Kapitel 4 beschrieben. Die erste Phase beinhaltet die Anforderungsanalyse, vgl. Abschnitt 4.1. Diese Phase umfasst neben der Identifikation und Wichtung allgemeiner, aerodynamischer und struktureller Anforderungen an variable Einlässe auch eine Analyse der behördlichen Anforderungen, die für eine spätere Musterzulassung erforderlich sind. In der anschließenden Phase der Funktionsanalyse werden die erforderlichen Funktionsstrukturen auf verschiedenen Detailebenen, mögliche Lösungsprinzipe zum Erfüllen dieser Funktionen und potenziell entstehende Gefährdungen beim Ausfall einer Funktion identifiziert, vgl. Abschnitt 4.2. Während der nachfolgenden Konzeptphase werden mögliche Konzepte erstellt, vorausgewählt und für die weitere Untersuchung zu Konzeptgruppen zusammengefasst, vgl. Abschnitt 4.3. Dabei wird basierend auf der grundlegenden Systemarchitektur eine vorläufige System-Sicherheits-Analyse durchgeführt. In der darauffolgenden Phase findet ein Vorentwurf der Konzeptgruppen statt, vgl.

Abschnitt 4.4. Diese Phase beinhaltet weitere Sicherheitsanalysen zur Identifikation von Fehlern gemeinsamer Ursachen, sowie Integrationsstudien und die
Identifikation der idealen Geometrien, die von einem variablen Einlasssystem
umzusetzen sind. Dadurch wird ermöglicht, die Konzeptgruppe auszuwählen,
die am besten geeignet ist. Aus dieser Konzeptgruppe wird basierend auf den
zuvor gewonnenen Erkenntnissen das umzusetzende Konzept hergeleitet, vgl.
Abschnitt 4.5. Dieses wird dimensioniert, modelliert und seine Funktionalität
durch Demonstratoren nachgewiesen. Dadurch kann das Potenzial des Konzepts beurteilt werden, vgl. Abschnitt 4.6. Im abschließenden Kapitel 5 werden
die gesammelten Forschungserkenntnisse zusammengefasst und ein Ausblick auf
mögliche weitere Forschungs- und Entwicklungsschwerpunkte gegeben.

Die durchgeführten Arbeiten geben einen Nachweis über die Umsetzbarkeit
variabler Pitot-Einlässe und erlauben eine Abschätzung des Potenzials dieser
Technologie. Somit sind die Grundlagen für weiterführende Studien und die
mögliche Anwendung dieser Technologie geschaffen. Dadurch kann die Effizienz und Reichweite bei einer möglichen Indienststellung eines der Konzepte der
genannten Überschallprojekte signifikant gesteigert werden. Somit könnten variable Pitot-Einlässe den ökologischen Einfluss zukünftiger Überschallflugzeuge
deutlich verringern und deren gesellschaftliche Akzeptanz erhöhen.

Einlässe strahlgetriebener Flugzeuge

2

Um fliegen zu können, müssen Flugzeuge die auf sie wirkende Schwerkraft und Widerstandskraft überwinden. Dafür benötigen sie eine Auftriebskraft, die größer ist als die Schwerkraft, und eine Schubkraft, die den Roll- und Luftwiderstand übersteigt. Während der Auftrieb durch die Umströmung der Tragflächen des Flugzeugs erzeugt wird, wird der Schub in der modernen Luftfahrt überwiegend durch Zweistrom-Strahltriebwerke erzeugt.

Damit diese Triebwerke Schub erzeugen können, benötigen sie eine stetige Luftzufuhr, die das Triebwerk durchströmt. Der zugeführte Luftmassenstrom wird innerhalb des Triebwerks zuerst vom Fan, einem ummantelten Propeller, angesaugt und verdichtet. Anschließend wird verdichtete Luft in einen Kernmassenstrom und einen Nebenmassenstrom aufgeteilt. Die Luft des Kernmassenstroms wird im verbleibenden Verdichtersystem weiter komprimiert. Im Anschluss daran wird sie mit Kerosin vermischt und in der Brennkammer verbrannt. Die dadurch freigesetzte Energie wird zu einem großen Teil in der Turbine genutzt, um das Verdichtersystem anzutreiben. Abschließend wird die Luft des Kernmassenstroms gemeinsam mit dem Nebenmassenstrom in Form eines Austrittsstrahls über die Düse aus dem Triebwerk ausgeleitet. Durch die Druck- und Geschwindigkeitsdifferenz des Austrittsstrahls im Vergleich zur Umgebungsluft wird der Triebwerksschub erzeugt. Der Hauptanteil des Schubs moderner Zweistrom-Strahltriebwerke wird hierbei durch den Nebenmassenstrom erzeugt.

Die Sicherstellung der angesprochenen Luftzufuhr in allen Betriebszuständen ist die Hauptaufgabe des Triebwerkseinlasses. Der Einlass ist der vor dem Fan befindliche Bestandteil der Gondel, welche das Triebwerk ummantelt, vgl. Abbildung 1.1. Bei der Luftzufuhr sind die vom Triebwerk geforderten Werte des Luftmassenstroms, sowie die Geschwindigkeit und die Gleichförmigkeit der Fananströmung vom Einlass umzusetzen. Andernfalls können auf den Fan und

© Der/die Autor(en) 2022
S. Kazula, *Variable Pitot-Triebwerkseinlässe für kommerzielle Überschallflugzeuge*, https://doi.org/10.1007/978-3-658-35456-5_2

das restliche Verdichtersystem erhöhte Belastungen wirken und Strömungsablösungen bis hin zum Verdichterpumpen auftreten. Dies kann neben mechanischen
Beschädigungen des Triebwerks vor allem Schubverlust zur Folge haben, was beispielsweise während des Flugzeugstarts zu gefährlichen Ereignissen führen kann
und folglich zu vermeiden ist.

Für das Verständnis der Inhalte dieser Arbeit wird kein tiefergehendes Wissen
über die Funktionsweise von Flugzeugtriebwerken vorausgesetzt. Bei Bedarf wird
jedoch auf die zahlreich vorhandenen Fachbücher [8], [10], [47], [60], [61], [62],
[63], [64], [65], [66], [67], [68], [69], [70], [71], [72], [73], [74], [75] verwiesen.
Von den deutschsprachigen Autoren sind insbesondere Bräunling [10] und Rick
[8] aufgrund des Umfangs und der Aktualität ihrer Werke hervorzuheben. Darüber
hinaus geben Linke-Diesinger [76], Rossow et al. [77] und Moir et al. [78], [79],
[80] einen Überblick über die Systeme der Triebwerksgondel.

Der Großteil der oben genannten Bücher enthält auch grundlegende Informationen über die Aufgaben, die Funktionsweise und die Gestaltung des Triebwerkseinlasses. Tiefergehende Informationen, insbesondere über die Aerodynamik
von Einlässen, stellen Seddon und Goldsmith [11] bereit. Zudem behandelt
eine Vielzahl wissenschaftlicher Abhandlungen die Einlassgeometrie, u. a. [12],
[13], [14], [15], [16], [17], [18], [19], [20]. Die konstruktive Gestaltung von
Triebwerkseinlässen fasst Sóbester [9], [46] zusammen.

2.1   Einlassarten

Basierend auf der angestrebten Fluggeschwindigkeit, dem Zweck ihrer Anwendung und der Epoche ihrer Entwicklung verwenden strahlgetriebene Flugzeuge
verschiedene Einlassbauarten. Die angestrebte Fluggeschwindigkeit bestimmt die
Anström-Machzahl des Einlasses. Dabei ist zu beachten, dass die geforderte
Anström-Machzahl des auf den Einlass folgenden Fans höchstens Mach 0,6
betragen sollte [7], [10, S. 944]. Folglich ist bei höheren Fluggeschwindigkeiten innerhalb des Einlasses eine Verzögerung des Luftstroms erforderlich. Diese
Umwandlung von kinetischer Energie in Druckenergie wird durch die Einlassgeometrie bestimmt. Hierbei hat die Anström-Machzahl des Einlasses einen
erheblichen Einfluss auf die erreichbare Effizienz des Einlasses [8, S. 285].

2.1.1 Starre subsonische Pitot-Einlässe

Für Unterschallflüge werden fast ausschließlich annähernd ringförmige Pitot-Einlässe verwendet. Der Name Pitot-Einlass rührt von der Ähnlichkeit zu Pitot-Rohren, die für die Messung der Strömungsgeschwindigkeit verwendet werden, her [7]. Pitot-Einlässe sind verhältnismäßig kurz und verzichten zumeist auf Stellmechanismen. Sie weisen eine runde Einlasslippe und einen diffusorförmigen Strömungskanal auf.

Die detaillierte Gestalt des Pitot-Einlasses hängt auch von der Art der Triebwerksmontage ab. Diese hat zudem einen großen Einfluss auf die Anströmung des Einlasses. Strahltriebwerke heutiger Unterschallflugzeuge sind am Rumpf oder an den Tragflügeln montiert. Die Flügelmontage kann Herausforderungen mit dem Mindestbodenabstand sowie Strömungs- und Lärminteraktionen mit den Tragflächen nach sich ziehen [81, S. 82]. Diese Art der Triebwerksmontage wird vorrangig bei Verkehrsflugzeugen verwendet. Bei der Rumpfmontage müssen potenzielle Störungen der Triebwerksanströmung, der zusätzliche Lasteintrag in den Flugzeugrumpf und die Verlegung erforderlicher Leitungen zu den Tragflächen durch die Kabine beachtet werden. [81, S. 82]. Die Triebwerke von Geschäftsflugzeugen sind häufig an den Seiten des Rumpfes angebracht, vgl. Abbildung 2.1. Weitere Einflüsse auf die Gestaltung von Pitot-Einlässen werden in Abschnitt 2.2 erläutert.

Pitot-Einlass bis Mach 0,95

Gulfstream G650 Flugtriebwerk

Ma > 0.8

Pitot-Einlass

Abbildung 2.1 Anwendungen von Pitot-Einlässen im Unterschallbereich [A2]

2.1.2 Starre supersonische Pitot-Einlässe bis Mach 1,6

Bei Überschallflügen liegt die Anström-Machzahl des Einlasses über Mach 1 und muss folglich zum Fan hin reduziert werden. Dies wird durch einen oder mehrere Verdichtungsstöße erreicht. Für maximale Fluggeschwindigkeiten bis Mach 1,6

werden aufgrund der verhältnismäßig geringen Masse und Komplexität vorrangig Pitot-Einlässe verwendet [8, S. 284], [46]. Bei dieser Bauart bildet sich vor
dem Einlass ein senkrechter Verdichtungsstoß aus, der die Strömung direkt in den
Unterschallbereich überführt, vgl. Abbildung 2.2.

Abbildung 2.2 Anwendungen von Pitot-Einlässen im Überschallbereich [A3]

Pitot-Einlässe für den Überschallbetrieb nutzen eine scharfkantige Einlasslippe, sind länger als Pitot-Einlässe für den reinen Unterschallbetrieb und
verzichten zumeist ebenso auf komplexe Stellmechanismen [8, S. 284]. Beispiele für Überschall-Pitot-Einlässe sind vorrangig bei Militäranwendungen der
50er und 60er Jahre anzutreffen [9]. Um den Widerstand zu minimieren, sind
diese Einlässe häufig sehr nah am Flugzeugrumpf montiert, zwischen Rumpf
und Flügel oder in den Rumpf integriert. So sind die Einlässe der Vought F-8
Crusader und der Lockheed Martin F-16 unterhalb des Rumpfes angebracht [9].
In die Nase des Rumpfes integriert, sind die Einlässe der MiG-15, der Gloster
E28/39 oder der F-86 A Sabre, die trotz entsprechender Zielstellung teilweise
keine Überschallgeschwindigkeiten erreicht haben [9].

2.1.3   Variable supersonische Einlässe

Mit steigender Machzahl vor dem senkrechten Verdichtungsstoß nehmen auch
die Verluste dieses Verdichtungsstoßes zu. Deshalb werden bei höheren Fluggeschwindigkeiten Einlässe eingesetzt, die sogenannte Stoßkonfigurationen erzeugen. Bei diesen wird die Anström-Machzahl durch einen oder mehrere verlust-
arme schräge Verdichtungsstöße verringert, bevor sie mit einem abschließenden
senkrechten Verdichtungsstoß auf Unterschallgeschwindigkeit reduziert wird.
Hierbei können die schrägen Verdichtungsstöße ausschließlich vor dem Eintritt
in den Einlass, ausschließlich im Einlass oder an beiden Stellen erzeugt werden

[8, S. 284]. Dies wird im jeweiligen Fall auch als interne, externe oder gemischte Kompression bezeichnet.

Im Geschwindigkeitsbereich von Mach 1,4 bis 2,5 sind Einlässe mit externer Kompression geeignet [7], [8, S. 284], [46]. Häufig werden hierfür rechteckige Einlässe, wie bei der Concorde, der Tupolev Tu-144 oder der Rockwell B-1 Lancer, eingesetzt [11, S. 176], [46], vgl. Abbildung 2.3 oben. Dieser Einlasstyp erzeugt meist zwei bis drei Verdichtungsstöße [8, S. 284], [46]. Über bewegliche Rampen und Klappen werden die Winkel der Verdichtungsstöße und der zugeführte Massenstrom gesteuert sowie die Dicke der Strömungsgrenzschicht reguliert [46]. Die Triebwerke der besagten Flugzeuge sind bauraumbedingt paarweise unter dem Flügel angeordnet. Daraus resultiert die Gefahr von Interaktionen zwischen den benachbarten Triebwerken im Fall von Verdichterpumpen und beim Versagen des Containments [46]. Zusätzlich stellt auch der Lärm, der bei der Umströmung der Klappen erzeugt wird, einen beachtlichen Nachteil dieses Einlasstyps dar [46].

Bei Fluggeschwindigkeiten über Mach 2,2 erreichen Einlässe mit interner und gemischter Kompression eine größere Effizienz [8, S. 284], [46], vgl. Abbildung 2.3 unten. Diese benötigen komplexere Variationsmechanismen, wofür drei Varianten verbreitet sind [46]. Die beste Variante bezüglich Länge und Masse stellen axial verschiebbare konische Zentralkörper vor dem Fan dar [82, S. 2–9]. Diese werden mit einer rotationssymmetrischen Gondel kombiniert. Durch die konische Geometrie und die Lage des Zentralkörpers werden die auftretenden Verdichtungsstöße entsprechend der Flugphase eingestellt [46]. Als Schwachstelle dieser Technologie wird das hohe Risiko für ein Blockieren des Strömungskanals durch aerodynamische Störungen identifiziert [82, S. 8], [46]. Eine weitere Variante besteht in der Durchmesservariation des konischen Zentralkörpers kombiniert mit einer rotationssymmetrischen Gondel. Die Durchmesservariation wird dabei durch überlappende Segmente erreicht und erfordert eine hohe Komplexität der Konstruktion [46], [82, S. 8]. Jedoch ermöglicht diese Bauart eine vergleichsweise geringe Einlasslänge und die besten aerodynamischen Eigenschaften [46]. Von beiden Varianten existieren Ausführungen, bei denen der Einlass und der Zentralkörper sehr nah am Flugzeugrumpf befestigt sind und nur einen Sektor von 180° oder 90° umfassen [11, S. 176]. Eine sehr zuverlässige und effiziente, wenngleich lange und schwere, dritte Variante stellen zweidimensional gegabelte Einlässe (Two-dimensional Bifurcated) mit geteilten Rampen dar [46], [82, S. 8].

Für den Hyperschallbereich werden die äußere Mehrstoßverdichtung und die kontinuierliche Verdichtung empfohlen [8, S. 284].

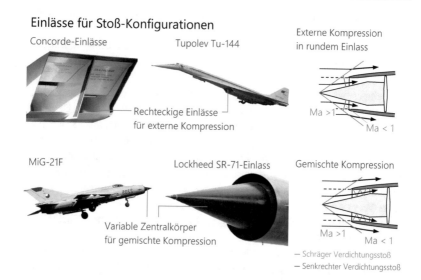

Abbildung 2.3 Anwendungen für Einlässe mit Stoßkonfigurationen [A4]. In Anlehnung an [7], [8, S. 252, 285], [70, S. 641]

2.2   Gestaltung von Pitot-Einlässen

2.2.1   Aerodynamische Gestaltung

Das primäre Ziel bei der aerodynamischen Gestaltung des Einlasses ist es, den freien Luftstrom vor dem Flugtriebwerk am Staupunkt in einen internen und einen externen Luftstrom zu unterteilen [10, S. 941]. Der äußere Luftstrom soll entlang der äußeren Gondeloberfläche strömen, wobei Ablösungen der Strömung zu vermeiden und der Luftwiderstand zu minimieren sind [62]. Der innere Luftstrom muss dem Flugtriebwerk die erforderliche Luftmenge mit einer gewünschten Strömungsgeschwindigkeit und Gleichförmigkeit in jedem Betriebszustand zuführen und dabei aerodynamische Verluste eingrenzen [10, S. 941], [34, 25.1091], [66]. Zudem sollten die Länge und die Dicke des Einlasses kleinstmöglich sein, um seine Masse zu minimieren [12].

Die Abgrenzung zwischen innerem und äußerem Luftstrom wird im Bereich zwischen der unbeeinflussten Luft vor dem Triebwerk und der Eintrittsebene in das Triebwerk durch das Modell der Fangstromröhre beschrieben, vgl. Abbildung 2.4. Die Grenze zwischen innerem und äußerem Luftstrom wird auf der

Einlassoberfläche durch den Staupunkt markiert. Dieser definiert den Eintritts-querschnitt des Einlasses A_1 und befindet sich näherungsweise an der Vorderkante des Einlasses.

Schnittansicht Pitot-Einlass

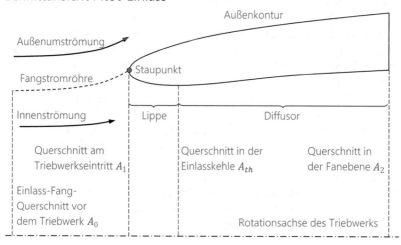

Abbildung 2.4   Ebenen eines Pitot-Einlasses

Die Geometrie der Fangstromröhre und die Làge des Staupunktes hängen stark von der Geschwindigkeit und dem Anstellwinkel des Flugzeugs, dem Betriebs-zustand des Triebwerks und den Umgebungsbedingungen, wie Seitenwinden, ab [10, S. 941], [11, S. 290–291]. Dies hat einen entscheidenden Einfluss auf die geometrische Gestaltung des Pitot-Einlasses.

Zwischen der Vorderkante des Einlasses und seinem engsten Querschnitt A_{th} in der Einlasskehle (Inlet Throat) nimmt der Kanal für die interne Strömung im Durchmesser ab. Dieser konvexe Bereich wird als Einlasslippe bezeichnet. Die Einlasslippe beschreibt eine näherungsweise elliptische Bahn, die eine unzu-lässig große Beschleunigung der Strömung und ein Ablösen der Grenzschicht verhindern soll [12].

Der engste Querschnitt A_{th} wird in Abhängigkeit lokaler Geschwindigkeits-spitzen dimensioniert. Diese sollten die Schallgeschwindigkeit nicht erreichen, da andernfalls kompressible Effekte und Strömungsablösungen auftreten können.

Dadurch kann die Funktionsfähigkeit des Einlasses und die Effizienz bei der Umwandlung von kinetischer Energie in Druckenergie negativ beeinflusst werden. Deshalb ist die radial gemittelte Machzahl im Bereich der Einlasskehle $Ma_{th,avg}$ auf Maxima von 0,7 bis 0,8 zu begrenzen [10, S. 942], [47, S. 339], [62], [83]. Basierend auf dieser maximal erlaubten Machzahl $Ma_{th,avg,max}$ und dem vom Triebwerk geforderten Luftmassenstrom, können die verlustarmen Abmessungen des engsten Querschnitts A_{th} bestimmt werden [47, S. 340].

Insbesondere im schnellen Reiseflug muss der Luftmassenstrom verlangsamt werden, um die maximale Effizienz des Fans zu gewährleisten. Die maximale Effizienz wird erreicht, indem die relative Anström-Machzahl des Fans im Gehäusebereich im Unterschall- oder moderatem Überschallbereich bis Mach 1,4 verbleibt [10, S. 944]. Dies wird durch maximale axiale Anströmgeschwindigkeiten des Fans bis Mach 0,6 gewährleistet [7], [10, S. 944]. Zwar werden bei vereinzelten Anwendungen in Abhängigkeit des Fandurchmessers und seiner Drehzahl auch Werte bis Mach 0,7 umgesetzt [8, S. 267], die üblicherweise realisierte Machzahl beträgt jedoch Mach 0,5 [61]. Die Verzögerung der Strömung zwischen den Ebenen der Einlasskehle A_{th} und dem Fanquerschnitt A_2 wird durch eine kontinuierliche Querschnittserweiterung des dazwischen liegenden Strömungskanals erreicht. Aufgrund dieser Geometrie wird dieser Kanal üblicherweise als Diffusor bezeichnet [47, S. 329].

Lippenkontur

Bei der Bestimmung der Einlasskontur müssen unterschiedliche Anforderungen erfüllt werden, um einen zuverlässigen Betrieb bei gleichzeitig hoher Effizienz zu gewährleisten [10, S. 966–967], [11, S. 12–15]. Diese Anforderungen resultieren in gegensätzlichen idealen Konturen für unterschiedliche Flugzustände [8, S. 267], [10, S. 966]. Zum einen ist es notwendig, Strömungsablösungen und potenziell daraus resultierende gefährliche Ereignisse zu vermeiden. Diese können insbesondere beim Start und beim Steigflug bis Mach 0,3 auftreten. Zum anderen soll der Einlass im Reiseflugbetrieb bei hohen Fluggeschwindigkeiten über Mach 0,8 einen minimalen Luftwiderstand erzeugen.

Bei in Betrieb befindlichem Triebwerk und verhältnismäßig geringen Fluggeschwindigkeiten im Bereich kleiner Mach 0,3 ist der Fangstromröhrenquerschnitt A_0 deutlich größer als der Einlasseintrittsquerschnitt A_1 [10, S. 987]. Dadurch ist das Flächenverhältnis A_0/A_1 größer als eins, wodurch sich der Staupunkt auf der Außenkontur des Einlasses befindet [10, S. 987], [11, S. 290–291], vgl. Abbildung 2.5 oben rechts. Mit abnehmender Flugmachzahl befindet sich der Staupunkt bei konstanter Triebwerksleistungsstufe zunehmend weiter auf der Außenkontur [10, S. 988]. Bei der Einströmung in den Einlass wird folglich ein Teil des Luftstroms von der Außenkontur um die Einlasslippe herum umgelenkt und beschleunigt. Dabei können abhängig von der Lippengeometrie auf der Innenseite der Lippe verlustbehaftete lokale Überschallgeschwindigkeiten von bis zu Mach 1,65 auftreten [10, S. 988].

In Flugphasen, wie dem Starten, dem Rotieren, dem Steigflug, dem Landen oder dem Abfangen, treten zusätzlich Anstellwinkel zwischen Strömung und Triebwerksachse auf [10, S. 989], vgl. Abbildung 2.5 oben mittig. Diese Anstellwinkel führen insbesondere im Bereich der unteren Einlasslippe zu einer starken Beschleunigung der Strömung und lokalen Überschallgeschwindigkeiten [10, S. 989]. Seitenwindeinflüsse haben einen ähnlichen Effekt auf die jeweils betroffene Seite des Einlasses und können einen rollenden Start (Rolling Take-Off) erforderlich machen [10, S. 173].

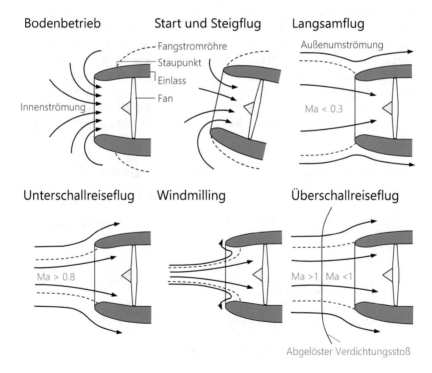

Abbildung 2.5 Fangstromröhre während ausgewählter Flugzustände

In Abhängigkeit der umströmten Lippenkontur können aufgrund lokaler Überschall-Machzahlen Verdichtungsstöße auftreten [10, S. 989], [11, S. 310], [84]. Diese sind mit einem Anwachsen der Grenzschicht verbunden und können in Ablöseblasen, ausgeprägten Strömungsablösungen und Wirbelzöpfen resultieren [10, S. 989], [84]. Daraus können Schaufelanregungen und Verdichterpumpen folgen, was gefährliche Ereignisse nach sich ziehen kann, falls mehrere Triebwerke betroffen sind [10, S. 990], [11, S. 307–311], [34].

Zwar kann die Gefahr von Strömungsablösungen und daraus resultierenden Inhomogenitäten der Fananströmung nicht vollständig umgangen werden, jedoch empfiehlt die Literatur [10, S. 172], [11, S. 100], [12], [47, S. 341] die Verwendung dicker Einlasslippen mit großem Rundungsradius (Blunt Lips) für die genannten langsamen Flugphasen, vgl. Abbildung 2.6 links. Die Geometrie dicker Einlasslippen ist vergleichbar mit hocheffizienten Glockeneinlässen (Bell Mouth Inlets), die in Triebwerksprüfständen Anwendung finden [10, S. 178–179]. Im Vergleich zu dünnen oder scharfen Einlasslippen, vgl. Abbildung 2.6 rechts, treten bei dicken Lippen aufgrund der größeren Rundungsradien kleinere lokale Machzahlen sowie weniger Verdichtungsstöße und Strömungsablösungen auf [10, S. 172]. Dadurch sind dicke Einlasslippen in diesen Flugphasen auch deutlich effizienter [8, S. 266]. Quantifiziert wird die Dicke der Lippe zumeist durch das Kontraktionsverhältnis (Contraction Ratio) [11, S. 315–316], [47, S. 341]. Dieses wird im späteren Verlauf dieser Arbeit genauer erläutert, vgl. Abschnitt 4.4.3.

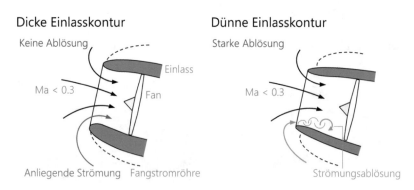

Abbildung 2.6 Ablöseverhalten beim Start und Steigflug

Während dicke Einlasslippen bei langsamen Fluggeschwindigkeiten gut geeignet sind, erzeugen sie beim schnellen Reiseflug zu viel Luftwiderstand [47,

S. 341]. Bei diesen höheren Fluggeschwindigkeiten wird der Fangstromröhren-querschnitt kleiner und der Staupunkt wandert von der Außenseite des Einlasses nach innen [10, S. 941], [11, S. 290–291], vgl. Abbildung 2.5 unten links. Dadurch wird der äußere Luftstrom entlang der Lippenkontur von innen nach außen geleitet und dabei beschleunigt. Infolgedessen treten auf der Außenseite dicker Einlasskonturen Überschallgeschwindigkeiten auf, die in Verdichtungs-stößen und Verlusten resultieren [10, S. 172], vgl. Abbildung 2.7. Eine dünne Einlasslippe erzeugt bei den Betriebsbedingungen des schnellen Unterschall-reiseflugs geringere aerodynamische Verluste und einen niedrigeren externen Widerstand [10, S. 172], [12], [47, S. 341].

Beim Ausfall eines Triebwerks mit weiterhin durch den Wind angetriebe-nem Rotor, auch als Windmilling bekannt, vgl. Abbildung 2.5 unten mittig, und besonders im Fall eines mechanisch blockierten Rotors ist der Triebwerks-massenstrom signifikant reduziert. Dadurch ist auch die Fangstromröhre deutlich kleiner als im Reiseflug und es treten auf der Außenseite des Einlasses Strö-mungsablösungen und zusätzlicher Strömungswiderstand auf [10, S. 173]. Um die Folgen dieser Zustände abzuschwächen, wäre eine deutliche Verkleinerung des Eintrittsquerschnitts des Einlasses sinnvoll.

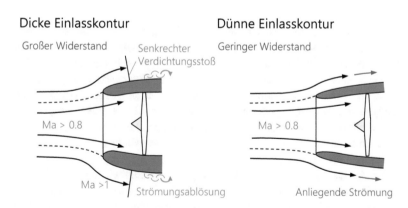

Abbildung 2.7 Luftwiderstand im Unterschallreiseflug

Für den Überschallreiseflug bis Mach 1,6 wird bei der Verwendung von Pitot-Einlässen eine scharfe Lippe empfohlen [11, S. 127], [47, S. 359–360]. Dies begründet sich aus der kleineren Profilfläche und dem Einfluss der Form eines Körpers auf Lage und Stärke des entstehenden Verdichtungsstoßes [10, S. 1875],

[85, S. 533]. Je schärfer die Lippe gestaltet ist, umso näher kann der Verdichtungs-stoß an die Einlasskontur heranrücken und umso geringer ist der resultierende Strömungswiderstand [85, S. 533], vgl. Abbildung 2.8.

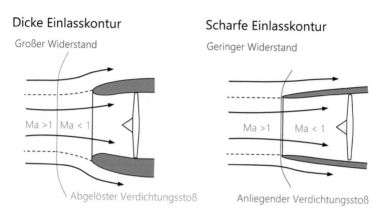

Abbildung 2.8 Luftwiderstand im Überschallreiseflug

Im Idealfall befinden sich dabei die Stoßwelle und die Einlasskehle in der Vorderkante, wodurch instabile Effekte, wie das Starten des Einlasses [10, S. 993–994], vermieden werden können [47, S. 359–360]. Jedoch kann auch eine Lippe mit einer leichten Rundung weiterhin niedrigen Widerstand erzeugen und bei hohen Überschallgeschwindigkeiten sogar erforderlich werden, um den Effekt aerodynamischer Reibungswärme etwas zu lindern [11, S. 239]. So kann beim Überschallflug bei Mach 2,2 von Oberflächentemperaturen von etwa 120 °C aus-gegangen werden und im Hyperschall bei Fluggeschwindigkeiten über Mach 5,0 von bis zu 1800 °C [86], [87].

Die Auslegung einer starren Einlasslippe kann folglich nur einen Kompro-miss hinsichtlich des minimalen Widerstandes bei hohen Geschwindigkeiten und der Vermeidung von Strömungsablösung bei niedrigen Geschwindigkeiten darstellen [10, S. 173], [12]. Luidens et al. [12] beschreiben die historische Her-angehensweise bei der Identifikation der idealen Kompromissgeometrie starrer subsonischer Einlässe im Rahmen von Untersuchungen bezüglich Senkrechtstar-terkonzepten in den 70er Jahren des letzten Jahrhunderts.

So setzen erste Arbeiten von Albers et al. [88], [89] den Fokus auf die Ver-meidung von Ablösungen. Dafür werden für mehrere Strömungszustände die

Geschwindigkeitsverteilungen der Kandidatengeometrien ermittelt [12]. Die Auswahl der Geometrie erfolgt basierend auf der niedrigsten maximalen lokalen Machzahl [12]. Somit werden mit diesem Ansatz sehr konservative Geometrien ausgewählt [12]. Aus diesem Grund bestimmen Boles und Stockman [90] eine maximal zulässige lokale Machzahl. Diese Begrenzung nutzen die Ansätze von Boles et al. [91] sowie Hawk und Stockmann [92], indem die maximalen lokalen Geschwindigkeiten mehrerer Geometrien verglichen werden [12]. Hierbei wird die Geometrie ausgewählt, die die höchste maximale Geschwindigkeit aufweist, die kleiner als die maximal zulässige lokale Machzahl ist [12]. Dies resultiert in kürzeren und dünneren Einlasslippen. Der Ansatz von Luidens et al. [12], [93] ist vergleichbar mit den Ansätzen von Smith [94] und Liebeck [95] bezüglich subsonischer Hochauftriebs-Strömungsprofile. Hierbei werden neben der lokalen Machzahl auch die Wandschubspannungen untersucht. Diese sollen minimal sein, aber weiterhin positiv, da andernfalls Strömungsablösungen auftreten [93].

Arbeiten der jüngeren Vergangenheit [13], [14], [15], [16], [17], [18], [20] fokussieren sich vorrangig auf die automatisierte Identifikation von Einlassgeometrien unter Verwendung von Strömungssimulationen. Dabei werden beispielsweise unterschiedliche Geometrieparametrisierungen, Herangehensweisen zur Widerstandsbestimmung, Verfahren zur Bestimmung des Ablöseverhaltens und Optimierungsalgorithmen verwendet.

Die Auslegung moderner Unterschall-Einlässe erfolgt vorrangig für den Reiseflug [8, S. 266], [11, S. 290], [66, S. 232]. Dadurch kann unter anderem die behördlich geforderte Ablöseresistenz bei Seitenwind beeinträchtigt werden, was in Einschränkungen des Betriebs, wie dem rollenden Start, resultieren kann [10, S. 173]. Um solche negativen Folgen zu vermeiden, werden im Rahmen der Einlassentwicklung zahlreiche numerische Strömungsuntersuchungen und Windkanaltests durchgeführt [10, S. 983], [66, S. 233].

Diffusorkontur

Die Diffusorgeometrie soll bei minimaler Länge die effiziente und ablösungsfreie Umwandlung der Geschwindigkeitsenergie in statischen Druck ermöglichen [47, S. 329]. Die Länge des Diffusors hat einen entscheidenden Einfluss auf die sich ausbildende Grenzschicht und somit das Ablöseverhalten, die Effizienz und die Gleichförmigkeit [8, S. 284]. Lange Diffusoren können Grenzschichtbeeinflussung, wie beispielsweise Grenzschichtabsaugung, erforderlich machen [12]. Die minimale Länge ist darüber hinaus abhängig von der erforderlichen Mindestlänge für das Ausgleichen von Ungleichförmigkeiten in der Geschwindigkeitsverteilung sowie für die Integration von Akustikauskleidungen [12].

Die Diffusorkontur verläuft vom engsten Querschnitt ausgehend nicht linear, sondern kann durch Doppelellipsen [12] oder kubische Funktionen [96] beschrieben werden. Zu Beginn der Kontur sollte eine stärkere Aufweitung als im Bereich der letzten 75 % des Diffusors stattfinden [12], [96]. Ein idealer Diffusor weist dabei über die gesamte Erstreckung eine minimale Wandschubspannung auf, die jedoch positiv ist [12], [96]. Negative Wandschubspannungen, die auf Strömungsablösungen hindeuten, lassen sich durch die geeignete Wahl eines mittleren Wertes für den halben Diffusoröffnungswinkel θ_{dif}, vgl. Abbildung 2.9, vermeiden [10, S. 965–966].

Schnittansicht Pitot-Einlass

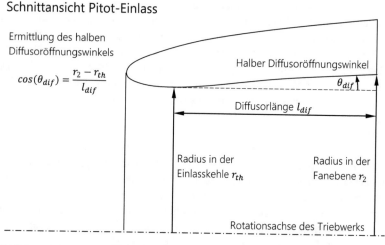

Abbildung 2.9 Diffusoröffnungswinkel eines Pitot-Einlasses

Bei konischen Diffusoren, wie sie in den meisten Pitot-Einlässen verwendet werden, entspricht der Winkel zwischen Diffusorwandung und der Rotationsachse des Triebwerks dem durchschnittlichen halben Diffusoröffnungswinkel. Der Wert des maximalen halben Diffusoröffnungswinkels θ_{dif}, bei dem weiterhin keine Strömungsablösungen auftreten, wird auf 8° bis 10° beziffert [10, S. 965–966], [47, S. 349]. Dieser Wert hängt unter anderem von der Länge des Einlasses ab [10, S. 965–966].

Außenkontur

Die Gestaltung der äußeren Kontur erfolgt derart, dass der Strömungswiderstand bei der Umströmung minimiert wird. Für den schnellen Unterschallflug ist das Ziel bei der Auslegung der Außenkontur, eine Saugkraft zu generieren [10, S. 951]. Dies kann durch den Einsatz sogenannter überkritischer Profile, wie beispielsweise denen der NACA-1-Serie, erreicht werden [10, S. 984–986], [11, S. 203], [83].

Bei überkritischen Profilen befindet sich die Außenströmung im vorderen Bereich des Einlasses lokal im Überschallbereich [10, S. 985]. Aus diesem Geschwindigkeitsbereich resultieren Verdichtungsstöße, deren Verluste, beispielsweise durch Verdickung der Grenzschicht, es zu minimieren gilt [10, S. 149]. Dies wird erreicht, indem der abschließende senkrechte Verdichtungsstoß durch die Wölbung der Außenkontur stromabwärts hin zum maximalen Durchmesser der Triebwerksgondel verlagert wird. Somit hat die Erhöhung des statischen Drucks nach dem Verdichtungsstoß nur minimale Auswirkungen auf den Widerstand der Gondel [10, S. 985].

Die Kontur überkritischer Profile weist im Bereich der Vorderkante eine stark konvexe Krümmung oder Wölbung auf [10, S. 985]. Diese hat eine Umlenkung der Strömung zur Folge und resultiert in einer Beschleunigung auf lokale Machzahlen von bis zu Mach 1,65 [10, S. 985]. Die Umlenkung wird zudem dadurch verstärkt, dass der Staupunkt mit steigender Fluggeschwindigkeit zunehmend auf der Innenseite des Einlasses befindlich ist [10]. Mit der erreichten Geschwindigkeitserhöhung ist ein Absinken des statischen Druckes unter das Niveau des Umgebungsdruckes verbunden. Dadurch entsteht eine Saugkraft bei der Umströmung. Der anschließende Bereich der Außenkontur bis hin zum maximalen Querschnitt der Gondel hat eine geringe Wölbung. Somit treten auf der Außenkontur nur schwache schräge Verdichtungsstöße auf. Dadurch wird im Idealfall eine verlustfreie Verzögerung der Strömung erreicht, wodurch auch der abschließende senkrechte Verdichtungsstoß möglichst schwach und verlustarm ist [10, S. 984–985], [97, S. 59].

Bei Überschallanwendungen findet vor dem Einlass ein senkrechter Verdichtungsstoß statt. Dieser erhöht den statischen Druck auf der Außenkontur deutlich über das Umgebungsniveau, sodass keine Saugkraft erzeugt werden kann. Deshalb wird der Widerstand bei Überschall-Pitot-Einlässen durch eine Minimierung der Profilfläche mittels einer scharfen Lippe und einer möglichst geringen Wölbung der Außenseite erreicht [47, S. 359].

2.2.2 Konstruktive Gestaltung

Bei der Materialauswahl für den Einlass werden typischerweise Leichtbaumaterialien berücksichtigt [66, S. 234]. So wird die Lippe üblicherweise aus Aluminium, die Außenbeplankung aus Kohlefaserverbundmaterialien und die Diffusorwandung unter anderem aus Aluminiumverbundwerkstoffen gefertigt [66, S. 234]. Bei der Lippe fällt die Wahl auf Aluminium, da es einerseits widerstandsfähig gegen die auftretenden mechanischen Belastungen und andererseits aufgrund seiner guten Wärmeleitungseigenschaften kompatibel mit Vereisungsschutzmechanismen im Bereich der Einlasslippe ist.

Strahltriebwerke verwenden für den Schutz vor Vereisung vorrangig Systeme, die mit heißer Zapfluft aus dem Hochdruckverdichter gespeist werden [66, S. 242], [67, S. 147]. Hierbei wird die Zapfluft über Rohrleitungen und Ventile in ein umlaufendes perforiertes Rohr in der Einlasslippe geleitet [67, S. 147–149], vgl. Abbildung 2.10. Durch die Löcher dieses Rohrs tritt die heiße Zapfluft aus und erwärmt die Einlasslippe [67, S. 147–149]. Für dieses Enteisungssystem wird Stahl als Material eingesetzt [66, S. 234]. Bei Turboprop-Triebwerken finden häufig elektrische Enteisungssysteme Anwendung [66, S. 242]. Diese werden in Form von Heizmatten in die Einlasshülle integriert [66, S. 242], [67, S. 150]. Auf die Detektion und die Vermeidung von Vereisung wird in Abschnitt 2.3 ausführlich eingegangen.

Schnittansicht Pitot-Einlass

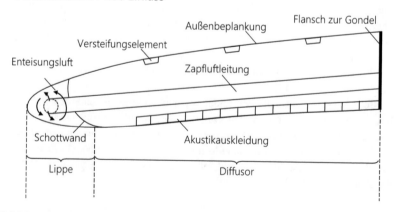

Abbildung 2.10 Komponenten eines Pitot-Einlasses

Die Diffusorwandung beinhaltet schallabsorbierende Auskleidungen, um die vom Fan ausgehende Lärmbelastung für die Umwelt zu reduzieren [66, S. 62/233–234]. Die Akustikauskleidungen verfügen über eine perforierte Abdeckung und einen wabenförmigen Kern, in dem eindringende Schallwellen ausgelöscht werden [66, S. 62/233–234]. Zudem haben diese Akustikauskleidungen den Effekt der strukturellen Versteifung. Eine strukturelle Verstärkung der dünnen Außenhülle wird durch umlaufende Versteifungselemente erreicht [66, S. 234]. Der Einlass wird zumeist über eine geschraubte Flanschverbindung mit dem Fan-Gehäuse und somit der restlichen Gondel verbunden [66, S. 233]. Weiterhin sind Sensoren zur Ermittlung des statischen Drucks p_2, des Totaldrucks p_{t2} und der Totaltemperatur T_{t2} vor dem Fan in den Einlass integriert [77, S. 579–581].

Über den Umfang des Einlasses werden häufig verschiedene Schnittgeometrien (Cross Sections) eingesetzt, die sanft ineinander übergehen [10, S. 173–174], [12], [15], vgl. Abbildung 2.11. Dies erfolgt, um für die wirkenden Bedingungen in den einzelnen Bereichen des Einlasses eine effiziente und sichere Geometrie bereitzustellen [12]. So wird für den unteren Sektor des Einlasses eine dicke Geometrie mit großem Rundungsradius gewählt, um starke Strömungsablösungen bei großen Anstellwinkeln zu vermeiden [10, S. 173–174], [12]. Dies unterstützt zudem die Unterbringung von Hilfsaggregaten im unteren Bereich der Triebwerksgondel [10, S. 173–174]. Die seitlichen Einlasssektoren sind gegen Seitenwindeinflüsse auf der Rollbahn ausgelegt und der obere Sektor für minimalen Widerstand im Reiseflug [10, S. 173–174], [12].

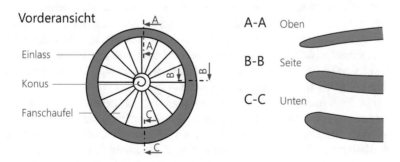

Abbildung 2.11 Schnittgeometrien über den Umfang des Einlasses

2.2.3 Sonderbauformen

Um zur Erfüllung der jeweiligen Anforderungen an die zugehörige Anwendung beizutragen, existieren zahlreiche Bauformen von Pitot-Einlässen, die von der Regel abweichen. Ein Beispiel hierfür stellt der Einlass des CFM56-Triebwerks der Boeing B737–300 dar [10, S. 982]. Dieser ist im unteren Bereich abgeflacht, um genügend Abstand zum Boden gewährleisten zu können und somit die Gefahr des Einsaugens von Fremdkörpern auf der Rollbahn zu reduzieren [10, S. 982], vgl. Abbildung 2.12 links.

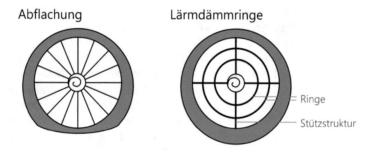

Abbildung 2.12   Abflachung des Einlasses und integrierte Ringe

Weiterhin existieren zahlreiche Konzepte der Lärm- und Strömungsbeeinflussung. So könnten Ringe in den Einlass integriert werden, welche mit Akustikauskleidungen versehen sind, um den Lärm zu reduzieren [9], vgl. Abbildung 2.12 rechts. Gleichzeitig könnten solche Ringe zur Gleichrichtung der Strömung verwendet werden [98]. Bisher wurden diese Anwendungen allerdings aufgrund der hohen erforderlichen Masse nicht eingesetzt [9].

Viele Pitot-Einlässe sind darüber hinaus auf der Unterseite kürzer als auf der Oberseite, vgl. Abbildung 2.13 links. Diese Bauart wird auch bei anderen Einlasstypen, wie beispielsweise den rechteckigen Einlässen der Concorde, verwendet, vgl. Abbildung 2.3. Durch diesen positiven Schräganschnitt (Scarf, Stagger, Rake) wird die Umlenkung um die untere Lippe reduziert und somit die Eintrittswahrscheinlichkeit von Strömungsablösungen verringert [11, S. 318–321]. Umgekehrt existieren auch Studien über Einlässe mit negativem Schräganschnitt (Negative Scarfed Inlets), die den im Triebwerk entstehenden Schall nach oben hin ablenken [9], [99]. Dadurch wird der am Boden wahrnehmbare Lärm reduziert. Jedoch ist dieses Konzept sehr anfällig für Strömungsablösungen im Bereich der unteren Einlasslippe [9].

Positiver Schräganschnitt   Negativer Schräganschnitt

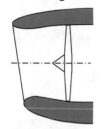 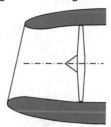

Abbildung 2.13 Schräganschnitt von Pitot-Einlässen

Strömungsablösungen werden bei Überschalleinlässen auch durch die Verwendung von Systemen zur Luftabscheidung, wie Öffnungsklappen oder Jalousieöffnungen, vermieden [10, S. 1010–1012]. Dabei wird überschüssige Luft aus dem Triebwerk ausgeleitet [10, S. 1010–1012]. Umgekehrt kann bei langsamen Flugzeuggeschwindigkeiten durch diese Öffnungen auch zusätzliche Luft in das Triebwerk eingeleitet werden [10, S. 1010–1012]. Ein ähnlicher Effekt kann bei Unterschallanwendungen genutzt werden, um bei niedrigen Geschwindigkeiten genügend Luft bei minimalen Druckverlusten und Strömungsstörungen in den Einlass hineinströmen zu lassen [8, S. 268–269]. Hierbei werden über den Umfang verteilte Klappen oder Schlitze bei langsamen Geschwindigkeiten geöffnet, sodass die effektive Einlassfläche vergrößert wird [8, S. 268–269], vgl. Abbildung 2.14. Im Reiseflug werden diese Öffnungen verschlossen [9]. Anwendung fand diese Technologie bei zahlreichen Transportflugzeugen, wie beispielsweise der Boeing 707–347C mit Pratt & Whitney JT3D-7-Triebwerken [9], [10, S. 1536]. Da bei der Umströmung der Klappen Verwirbelungen und Ungleichförmigkeiten auftreten, wird zusätzlicher Lärm erzeugt [100, S. 114]. Aus Gründen der Lärmreduktion wird diese Technologie in der kommerziellen Luftfahrt nicht mehr verwendet [62, S. w7].

Zur Vermeidung von Strömungsablösungen existieren weiterhin Konzepte für Einlässe mit variablem Lippenanstellwinkel [11, S. 317]. Diese können als gelenkig drehbare Lippen [101] oder vorgelagerte bewegliche Profile [102] ausgeführt werden [11, S. 317], vgl. Abschnitt 2.4.2.

Eine potenziell reduzierte Ausdehnung von Ablösezonen und verringerte Strömungsverluste können zudem durch eine halbkreisförmige Ausführung des

Nebenstromklappen im geöffneten Zustand

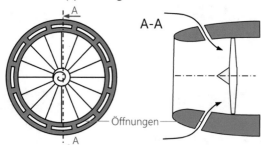

Abbildung 2.14 Nebenstromöffnungen bei Pitot-Einlässen

Pitot-Einlasses erreicht werden [11, S. 317–318]. Diese Bauweise findet vorrangig bei militärischen Überschallflugzeugen Anwendung, wie beispielsweise bei der Dassault Rafale in Abbildung 2.2.

2.3   Einflüsse auf die Einlassgestaltung

Die beschriebene Gestaltung von Triebwerkseinlässen spiegelt die an diese gestellten teils sehr unterschiedlichen aerodynamischen und konstruktiven Anforderungen wider. Diese Anforderungen und ihr Einfluss auf die Gestaltung sind während des Entwicklungsprozesses miteinander zu vereinen. Je nach Wichtung der Anforderungen, kann auch die Gestaltung des Einlasses sehr unterschiedlich ausfallen. Den größten Einfluss auf die Gestaltung kommerziell genutzter Triebwerkseinlässe haben

- das Einlassdruckverhältnis,
- der Strömungswiderstand,
- die Gleichförmigkeit der Strömung in der Ebene des Fans,
- die Masse,
- der vorhandene Bauraum,
- die Beständigkeit gegenüber mechanischen Belastungen, wie aerodynamischen Lasten, Vogel-, Hagel- oder Fremdkörpereinschlägen,
- der Schutz vor Vereisung,
- die erforderliche Reduktion von Schallemissionen,
- die Zuverlässigkeit,

- Wartungsanforderungen sowie
- alle auftretenden Kostenarten [47, S. 327 ff.], [62, S. 2].

Das Einlassdruckverhältnis, die Gleichförmigkeit der Strömung und der Strömungswiderstand können als strömungsmechanische Kennzahlen der Einlassgestaltung zusammengefasst werden [11], [47]. Zudem beschreiben der Schutz vor Vereisung und Lärmminderungsmaßnahmen Zusatzfunktionen, die in den Einlass zu integrieren sind. Diese Anforderungen werden in den nachfolgenden Abschnitten ausführlich erläutert. Die übrigen Anforderungen werden in Kapitel 4 dieser Arbeit aufgegriffen.

2.3.1 Aerodynamische Kennzahlen

Einlassdruckverhältnis
Während des Reiseflugs verzögert der Einlass den freien Luftmassenstrom vor dem Flugtriebwerk in einen internen Luftmassenstrom mit einer niedrigeren Machzahl und einem höheren statischen Druck, um die Anforderungen des Triebwerks zu erfüllen [11, S. 9]. Bei dieser Umwandlung treten Verluste des Totaldrucks vom Freistrahl p_{t0} hin zur Fanebene p_{t2} auf. Diese Totaldruckverluste werden hauptsächlich durch folgende Faktoren verursacht:

- turbulente Durchmischung in Verbindung mit Strömungsablösung,
- Oberflächenreibung und
- kompressible Effekte, z. B. Stoßwellen [11, S. 12].

Das Einlassdruckverhältnis von p_{t2} zu p_{t0}, auch als Druckrückgewinnung bekannt, wird allgemein zur Beschreibung der Effizienz der Druckumwandlung innerhalb des Einlasses verwendet [11, S. 10]:

$$\pi_{inl} = \frac{p_{t2}}{p_{t0}}. \tag{2.1}$$

Pitot-Einlässe erreichen beim langsamen Unterschallflug Druckrückgewinnungswerte von über 0,90 [10, S. 963]. Dieser Wert kann im Unterschall mit steigender Fluggeschwindigkeit auf bis zu 0,99 ansteigen [10, S. 963]. Im Überschall sinkt der Druckrückgewinnungswert aufgrund des verlustbehafteten senkrechten Verdichtungsstoßes vor dem Pitot-Einlass auf ein theoretisches Maximum von

- $\pi_{inl} = 0,98$ bei Mach 1,3,
- $\pi_{inl} = 0,90$ bei Mach 1,6 und
- $\pi_{inl} = 0,72$ bei Mach 2,0 [11, S. 105].

Aufgrund von Reibungsverlusten kann das Einlassdruckverhältnis zusätzlich um bis zu 3 % absinken [11, S. 105]. Überschalleinlässe, die Stoßkonfigurationen mit mehreren schrägen Verdichtungsstößen und einem abschließenden senkrechten Verdichtungsstoß erzeugen, können Druckrückgewinnungswerte von 0,96 bis 0,98 bei Mach 1,6 erreichen [36]. Die Einlässe der Concorde erreichten bei Mach 2,0 eine Druckrückgewinnung von 0,95 [46].

Die Druckrückgewinnung des Einlasses beeinflusst den Schub, den ein Triebwerk erzeugen kann [11, S. 11]. Dabei entspricht ein Verlust der Druckrückgewinnung von 1 % einem Schubverlust von etwa 1 % bis 1,5 % [11, S. 11]. Dabei kann der Schubverlust bei Geschwindigkeiten über Mach 2,0 noch stärker ansteigen [9]. Dieser Zusammenhang resultiert bei einer Fluggeschwindigkeit von Mach 1,6 in einem Schubnachteil von Pitot-Einlässen gegenüber Einlässen mit Stoßkonfigurationen von 6 % bis 16,5 %. Daher werden Pitot-Einlässe bei Fluggeschwindigkeiten, die diesen Wert überschreiten, unwirtschaftlich und sind bei Mach 1,3 am besten geeignet [11, S. 105]. Bei Fluggeschwindigkeiten von Mach 1,6 muss dieser Nachteil bezüglich des reduzierten Schubs überwacht und gegen die Vorteile bezüglich des geringen Widerstands, des stabilen Betriebsverhaltens und der hohen Gleichförmigkeit der Strömung abgewogen werden [11, S. 105].

Der Einlassdruckverlust wird maßgebend durch die mittlere Machzahl im engsten Querschnitt des Einlasses bestimmt [62, S. w4]. Hierbei sollten maximale Werte im Bereich von Mach 0,7 bis 0,8 realisiert werden [62, S. w4], um Verluste durch lokale kompressible Effekte zu vermeiden.

Gleichförmigkeit der Fananströmung

Der Luftmassenstrom, der durch den Einlass zum Fan geleitet wird, muss axial ausgerichtet und über eine möglichst homogene Geschwindigkeits-, Temperatur- und Druckverteilung verfügen [11, S. 266]. Die Gleichförmigkeit der Strömung im Querschnitt der Fanebene A_2 kann durch hohe Anstellwinkel, Seitenwindeinflüsse und die Gestaltung des Einlasses beeinträchtigt werden [11]. Bei Reiseflugbedingungen sind Strömungsablösungen aufgrund einer ungeeigneten Einlassgestaltung der Hauptgrund für eine inhomogene Anströmung des Fans.

Die Gleichförmigkeit in der Fanebene ist erforderlich, um Schwingungsanregungen, zusätzlichen Lärm und Strömungsablösungen des Fans zu vermeiden [9], [10, S. 967]. Diese Strömungsablösungen können zu Triebwerkspumpen und zum

Erlöschen des Triebwerks führen sowie eine verringerte Lebensdauer der Komponenten und einen Schubverlust zur Folge haben [10, S. 967], [65], [103]. Das Ausmaß dieser möglichen Auswirkungen ist primär von der Stärke und Dauer der Ungleichförmigkeit sowie der Größe des betroffenen Einlasssektors abhängig [103, S. 378–379].

Gewisse radiale Ungleichförmigkeiten in der Druck- und Geschwindigkeitsverteilung der Fananströmung sind aufgrund der Grenzschicht des Diffusors stets vorhanden [11, S. 269]. Die Grenzschicht hat im untersuchten Geschwindigkeitsbereich jedoch nur einen geringen Einfluss auf den Wirkungsgrad und eine vernachlässigbare Auswirkung auf die Pumpgefahr des Fans [11, S. 269], [103, S. 379].

Ungleichförmigkeiten über den Umfang haben in der Fananströmung einen größeren Einfluss als radiale, da sie in Verbindung mit der Rotation des Fans eine variierende aerodynamische Belastung der Fanschaufeln hervorrufen [11, S. 269], [103, S. 379]. Obwohl die detaillierten Auswirkungen dieser Ungleichförmigkeit noch nicht vollständig verstanden sind [65], stellt das Modell der parallelen Verdichter von Pearson und McKenzie [104] ein allgemeinhin akzeptiertes Modell für die Approximation der transienten Umfangsungleichförmigkeit von Verdichtern dar [11, S. 269–270], [103, S. 380–382], [105], [106]. Da der Fan ein einstufiger Verdichter ist, kann dieses Modell auch für die Ungleichförmigkeit der aus dem Einlass resultierenden Fananströmung angewendet werden [11, S. 269–270].

Das Modell der parallelen Verdichter unterteilt den untersuchten Verdichter in zwei separate identische Teilverdichter mit gleicher Drehzahl, aber unterschiedlichen Eintrittsbedingungen, um die Auswirkungen der Ungleichförmigkeit zu bestimmen [104]. Einer der Teilverdichter hat als Eintrittsbedingung den niedrigen Totaldruck des gestörten Gebiets $p_{t2,gestört}$. Der andere Teilverdichter spiegelt den höheren Totaldruck des ungestörten Bereichs $p_{t2,ungestört}$ wieder [11, S. 269–270], [105]. Es wird weiterhin angenommen, dass die Teilverdichter den gleichen statischen Austrittsdruck p_3 erzeugen [11, S. 269–270], [103, S. 380–382], [105].

Da alle Fanschaufeln mit der gleichen Drehzahl rotieren, müssen die Schaufeln, die von einem gestörten Gebiet niedrigeren Totaldrucks angeströmt werden, mehr Arbeit verrichten als die Schaufeln in Gebieten höheren Drucks [11, S. 269–270]. Daraus resultiert ein erhöhtes Druckverhältnis p_3/p_{t2} im gestörten Bereich [107, S. 460]. Dadurch rückt der Betriebspunkt der Schaufeln im gestörten Gebiet auf der Drehzahlkonstanten des Verdichterkennfeldes näher an die Pumpgrenze des Gesamtverdichters [11, S. 269–270], [62, S. w6], [65, S. 278–279], vgl. Abbildung 2.15.

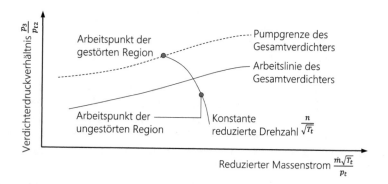

Abbildung 2.15 Ungleichförmigkeitseinfluss auf das Verdichterkennfeld

Überschreitet der Arbeitspunkt der gestörten Region die Pumpgrenze des Gesamtverdichters können Strömungsablösungen auftreten [107, S. 461]. Umfassen diese Strömungsablösungen einen größeren Sektor des Fans, kann die Fanströmung abreißen [11, S. 269–270], [103, S. 378]. Dadurch kann sich die Strömungsrichtung umkehren, was als Verdichterpumpen bekannt ist [11, S. 269–270]. Daher muss die Pumpgrenze des Verdichters einen Spielraum bezüglich der Ungleichförmigkeit der Anströmung beinhalten [11, S. 269–270].

Der Einfluss einer Ungleichförmigkeit kann durch verschiedene Ungleichförmigkeitskoeffizienten/-korrelationen (Distortion Coefficients/Correlations, DCs) quantifiziert werden, beispielsweise $DC(60)$, $DC(90)$, $DC(120)$, K_{A2}, K_D oder K_{rad} [11, S. 270–272], [103, S. 380], [108]. Der häufig verwendete $DC(60)$-Wert beschreibt den Einfluss einer Ungleichförmigkeit in einem 60°-Sektor. Bei einem Umfangswinkel von mindestens 60° erreicht eine Ungleichförmigkeit ein signifikantes Ausmaß [11, S. 270–272], [103]. Zur Ermittlung des $DC(60)$-Koeffizienten sind die Druckwerte in der Fanebene erforderlich. Diese werden mit einer sechsarmigen Sonde nach ARP 1420 C [105], [109], [110], [111] aufgenommen. Der $DC(60)$-Koeffizient wird aus dem mittleren Totaldruck $p_{t2,avg}$, dem mittleren Totaldruck des Sektors mit minimalen Wert $p_{t2,avg60°,min}$ und dem mittleren kinematischen Druck $q_{2,avg}$ bestimmt [11, S. 271], [103, S. 380]:

$$DC(60) = \frac{p_{t2,avg} - p_{t2,avg60°,min}}{q_{2,avg}}. \tag{2.2}$$

Ein $DC(60)$-Koeffizient von 0,5 wird typischerweise gefordert, jedoch können die meisten Verdichter Werte bis 1,0 tolerieren [103, S. 380].

Luftwiderstand

Der Schub $F_{n,inst}$, der vom installierten Triebwerk auf das Flugzeug übertragen wird, ergibt sich aus dem vom Triebwerk erzeugten Bruttoschub (Gross Thrust) F_{gross} vermindert um alle negativ beitragenden Widerstands- und Verlustkräfte [10, S. 947–958], [11], [47, S. 125–128], [62], vgl. Abbildung 2.16. Auch sind für eine bessere Vergleichbarkeit unterschiedlicher Flugzeugmuster entdimensionalisierte Angaben dieser Kräfte verbreitet [97, S. 36–37]. Diese normieren die besagten Kräfte bezüglich der Fläche der Tragflügel und des kinematischen Drucks [97, S. 36–37].

Installierter Nettoschub		Uninstallierter Nettoschub		Interne Einlassverluste		Überlauf-widerstand		Gondelheck-körperkraft
$F_{n,inst}$	$=$	$F_{n,uninst}$	$-$	$D_{inl,int}$	$-$	$D_{nacf,ext}$	$-$	$D_{aft-end}$

$F_{n,uninst}$: Bruttoschub, Aufstau-widerstand: $F_{gross} - D_{ram}$

$D_{nacf,ext}$: Zulauf-widerstand, Gondelvor-körperkraft: $D_{pre} + D_{fb}$

Abbildung 2.16 Zusammensetzung des installierten Nettoschubs

Die Differenz aus dem von den Triebwerken unter Vernachlässigung von Zapfluftmassenströmen erzeugten Bruttoschub

$$F_{gross} = \left(\dot{m}_0 + \dot{m}_{fuel}\right) \cdot c_9 + (p_9 - p_0) \cdot A_9, \tag{2.3}$$

und dem Aufstauwiderstand (Ram Drag), der aus der Verzögerung der Luft beim Eintritt in den Einlass entsteht [97, S. 38],

$$D_{ram} = \dot{m}_0 \cdot c_0 \tag{2.4}$$

ergibt den uninstallierten Nettoschub $F_{n,uninst}$ als Funktion des Triebwerksluftmassenstroms $\dot{m}_0$, des Brennstoffmassenstroms $\dot{m}_{fuel}$, der Düsenaustrittsgeschwindigkeit c_9, des Düsenaustrittsdruckes p_9, der Düsenaustrittsfläche A_9, des Umgebungsdrucks p_0 und der Fluggeschwindigkeit c_0 [47, S. 126–128].

Die Installation des Triebwerks in die Gondel bestimmt die verbleibenden Widerstandskomponenten, namentlich

- den Widerstand, der aus dem Einlassdruckverlust (Internal Inlet Losses) resultiert, $D_{inl,int}$,
- den externen Gondelvorkörperwiderstand (External Nacelle Front Drag) $D_{nacf,ext}$, auch Überlaufwiderstand (Spillage Drag) genannt, und
- der Gondelheckkörperkraft (Aft-End Drag, Aft-Body Drag) $D_{aft-end}$ [10, S. 955–956], [47, S. 125].

Der aus dem Einlassdruckverlust π_{inl} resultierende Widerstand $D_{inl,int}$ hängt hauptsächlich vom Totaldruckverlust im Einlass und somit von der Gestaltung des Einlasses ab. Der externe Gondelvorkörperwiderstand $D_{nacf,ext}$ oder Überlaufwiderstand wird ebenfalls hauptsächlich durch die Geometrie des Einlasses bestimmt. Dieser Widerstand resultiert aus dem Zulaufwiderstand (Additive Drag, Pre-Entry Drag) D_{pre} und der Gondelvorkörperkraft (Cowl Forebody Drag) D_{fb} [10, S. 942], [47, S. 347], vgl. Abbildung 2.17.

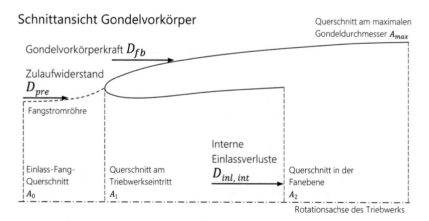

Abbildung 2.17 Zusammensetzung des Einlasswiderstands

Der Einlass umfasst die äußere Gondeloberfläche zwischen der Ebene des Triebwerkeintrittsquerschnitts A_1 und der Fanebene A_2. Somit beschreibt er nur einen Anteil des Gondelvorkörpers, der sich von der Einlassvorderkante bis zur Ebene des maximalen Gondelquerschnitts A_{max} erstreckt. Dennoch hängt der externe Gondelvorkörperwiderstand vorrangig von der Einlasskontur ab. Änderungen der Einlasskontur haben einen großen Einfluss auf die Druckverteilung auf dem gesamten Vorkörper. Deshalb sollte bei der Untersuchung des Einlasswiderstands der gesamte Gondelvorkörper in Betracht gezogen werden [11, S. 194–195]. Im Idealfall sollte der Einfluss des Einlasses auf das gesamte Flugzeug untersucht werden, um mögliche Interaktionen mit dem Flugzeugrumpf oder den Tragflächen abschätzen zu können.

Der Zulaufwiderstand D_{pre} ist eine Kraft, die durch das Integral der Differenz zwischen dem statischen Druck auf der Fangstromröhre p_{ext} und dem Umgebungsdruck p_0 ermittelt wird. Für divergierende Fangstromröhren mit $A_0/A_1 < 1$ resultiert dabei eine Widerstandskraft, bei konvergierenden, $A_0/A_1 > 1$, ergibt sich eine Saugkraft. Die Fachliteratur [10, S. 195], [11, S. 194], [47, S. 345–346], [62, S. w7], [71] stellt zahlreiche Definitionen dieser Kraft bereit. Eine Variante ist die Impulsform als Funktion des Triebwerksmassenstroms $\dot{m}_0$, der Triebwerkseintrittsgeschwindigkeit c_1, der Fluggeschwindigkeit c_0, des Triebwerkseintrittsdrucks p_1, des Umgebungsdrucks p_0 und des Triebwerkseintrittsquerschnitts A_1 [10, S. 951], [47, S. 345–346]:

$$D_{pre} = \int_{A_0}^{A_1} (p_{ext} - p_0)dA = \dot{m}_0(c_1 - c_0) + (p_1 - p_0)A_1. \qquad (2.5)$$

Die Gondelvorkörperkraft D_{fb} ist die Summe aus Druck- und Reibungswiderstand über dem Vorkörper zwischen dem Staupunkt auf der Einlasslippe A_1 und dem maximalen Gondeldurchmesser A_{max} [10, S. 947–950]:

$$D_{fb} = \int_{A_1}^{A_{max}} (p_{ext} - p_0)dA + \int_{A_1}^{A_{max}} \tau dA. \qquad (2.6)$$

Der erste Term dieser Gleichung repräsentiert den axialen Druckwiderstand, auch Profilwiderstand genannt. Der axiale Druckwiderstand ergibt sich aus der Differenz des in Strömungsrichtung projizierten statischen Drucks auf der äußeren Gondeloberfläche p_{ext} und des statischen Umgebungsdrucks p_0. Der zweite Term beschreibt den Reibungswiderstand resultierend aus den viskosen Scherspannungen τ in der Grenzschicht des Gondelvorkörpers.

In Abhängigkeit der Wölbung der äußeren Einlasskontur kann der statische Druck auf dem Gondelvorkörper während des Unterschallreiseflugs unter das Druckniveau des Umgebungsdrucks gesenkt werden. In diesem Fall entsteht eine

Saugkraft (Lip Suction Force, Cowl Thrust Force) [11, S. 194–196], [47, S. 125]. Im Überschallbetrieb ist der statische Oberflächendruck p_{ext} aufgrund des Verdichtungsstoßes vor dem Einlass erhöht, weshalb keine Saugkraft erzeugt werden kann. Dieser zusätzliche Widerstand ist auch als Stoßwiderstand (Wave Drag) bekannt [74]. Der erhöhte Druck erfordert scharfe und dünne Geometrien, die weitere Verdichtungsstöße vermeiden und die projizierte Fläche des Vorkörpers minimieren.

Die Gondelheckkörperkraft $D_{aft-end}$ umfasst alle in der Düsenregion auftretende Widerstände (Base Drag, Boattail Drag) und wird in dieser Arbeit nicht detailliert betrachtet [47, S. 125].

2.3.2   Schutz vor Vereisung

Der Schutz des Flugzeugs und seiner Triebwerke vor Eisansammlungen und deren negativen Folgen stellt seit Beginn der Luftfahrt eine konstruktionstechnische Herausforderung dar. Deshalb wurden bereits in den 1930er bis 1940er Jahren erste Eisschutzsysteme (Ice Protection Systems, IPSs) untersucht und entwickelt [112], [113].

Potenziell nachteilige Auswirkungen der Vereisung sind eine verringerte Ablöseresistenz und ein erhöhter Luftwiderstand des Flugzeugs [114]. Dies kann zu einer Verringerung der Steigrate, der maximalen Fluggeschwindigkeit und der Antriebseffizienz sowie zu einem erhöhten Kraftstoffverbrauch und verlängerten Rollwegen führen [114]. Darüber hinaus können Vereisungen in ungenauen Sensor- und Sondendaten, z. B. für die Fluggeschwindigkeit, sowie in einer verschlechterten Flugzeugsteuerung resultieren [114]. Im Bereich des Einlasses kann Eisbildung zu Strömungsablösungen führen. Weiterhin kann Eis abplatzen und hinter dem Einlass liegende Komponenten, wie den Fan, beschädigen.

Die genannten Effekte können zu gefährlichen oder sogar katastrophalen Ereignissen führen [78]. Daher müssen Flugzeugkomponenten, wie

- die Windschutzscheiben im Cockpit,
- die Tragflächen und andere Auftriebsflächen,
- das Triebwerk, einschließlich des Einlasses und des Fans, sowie
- Messsysteme, z. B. die Druck- und Temperatursonden

vor Eisansammlungen geschützt werden [77, S. 762], [78], [113]. Für die luftfahrttechnische Zulassung eines IPS muss die Einhaltung der von der Europäischen Agentur für Flugsicherheit (EASA) in Bauvorschrift CS-25.1419

(Certification Specification) [34] definierten Anforderungen bei maximaler Vereisungsgefahr nachgewiesen werden. Zudem müssen moderne Flugzeuge und ihre Komponenten einen bestimmten Grad an Vereisung sicher und ohne größere Leistungseinbußen tolerieren können [34]. Auf diese Weise kann im Falle einer Fehlfunktion des IPS für eine bestimmte Zeitspanne ein sicherer Flug gewährleistet werden. Weiterhin lässt sich dadurch der Energiebedarf des IPS, der z. B. durch das Zapfluftsystem oder die elektrischen Generatoren des Triebwerks gedeckt wird, minimieren.

Vereisungsbedingungen

Zahlreiche Studien [114], [115], [116], [117] befassen sich mit den Mechanismen der Eisbildung an Flugzeugen, die weiterhin nicht vollständig verstanden sind. Eisbildung am Flugzeug kann sowohl am Boden als auch während des Fluges auftreten [77, S. 763]. Am Boden gebildetes Eis wird durch Enteisungsfluide am jeweiligen Flughafen entfernt. Eis, das sich während des Fluges bildet, ist durch Technologien, die in das Flugzeug integriert werden, zu entfernen oder bereits in der Entstehung zu verhindern [77, S. 763].

In Wolken kann Wasser in Form unterkühlter Tröpfchen (Super-cooled Droplets) bis zu Temperaturen von $-40\,°C$ im flüssigen Zustand verbleiben [77, S. 763], [114]. Um zu gefrieren, muss das Wasser seine verborgene innere Gefrierwärme (Latent Heat of Freezing) abgeben, um sich in Eis umzuwandeln. Diese Wärmeabgabe kann an die Umgebungsluft erfolgen, wodurch Eiskristalle entstehen, oder an eine Oberfläche, was zur Eisbildung auf dieser führt [77, S. 763], [118]. Während des Fluges in Wolken bei Temperaturen um oder unter dem Gefrierpunkt von $0\,°C$ können unterkühlte Tröpfchen auf die Flugzeugoberfläche auftreffen, gefrieren und zu Eisansammlungen führen. Innerhalb des Einlasskanals des Flugtriebwerks kann Eis durch adiabatische Kühlung (Adiabatic Cooling) bei Temperaturen über dem Gefrierpunkt von bis zu $+5\,°C$ entstehen [113]. Neben der Temperatur hängt die Menge des entstehenden Eises und die Entstehungsrate auf einer Oberfläche von der Form, Größe und Beschaffenheit der Oberfläche, der relativen Geschwindigkeit der Tröpfchen zur Oberfläche sowie der Konzentration von flüssigem Wasser und der Tröpfchengröße innerhalb der Wolke ab [113], [114]. Darüber hinaus ist die Wärmeübertragung zwischen der Oberfläche und dem Tröpfchen von Bedeutung. Diese ist abhängig von verschiedenen physikalischen Effekten, wie der aerodynamischen Erwärmung, der konvektiven Kühlung, der Verdunstungskühlung und der latenten Gefrierwärme [113], [114].

Die beiden Hauptformen der Vereisung sind Raueis (Rime Ice) und Klareis (Glaze Ice) [113], vgl. Abbildung 2.18. Raueis entsteht, wenn die Tröpfchen beim Aufprall auf die Oberfläche vollständig gefrieren. Dies führt zu Lufteinschlüssen, durch die eine milchige, undurchsichtige Struktur entsteht [77, S. 764]. Meistens sind Raueisansammlungen stromlinienförmig und spröde, weisen aber eine große Oberflächenrauheit auf [77, S. 764]. Durch das Anwachsen von Raueisansammlungen können sich Hörner bilden, die über deutlich schlechtere Strömungseigenschaften verfügen [113].

Raueis   Klareis

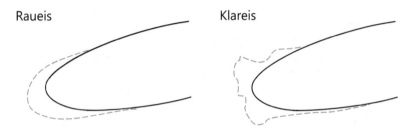

Abbildung 2.18   Eisansammlungsformen auf aerodynamischen Profilen

Das transparente, durchscheinende Klareis stellt die kritischere Form der Vereisung dar. Es kann sich bilden, wenn beim Aufprall auf die Oberfläche nur ein Teil des auftreffenden Wassers sofort gefriert [114]. Dies ist bei Kombinationen von warmen Temperaturen, großen Geschwindigkeiten oder hohen Wasserkonzentrationen in Wolken möglich [114]. Das verbleibende flüssige Wasser kann entlang der Oberfläche in hintere Regionen fließen, gefrieren und lokale Verdickungen bis hin zu Hörnern bilden [114]. Die Oberfläche von Klareis hat eine geringe Rauheit, kann jedoch Risse von bis zu einem Millimeter und Knötchen von mehreren Millimetern Höhe bilden [101]. Weiterhin existieren Mischformen von Raueis und Klareis, die die negativen Eigenschaften beider Hauptformen in sich vereinen [77, S. 764].

Eisdetektion

Die Erkennung des Beginns von Vereisungsbedingungen ist wichtig, um deren gefährliche Auswirkungen zu verhindern und um Energieverschwendung durch ein permanent aktives IPS zu umgehen. Früher mussten die Piloten Eisbildung auf den Cockpit-Scheiben und Wischerblättern erkennen. Heutzutage existieren Eisdetektoren, um die Arbeitsbelastung der Piloten zu reduzieren und die Zuverlässigkeit der Eiserkennung bei Nachtflügen zu erhöhen [113]. Eisdetektoren informieren die Besatzung über das Vorhandensein von Vereisungsbedingungen und/oder aktivieren das IPS [113]. Darüber hinaus erkennen sie den Austritt aus Vereisungsbedingungen, wodurch der Energieverbrauch durch rechtzeitige Abschaltung des IPS reduziert werden kann. Eisdetektionssysteme für Flugzeuge können als

- beratende Eisdetektionssysteme,
- primär manuelle Eisdetektionssysteme und
- primär automatische Eisdetektionssysteme

ausgeführt werden [119]. Beratende Eisdetektionssysteme dienen als Absicherung für die Erkennung von Vereisungsbedingungen, die von der Flugbesatzung basierend auf Temperaturdaten und sichtbarer Feuchtigkeit erkannt werden müssen. Primär manuelle Systeme informieren die Besatzung über die aktuellen Vereisungsbedingungen, wobei die Aktivierung des IPS der Besatzung überlassen bleibt. Im Gegensatz dazu erkennen primär automatische Systeme Vereisungsbedingungen, aktivieren das IPS und informieren die Besatzung über beides.

Eisdetektionssysteme können auf thermischen, optischen und mechanischen Prinzipien basieren [119]. Thermische Systeme zeigen das Vorhandensein von Eis an, indem sie z. B. eine Änderung des Temperaturgradienten einer beheizten Oberfläche messen. Diese Änderung kann durch die Schmelzwärme von potenziell angesammeltem Eis, das auf der beheizten Oberfläche schmilzt, entstehen [113]. Diese Systeme werden bislang noch nicht serienmäßig eingesetzt. Optische Detektionssysteme von Penny & Giles [120] nutzen Lichtstrahlen zum Erfassen der Wachstumsgeschwindigkeit des Eises [119]. Anwendung finden sie bei Rotorflüglern, wie dem Agusta Westland AW101 und dem Sikorsky S-92. Ältere militärische Transportflugzeuge nutzen mechanische Eisdetektoren mit einem rotierenden Zylinder von Lucas Aerospace [113], [121]. Hierbei wird ein kleiner Zylinder an einem Abstreifblech entlang rotiert und das zum Abstreifen erforderliche Drehmoment gemessen. Bei der Bildung von Eis erhöht sich das Drehmoment und Eisbildung wird erkannt.

Die meisten Verkehrsflugzeuge verwenden elektromechanische Eisdetektoren von UTC Aerospace Systems [122]. Diese Eisdetektorbauart regt eine Sonde im Luftstrom zu Schwingungen mit einer konstanten Frequenz von etwa 40 kHz an [77, S. 769], [113]. Sobald sich Eis an der Sonde ansammelt, erhöht sich die schwingende Masse, wodurch die Frequenz reduziert wird. Unterschreitet die Frequenz einen Schwellenwert, wird Vereisung signalisiert [113]. Durch Aufheizen der Sonde wird diese vom Eis befreit und der Vorgang kann wiederholt werden [77, S. 769].

Eisschutzsystemarten

Die von Eisansammlungen ausgehende Gefahr kann durch Eisverhütung (Anti-Icing) oder Enteisung (De-Icing) vermieden werden [77, S. 763]. Eisverhütung beschreibt die Vorbeugung von Eisansammlungen, während Enteisung die zyklische Entfernung kleiner Eisansammlungen von einer Oberfläche beschreibt [77, S. 763]. Jedes Eisverhütungssystem kann auch als Enteisungssystem fungieren, um somit den erforderlichen Energieverbrauch zu reduzieren. Jedoch gewährleistet der Eisverhütungsbetrieb die aerodynamisch beste Oberfläche. Darüber hinaus können Eisverhütungssysteme im Verdampfungsbetrieb oder im Nassfließbetrieb arbeiten [113]. Vollständig verdampfende Systeme entfernen alle Spuren von Wasser von einer Oberfläche durch Erwärmung. Diese Methode erfordert sehr hohe Energiemengen. Systeme im Nassfließbetrieb verhindern eine Eisablagerung, indem sie die Oberfläche nur über den Gefrierpunkt des Wassers erhitzen, wodurch viel weniger Energie benötigt wird. Aus Sicherheitsgründen muss jedoch berücksichtigt werden, dass weiterfließendes Wasser stromabwärts der beheizten Oberfläche erneut eine Eisablagerung bilden kann, sogenanntes Runback-Eis [77, S. 767], [113].

Enteisungssysteme werden häufig auf Oberflächen eingesetzt, die einen gewissen Eisansatz tolerieren können oder bei bauartbedingt nur stark eingeschränkt zur Verfügung stehender Energie. Im Gegensatz dazu werden Eisverhütungssysteme in der Regel in Bereichen eingesetzt, die anfällig für eine gestörte Aerodynamik sind oder in denen abplatzendes Eis gefährliche Schäden verursachen kann.

Der Energiebedarf von IPSs wird beispielsweise auf Tragflächen durch die Kombination von Verdampfungsbetrieb und Nassfließbetrieb optimiert [113]. Während für die aerodynamisch empfindlichere Oberseite ein verdampfendes System verwendet wird, wird auf der Unterseite ein nasslaufendes System eingesetzt, welches die Bildung von aerodynamisch tolerierbarem Runback-Eis stromab der beheizten Fläche ermöglicht [113].

In der Luftfahrt fanden bisher pneumatisch, elektrisch oder chemisch betriebene IPSs Anwendung [113], vgl. Abbildung 2.19.

Pneumatische IPSs können heiße Zapfluft (Bleed Air) aus dem Verdichter des Triebwerks zum Vereisungsschutz nutzen oder Druckluft verwenden, um Gummimatten aufzupumpen und somit das Eis abplatzen zu lassen. Enteisungsflüssigkeiten setzen den Gefrierpunkt von Wasser herab und lösen somit Eis auf. Elektrische IPSs können auf elektrothermischen, elektromechanischen oder hybriden Prinzipen basieren. Während elektrothermische IPSs Heizelemente zum Aufheizen der Oberfläche nutzen, regen elektromechanische IPSs die Außenhülle zum Schwingen an, wodurch angesammeltes Eis abplatzt.

Abbildung 2.19
Wirkprinzipe von
Eisschutzsystemen

Darüber hinaus existieren zahlreiche innovative Eisschutzsysteme, die noch nicht Einzug in den Serienbetrieb hielten. Dazu zählen beispielsweise

- eisabweisende Beschichtungen [123], [124], [125],
- Ultraschallwellen,
- Mikrowellen,
- Elektrolyse,
- Formgedächtnislegierungen (Shape Memory Alloys, SMAs),
- Piezoelektrika sowie
- Hybridsysteme elektrothermischer und elektromechanischer IPSs [77, S. 762], [112], [113], [126].

Heißlufteisschutzsysteme
Viele Jahre waren Heißluft-IPSs aufgrund der guten Verfügbarkeit heißer Triebwerkszapfluft die bevorzugten Systeme für den Eisschutz der Tragflächen und des Leitwerks von Verkehrsflugzeugen [77, S. 769], [127]. Jedoch sind für diese großen Flächen signifikante Mengen Zapfluft erforderlich und somit Leistungsverluste sowie zusätzlicher Installations- und Wartungsaufwand einhergehend [127]. Auch deshalb wurden in jüngerer Vergangenheit zunehmend elektrische Systeme in Flugzeugen (More-Electric Aircraft) verwendet, beispielweise beim Vereisungsschutz der Tragflächen der Boeing 787 [112], [127]. Aufgrund ihrer Nähe zum Triebwerk werden Heißluft-IPSs weiterhin vorranging im Einlass von Strahltriebwerken eingesetzt [113]. Bei Triebwerksarten mit geringeren Mengen an verfügbarer Zapfluft, wie Turboproptriebwerken, oder bei komplexeren Einlassformen, wie dreidimensional geformten Einlasskanälen (S-Ducts), werden elektrothermische Systeme bevorzugt [113].

Heißluft-IPSs werden vorrangig im Eisverhütungsbetrieb eingesetzt [113]. Eine Ausnahme stellen die Tragflächen der Lockheed C130-Hercules dar, die mittels zyklischem Enteisungsbetrieb geschützt werden [113]. In Heißluft-IPSs wird Verdichterzapfluft mit einer Temperatur von 200 °C [114] bis 260 °C [57], [127] durch isolierte Rohre und Ventile zum sogenannten Piccolo-Rohr in der Flügel- oder der Einlassvorderkante geleitet [77, S. 770], vgl. Abbildung 2.20 links. Das Piccolo-Rohr verläuft innenliegend entlang der gesamten Vorderkante. Es ist mit Löchern versehen, um eine gleichmäßige Verteilung der Zapfluft innerhalb der Vorderkante zu gewährleisten und somit den erforderlichen Zapfluftmassenstrom zu minimieren [113]. Zur Maximierung des Wärmeübergangs besteht die Vorderkante im Allgemeinen aus Aluminium [113]. Weiterhin werden Schottwände eingesetzt, um naheliegende Komponenten vor den hohen Temperaturen zu schützen und um die Abluft durch die Abluftbohrungen auszuleiten [113].

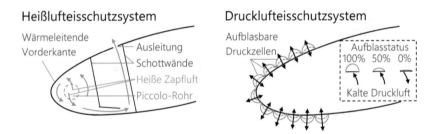

Abbildung 2.20   Gestaltung pneumatischer Eisschutzsysteme

Bewegliche Strukturen, wie z. B. die Vorflügel (Slats), können durch den Einsatz von Teleskoprohren und flexiblen Kupplungen mit Zapfluft versorgt werden [77, S. 770], [75]. Weiterhin können Druck- und Temperatursensoren, ein Überhitzungsschutz und Druckbegrenzungs-, sowie Absperrventile erforderlich sein, um Systemfehler zu erkennen und zu behandeln [113]. Darüber hinaus stellt die Bestimmung und Regelung des erforderlichen und des verfügbaren Zapfluftmassenstroms sowie seiner Temperatur ohne negative Beeinflussung der Flugeigenschaften eine Herausforderung dar [113].

Drucklufteisschutzsysteme

Druckluft-IPSs werden typischerweise in Form pneumatischer Enteisungsmatten auf den Tragflächen von Turboprop-Flugzeugen eingesetzt [78]. Sie können nur als Enteisungssysteme betrieben werden. Enteisungsmatten bestehen aus aufblas-baren Druckzellen. Dies sind zumeist synthetische Gummibälge oder -schläuche (Pneumatic Boots), die entweder parallel oder senkrecht (Abbildung 2.20 rechts) zur Strömungsrichtung angeordnet sind [77, S. 766], [78]. Die Installation der etwa zwei Millimeter dicken Matten erfolgt vorrangig im Bereich der Vor-derkante, wo das höchste Potenzial für die Eisbildung besteht [77, S. 766], [113].

Das Druckluft-IPS erlaubt Eisdicken von etwa 0,6 cm bis 1,3 cm bevor Luft in die Schläuche gepumpt wird, um diese aufzublasen [113]. Dieser Prozess kann automatisch oder durch die Besatzung eingeleitet werden und ist nach einer Zeitspanne von fünf bis sechs Sekunden abgeschlossen [77, S. 766]. Durch die Ausdehnung der aufgeblasenen Schläuche bilden sich Risse im Eis und es platzt durch die wirkenden Strömungskräfte ab [113]. Anschließend muss die Luft wieder abgesaugt werden, um die strömungsmechanische Beeinflussung durch die Schläuche zu minimieren. Bei niedrigem Umgebungsdruck in großer Höhe muss zudem ein Unterdruck erzeugt werden, damit die Schläuche weiter auf der Flügeloberfläche aufliegen [113].

Das Zulassen einer gewissen Eisdicke lässt die Möglichkeit einer zu spä-ten Aktivierung des IPS offen und riskiert somit größere Eisansammlungen, die zu Strömungsablösungen an den Tragflächen führen können. Diese können zum Verlust der Kontrolle über das Flugzeug und letztlich zum Verlust des Flug-zeugs führen. Daher ordnet die Luftfahrtbehörde der Vereinigten Staaten von Amerika FAA für einige Flugzeugtypen mit Druckluft-IPS bei Detektion von Vereisungsbedingungen die sofortige Aktivierung des Systems an [113].

Druckluft-IPSs kombinieren eine akzeptable Masse mit einem relativ geringen Leistungsbedarf [113]. Allerdings sind die Gummischläuche normalerweise auf Neoprenbasis und somit erosionsanfällig, was zu einer begrenzten Lebensdauer führt [113]. Zusätzlich werden bei einigen Druckluft-IPSs Beschichtungen mit reduzierter Haftfestigkeit zur Verbesserung der Abwurffähigkeit eingesetzt [113]. Darüber hinaus gibt es Untersuchungen zu Druckluft-IPSs mit pulsierenden Auf-blaszyklen und Fokus auf Minimierung des zusätzlichen Luftwiderstandes, der durch das Aufblasen der Schläuche entsteht [113], [128].

Flüssigkeitseisschutzsysteme

Zu Beginn der IPSs in den 1930er Jahren waren Flüssigkeits-IPSs weit verbreitet [113]. Auch heute werden sie noch in vielen kleinen und mittelgroßen Flugzeu-gen eingesetzt, z. B. in Flugzeugen der Marken Beech, Cessna, Cirrus, Diamond, Piper und Mooney [112], [113]. Das System wird nur von CAV Aerospace [129] hergestellt und ist für den Eisverhütungsbetrieb konzipiert, kann aber auch zur Enteisung von bestehenden Eisansammlungen eingesetzt werden [113]. Flüssigkeits-IPSs entfernen Eis mittels einer Enteisungsflüssigkeit auf Glykolbasis, z. B. TKS-Enteisungsfluid [130], welches den Gefrierpunkt von Wasser herabsetzt [112]. Die Enteisungsflüssigkeit wird in Tanks gelagert und über Leitungen in einen Verteilungskanal im zu enteisenden Bauteil, z. B. eine Flügelvorderkante, gepumpt. Die zu enteisende Oberfläche verfügt über mikroporöse Löcher, durch die die Flüssigkeit an die Oberfläche fließt, wo sie das angesammelte Eis aufschmilzt und weitere Eisbildung verhindert, vgl. Abbildung 2.21. Anschließend fließen die Enteisungsflüssigkeit und das geschmolzene Wasser durch die wirkenden Strömungskräfte stromabwärts entlang der Oberfläche. Dabei wird die Entstehung von Runback-Eis aufgrund des herabgesetzten Gefrierpunktes vermieden [113].

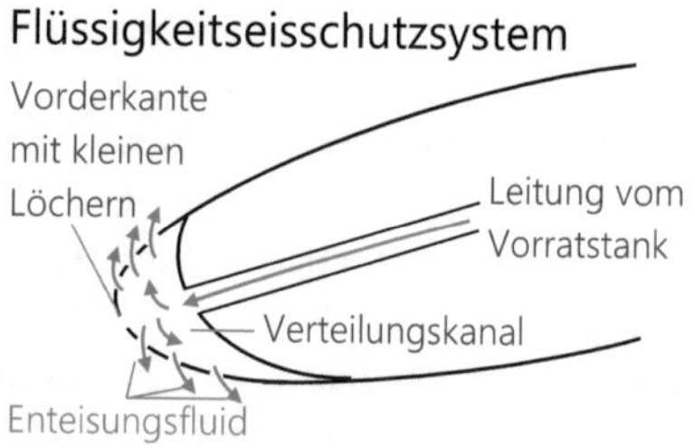

Abbildung 2.21
Gestaltung von Flüssigkeitseisschutzsystemen

Flüssigkeitseisschutzsystem
Vorderkante
mit kleinen
Löchern
Leitung vom
Vorratstank
Verteilungskanal
Enteisungsfluid

Vorteile des Flüssigkeits-IPS sind der geringe Bedarf an elektrischer Energie und die relativ geringe Masse der Versorgungsleitungen und des Vorratstanks [113]. Die Masse des Fluids ist jedoch der Haupttreiber für die Gesamtmasse des Systems, was bei Leichtflugzeugen zu einer typischen Masse des Systems von 45 bis 70 kg führt [113]. Der Hauptnachteil des Flüssigkeits-IPS besteht darin, dass es nur funktioniert, solange Enteisungsflüssigkeit vorhanden ist, wodurch eine Flüssigkeitsleckage oder ein zu kleines Reservoir zu gefährlichen Ereignissen führen können [113].

Elektrothermische Eisschutzsysteme

Elektrothermische IPSs sind die bevorzugte Wahl für den Eisschutz der Propeller von Turboprop-Triebwerken sowie für Rotorblätter von Hubschraubern [113]. Für diese Anwendungen werden elektrothermische Anwendungen gegenüber Heißluft-IPSs bevorzugt, da die Zuführung von Zapfluft in die rotierenden Blätter herausfordernd ist und die Temperatur der Zapfluft für die üblicherweise verwendeten Glas- und Kohlefasermaterialien moderner Rotorblätter zu hoch ist [113]. Elektrothermische IPSs werden bei Rotorblättern normalerweise im zyklischen Enteisungsbetrieb verwendet, da selten ausreichend elektrische Energie für einen Eisvermeidungsbetrieb zur Verfügung steht [77, S. 768], [113]. Selbst ein Hubschrauber mittlerer Größe erfordert allein für den Enteisungsbetrieb einige zehntausend Watt [113]. Aufgrund der Entwicklungstendenzen bei Triebwerken hin zu geringerem verfügbaren Zapfluftmassenstrom werden elektrothermische IPS jedoch zunehmend für die Anwendung in Betracht gezogen [113]. Die Anwendung des elektrothermischen IPS auf den Tragflächen der Boeing B787 erfordert etwa 100 bis 200 kW elektrische Leistung [79, S. 267], [113]. Darüber hinaus werden elektrothermische IPSs in Form dünner, transparenter Heizfolien für den Vereisungsschutz der Cockpitfrontscheibe und vorhandener Messsonden, wie der Staudrucksonde, verwendet [77, S. 769–770], [113].

Elektrothermische IPSs verwenden Widerstandsheizelemente zur Entfernung von Eis, vgl. Abbildung 2.22 links. Die Heizelemente können aus geätzten Folien, Drähten, Geweben, gespritztem Metall oder beschichteten Kohlefasern bestehen [113]. Die Heizelemente sind zudem beidseitig elektrisch isoliert. Darüber hinaus sind Leitungen für die Stromversorgung und die Steuerelektronik sowie Schutzmechanismen zur Vermeidung sehr hoher Temperaturen, wie z. B. Temperaturfühler, erforderlich. Eine Gesamtmasse des IPS von weniger als 20 kg kann durch den Einsatz von Heizelementen auf Grafitbasis erreicht werden, die von der NASA entwickelt wurden [112], [131]. Elektrothermische Systeme sind saubere und effiziente IPS-Lösungen mit einer langen Lebensdauer, die im hohen Maß von der Verlegung der Leitungen und deren Anschlüssen abhängt [113].

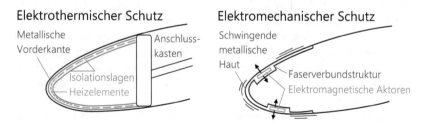

Abbildung 2.22   Gestaltung elektrischer Eisschutzsysteme

Elektromechanische Eisschutzsysteme

Mögliche Lösungen für elektromechanische IPSs sind beispielsweise

- die Enteisung mittels interner elektromagnetischer Aktoren [132] (Electro-Impulse De-Icing, EIDI),
- die Enteisung mittels externer elektromagnetischer Aktoren [133] (Electro-Expulsive De-Icing, EEDI) und
- die Enteisung mittels externer elektromechanischer Aktoren [134] (Electro-Mechanical Expulsion De-Icing, EMED) [112], [113], [135].

Die erstgenannte Bauart der EIDI-Systeme verwendet elektromagnetische Aktoren, die direkt unter der metallischen Außenhülle der zu schützenden Vorderkante angebracht sind. Die elektromagnetischen Aktoren sind überwiegend Drahtspulen, können aber auch als flache Metallstreifen ausgeführt werden [113]. Sobald die Spulen von einem Stromimpuls durchflossen werden, erzeugen sie einen entgegengesetzten Wirbelstrom in der Lippenhaut. Da die Spulen starr montiert sind, wird die Oberfläche mechanisch belastet und dadurch elastisch verformt, wodurch vorhandenes Eis abgeworfen wird [113]. Die mechanischen Belastungen, die Ermüdungseigenschaften der zu verformenden Struktur und die Positionierung der Aktoren erfordern während des Gestaltungsprozesses sorgfältige Aufmerksamkeit [113]. Darüber hinaus benötigt das IPS Komponenten zur Verteilung der elektrischen Leistung sowie große Kondensatoren [113]. Dieser IPS-Typ erfordert vergleichsweise wenig Energie. Bezüglich der Entstehung elektromagnetischer Interferenzen (EMI) divergieren die Einschätzungen [112], [113].

EEDI-Systeme finden Anwendung bei größeren unbemannten Fluggeräten (Unmanned Aerial Vehicle, UAVs), häufig auch als Drohnen bezeichnet [113]. Die elektromagnetischen Aktoren des EEDI-Systems sind auf der zu enteisenden Struktur aufgebracht und nur mit einem Elastomer überzogen. Bei der Aktivierung wird innerhalb einer Millisekunde eine Bewegung von etwa einem Mikrometer erzeugt, wodurch angelagertes Eis entfernt wird [112]. Der Hauptnachteil dieser Bauart ist die Anfälligkeit des Elastomers gegenüber Erosion und Beschädigungen durch Fremdkörper [112].

EMED-Systeme unterscheiden sich im Aufbau von EEDI-Systemen nur durch die Verwendung einer erosionsbeständigen Metalloberfläche an Stelle der Elastomerhaut [134], Abbildung 2.22 rechts. Der funktionale Unterschied besteht darin, dass beim EMED-System die Oberfläche nicht nur elastisch verformt wird, sondern hochfrequente Schwingungen angeregt werden, die angesammeltes Eis ablösen [112]. Dieser IPS-Typ zeichnet sich weiterhin durch einen sehr geringen Energiebedarf und eine geringe Masse aus [112].

Alle elektromechanischen IPSs haben einen geringen Leistungsbedarf, eine geringe Masse und entfernen den Großteil des Eises, das sich an der Vorderkante der betroffenen Struktur ansammelt. Jedoch hinterlassen sie häufig Resteis an den Seitenflanken, was zu aerodynamischen Verlusten führt [113].

2.3.3 Reduktion von Schallemissionen

Schall bezeichnet zeitliche Schwankungen von Dichte und Druck eines Mediums im Frequenzbereich von 16 Hz bis 16.000 Hz [10, S. 1485]. Diese Schwankungen breiten sich innerhalb des Mediums in Form von Schallwellen in einem Schallfeld aus. Für die Quantifizierung der Schwankungen wird der Schalldruck $p_s(t)$ verwendet. Dieser beschreibt die Differenz zwischen messbarem Gesamtdruck und dem statischen Umgebungsdruck p_0 [77, S. 213].

Das menschliche Gehör ist in der Lage, Schallwellen in der Luft mit einer Frequenz von ca. 1000 Hz ab einem Schalldruck von ca. $2 \cdot 10^{-5}$ Pa wahrzunehmen [10, S. 1485–1487], [77, S. 213]. Dabei wird die wahrgenommene Tonhöhe hauptsächlich von der Frequenz und die Lautstärke vorrangig vom effektiven Schalldruck $\tilde{p}_s$ bestimmt. Das Quadrat des effektiven Schalldrucks $\tilde{p}_s$ ist als zeitlicher Mittelwert des Schalldruckquadrats definiert [77, S. 213]:

$$\tilde{p}_s^{\,2} = \overline{p_s(t)^2}. \tag{2.7}$$

Die Schmerzgrenze für die Lautstärke wird bei einem effektiven Schalldruck $\tilde{p}_s$ von etwa $2 \cdot 10^1$ Pa erreicht [10, S. 1487]. Dabei verläuft der wahrnehmbare Lautstärkeeindruck nicht linear, sondern annähernd logarithmisch. Deshalb und aufgrund des großen Wertebereichs werden in der Akustik logarithmische Pegelgrößen, wie der Schalldruckpegel L_p, verwendet [77, S. 213]:

$$L_p = 20\lg(\tilde{p}_s / p_{ref})\,dB, \quad p_{ref} = 2 \cdot 10^{-5}\,Pa. \tag{2.8}$$

Dadurch entspricht eine Verdopplung des Schalldrucks einer Erhöhung des Schalldruckpegels um etwa 6 dB [10, S. 1488]. Um den Einfluss von Messumgebung, -ort und -abstand auf das Schallfeld zu eliminieren, existiert zudem der Schallleistungspegel L_P [10, S. 1488]:

$$L_P = 10\lg(P/P_{ref})\,dB, \quad P_{ref} = 10^{-12}\,W. \tag{2.9}$$

Die Schallleistung ist proportional zum Quadrat des effektiven Schalldrucks $\tilde{p}_s$ [10, S. 1488]. Eine Verdopplung der Schallleistung hat somit eine Erhöhung des Schallleistungspegels um etwa 3 dB zur Folge [10, S. 1488]. Als störend empfundene Schallereignisse werden als Lärm bezeichnet. Sowohl der Schalldruck als auch die Frequenz haben einen Einfluss auf die empfundene Störung. Um die Abhängigkeit des empfundenen Schalldruckpegels von der Frequenz zu umgehen, existieren sogenannte Schallbewertungskurven, die auf den gemessenen Schalldruckpegel L_p aufaddiert werden [10, S. 1489]. In der Luftfahrt werden beispielsweise die A-Bewertung nach DIN-IEC 651 und die N-Bewertung der SAE verwendet [10, S. 1490], [77, S. 213].

Die empfundene Lästigkeit (Perceived Noise, PNdB) kann bei konstantem Schalldruckpegel, um bis zu 20 PNdB variieren, was einer Vervierfachung der Lästigkeit in dieser Skala entspricht [100, S. 9]. Die empfundene Lästigkeit des Lärms hängt von Schallspitzen, Einzelgeräuschen und der Zeitdauer von Schallereignissen ab [10, S. 1491]. Diese Faktoren finden beim effektiv empfundenen Schallpegel (Effective Perceived Noise, EPNdB) Beachtung [77, S. 213]. Dieser wurde von der ICAO (Internationale Zivilluftfahrtorganisation, International Civil Aviation Organization) eigens für die Zertifizierung von Luftfahrzeugen entwickelt [10, S. 1491].

Um die Lästigkeit von Flugzeuglärm und dessen gesundheitsschädigende Wirkung für den Menschen [136] zu reduzieren, werden von Flughafenbetreibern [66, S. 58] und den Luftfahrtbehörden Grenzwerte für den erlaubten effektiv empfundenen Schallpegel festgelegt. In Europa werden diese von der EASA in der CS-36 [137] vorgeschrieben und verweisen auf ICAO Annex 16, Volume 1 [138]. Der maximal erlaubte Wert des effektiv empfundenen Schallpegels in Flughafennähe darf laut diesem, in Abhängigkeit von der Flugphase, der Flugzeugmasse und der Anzahl der Triebwerke im Bereich von 89 bis 106 EPNdB liegen [10, S. 1496]. Häufig verlangen Flughafenbetreiber für die Nutzung jedoch niedrigere Werte [66, S. 58].

Lärmquellen

Flugzeuglärm kann in aerodynamischen Lärm und Triebwerkslärm unterteilt werden. Aerodynamischer Lärm entsteht beispielsweise durch die Umströmung von Klappen oder bei Überlaufströmungen um den Gondelvorkörper [10, S. 1499]. Triebwerkslärm geht beispielsweise von Rotoren, wie dem Fan, und vom Abgasstrahl aus [10, S. 1499]. Zusätzlich kann Lärm durch Verdichtungsstöße entstehen [10, S. 1503]. Bis auf den Strahllärm, sind die genannten Lärmquellen für die Einlassgestaltung von Relevanz [100, S. 61].

Vorflügel mit Spalt verursachen aufgrund großer Turbulenzen besonders viel aerodynamischen Lärm über einem breiten Frequenzband [77, S. 221]. Dieser Lärm skaliert mit bis zu der fünften Potenz der Anströmgeschwindigkeit [77, S. 221]. Eine vergleichbare Wirkung haben Öffnungsklappen im Einlass, vgl. Abbildung 2.14. Fanlärm hat beim Flugzeugstart einen großen tonalen Anteil, dessen Frequenz von der Schaufelzahl und der Rotationsgeschwindigkeit abhängt [77, S. 218]. Hinzu kommen breitbandige Anteile aufgrund von Störungen der Fananströmung, Überschall-Machzahlen im Bereich der Schaufelspitzen (Buzz Saw Noise), Grenzschichtturbulenzen sowie Interaktionen der Nachlaufströmungen (Nachlaufdellen) zwischen Rotor und Stator [10, S. 1534], [66, S. 60–61], [77, S. 218]. Strahllärm ist breitbandig und primär von der Strahlgeschwindigkeit abhängig, was insbesondere im Überschall zu beachten ist [77, S. 218–220].

Lärmreduktion

Der vom Flugzeug abgestrahlte Lärm kann auf verschiedene Wege durch die Gestaltung des Einlasses reduziert werden. Beispiele hierfür sind:

- Abschirmung des Lärms vom Erdboden [9],
- gleichförmige Anströmung des Fans [10, S. 1534],
- angepasste Dimensionierung aerodynamischer Profile [77, S. 224],
- akustische Auskleidungen (Acoustic Liner) [10, S. 1540] und
- aktive Lärmminderungsmaßnahmen [77, S. 224].

Die bereits in Abbildung 2.13 dargestellten Einlässe mit negativem Schrägan- schnitt (Negative Scarfed Intakes), können den im Triebwerk entstehenden Schall nach oben ablenken [9], [99]. Ähnliche Abschirmeffekte können bei der Triebwerksmontage auf den Tragflächen oder dem Flugzeugrumpf von Nurflügel- Konstruktionen (Blended Wing Body) genutzt werden [7], [77, S. 42].

Störungen der Einlassströmung durch Fehlanströmungen, Querschnitte, die vom idealen Kreis abweichen, und Einbauten, wie Ringe, erzeugen am Fan Wechselwirkungen, die tonale Lärmeffekte zur Folge haben [10, S. 1534].

Die aerodynamische Dimensionierung von Profilen beinhaltet die möglichst schlanke Gestaltung von Strömungsprofilen, zu denen auch der Einlass zählt [77, S. 224]. Zusätzlich sollte eine geringe Profilnasenkrümmung umgesetzt werden, damit minimale lokale Beschleunigungen bei der Einlassumströmung auftreten [77, S. 224]. Folglich sind runde, dicke Einlasslippen für die Lärmminimierung zu bevorzugen [9]. Auf ausfahrbare Klappen und Öffnungen sollte aufgrund des erzeugten Lärms verzichtet werden [10, S. 1537], [100, S. 114], [139, S. 116].

Falls sie jedoch erforderlich sind, sollte eine lärmminimierende Klappenstellung identifiziert werden [77, S. 224].

Akustische Auskleidungen werden an verschiedenen Stellen des Triebwerks in den Wandungen des Strömungskanals in unterschiedlichen Bauformen eingesetzt [10, S. 1546]. Grundsätzlich verfügen alle bisher eingesetzten Bauformen über eine poröse Deckfläche mit darunterliegenden Wabenstrukturen, in denen sich Hohlräume ausbilden [10, S. 1543], [100, S. 143–144], vgl. Abbildung 2.23. Die Funktionsweise von akustischen Auskleidungen beruht vorrangig auf den Prinzipen der dissipativen Dämpfung und der reaktiven Auslöschung [10, S. 1543], [100, S. 143]. Dissipative Dämpfung beschreibt die Schwingungsanregung von Gasteilchen in den Poren des Deckmaterials [10, S. 1543]. Durch die Schwingung entsteht Reibung, die in einer Umwandlung der Schallenergie in Wärmeenergie resultiert [10, S. 1543]. Bei der reaktiven Auslöschung werden Schallwellen, die in die Hohlräume der Wabenstrukturen einfallen, am Boden der Struktur reflektiert [10, S. 1543]. Ist die Zelltiefe ein ungeradzahliges Vielfaches der eintretenden Wellenlänge, so wird die eintretende durch die reflektierte Schallwelle ausgelöscht und somit auch ein tonaler Anteil [10, S. 1543]. Das Material, die Größe der Poren und die Tiefe der Zellen werden in Abhängigkeit des Einsatzortes gewählt. Im Einlass finden als Deckschichtmaterial gewebte Glasfasermatten mit vergleichsweise hoher Porosität Anwendung [10, S. 1545–1546], [100, S. 147–148]. Diese erlauben die Dämpfung eines breiten Frequenzspektrums, auch unter Beachtung äußerer Einflüsse wie Schnee, Eis und Regen [10, S. 1545]. Als Material für den Wabenkern können beispielsweise Edelstahl oder Aluminium eingesetzt werden [10, S. 1546], [100, S. 147–148]. Um den tieffrequenten Kreissägenlärm des Fans zu dämpfen, sind diese Zellen meist einige Zentimeter tief [10, S. 1546]. Durch die Verwendung akustischer Auskleidungen im Einlass wird der Lärm um bis zu 5 PNdB verringert [100, S. 141]. Darüber hinaus existieren Konzepte bezüglich Auskleidungen aus Hartschaum [140] und Membranabsorbern [141]. Weiterhin werden Akustikauskleidungen im Bereich der Einlasslippe untersucht, wobei die Kompatibilität mit dem Eisschutzsystem zu gewährleisten ist [142].

Zu den aktiven Lärmminderungsmaßnahmen zählen die aktive Strömungsbeeinflussung durch Ausblasung, die Verstellung von Rotorblättern oder die Schallauslöschung durch Gegenschall [77, S. 225]. Das Prinzip des Gegenschalls könnte auch im Einlass Anwendung finden. Hierbei wird das Schallfeld über Mikrofone vermessen, analysiert und ein Gegenschallfeld erzeugt, das zur Auslöschung des gemessenen Schallfeldes führt [10, S. 1548], [143]. Das Gegenschallfeld kann dabei über Lautsprecher oder das Einblasen von Druckluft erzeugt werden [10, S. 1548–1549]. Weiterhin könnte die Fananströmung durch die Lufteinblasung positiv beeinflusst werden [10, S. 1550].

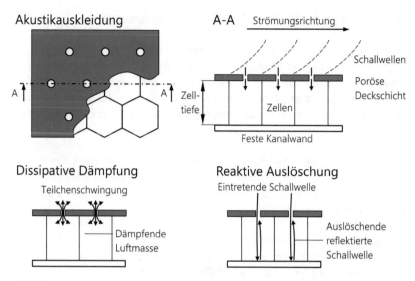

Abbildung 2.23 Aufbau von Akustikauskleidungen

2.4 Variable Pitot-Einlässe

Zur Erfüllung der aerodynamischen Anforderungen an den Einlass eines Triebwerks ist entweder ein Kompromiss oder eine variable Geometrie erforderlich, vgl. Abschnitt 2.2. Existierende Anwendungen für den reinen Unterschall- oder den Überschallbetrieb bis Mach 1,6 nutzen vorrangig starre Pitot-Einlässe, die eine Kompromisslösung darstellen. Einlässe für höhere Überschallgeschwindigkeiten verfügen überwiegend über andere Einlassbauweisen, die bewegliche Komponenten aufweisen, um den bestehenden Anforderungen gerecht zu werden [108]. Variable Pitot-Einlässe spielen in modernen Luftfahrtanwendungen nur eine untergeordnete Rolle, obwohl sie viele mögliche Vorteile aufweisen. Darüber hinaus existieren bereits zahlreiche Lösungsansätze für die Umsetzung variabler Pitot-Einlässe. Diese Lösungsansätze erfordern zum Teil den Einsatz neuartiger Technologien.

2.4.1 Mögliche Vorteile variabler Pitot-Einlässe

Der Einsatz variabler Pitot-Einlässe bietet sowohl für reine Unterschall- als auch für Überschallanwendungen zahlreiche mögliche Vorteile hinsichtlich des Kraftstoffverbrauchs, der Reichweite, der Lärmemissionen und der Betriebssicherheit des Flugzeugs. Dem stehen potenzielle Nachteile bezüglich der Masse, der Zuverlässigkeit sowie der Entwicklungs-, Herstellungs- und Wartungskosten gegenüber.

Vorteile variabler Pitot-Einlässe gegenüber starren Pitot-Einlässen
Die Geometrie von Pitot-Einlässen kann in verschiedenen Abschnitten mit unterschiedlichen Effekten variiert werden. Möglichkeiten der Konturvariation des Einlasses bestehen in der Variation

- der Rundung der Einlasslippe,
- der Querschnittsflächen in Eintritts- und Kehlenebene,
- der Länge von Lippe, Diffusor und Gondelvorkörper und
- der Wölbung der Außenkontur des Gondelvorkörpers.

Eine Sonderform stellt die Grenzschichtbeeinflussung dar. Bei dieser verbleibt die geometrische Kontur des Einlasses unverändert, jedoch wird die umströmte Kontur, beispielsweise durch Lufteinblasung in die Grenzschicht, angepasst.

Während langsamer Flugphasen, wie dem Flugzeugstart, dem Durchstarten oder dem Steigflug, können große Anstellwinkel und starke Seitenwinde zu Strömungsablösungen und Ungleichförmigkeiten der Fananströmung mit allen damit verbundenen potenziellen Folgen führen. Durch einen variablen Einlass, der die Kontur ideal für diese Bedingungen anpasst, können diese Effekte minimiert werden. Eine Variation der Lippenkontur führt in diesen Phasen zu einer geringeren Beschleunigung der Strömung entlang der Einlasslippe hin zum engsten Querschnitt. Dadurch werden Turbulenzen, die Häufigkeit kompressibler Effekte und Strömungsablösungen reduziert. Dies wiederum verringert den erzeugten Lärm bei der Umströmung [77, S. 223], erhöht das Einlassdruckverhältnis und verbessert die Gleichförmigkeit der Fananströmung. Eine gleichförmigere Fananströmung resultiert in einem höheren Fanwirkungsgrad sowie verringertem Fanlärm. Eine Erhöhung der Wölbung der Außenkontur des Gondelvorkörpers im vorderen Bereich kann ebenso die Umströmung der Einlasslippe verbessern. Durch eine Verlängerung des Einlasses kann die Gleichförmigkeit der Anströmung des Fans positiv beeinflusst werden, da sich kleinere Störungen innerhalb des Strömungsfeldes ausgleichen können. Eine Vergrößerung der Eintrittsquer-schnittsfläche A_1 resultiert in langsamen Phasen zudem in einer verbesserten Anpassung an die vorherrschenden Fangstromröhrenquerschnitte, vgl. Abbildung 2.5. Dadurch wird die erforderliche Umlenkung der Strömung, um die Einlasslippe reduziert, was ähnliche Effekte wie die Anpassung der Lippengeometrie hat. Zudem wird der Lärm der Einlassumströmung verringert [10, S. 1499]. Eine Erweiterung des Kehlenquerschnitts A_{th} hat verringerte Machzahlen im engsten Querschnitt zur Folge, wodurch lokale Überschallgeschwindigkeiten und resultierende kompressible Effekte vermieden werden können, was sich positiv auf das Einlassdruckverhältnis auswirkt.

Die Erhöhung der Ablöseresistenz und die verbesserte Gleichförmigkeit der Strömung vergrößern den Pumpgrenzabstand und verringern somit die Gefahr des Triebwerkspumpens [65, S. 278–279]. Der vergrößerte Pumpgrenzabstand kann genutzt werden, um die Beschleunigungsraten des Triebwerks zu erhöhen. In Kombination mit der verbesserten Ablöseresistenz, ermöglicht dies einen kürzeren Weg zum Starten sowie größere Anstellwinkel und Steigraten. Dies hat zur Folge, dass das Flugzeug weniger Lärm über eine kürzere Dauer in der Nähe des Flughafens erzeugt, was sich positiv auf die Zertifizierung des Flugzeugs und die Betriebskosten am Flughafen auswirken kann. Weiterhin könnte durch die verbesserte Ablöseresistenz die Sicherheit bei starkem Seitenwind erhöht werden. Dadurch könnten auch die Grenzwerte für Betrieb bei Seitenwind angepasst werden [34, 25.237]. Zudem könnte die Notwendigkeit des rollenden Starts einiger Flugzeuge vermieden werden, was kürzere Rollwege und Kraftstoffeinsparungen ermöglicht.

Für den Windmilling-Fall beim Ausfall eines Triebwerks könnte durch eine Verringerung der Eintrittsquerschnittsfläche A_1 der Überlaufwiderstand signifikant reduziert werden. Die verbleibenden Triebwerke müssten dadurch deutlich weniger Schub erzeugen als bei Verwendung starrer Einlässe. Dies könnte genutzt werden, um die sicherheitsbedingte Überdimensionierung von Triebwerken zu reduzieren.

Im Reiseflug ist der Einfluss von Seitenwinden aufgrund der vergleichsweise deutlich höheren Fluggeschwindigkeit annähernd vernachlässigbar. Auch sind übliche Anstellwinkel ziviler Anwendungen im Reiseflug deutlich kleiner, sodass vereinfacht von einer ungestörten axialen Einlassanströmung ausgegangen werden kann. Dadurch können aus aerodynamischer Sicht unterschiedliche Schnittgeometrien (Cross Sections), vgl. Abbildung 2.11, vermieden werden und die gesamte Geometrie vollständig für den Reiseflug optimiert werden. Darüber hinaus kann für den Unterschallreiseflug die Eintrittsquerschnittsfläche A_1 verkleinert werden, um besser an den Querschnitt der Fangstromröhre angepasst zu sein. Folglich wird der Überlauf der externen Strömung von der Einlasslippe zum äußeren Gondelvorkörper reduziert. Die Geometrie der äußeren Kontur des Gondelvorkörpers könnte zum Erzeugen einer maximalen Saugkraft auf diesem angepasst werden. Somit würde der resultierende Luftwiderstand des Flugzeuges positiv beeinflusst werden, wodurch die Schubanforderungen an die Triebwerke reduziert werden könnten. Eine Reduzierung des erforderlichen Schubs resultiert in einem verringerten Kraftstoffverbrauch. Infolgedessen könnte bei der gleichen mitgeführten Kraftstoffmenge eine größere Flugreichweite realisiert werden. Auch könnte die mitgeführte Kraftstoffmenge reduziert und somit die Nutzlast des Flugzeugs erhöht werden. Die Verringerung des Widerstands unterstützt zudem eine Erhöhung der Reisefluggeschwindigkeit im Unterschallbereich.

Für eine weitere Erhöhung der Geschwindigkeit in den Überschallbereich bis Mach 1,6 sollte eine weitere Anpassung der Geometrie erfolgen. Da aufgrund des senkrechten Verdichtungsstoßes vor dem Einlass keine Saugkraft auf dem Gondelvorkörper erzielt werden kann, gilt es, dessen Profilfläche zu minimieren und weitere Verdichtungsstöße auf der Außenkontur zu vermeiden. Zu beachten ist dabei, dass die Profilfläche des Einlasses auch vom maximalen Gondelquerschnitt abhängt. Dieser wiederrum wird auch durch Einbauteile, die gegenwärtig in der Triebwerksgondel unterzubringen sind, bestimmt und ist somit nur eingeschränkt variierbar. Weiterhin sollte die Lippengeometrie möglichst dünn bis scharf sein, wodurch sich die Einlasskehle in die Eintrittsebene verlagert [47, S. 359–360]. Hierbei ist die Fähigkeit der Verringerung der Lippenlänge vorteilhaft. Gleichzeitig ist ein längerer Diffusor vorteilhaft, um lokale Turbulenzen im Strömungsfeld nach dem vorausgehenden Verdichtungsstoß auszugleichen. Der Querschnitt der Eintrittsebene A_1 kann darüber hinaus an den vom Triebwerk geforderten Massenstrom angepasst werden, wodurch der Verdichtungsstoß möglichst nah an die Eintrittsebene heranrückt [47, S. 359–360]. Dadurch wird der erzeugte Überlaufwiderstand signifikant reduziert [47, S. 359–360]. Die Effekte einer Widerstandsreduktion sind für den Überschallbereich gleich denen im Unterschallbereich, jedoch ist das Potenzial im Überschallbereich deutlich größer.

Variable Pitot-Einlässe bieten eine erhöhte Sicherheit gegen Strömungsablösungen bei langsamen Flugzeuggeschwindigkeiten und eine Möglichkeit, den Betriebsbereich von Flugzeugen hin zu stärkerem Seitenwind zu erweitern. Zudem können sie erhöhte Steigraten unterstützen und somit den Lärm in Flughafennähe reduzieren. Gleichzeitig ermöglichen sie einen effizienteren Reiseflugbetrieb zukünftiger Überschallflugzeuge, sowohl im Unterschall über kontinentalem Gebiet als auch im Überschall über den Ozeanen. Darüber hinaus könnte die Variation der Einlassgeometrie als Enteisungsmechanismus verwendet

werden. Weiterhin könnte eine Konturvariation durch Einblasung in die Grenzschicht neben positiven aerodynamischen Effekten eine Lärmreduktion nach sich
ziehen.

Vorteile variabler Pitot-Einlässe gegenüber anderen Bauformen

Im Vergleich zu rechteckigen Einlässen mit externer Verdichtung haben Pitot-
Einlässe bis Mach 1,6 zahlreiche Vorteile, die der eingeschränkten Druckrückgewinnung während des Überschallbetriebs gegenüberstehen. Als vorrangige
Vorteile sind der geringe Luftwiderstand, das stabile Strömungsverhalten und
die hohe Gleichförmigkeit der Fananströmung zu nennen [9], [11, S. 105]. Die
höhere Gleichförmigkeit ermöglicht eine signifikant kürzere Länge des Einlasses
und somit eine Reduzierung seines erforderlichen Bauraums und seiner Masse
[9]. Zudem hat eine kürzere Länge einen positiven Einfluss auf die Dicke der
sich bildenden Grenzschicht, wodurch zusätzliche Vorrichtungen zum Abscheiden
der Grenzschicht vermieden werden können. Zum stabilen Strömungsverhalten
zählt insbesondere, dass der Verdichtungsstoß aufgrund der scharfen Lippe und
dem direkt anschließendem Diffusor in einer stabilen Lage befindlich ist [47,
S. 359–360]. Bei Einlässen mit externer Verdichtung oder gemischter Verdichtung können hingegen starke Instabilitäten beim Übergang von Unterschall- zu
Überschallbetrieb auftreten [47, S. 353–358], [108, S. 285–288]. Diese erfordern
teils komplexe Start- und Kontroll-Einrichtungen, wie bewegliche Strömungs-
kanalwandungen, offene Seitenflächen oder Nebenstromöffnungen [47, S. 371],
[108, S. 289].

2.4.2 Lösungsansätze variabler Geometrien

Aufgrund der möglichen Vorteile im Vergleich zu einschränkenden starren Kom-
promisslösungen existieren zahlreiche Lösungsansätze für die variable Gestaltung
von Tragflächenvorderkanten und Einlässen. Teilweise sind variable Pitot-Einlässe
das primäre Anwendungsgebiet dieser Lösungsansätze. Größtenteils sind die
Lösungsansätze jedoch für andere Anwendungen erarbeitet worden, weisen aber
ein gewisses Anwendungspotenzial für variable Pitot-Einlässe auf.

Tabelle 2.1 gibt einen Überblick über existierende Patente bezüglich variabler
Geometrien für Tragflächenvorderkanten und Einlässe. Zusätzlich ist angegeben,
welche Parameter der Geometrie durch die jeweiligen Patente variiert werden
können:

- die Einlassquerschnittsfläche (**A**),
- die Vorderkantenrundung (**R**),
- die Profillänge (**L**) und/oder
- die Profildicke (**T**),

auf welcher Funktionsweise die Geometrievariation basiert:

- Verschieben/Rotieren fester Segmente einer geschlossenen Kontur (**F**),
- elastisches Verformen des Oberflächenmaterials (**E**),
- Bewegen von Vorkörpern/Klappen/Rampen/Konen (**V**) und/oder
- aerodynamisches Beeinflussen der Strömungsgrenzschicht (**G**),

für welche räumliche Dimension die Patente vorrangig geeignet sind:

- ebene (**2D**) oder
- ringförmige (**3D**) Anwendungen

sowie welche potenziellen Schwachstellen die jeweiligen Patente aufweisen:

- zu geringer Grad der Detaillierung der Lösungsidee (**D**)
- hohe Lärmemissionen, z. B. durch offene Klappen (**L**) oder
- große Komplexität der Lösung, funktionelle Schwachstellen, die zu einer verringerten Zuverlässigkeit des Systems führen können (**Z**).

Es existieren zahlreiche Varianten der strukturierten Gruppierung von Patenten [219]. Nachfolgend erfolgt die primäre Unterteilung anhand der räumlichen Dimension der Anwendung und die anschließenden Unterteilungen entsprechend der zugehörigen Komponente und der Art der Variation, vgl. Abbildung 2.24.

   Die Erzeugung variabler Geometrien, gestaltet sich in der Ebene deutlich einfacher als für ringförmige Strukturen im dreidimensionalen Raum. Deshalb existieren zahlreiche Anwendungen zweidimensionaler ebener Lösungen in Form variabler Tragflächenprofile und variabler rechteckiger Überschalleinlässe. Im dreidimensionalen Raum gibt es sowohl für den Zentralkörper als auch die ringförmige Einlasshülle insbesondere von Überschalleinlässen variable Lösungsansätze. Dabei kamen die meisten Lösungsansätze im Bereich der Einlasshülle nicht über den Status der Patentidee hinaus.

Tabelle 2.1 Liste relevanter Patente

Patentnummer	Jahr	Variation			Funktion					Bemerkungen	Quelle
		A	R	L	T	F	E	V	G		
EP3421373A1	2019	A	R			F				Drehbare Außenklappen, 3D, L, Z	[144]
US10436112B2	2019			L				V	G	Axial ausfahrbare Kaskaden, 3D, L	[145]
US20160229519A1	2016				T		E			Formgedächtnislegierungen, 2D	[146]
US9297333B2	2016	A	R		T		E			Druckverformbares Elastomer, 3D, Z	[147]
US20160288917A1	2016	A			T	F				Axial verschiebbare Vorderkante, 90°-Sektor	[148]
US20160053683A1	2016			L		F				Teleskopprinzip, 3D, D	[149]
US9415856B2	2016	A	R		T		E			Verformung Tragflächenprofil, 2D, Z	[150]
US8925870B1	2015	A	R		T		E			Verformung Tragflächenprofil, 2D	[151]
US20150129715A1	2015			L			E			Formgedächtnislegierungen, 2D, D	[152]
US20140311580A1	2014	A					E			Verformung, 3D, D	[153]
US8690097B1	2014	A						V		Rotation des Konus, nur 90°-Sektor	[154]
EP1992810B1 und US20080283676A1	2014	A	R		T		E			Verformung, 3D, D	[155], [156]
US8622339B2	2014	A						V		Anströmung mehrerer Fans, 2D	[157]
US8726632B2	2014	A			T	F				Über den Umfang segmentiert, 3D, D	[158]
US8640986B2	2014								G	Einblasung in die Grenzschicht, 3D	[159]
US8402739B2	2013	A	R		T		E			Über den Umfang segmentiert, 3D, D	[160]
US8408491B2	2013							V	G	Radial ausfahrbare Profile, 3D, D, L	[161]
US8596573B2	2013								G	Absaugung der Grenzschicht, 3D, D, Z	[162]

(Fortsetzung)

Tabelle 2.1 (Fortsetzung)

Patentnummer	Jahr	Variation				Funktion			Bemerkungen	Quelle
		A	R	L	T	E	V	G		
US8544793B1	2013						V		Kippbarer starrer Einlass, 3D, D, Z	[163]
US20100019100A1	2013		R				V		Drehbare, sich überlagernde Lippe, 3D, D, Z	[164]
US8366057B2	2013	A	R	L	T	E			Elastische Zellen unter Druck, 2D, Z	[165]
US8529188B2	2013						V	G	Radial ausfahrbare Profile, 3D, D, L	[166]
US8397485B2	2013	A				E			Formgedächtnislegierungen in der Düse, D	[167]
USRE43731	2012	A					V		Bewegliche Kanalwandung, 2D, D	[168]
US8192147B2	2012							G	Absaugung der Grenzschicht, 3D, D	[169]
US8282037B2	2012							G	Absaugung der Grenzschicht, 3D, D, Z	[170]
US8205430B2 und EP 1988266 A2	2012						V	G	Radial ausfahrbare Profile, 3D, D, L	[171], [172]
US20120325325A1	2012						V	G	Bewegliche Wirbelgeneratoren, 3D, D, Z	[173]
US20120312924A1	2012								Segmentierung zur Vereisungsvermeidung	[174]
US8256719B2	2012	A	R		T	E			Verformung Tragflächenprofil, 2D	[175]
US20110147533A1	2011	A	R			E			Verformung, 3D, D	[176]
US8209953B2	2011							G	Einblasung in die Grenzschicht, 3D, D	[177]
US20100307442A1	2010						V		Bewegliche Einlassklappen, D	[178]
DE102009026457A1	2010		R			E			Verformung Tragflächenprofil, 2D, Z	[179]
DE102008027275A1	2010	A							Turbolader in der Gondel, 3D, Z, D	[180]
US8186942B2	2009							G	Wirbelgeneratoren, 3D, D	[181]
US20090060704A1	2009							G	Aktive Grenzschichtbeeinflussung, 3D, D	[182]
EP2011987A2	2009	A	R	L	T	E			Verformung, 3D, D	[183]

(Fortsetzung)

Tabelle 2.1 (Fortsetzung)

Patentnummer	Jahr	Variation			Funktion					Bemerkungen	Quelle
EP2199204A2	2009			L		F				Axial verschiebbarer Einlass, 3D	[184]
US20090092482A1	2009	A		L				V	G	Axial ausfahrbare Profile, 3D	[185]
US 20090301095A1	2009	A		L				V	G	Zusätzlicher, variabler Zuströmkanal, 3D	[186]
US20080308684A1	2008	A		L				V	G	Axial ausfahrbare Profile, 3D	[187]
US20080310956A1	2008		R		T		E			Verformung, 3D, D	[188]
US 7322179B2	2008	A						V		Variabler Zentralkörper, 3D, D	[189]
US 20060124801A1	2006	A					E			Formgedächtnislegierungen in der Düse, D	[190]
US6945494B2	2005	A	R	L	T			V		Drehbarer Einlass in der Tragfläche, 3D, D, Z	[191]
US20050022866A1	2005		R	L			E			Formvariable Lippe, 2D	[192]
US6793175B1	2004	A						V		Bewegliche Klappen, 2D	[193]
US6764043 B2	2004							V		Dreh- und Kippbarer Einlass, 3D, D	[194]
US6588709B1	2003						E			Flexible Haut, D	[195]
US6655632B1	2003	A						V		Flächenreduktion durch Blockade 3D, D, Z, L	[196]
US7048229B2	2002	A			T	F				Einlass für interne Verdichtung, 2D	[197]
US6231006B1	2001	A	R				E			Segmentiertes Elastomer, 3D, D	[198]
US6082669A	2000	A						V		Zuströmkanal durch Klappen, 3D, L	[199]
US5894722A	1999	A						V		Zuströmkanal durch Klappen, 2D, D, L	[200]
US5301901A	1994	A						V		Variabler Zentralkörper, 3D	[201]
US5145126A	1992	A	R		T			V		Bewegliche vorgelagerte Profile, 3D, D, L	[202]
US5116001A	1992	A						V		Bewegliche Rampe, 2D	[203]

(Fortsetzung)

Tabelle 2.1 (Fortsetzung)

Patentnummer	Jahr	Variation			Funktion					Bemerkungen	Quelle
US5000399A	1991	A	R		T	F				Segmentierte, variable Lippe, 3D, Z, L	[30]
US4865268A	1989	A	R		T				∨	Bewegliche vorgelagerte Profile, 3D, D, L	[102]
US4782657A	1988	A						G	∨	Klappe für zusätzlichen Abluftkanal, 3D, L	[204]
US4641678A	1987	A							∨	Bewegliche Kanalwand, 2D	[205]
US4620679A	1986	A						G	∨	Klappe für zusätzlichen Abluftkanal, 3D	[206]
US4477039A	1984	A						G	∨	Klappe für zusätzlichen Abluftkanal, 3D	[207]
US4427168A	1984	A	R	L	T		E			Variable Tragflächenprofile, 2D	[208]
US4351502A	1982	A	R		T		E			Verformung Tragflächenprofil, 2D	[209]
US4132240A	1979	A	R	L	T	F				Zusätzlicher, variabler Zuströmkanal, 3D, L	[210]
US4075833A	1978	A	R		T	F				Segmentierte, variable Lippe, 3D, Z	[31]
US4012013A	1977	A	R		T		E			Formvariable Lippe, 2D	[211]
US3908683	1975								∨	Verschiebbare Ringe im Einlass, 3D	[98]
US3915413A	1975	A				F		G		Klappe für zusätzlichen Abluftkanal, 2D	[212]
US3770228A	1973	A							∨	Drehbare Außenklappen, 3D, L, Z	[213]
US3763874A	1973	A				F				Segmentierte, variable Lippe, 3D, D	[214]
US3664612A	1972	A	R	L	T	F		G		Drehbare segmentierte Lippe, 3D, L, Z	[101]
US3623494A	1971	A	R		T	F		G		Segmentierte, variable Lippe, 3D, D	[215]
US3532305A	1970	A	R		T				∨	Drehbarer Einlass im Rumpf, 3D, D, Z	[216]
US3485252A	1969	A	R	L					∨	Kippbarer Einlass, 2D, D	[217]
US3242671A	1966	A	R	L	T	F				Drehbare segmentierte Lippe, 3D, L, Z	[218]

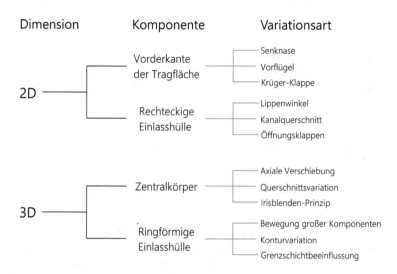

Abbildung 2.24 Kategorien variabler Geometrien

Variable Tragflächenvorderkanten

Tragflächenprofile stellen Hochauftriebssysteme dar, bei denen die Wölbung und die Profilfläche maximiert werden, während die Ablöseneigung minimiert wird [77, S. 186]. Dabei existieren spaltlose Umsetzungen mit geschlossener Kontur und Umsetzungen mit Spalt [77, S. 186]. Insbesondere im Bereich der Vorderkante liegt der Schwerpunkt auf der Vermeidung von Strömungsablösungen [77, S. 186]. Dafür wird versucht, eine aerodynamisch glatte Kontur zu erzeugen und die Saugspitze an der Profilnase zu verringern [77, S. 187]. Die zahlreichen Lösungsansätze für die Variation der Vorderkante der Tragfläche werden beispielsweise von Niu [220, S. 317–335] zusammengefasst. Diese können in drei Haupttypen unterteilt werden, die in Abbildung 2.25 dargestellt sind:

- das Absenken der Profilnase (Droop Nose) [77, S. 187], [220, S. 333],
- vorgelagerte Strömungsprofile, sogenannte Vorflügel [77, S. 187–189], [220, S. 326], [165] und
- die Krüger-Klappe [77, S. 188], [220, S. 330–332].

Zudem existieren Kombinationen von Droop Nose und Krüger-Klappe [208].

Senknase   Vorflügel   Krüger-Klappe

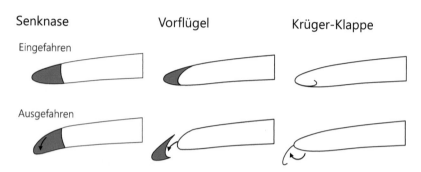

Abbildung 2.25   Variable Hochauftriebssysteme an Tragflächenprofilen

Während Konzepte für variable Vorflügel und Krüger-Klappen aufgrund ihrer Bauweise viel Lärm erzeugen, könnten abgewandelte Droop Nose-Konzepte [150], [151], [175], [179], [209] auch im Bereich der Einlasslippe Anwendung finden. Insbesondere die Übertragung der Verformung der Profilgeometrie von der annähernd ebenen Tragfläche in den dreidimensionalen, ringförmigen Raum des Pitot-Einlasses stellt hierbei eine große Herausforderung dar. Aktuelle Untersuchungen [221], [222], [223], [224] bezüglich Droop Nose-Umsetzungen mit Hilfe intelligenter Werkstoffe (Smart Materials) könnten diese Übertragung unterstützen.

Variable Hülle rechteckiger Einlässe

Wie in Abbildung 2.26 dargestellt, kann die Gondelgeometrie rechteckiger Einlässe variiert werden durch:

- Verstellung der Lippenwinkel und -form,
- Querschnittsänderungen des primären Strömungskanals und
- Öffnungsklappen im primären Strömungskanal [70, S. 638].

Die Variation des Lippenwinkels und der Lippenkontur [192], [211] ist vergleichbar mit den Lösungsansätzen für variable Tragflächenvorderkanten, insbesondere mit der Droop Nose. Die Lippenvariation ermöglicht eine Anpassung an die vorherrschende Fangstromröhre sowie die Anströmrichtung und ermöglicht das Einstellen gewünschter Stoßkonfigurationen [9]. Beispielsweise werden bei den Flugzeugen F-15 und Eurofighter variable metallische Lippen eingesetzt [9]. Bei der Hawker P1127 wurden aufblasbare Einlasslippen aus Gummi verwendet, die aufgrund der eingeschränkten Lebensdauer später durch metallische Konstruktionen ersetzt wurden [9]. Intelligente Werkstoffe bieten auch hier Potenziale, die beispielsweise im Rahmen des SAMPSON-Projekts (Smart Aircraft and Marine Project System Demonstration, Systemdemonstration intelligenter Flugzeug- und Marineprojekte) [225], [226], [227], [228], [229] untersucht wurden.

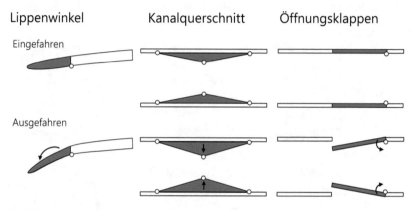

Abbildung 2.26 Variable Konturen rechteckiger Überschall-Einlässe

Durch die Variation des Kanalquerschnitts [168], [197], [205] können vor allem der Triebwerksmassenstrom, sowie die Stärke und die Lage der Verdichtungsstöße gesteuert werden, was die Problematik des Startens von Überschall-Einlässen abschwächt [10, S. 993–994], [47, S. 349]. Häufig wird die Variation des Kanalquerschnitts mit Öffnungsklappen zur Grenzschichtabscheidung oder Lufteinleitung [193], [200], [212] kombiniert. Diese Nebenstromklappen fanden auch bei Pitot-Einlässen Anwendung, bringen jedoch den Nachteil großer Lärmerzeugung mit sich [9].

Variable Zentralkörper des Einlasses

Die Variation des konischen Zentralkörpers wird vorrangig bei Einlässen mit gemischter Verdichtung für den Überschallflug eingesetzt, um die erforderlichen Stoßkonfigurationen umzusetzen, vgl. Abschnitt 2.1.3. Dabei kann der Zentralkörper axial verschiebbar sein [189], [201] oder einen variierbaren Querschnitt [201] aufweisen [70, S. 638]. Zudem sind häufig Abluftkanäle zur Grenzschichtabscheidung in den verstellbaren Zentralkörper integriert [9].

Eine weitere Möglichkeit der Querschnittsvariation besteht in der Nutzung des Irisblenden-Prinzips. Bei diesem wird, ähnlich einer Kamerablende, der Öffnungsquerschnitt variiert, vgl. Abbildung 2.27 rechts. Anwendung findet dieser Lösungsansatz bei der Sukhoi Su-29 [230].

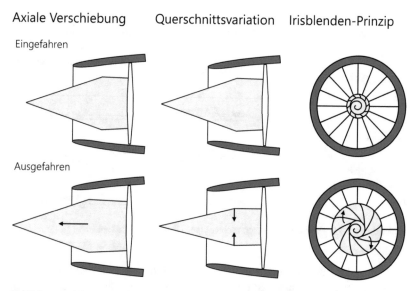

Abbildung 2.27   Variable Zentralkörper

Variable ringförmige Einlässe

Für die Umsetzung variabler Pitot-Einlasshüllen gibt es drei grundlegende Lösungsansätze, vgl. Abbildung 2.24 unten. Der erste dieser Ansätze ist das Variieren des Einlasses durch Verschieben großer Komponenten. Dabei werden große Bestandteile des Einlasses gekippt, gedreht oder ausgefahren.

Für das Kippen großer Bereiche des Einlasses existieren Varianten, die den gesamten Einlass [163], [217] oder nur einen großen Sektor des Einlasses [217] um eine Achse neigen, vgl. Abbildung 2.28. Mit diesen Varianten kann beispielsweise auf unterschiedliche Anströmwinkel reagiert werden oder der Fanlärm vom Boden abgeschottet werden.

Das Rotieren großer Komponenten beschreibt einen weiteren Lösungsansatz. Hierbei kann der gesamte Einlassring oder seine Lippe um die Triebwerksachse

Kippen

Nominalposition   Gesamter Einlassring   Sektor des Einlasses

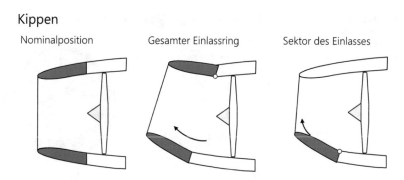

Abbildung 2.28 Einlassvariation durch Kippen großer Bereiche

[164], [216], vgl. Abbildung 2.29, oder um eine dazu versetzte Achse [191] gedreht werden. Dieser Lösungsansatz ist insbesondere für Triebwerke zweckmäßig, deren Einlass halbkreisförmig ausgeführt und nah am Flugzeugrumpf montiert ist. Somit kann für die jeweilige Flugphase die besser geeignete Geometrie eingestellt werden, während die ungünstigere Geometrie im Rumpf verstaut ist.

Weiterhin existiert ein Ansatz [194], bei dem der Einlass sowohl gedreht als auch gekippt werden kann.

Das Ausfahren großer ringförmiger Einlasskomponenten kann durch Verwendung des Teleskop-Prinzips [149], [184], durch axiales Verfahren der Einlasslippe [186], [187] oder durch axiales Herausfahren von Strömungsprofilen aus der Lippe [145], [185] erfolgen, vgl. Abbildung 2.30. Unter dem Teleskop-Prinzip ist zu verstehen, dass ein Teil des Einlasses im Nominalzustand innerhalb der Einlasshülle verstaut ist und bei Bedarf ausgefahren werden kann, um einen Teil der umströmten Kontur zu erzeugen. Bei Verwendung dieser Bauart ohne Segmentierung des Einlasses über den Umfang erfolgt eine reine Längenvariation des Einlasses, die der erhöhten Masse des Systems gegenübersteht. Die Ansätze der verfahrbaren Einlasslippe und der verfahrbaren Profile sind funktionell vergleichbar mit dem Prinzip der Öffnungsklappen im Nebenstromkanal, vgl. Abbildung 2.14. Ziel ist es hierbei, den einfließenden Luftmassenstrom zu maximieren, während Strömungsablösungen vermieden werden. Eine große Herausforderung stellt dabei der Lärm dar, der bei der Umströmung der ausgefahrenen Komponenten entsteht.

Eine Sonderform stellen verschiebbare Ringe im Einlass [98] dar, welche der Strömungsgleichrichtung dienen sollen und gegebenenfalls als Lärmdämmringe

Abbildung 2.29
Einlassvariation durch
Rotation um die
Triebwerksachse

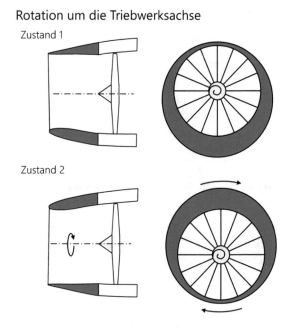

Rotation um die Triebwerksachse

Zustand 1

Zustand 2

fungieren können, vgl. Abbildung 2.12. Der Strömungseinfluss dieses Ansatzes ist zu untersuchen.

Die Lösungsansätze durch Verschieben großer Komponenten zeichnen sich überwiegend durch eine einfache Kinematik aus. Der Nachteil dabei ist jedoch, dass die Geometrievariation sehr stark eingeschränkt ist und bei den meisten dieser Konzepte die Funktionalität zu hinterfragen ist. Für die Verschiebung sehr großer und auch schwerer Komponenten sind ebenso große Stellkräfte aufzubringen und die Komponenten des Stellsystem dementsprechend zu dimensionieren. Auch ist der Grad der Detaillierung der meisten dieser Konzepte zu gering, um deren Umsetzbarkeit abschätzen zu können.

Ein größeres aerodynamisches Potenzial weist die zweite grundlegende Herangehensweise auf. Diese besteht in der geometrischen Konturvariation. Hierbei existieren einerseits Ansätze, bei denen gewünschte Öffnungen und Spalte in der resultierenden Kontur entstehen. Andererseits gibt es Ansätze, mit denen annähernd spaltfreie, geschlossene Konturen erzeugt werden können. Die erstgenannten Ansätze verfügen zumeist über eine einfachere Kinematik, erzeugen jedoch aufgrund der entstehenden Verwirbelungen an den Spalten und den Öffnungen viel Lärm.

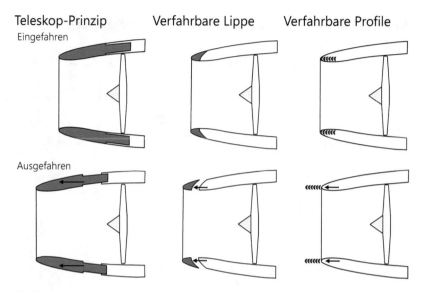

Abbildung 2.30 Einlassvariation durch Ausfahren großer Komponenten

Die Konturvariation erfordert insbesondere radiale Bewegungen bzw. Verformungen von Komponenten. Aufgrund des ringförmigen Aufbaus von Pitot-Einlässen, können bei radialen Variationen Spalte über den Umfang entstehen oder Bauteilkollisionen auftreten. Um die Entstehung von Spalten und das Auftreten von Bauteilkollisionen zu umgehen, ist bei Verwendung starrer Komponenten eine Segmentierung der Kontur über den Umfang, einschließlich einer Abdichtung der Spalte zwischen den Segmenten, erforderlich. Ansätze für die Abdichtung zwischen den Umfangssegmenten reichen von der Akzeptanz eines Spalts [218] über starre Einfassungen zwischen beweglichen Segmenten [31], [214] und Überlappungen benachbarter Segmente [158] bis hin zur Nutzung von elastischen Materialien zwischen den Segmenten [30].

Beispiele für die Ansätze mit gewünschter Spalterzeugung sind:

- radial verfahrbare Strömungsprofile,
- ausfahrbare Umlenkklappen sowie
- ausfahrbare Öffnungsklappen, vgl. Abbildung 2.31.

Radiale Profile   Umlenkklappen   Öffnungsklappen

Eingefahren

Ausgefahren

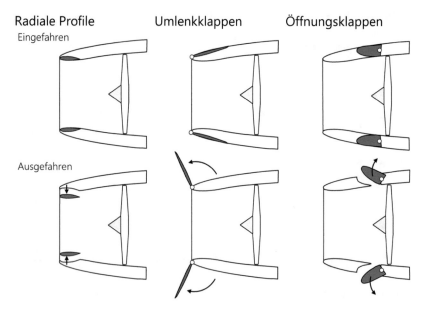

Abbildung 2.31 Konturvariation durch Profile und Klappen

Segmentierte Strömungsprofile können sowohl radial nach innen [166], [172] als auch nach außen [161], [171], [172] verfahren werden. Weiterhin ist eine Kombination mit einer axialen Bewegung [187] möglich. Wie bei den zuvor beschriebenen Lösungsansätzen mit verfahrbaren Profilen besteht auch bei diesen Ansätzen das Ziel darin, den einfließenden Luftmassenstrom zu maximieren und Strömungsablösungen zu minimieren.

Umlenkklappen können auf der Außenseite des Einlasses [144], [213] verwendet werden, um eine Geometrie zu erzeugen, die einem Glockeneinlass ähnelt [10, S. 178–179]. Sie können aber auch an der Innenseite angebracht werden [196] oder vorgelagert sein [202], um beispielsweise den Triebwerkseintrittsmassenstrom zu regulieren.

Öffnungsklappen in der Einlasshülle können genutzt werden, um den effektiven Eintrittsquerschnitt des Einlasses durch Einleiten von Luft [101], [199], [210], [215] zu vergrößern oder durch Ausleiten von Luft [202], [204], [206], [207] zu verkleinern und dabei die Grenzschicht abzuscheiden. Der Unterschied zwischen Öffnungsklappen für ringförmige Anwendungen im Vergleich zu Öffnungsklappen für rechteckige Einlässe besteht darin, dass die Klappen nur einen relativ kleinen Kreissektor umfassen können. Andernfalls würden die Spaltverluste zwischen den ausfahrenden Klappen und der gewölbten starren Ringstruktur stark zunehmen.

Lösungsansätze, bei denen eine geschlossene Kontur erzeugt wird, können auf den Prinzipen der Verschiebung starrer Kontursegmente oder der elastischen Verformung des Oberflächenmaterials beruhen. Mit beiden Lösungsansätzen ist es grundlegend möglich, alle geometrischen Parameter des Einlasses zu variieren.

Für das Verschieben starrer Kontursegmente existieren Ansätze zum Verstellen der Lippengeometrie [30], [31], [214], der Diffusorgeometrie [31], [158] sowie der Außenkontur [30]. Ein Ansatz, der alle drei Bestandteile der Geometrie variiert, ist darunter nicht zu finden. Für Ansätze, die die Lippengeometrie variieren, ist eine erhöhte Schadenswahrscheinlichkeit im Fall eines Vogelschlags zu berücksichtigen. Zwei der genannten Ansätze für die Lippenvariation verwenden jedoch eine segmentierte Lippe [31], [214], die im Vogelschlagfall besonders anfällig ist. Der andere Ansatz nutzt einen über den Umfang geschlossenen Ring als Vorderkante der Einlasslippe [30], vgl. Abbildung 2.32. Allerdings wird dieser Ring zur Variation der segmentierten Außenkontur verschoben, sodass während des Stellvorgangs ein großer, sicherheitskritischer Spalt [30, S. 4] im Bereich der Vorderkante entsteht. Für das Realisieren von Querschnittsvariationen erfordert das Verschieben starrer Kontursegmente stets eine Segmentierung über den Umfang der Außenkontur. Dadurch wird einerseits die Komplexität der Konstruktion erhöht. Andererseits entstehen dadurch geringe Abweichungen von einer idealen Kreisgeometrie.

Bei der elastischen Verformung des Oberflächenmaterials existieren sowohl segmentierte [160], [198] als auch über den Einlassumfang geschlossene [147], [153], [155], [156], [176], [183], [188] Lösungsansätze. Die segmentierten Ansätze sind vergleichbar mit den zuvor beschriebenen Ansätzen für das Verschieben starrer Kontursegmente. Sie erzeugen in axialer Richtung eine vergleichsweise glattere Kontur, unterliegen allerdings aufgrund der häufigen elastischen Verformung starkem Verschleiß und können nur einen verhältnismäßig kleinen Verformungsumfang bieten.

Über den Umfang geschlossene Lösungsansätze ermöglichen die aerodynamisch beste Geometrie, indem sie Abweichungen von der Idealgeometrie vermeiden. Jedoch müssen sie dafür die gewünschten unterschiedlichen Materialdehnungen in axialer und in Umfangsrichtung ermöglichen. Hierbei könnten intelligente Werkstoffe [188] oder mit Druckluft verformbare Zellen [147] eingesetzt werden. Das im Rahmen des MorphElle-Projekts entwickelte Konzept [23], [24], [25], [26] verwendet ebenfalls pneumatisch verformbare Zellen. Bei diesem

Konturvariation mit starren Segmenten

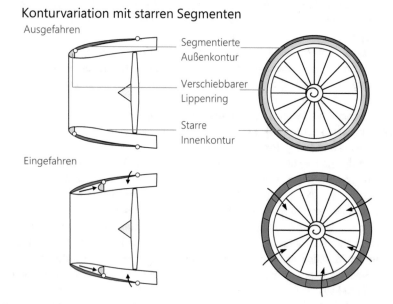

Abbildung 2.32 Konturvariation durch Verschieben starrer Segmente

Typ ist insbesondere zu beachten, dass druckbeaufschlagte Zellen versagensanfällig bei Fremdkörpereinschlägen und Vogelschlägen sind sowie starkem Verschleiß durch Erosion unterliegen.

Die dritte grundlegende Herangehensweise für die Umsetzung variabler Einlässe besteht in der Grenzschichtbeeinflussung [231]. Diese ermöglicht die Verwendung schlanker Geometrien mit einem geringen Luftwiderstand durch die Vermeidung von Strömungsablösungen [232]. Lösungsansätze für die Grenzschichtbeeinflussung können in passive und aktive Mechanismen unterteilt werden [77, S. 186–189].

Zu den passiven Ansätzen zählen beispielsweise die Grenzschichtabscheidung und die vorgestellten Einsatzmöglichkeiten von Strömungsprofilen [233]. Ansätze der Grenzschichtabscheidung [202], [204], [206], [207] leiten die Strömung im wandnahen Bereich durch einen größeren Strömungskanal nach außen [233], vgl. Abbildung 2.26 rechts und Abbildung 2.30 zentral. Die vorgestellten Einsatzmöglichkeiten von Strömungsprofilen [102], [145], [161], [166], [171], [172], [187] verhindern die Entstehung von Strömungsablösungen, ähnlich wie Vorflügel [77, S. 186–189], vgl. Abbildung 2.30 rechts und Abbildung 2.31 links.

Einen Sonderfall der Strömungsprofile stellen Wirbelgeneratoren im Strömungs-kanal dar [11, S. 69–71]. Diese erhöhen die Turbulenz der Strömung und sollen dadurch Strömungsablösungen vermeiden. Wirbelgeneratoren können starr [181] und ausfahrbar [173] ausgeführt werden.

Zur aktiven Grenzschichtbeeinflussung zählen das Absaugen der Strömungs-grenzschicht durch kleine Absaugschlitze [162], [169], das Einblasen in die Grenzschicht [159], [177] und Kombinationen [170] dieser Ausführungen [77, S. 189–190], [234, S. 121], vgl. Abbildung 2.33. Auch das Konzept von Kondor et al. [27], [28], [29] ist zum Einblasen in die Grenzschicht zu zählen.

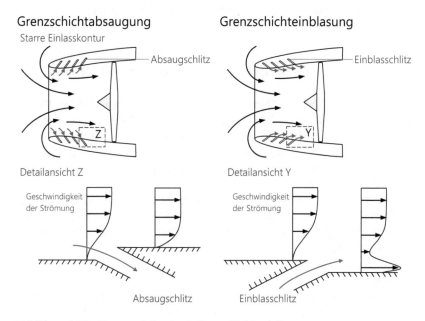

Abbildung 2.33   Konturvariation durch Grenzschichtbeeinflussung

Durch das Einblasen bzw. das Absaugen wird die Strömungsgrenzschicht im wandnahen Bereich stabilisiert und Strömungsablösungen werden vermieden [77, S. 190]. Eine Herausforderung dieser Ansätze stellt der Schutz der jeweiligen Schlitze vor Verschmutzung bzw. Verstopfung dar. Zudem ist ein Regelsystem erforderlich, das den zu- bzw. abzuführenden Luftmassenstrom steuert. Letzt-lich müssen für einen möglichen Ausfall des Grenzschichtbeeinflussungssystems

Vorkehrungen getroffen werden, durch die sichergestellt werden kann, dass der Einlass weiterhin seine Funktion erfüllt.

Zusammenfassend ist festzuhalten, dass die meisten bisher aufgezeigten Lösungsansätze Potenzial bezüglich einer Verbesserung der Einlassumströmung bieten. Jedoch weisen dabei alle Ansätze individuelle Schwachpunkte bezüglich der Erfüllung von Anforderungen, wie Strömungseigenschaften, Lärmemissionen, Zuverlässigkeit oder Sicherheit, auf. Diese Schwachpunkte können auf verschiedene Ursachen zurückzuführen sein:

- dem niedrigen Grad der Detaillierung einiger Lösungsansätze,
- einem ungeeigneten konstruktionsmethodischen Ansatz sowie
- den potenziell erforderlichen Technologien.

2.4.3 Potenzielle Technologien variabler Pitot-Einlässe

In Abhängigkeit des gewählten Lösungsansatzes erfordern variable Einlässe zusätzliche oder neuartige Technologien. Zusätzliche Technologien können die Ausfallwahrscheinlichkeit der Einlassfunktion erhöhen. Bezüglich neuartiger Technologien existieren nur geringe bis keine Erfahrungswerte, was durch kostenintensive Erprobungen ausgeglichen werden muss. Beides wird in der Luftfahrt nach Möglichkeit vermieden.

Innerhalb eines variablen Einlasses stellt beispielsweise eine Aktorik zum Verschieben von Segmenten eine zusätzlich erforderliche Technologie dar. Eine neuartige Technologie stellt insbesondere die Verwendung formvariabler Werkstoffe für die elastische Oberflächenverformung dar.

Aktorik

Die Aktorik bildet gemeinsam mit der Sensorik und der Informationsverarbeitung die Bestandteile eines mechatronischen Systems [235, S. 1]. Der Begriff Aktor beschreibt eine ansteuerbare Stelleinrichtung in einem technischen System, die Kräfte oder Bewegungen erzeugen kann [235, S. 1]. Hierfür sind ein Energiesteller und ein Energiewandler erforderlich [235, S. 9]. Der Energiesteller erzeugt aus einem Stellsignal geringer elektrischer Leistung und der extern zugeführten Hilfsenergie eine Stellenergie [235, S. 9]. Diese Stellenergie wird im Energiewandler, beispielsweise einem Motor, unter Abgabe von Verlusten in mechanische Energie umgewandelt [235, S. 9].

Als Energieformen der Hilfsenergie können Fluidenergie sowie elektrische, chemische und thermische Energie dienen [235, S. 5]. Zudem werden konventionelle und unkonventionelle Aktoren [236] unterschieden. Bei konventionellen Aktoren sind die Wirkprinzipe hinlänglich bekannt, während für unkonventionelle nur geringe Erfahrungswerte existieren [235, S. 5]. Bei konventionellen Aktoren handelt es sich beispielsweise um Elektromotoren, Elektromagnete oder hydraulische Stelleinrichtungen [235, S. 6]. Zu den unkonventionellen Aktoren zählen beispielsweise Piezoaktoren, magnetorheologische Aktoren und Memorymetallaktoren [235, S. 6–7].

Neben Energiesteller und -wandler kann ein Aktor optionale Komponenten umfassen. An den Energiewandler können verlustbehaftete Übertrager von Kräften, beispielsweise Getriebe oder Gewindespindeln, angeschlossen sein [235, S. 10–11]. Zudem kann der Aktor um eine Positionsregelung, bestehend aus Sensorik und Regeleinrichtung, erweitert werden [235, S. 10–11], vgl. Abbildung 2.34. Die Sensorik kann beispielsweise Winkeländerungen der Motorwelle oder eines Energieübertragers messen. Details bezüglich Sensortechnologien können der Fachliteratur [237], [238], [239] entnommen werden.

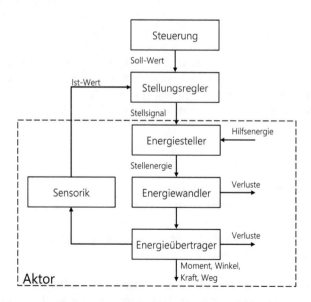

Abbildung 2.34 Aktor mit Positionsregelung und Energieübertrager

In der Luftfahrt werden vorrangig pneumatisch, hydraulisch oder elektrisch betriebene konventionelle Aktoren verwendet [10, S. 187–188]. Moir et al. [78, S. 18–35], [79, S. 372–379] und Rossow et al. [77, S. 746–748] geben einen ausführlichen Überblick über die einzelnen Bauweisen. Dabei existieren Entwicklungstendenzen in Richtung einer stärkeren Nutzung elektrischer Anbauteile (More Electric Aircraft) bis hin zum ausschließlich elektrischen Flugzeug (All Electric Aircraft) [77, S. 748], [79, S. 377–378].

Elektromechanische Aktoren (EMAs) stellen hierfür eine reinelektrische Lösung dar, die bereits seit vielen Jahren im Bereich von Höhenleitwerken sowie Vorder- und Hinterkanten von Tragflächen Anwendung findet [77, S. 748], [79, S. 378–379]. Als Energiesteller fungiert beim EMA eine Motorsteuerung (Power Drive Electronics) [79, S. 377], [81, S. 100], vgl. Abbildung 2.35. Gespeist wird die Motorsteuerung mit dem Stellsignal aus der Aktorsteuerung (Actuator Control Electronic, ACE) und der Hilfsenergie in Form von Dreiphasenwechselstrom aus dem elektrischen System des Flugzeugs [79, S. 377]. Daraus erzeugt die Motorsteuerung die Stellenergie, die sie an einen als Energiewandler genutzten Elektromotor weiterleitet. Die vom Elektromotor erzeugte mechanische Energie wird über ein Getriebe und einen Gewindetrieb an den gewünschten Ort übertragen und in Form einer axialen Bewegung bzw. Kraft genutzt. Für die Positionsregelung des Aktors ist ein Drehwinkelgeber am Getriebe angebracht [79, S. 377]. Dieser Sensor leitet den gemessenen Ist-Wert des Aktors an die Aktorsteuerung weiter. Dort wird der Ist-Wert mit dem von der Flugzeugsteuerung, beispielsweise dem Fly-by-Wire-System, vorgegebenen Soll-Wert abgeglichen und ein aktualisiertes Stellsignal erzeugt [79, S. 377].

Im Vergleich zu hydraulischen und pneumatischen Lösungen sind EMAs potenziell

- kompakter,
- leichter,
- weisen einen höheren Wirkungsgrad auf,
- verfügen über ein breiteres Leistungsspektrum,
- ermöglichen einen gleichmäßigeren Betrieb,
- erfordern weniger Anbauteile, wie Pumpen und Rohrleitungen, und
- vermeiden das Risiko von Leckagen [240].

Ein Nachteil von EMAs besteht in den erhöhten Anschaffungskosten, die größtenteils durch geringere Lebenswegkosten ausgeglichen werden [240]. Zudem existiert das Risiko des Verklemmens des Aktors [79, S. 379].

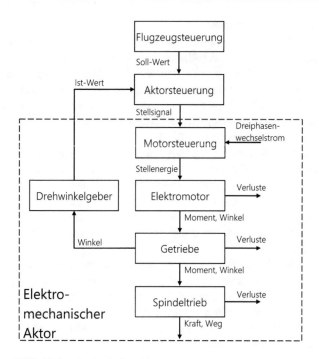

Abbildung 2.35   Elektromechanischer Aktor

Der Ausfall eines Aktors muss in Abhängigkeit der betroffenen Komponenten und der entstehenden Folgen kompensiert werden. Beispielsweise werden beim Airbus A330 die Aktoren der Steuerflächen redundant ausgeführt [77, S. 748]. Dabei wird zumeist nur ein Aktor pro Steuerfläche aktiv eingesetzt, während die verbleibenden in einem Ruhemodus verweilen, bis deren Einsatz erforderlich wird. Auch die Energieversorgung findet hierbei unabhängig voneinander statt [77, S. 749]. Bei den Störklappen dieses Flugzeugs wird auf diese Redundanz verzichtet [77, S. 748–749].

Die fehlerhafte Ansteuerung von Aktoren bei Schubumkehrsystemen wird vermieden, indem vor einer Freigabe der Aktorverstellung mehrere Statusabfragen durchgeführt werden [76, S. 192]. Hierzu zählen der Bodenabstand, die Schubhebelstellung und die Verfügbarkeit von Energie [76, S. 192]. Zudem werden beim Schubumkehrer verschiedene unabhängige Verschlusssysteme eingesetzt, um ein unbeabsichtigtes Ausfahren des Aktors zu verhindern [54, S. 92–94], [67, S. 160].

Formvariable Strukturen

Traditionell eingesetzte metallische Werkstoffe unterstützen eine elastische Konturvariation nur in einem verhältnismäßig geringen Umfang bevor plastische Verformung einsetzt. Formvariable (Morphing) Strukturen ermöglichen eine größere Verformung. Sie werden auch als adaptive, aktive oder smarte Strukturen bezeichnet [77, S. 429]. Diese Strukturen sind beispielsweise über aktuierte Elastomere, elastisch verformbare Verbundwerkstoffe oder intelligente Werkstoffe (Smart Materials) realisierbar [77, S. 429].

Elastomere finden in der Luftfahrt bereits Anwendung, beispielsweise bei Abdichtungen im Bereich der Tragflächen. In den letzten Jahren wurden zudem elastisch verformbare Verbundstrukturen für die Anwendung in intelligenten Droop Nose-Tragflächenkonzepten, vgl. Abschnitt 2.4.2, untersucht [221], [222], [241], [242], [243]. Aber auch in anderen Bereichen des Flugzeuges, wie beispielsweise beim Leitwerk, wird die Anwendung dieser Strukturen in Betracht gezogen [223].

Intelligente Werkstoffe integrieren die Funktionen eines Aktors oder Sensors [244, S. 1]. Sie können externe Reize zur Änderung ihrer Eigenschaften nutzen. Beispiele dieser externen Reize sind Änderungen der Temperatur, des Magnetfeldes, des elektrischen Potenzials und der Lichteinstrahlung [244, S. 2]. Entsprechend der Reaktion auf den externen Reiz, werden unter anderem folgende Typen intelligenter Materialien unterschieden:

- piezoelektrische, elektrostriktive oder dielektrische Materialien, deren interne Spannungen und Geometrien sich unter dem Einfluss elektrischer Spannungen und Felder verändern,
- magnetorheologische und elektrorheologische Fluide, die sich durch magnetische bzw. elektrische Felder verfestigen können,
- Formgedächtnislegierungen (Shape Memory Alloys, SMAs) und Formgedächtnispolymere (Shape Memory Polymers SMPs), deren Geometrien sich in Abhängigkeit der Temperatur ändern können [77, S. 433], [245], [246], [247], [248], [249, S. 207–208].

Diese Effekte werden auch in unkonventionellen Aktoren genutzt. Diesbezüglich stellt Janocha [236] umfassende Informationen bereit.

Insbesondere Formgedächtnislegierungen werden in den Bereichen Medizin, Robotik, Automobilindustrie sowie Luft- und Raumfahrt umfänglich untersucht [244], [250]. Dadurch wird die Gesamtzahl von Patenten für die Anwendung von Formgedächtnislegierungen inzwischen auf über 30.000 geschätzt [250]. Darunter sind auch zahlreiche Patente [146], [152], [167] mit Relevanz für die

Triebwerksgondel zu finden. Im Rahmen des SAMPSON-Projekts [225], [226], [227], [228], [229] wurden zudem Kombinationen von Formgedächtnislegierungen mit Elastomeren im Bereich der Einlasslippe rechteckiger Triebwerkseinlässe untersucht.

Während Tragflächen und die Wände rechteckiger Einlässe annähernd eben sind, sind Pitot-Einlässe ringförmig. Daher muss die formvariable Struktur auch in Umfangsrichtung anpassungsfähig sein. Daraus ergeben sich anspruchsvollere mechanische Anforderungen an die Struktur. Ein Lösungsansatz hierfür wurde im Rahmen des MorphElle-Projekts erarbeitet. Hierbei wird eine elastisch verformbare Haut erzeugt, indem eine Silikonmatrix mit Metalldrähten verstärkt wird [26]. Die Verformung der Haut wird durch Druckveränderungen in dahinterliegenden Schläuchen gesteuert [26]. Vor einer Anwendung in der Luftfahrt sind die Zuverlässigkeit und die Lebensdauer, insbesondere die Erosionsbeständigkeit, dieses Lösungsansatzes zu untersuchen.

Methodik der Konzeptstudie

3

3.1 Methodische Produktentwicklung

Erfindergeist liegt in der Natur des Menschen. Von der Entdeckung des Feuers, der Erfindung der Dampfmaschine bis hin zur Entwicklung von zunehmend schnelleren, effizienteren und sichereren Flugzeugen wurden komplexe Probleme identifiziert und gelöst. Je komplexer ein Problem ist, umso schwieriger ist dessen Lösung. Um den Prozess der Lösungsfindung einfacher, schneller und effizienter zu gestalten, wurden insbesondere in den letzten 80 Jahren weit über 100 systematische Ansätze entwickelt [251, S. 30]. Ein systematischer Ansatz zur Erarbeitung eines Produkts, der aus der geordneten Anwendung einer spezifischen Sammlung von Methoden, Techniken und Richtlinien besteht, wird als Konstruktionsmethodik definiert [252, S. 131].

3.1.1 Konstruktionsmethodische Ansätze

Die Werke von Adams [253, S. 26–42], Cross [254], Lindemann [255, S. 39–63], Winzer [251] und Wulf [256, S. 8] geben einen Überblick über die systematischen Ansätze, die zu den verschiedenen Zeiten in verschiedenen Teilen der Welt entwickelt wurden. Zu den bekanntesten Ansätzen für das methodische Entwickeln technischer Produkte zählen die Ansätze:

- von Asimov [253, S. 26],
- von Cross [253, S. 28],
- von Pugh [253, S. 30–33],
- von Roth [257], [258], [259],

© Der/die Autor(en) 2022
S. Kazula, *Variable Pitot-Triebwerkseinlässe für kommerzielle Überschallflugzeuge*, https://doi.org/10.1007/978-3-658-35456-5_3

- von Hubka und Eder [253, S. 30],
- von Koller [257, S. 43],
- von Pahl und Beitz [260, S. 17],
- von Rodenacker [257, S. 43],
- von Adams und Keating [253],
- das Verfahren nach VDI-Richtlinie 2221 [50], [261], [262],
- das V-Modell nach VDI-Richtlinie 2206 [52],
- das Münchener Produktkonkretisierungsmodell [255], [263],
- das Vorgehen nach IEEE 1220-2005 [264] sowie
- das Design for Six Sigma [265, S. 137–146].

Unter den Konstruktionsmethodiken sind zahlreiche Ansätze zu finden, die dem Systems Engineering (SE) zuzuordnen sind. Dieses beschreibt das Denken in Systemen durch Zerlegen komplexer Problemstellungen in Einzelaspekte und Teilsysteme [251, S. 1]. Dadurch entstehen kleinere überschaubare Teilprobleme. So kann beispielsweise die Erarbeitung eines variablen Konzepts für das Flugzeugteilsystem Triebwerkseinlass einen Teilaspekt in der Entwicklung neuartiger kommerzieller Überschallflugzeuge darstellen.

Vorgehensweise
Zu den Ansätzen des Systems Engineerings gehören auch die global verbreiteten, aus Deutschland stammenden Vorgehensweisen nach VDI-Richtlinie 2221 sowie nach Pahl und Beitz [251, S. 29–31]. Die Ansätze verlaufen dabei von der abstrakten Aufgabenstellung zur konkreten konstruktiven Lösung [255, S. 56]. Dafür sind beim Vorgehen nach Pahl und Beitz [260, S. 17] die folgenden Prozessschritte erforderlich:

- „Planen und Klären der Aufgabe", einschließlich des Erarbeitens einer Anforderungsliste,
- „Entwickeln der prinzipiellen Lösung", inklusive des Ermittelns von Funktionen, Wirkprinzipen und Lösungsvarianten sowie der Bewertung dieser nach technischen und wirtschaftlichen Kriterien,
- „Entwickeln der Baustruktur" durch Grob- und Feingestaltung, samt Festlegung auf einen vorläufigen Entwurf,
- „endgültiges Gestalten der Baustruktur", unter anderem durch Fehlerüberprüfung und Schwachstellenbeseitigung sowie
- „Entwickeln der Ausführungs- und Nutzungsunterlagen" durch eine vollständige Produktdokumentation, einschließlich der Freigabe zur Fertigung.

Die VDI-Richtlinie 2221 [50, S. 14–16], [261, S. 31] empfiehlt die Durchführung folgender Aktivitäten und Erstellung zugehöriger Teilergebnisse:

- „Klären und Präzisieren der Aufgabenstellung", woraus die Anforderungen an das Produkt hervorgehen,
- „Ermitteln von Funktionen und deren Strukturen" mittels Funktionsmodellen,
- „Suchen nach Lösungsprinzipien und deren Strukturen", aus denen prinzipielle Lösungskonzepte resultieren,
- „Bewerten und Auswählen von Lösungskonzepten",
- „Gliedern in Module" und Schnittstellendefinition zur Ermittlung einer Systemarchitektur,
- „Gestalten der Module" zu Vorentwürfen,
- „Integrieren des gesamten Produktes" zum Gesamtentwurf sowie
- „Ausarbeiten der Ausführungs- und Nutzungsangaben".

Anpassungen dieser Schritte sind in Abhängigkeit der Aufgabe jedoch ausdrücklich erlaubt [262, S. 30]. So weicht beispielsweise der Ansatz von Roth [257, S. 34] nur dahingehend von der Vorgehensweise nach VDI-Richtlinie 2221 ab, dass die Identifikation von Lösungsprinzipen in die Teilschritte zur Identifikation von Effekt- und Gestaltlösungsprinzipen unterteilt wird.

Bei den vorgestellten Ansätzen handelt es sich um annähernd lineare Modelle [266, S. 5–6]. Dennoch führt das einmalige, lineare Durchlaufen dieser Vorge-hensweisen häufig nicht zu befriedigenden Ergebnissen, weshalb ein iteratives Vorgehen zwischen den Prozessschritten empfohlen wird [260, S. 16]. Aus diesem Grund empfiehlt das V-Modell eine kleinschrittigere Überprüfung der Teilergeb-nisse. Zudem befürwortet das Münchener Modell eine sehr starke Vernetzung der einzelnen Prozessschritte [260, S. 16–21].

Bei einem Großteil der weit verbreiteten Konstruktionsansätze stimmen die meis-ten Prozessschritte grundlegend überein [251, S. 77–80], [257, S. 38]. So ordnet Roth [257, S. 38] die jeweiligen Prozessschritte der verschiedenen methodischen Ansätze den folgenden Phasen zu:

- Aufgabenformulierungsphase,
- funktionelle Phase,
- prinzipielle Phase,
- gestaltende Phase und
- Detaillierungsphase.

Winzer [251, S. 77–80] ergänzt dies durch die Erkenntnis, dass die meisten Konstruktionsansätze eine Anpassung durch die problemspezifische Einbindung zusätzlicher Methoden, Verfahren und Hilfsmittel erlauben.

Methoden und Hilfsmittel

Es existiert eine Vielzahl möglicher Methoden, die den einzelnen Prozessschritten bzw. Prozessphasen des gewählten Konstruktionsansatzes zugeordnet werden können. Lindemann [255, S. 241–328] stellt den Zweck, die passende Einsatzsituation, die voraussichtliche Wirkung, die Vorgehensweise und erforderliche Werkzeuge von etwa 80 allgemeinen Konstruktionsmethoden vor. Die VDI-Richtlinie 2221 [50, S. 33–38] und Conrad [267, S. 93/133] geben für die jeweiligen Prozessphasen zahlreiche geeignete Methoden an.

Die allgemeinen Konstruktionsmethoden können durch Methoden der Problemlösung, des Kostenmanagements sowie der Sicherheits- und Zuverlässigkeitsanalyse ergänzt werden. Für den ersten Aspekt existiert die aus Russland stammende Theorie des erfinderischen Problemlösens, kurz TRIZ [268], [269], [270]. Diese Werkzeugsammlung besteht aus etwa 40 Methoden für systematische Innovation [268, S. 2–15], [271, S. 40]. Bezüglich des Kostenmanagements stellen Ehrlenspiel et al. [263, S. 77–78] über 50 Methoden vor. Auf den Aspekt der Sicherheits- und Zuverlässigkeitsanalyse wird im nachfolgenden Kapitel detailliert eingegangen.

3.1.2 Sicheres und zuverlässiges Konstruieren

Die zunehmende Komplexität moderner (mechatronischer) Systeme zieht eine potenziell erhöhte Fehleranfälligkeit bzw. geringere Zuverlässigkeit nach sich. Die Sicherheit und die Zuverlässigkeit eines Produktes spielen in den verschiedenen Industriebereichen aus Gründen der wirtschaftlichen und ökologischen Nachhaltigkeit bis hin zur gesellschaftlichen Akzeptanz eine wichtige Rolle. Zu diesen Bereichen zählen die Energie-, Eisenbahn-, Schiffs-, Automobil- und Luftfahrtindustrie [272, S. 27]. Dabei werden in den jeweiligen genannten Industrien zumeist unterschiedliche Ansätze für Zuverlässigkeit und Sicherheit verfolgt. Dennoch zeigen diese Ansätze auf, dass der beste Zeitpunkt zur Verbesserung dieser Eigenschaften in den frühen Entwicklungsphasen eines Produkts liegt. [273, S. 3].

Zuverlässigkeit

Bertsche [273, S. 1] definiert Zuverlässigkeit in Anlehnung an die VDI-Richtlinie 4003 [274] als Wahrscheinlichkeit dafür, dass ein Produkt über einen gewissen

Zeitraum bei üblichen Betriebsbedingungen nicht ausfällt. Allgemeinhin enthalten die meisten Definitionen der Zuverlässigkeit [252, S. 372], [253, S. 77], [275, S. 1], [276, S. 1] die folgenden Teilelemente:

- die Einschränkung der Leistung oder Funktion eines Systems,
- eine Wahrscheinlichkeit für das Eintreten dieses Ereignisses,
- einen Zeitraum und
- spezifische Betriebsbedingungen in der üblichen Systemumgebung.

Die meisten allgemeinen konstruktionsmethodischen Ansätze integrieren Zuverlässigkeitsuntersuchungen, beispielsweise in Form von Schwachstellenanalysen oder Prototypentests [260, S. 17], in späteren Phasen, in denen die Konstruktion bereits sehr detailliert ist [257, S. 34]. Diese Vorgehensweise hat zur Folge, dass das Einbringen von Änderungen mit großem Aufwand und hohen Kosten verbunden sein kann [263, S. 13], [273, S. 4]. Die Ursache möglicher Fehler und Schwachstellen kann jedoch schon in früheren Phasen liegen und bereits dort identifiziert werden [263, S. 13].

Es ist demzufolge möglich, Zuverlässigkeit in ein Produkt hinein zu entwickeln [275, S. 1]. Dies wird organisatorisch durch das Zuverlässigkeitsmanagement nach DIN EN 60300–1 unterstützt [273, S. 411]. Das Zuverlässigkeitsmanagement beinhaltet beispielsweise die Erstellung eines Zuverlässigkeitsprogrammplans und eines Zuverlässigkeitshandbuchs, vgl. hierzu Bertsche [273, S. 411–420] sowie Meyna und Pauli [275, S. 133–141].

Ein erster Bestandteil des Zuverlässigkeitsmanagements bei der Erarbeitung eines technischen Systems ist die Verwendung eines ausgereiften Konstruktionsprozesses und geeigneter analytischer Zuverlässigkeitsmethoden [273, S. 4]. Die Verwendung eines ausgereiften Konstruktionsprozesses trägt zur Vermeidung von Schwachstellen bei, indem

- ein genaues und vollständiges Anforderungsdokument erstellt wird,
- bewährte Konstruktionsrichtlinien eingesetzt werden und
- eine frühzeitige und umfassende Erprobung erfolgt [273, S. 5].

Analytische Zuverlässigkeitsmethoden werden in qualitative und quantitative Methoden unterteilt. Qualitative Methoden können zur Identifikation von Schwachstellen und potenzieller Fehlerereignisse sowie daraus resultierender Folgen verwendet werden [273, S. 4]. Quantitative Zuverlässigkeitsmethoden werden zur Vorhersage von Fehlerwahrscheinlichkeiten eingesetzt und erlauben eine Prognose der Systemzuverlässigkeit [273, S. 4]. Hierfür sind neben den entsprechenden Zuverlässigkeitsmethoden auch die üblichen Ausfallraten von Komponenten erforderlich.

Ausfallraten von Komponenten können Zuverlässigkeitsdatenbanken, z. B. dem Militärhandbuch MIL-217 des Verteidigungsministeriums der Vereinigten Staaten von Amerika [277] oder dem Zuverlässigkeitsdatenhandbuch RDF 2000 [275, S. 649] entnommen werden. Vereinzelt fasst auch die Fachliteratur [275, S. 114], [278, S. 355] entsprechende Daten zusammen.

Über 80 Methoden der Zuverlässigkeitsanalyse werden einschließlich ihrer Vor- und Nachteile von Kritzinger [279, S. 214–291] erläutert. Die VDI-Richtlinie 4003 präsentiert 36 analytische und experimentelle Methoden der Zuverlässigkeitsanalyse und stellt Hinweise zur problemspezifischen Auswahl geeigneter Methoden zur Verfügung [274, S. 40–73]. Bertsche [273, S. 3] zeigt eine mögliche Zuordnung geeigneter Methoden der Zuverlässigkeitsanalyse zu den einzelnen Phasen des Produktlebenszyklus allgemeiner technischer Anwendungen auf.

Durch die Ermittlung von Fehlerwahrscheinlichkeiten mit Hilfe des Zuverlässigkeitsmanagements kann zudem die Ausfallwahrscheinlichkeit eines Systems quantifiziert werden. Die Ausfallwahrscheinlichkeit entspricht der Fehleranzahl innerhalb eines bestimmten Zeitraums bezogen auf die Anzahl der untersuchten Fälle [77, S. 706]. Darüber hinaus sind die Folgen eines Fehlers auf ein System und seine Umwelt zu untersuchen. Diese Folgen können auch sicherheitsrelevante Effekte oder Auswirkungen, wie Verletzungen und Todesfälle, umfassen und sind somit Bestandteil der Sicherheitsanalyse [77, S. 706].

Sicherheit

Unter dem Begriff der Sicherheit ist ein Zustand zu verstehen, bei dem das vorhandene Risiko kleiner als das zulässige Risiko ist [77, S. 706]. Das vorhandene Risiko wird aus dem Produkt der Eintrittswahrscheinlichkeit eines Ereignisses und dessen Auswirkungen ermittelt [275, S. 56]. Das zulässige Risiko ist der Grenzwert, der das größte noch vertretbare Risiko eines bestimmten Zustands darstellt.

Das Ausschließen eines Risikos und somit eine vollständige Sicherheit sind nicht möglich. So wird bei Ereignissen mit schweren Auswirkungen nur eine sehr geringe Eintrittswahrscheinlichkeit toleriert, während bei Ereignissen mit geringen Auswirkungen größere Eintrittswahrscheinlichkeiten akzeptabel sind. Die Herausforderungen, Methoden und Ansätze des Sicherheitsmanagements stimmen mit denen des Zuverlässigkeitsmanagements größtenteils überein [275, S. 142]. Einzig die Bewertung der Auswirkungen eines Fehlers auf Mensch und Umwelt muss zusätzlich erfolgen [275, S. 142].

In der europäischen Luftfahrt werden die möglichen Auswirkungen eines Fehlers durch die EASA nach CS-AMC 25.1309 (Acceptable Means of Compliance, akzeptierbare Nachweismittel) wie folgt kategorisiert:

- unbedeutend (Minor),
- bedeutend (Major),
- gefährlich (Hazardous) und
- katastrophal (Catastrophic) [34, AMC 25.1309].

Weiterhin wird eine Einteilung in diese Kategorien anhand der Auswirkungen auf Flugzeug, Passagiere und Cockpitbesatzung vorgegeben und eine akzeptable Eintrittswahrscheinlichkeit zugeordnet, vgl. Tabelle 3.1

Tabelle 3.1 Fehlerkategorien nach CS-AMC 25.1309

Kategorie	Effekt auf Flugzeug	Effekt auf Passagiere	Effekt auf Cockpit	Erlaubte Ereignisse pro Flugstunde
Unbedeutend (Minor)	Geringe Verringerung von Funktionsfähigkeit oder Sicherheit	Körperliche Beschwerden	Geringe Zunahme der Arbeitslast	<1E-03
Bedeutend (Major)	Merkliche Verringerung von Funktionsfähigkeit oder Sicherheit	Körperliche Bedrängnis, mögliche Verletzungen	Körperliche Beschwerden oder signifikante Zunahme der Arbeitslast	<1E-05
Gefährlich (Hazardous)	Große Verringerung von Funktionsfähigkeit oder Sicherheit	Schwerwiegende oder tödliche Verletzungen einer kleinen Personenanzahl	Körperliche Bedrängnis oder überfordernde Arbeitslast	<1E-07
Katastrophal (Catastrophic)	Üblicherweise Flugzeugtotalschaden	Mehrere Todesopfer	Todesopfer oder Arbeitsunfähigkeit	<1E-09

·Alle Ereignisse, die keinen Einfluss auf die Betriebsfähigkeit, die Sicherheit oder die Flugbesatzung haben und maximal kleine Unannehmlichkeiten für Passagiere verursachen, sind keine Sicherheitseffekte [34, AMC 25.1309].

Sicherheitsprozess in der Luftfahrt

Fehler können in der Luftfahrt schnell zu Unfällen mit einer großen Anzahl an Todesfällen führen. Dennoch wurde im Zeitraum von 1990 bis 2010 in der Luftfahrt eine Rate von ungefähr einem Todesfall pro einer Million Flügen erreicht [79, S. 123]. Ziel bei der Auslegung von Luftfahrzeugen ist es, dass katastrophale Ereignisse mit mehreren Todesfällen maximal alle 10 Millionen Flugstunden eintreten [79, S. 125]. Der Anteil einzelner Flugzeugsysteme daran, darf ein Ereignis pro 1.000 Millionen Flugstunden bzw. 10^{-9} Ereignisse pro Flugstunde nicht überschreiten [79, S. 125]. Zum Vergleich erreicht ein Flugzeug, das über 20 Jahre je 300 Tage à 10 Stunden im Einsatz ist, 60.000 Flugstunden, sodass das Eintreten einen katastrophalen Ereignisses über ein Flugzeugleben hinweg extrem unwahrscheinlich (Extremely Improbable) ist [79, S. 127].

Dieses geringe Sicherheitsrisiko wird durch stetige Verbesserungen in den Bereichen Konstruktionsmethoden, Flugbetrieb, Wartung, Luftverkehrsmanagement und behördliche Regularien sichergestellt [280]. Seit dem Chicagoer Abkommen im Jahr 1944 existieren zivile Behörden für die internationale Luftfahrt [281, S. 9]. Diese veröffentlichen Vorschriften und überprüfen deren Einhaltung, um einen sicheren Betrieb zu gewährleisten. In Europa ist hierfür die Europäische Agentur für Flugsicherheit (EASA) zuständig. In den Vereinigten Staaten von Amerika die FAA. Die von der EASA und der FAA herausgegebenen Vorschriften stimmen größtenteils miteinander überein [281, S. 42].

Die EASA publiziert unter anderem Zertifizierungsspezifikationen (CS) bzw. Bauvorschriften, deren Erfüllung im Rahmen der Zertifizierung zum Erlangen der Luftfahrtzulassung eines Produkts nachgewiesen werden muss [281, S. 5–7]. Zudem schlägt die EASA in Form der AMCs akzeptable Mittel zum Nachweis der Einhaltung der Vorschriften vor. Diese Nachweismittel reichen von Berechnungen, Analysen und Simulationen bis hin zu Tests [281, S. 72].

Kritzinger [53], Hinsch [281] und de Florio [282] stellen den Ablauf des Zulassungsprozesses in der Luftfahrt vor. Erforderlich für die Konzepterarbeitung bis TRL 3 sind davon lediglich Kenntnisse über einzuhaltende behördliche Vorschriften sowie der zugehörigen AMCs. Die Identifikation dieser Daten erfolgt im Rahmen einer Musterzulassungsanalyse [281, S. 52–54].

Für variable Triebwerkseinlässe sind in Europa die Bauvorschriften für große Flugzeuge entsprechend der CS-25 [34] relevant. Diese beschreiben in Paragraf 25.1309 sowie den zugehörigen AMCs den Sicherheitsbewertungsprozess in der Luftfahrt [34, AMC 25.1309]. Dieser basiert auf empfohlenen Praktiken für die Luftfahrt (Aerospace Recommended Practice, ARP), die von der Society of Automotive Engineers (SAE) erarbeitet wurden. Die SAE ist ein Konsortium bestehend aus diversen Unternehmen und Behörden der Luftfahrt [32, S. 4]. Insbesondere sind hierbei der sicherheitstechnische Entwicklungsprozess von Flugzeugsystemen nach ARP 4754A [32, S. 24–33] sowie die detaillierten Richtlinien zu dessen empfohlenen Methoden und Techniken nach ARP 4761 [57] von Bedeutung [53, S. 7], [77, S. 709], [79, S. 206], [275, S. 142], [280].

Der empfohlene Entwicklungsansatz für die Luftfahrt gemäß ARP 4754 A basiert auf dem V-Modell des Systems-Engineering [32, S. 24]. Bei diesem Ansatz wird ein Produkt über den Einsatz verschiedener Detaillierungsstufen entwickelt [283]. Für die Luftfahrt bedeutet dies, dass Anforderungen, Funktionen und Architekturen von der Flugzeug- über die System- bis hin zur Elementebene erarbeitet werden [32, S. 24], [57, S. 20], vgl. Abbildung 3.1. Elemente können sämtliche Komponenten, wie beispielsweise Gegenstände, Materialien und Software, sein [80, S. 129].

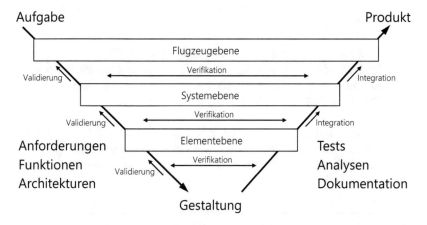

Abbildung 3.1   V-Modell in der Luftfahrt gemäß ARP 4754A [32, S. 24]

Zudem wird über den gesamten Entwicklungsprozess hinweg ein Fokus auf eine hohe Absicherung der Funktionsweise des entstehenden Produkts gelegt [52]. Zum einen erfolgt dies durch das Validieren der Anforderungen, also das Feststellen ihrer Gültigkeit, auf der nächsthöheren Detaillierungsstufe [32, S. 24]. Zum anderen wird die Absicherung durch die Verifikation erreicht. Diese ist der Nachweis darüber, dass die erarbeitete Lösung die gestellten Anforderungen und geforderten Funktionen erfüllt [32, S. 24]. Dazu werden Tests und Analysen auf allen Detaillierungsstufen eingesetzt [32, S. 24].

Jeder Phase des Entwicklungsprozesses sind Methoden und Techniken der Sicherheitsanalyse und -bewertung zugeordnet. Diese werden von der SAE in ARP

4761 [57] sowie von Kritzinger [279] detailliert an Beispielen beschrieben. Die wichtigsten Methoden dieses Prozesses sind:

- die Gefährdungsanalyse (Functional Hazard Assessment, FHA),
- die vorläufige Systemsicherheitsanalyse (Preliminary System Safety Assessment, PSSA),
- die Systemsicherheitsanalyse (System Safety Assessment, SSA),
- die Fehlerbaumanalyse (Fault Tree Analysis, FTA),
- die Fehlermöglichkeits- und Einflussanalyse (Failure Mode and Effects Analysis, FMEA),
- die Fehlermöglichkeits- und Effektzusammenfassung (Failure Modes and Effects Summary, FMES) und
- die Analyse von Fehlern gemeinsamer Ursachen (Common Cause Analysis, CCA), bestehend aus:

  o der Zonensicherheitsanalyse (Zonal Safety Analysis, ZSA),
  o der Analyse besonderer Risiken (Particular Risks Analysis, PRA) sowie
  o der Analyse redundanzüberbrückender Fehler (Common Mode Analysis, CMA) [34, AMC 25.1309], [77, S. 709]. [275, S. 144].

Zudem empfiehlt die Fachliteratur [66, S. 41], [80, S. 129], [97, S. 24–27], [284, S. 25–36] die Durchführung von zahlreichen Ergebnisüberprüfungen (Reviews). Diese Überprüfungen können nach jedem Arbeitsschritt, zumindest aber zum Abschluss jeder Phase erfolgen.

3.2   Verwendeter Ansatz zur Konzepterarbeitung

Nachfolgend wird der Entwicklungsansatz für sichere Produkte, der dieser Arbeit zugrunde liegt, vorgestellt. Im anschließenden Kapitel 4 wird die Anwendung dieses Ansatzes für die Konzepterarbeitung variabler Pitot-Einlässe für Flugzeugtriebwerke beschrieben.

Ziel des Ansatzes ist es, die Erarbeitung und konstruktionstechnische Gestaltung von Konzeptlösungen innerhalb akademischer Studien zu ermöglichen. Dabei sollen primär spezifische Probleme in der Luftfahrtindustrie betrachtet werden. Durch die Beachtung der industriespezifischen Standards für Sicherheit und Zuverlässigkeit sollen die Konzeptlösungen eine höhere praktische Relevanz als vergleichbare akademische Studien erreichen können. Dabei sollen die Konzepte innerhalb der akademischen Studien nicht bis zur Marktreife entwickelt werden. Stattdessen sind geeignete Konzeptideen bis zu einem Detaillierungsgrad zu untersuchen, der die Bewertung der Umsetzbarkeit der Technologie erlaubt. Hierfür ist der Technologie-Reifegrad TRL 3 geeignet [55], [56]. Dieser umfasst den Nachweis der gewünschten Funktion durch Analysen, Simulationen und Laborexperimente [56, S. 10–11]. Darüber hinaus sollten akademische Studien einen Ausblick über die nächsten erforderlichen Arbeitsschritte zur Erlangung der Marktreife geben.

In akademischen Studien steht zudem der Erkenntnisgewinn, beispielsweise über die Einsetzbarkeit neuartiger Werkstoffe, im Vordergrund. Bisherige akademische Studien haben häufig innovative Lösungsideen hervorgebracht, ohne allerdings deren Umsetzbarkeit zu beachten. Die Identifikation innovativer und umsetzbarer Lösungsideen wird durch eine gründliche Abdeckung des potenziellen Lösungsraumes und einen ähnlichen Detaillierungsgrad der Lösungsalternativen unterstützt. Gründlichkeit und ähnliche Detaillierung sollten auch in Anbetracht des vergleichsweise geringen Personal- und Sachmittelaufwands Vorrang gegenüber Zeit- und Kosteneffizienz genießen. Diese Randbedingungen schränken den Umfang der Studien und den erreichbaren Detaillierungsgrad der entwickelten Konzepte auf TRL 3 ein.

Dementsprechend ist ein Ansatz zu wählen, mit dessen Hilfe zum Ende einer Studie der Nachweis der gewünschten Funktion erbracht werden kann. Dieser sollte auf einem erprobten Entwicklungsansatz, beispielsweise dem nach VDI-Richtlinie 2221 [50, S. 33–38], beruhen. Zudem sollten Methoden der Zuverlässigkeits- und Sicherheitsanalyse nach ARP 4754A [32, S. 24] und ARP 4761 [57] zur Verifikation und Validierung der Teillösungen integriert sein. Auch sollten potenzielle Schwachstellen und Risiken frühzeitig identifiziert, beispielsweise durch eine Gefährdungsanalyse, und vertieft untersucht werden. Dies erfordert auch eine gewisse Anpassbarkeit des Ansatzes während der Konzepterarbeitung. Weiterhin sollte vermieden werden, dass ein Produkt in den nachfolgenden Phasen der Entwicklung erforderliche Zulassungsnachweise aufgrund systematischer Konstruktionsfehler nicht erfüllen kann. Diese Konstruktionsfehler können die Wiederholung kostenintensiver Tests erforderlich machen. Auch gehen Konstruktionsanpassungen in späteren Entwicklungsphasen mit deutlich mehr Aufwand einher. Deshalb sollten bereits zu Beginn des Entwicklungsprozesses alle zu erfüllenden Bauvorschriften der CS-25 sowie die zugehörigen Nachweismittel identifiziert werden. Dies erfolgt im Rahmen einer Musterzulassungsanalyse.

Die abschließende Festlegung auf ein Konzept sollte möglichst spät erfolgen. Bis zu dieser Festlegung sind als Bestandteil des Risikomanagements mehrere

Alternativlösungen simultan zu untersuchen. Zudem sollte der Ansatz auch den frühzeitigen Bau von Demonstratoren zum Nachweis der Funktionalität und zur Identifikation von Schwachstellen beinhalten. Dies stellt den größten Unterschied im Vergleich zum angesprochenen akademischen Ansatz für sichere Produkte von Grasselt et al. [54], [58], [59] dar.

Der verwendete Konstruktionsansatz für zuverlässige und sichere Konzepte bis TRL 3 wird in Anlehnung an Roth [257, S. 38] in fünf Phasen eingeteilt:

- Anforderungsanalyse,
- Funktionsanalyse,
- Konzeptphase,
- Vorentwurfsphase und
- Detaillierungsphase.

Die iterativen Arbeitsschritte der einzelnen Phasen orientieren sich an der VDI-Richtlinie 2221 [50, S. 14–16], [261, S. 25]. Zudem werden den einzelnen Phasen eng miteinander verknüpfte Teilaufgaben in Form allgemeiner Konstruktionsmethoden sowie ausgewählter Methoden der Zuverlässigkeits- und Sicherheitsanalyse zugeordnet, vgl. Abbildung 3.2. Die Methoden der jeweiligen Phasen werden in den nachfolgenden Unterkapiteln beschrieben.

3.2.1 Anforderungsanalyse

Zu Beginn der Anforderungsanalyse wird die Aufgabenstellung geklärt und präzisiert [50, S. 14–16]. Dafür ist die Motivation zum Erarbeiten der Aufgabenstellung darzulegen. Weiterhin ist die Aufgabenstellung in beherrschbare Teilaufgaben zu unterteilen. Zu diesen Teilaufgaben können die Identifikation des Anwendungsbereichs, der Nachweis der Umsetzbarkeit und die Bestimmung des Potenzials des erarbeiteten Konzepts zählen. Zudem sind Anforderungen strukturiert zu identifizieren und daraus Kriterien für die spätere Lösungsbewertung herzuleiten.

Erarbeiten der Anforderungsliste

Im Anschluss an das Klären der Aufgabe müssen sämtliche Anforderungen identifiziert werden, die maßgeblich für die Lösungsfindung und Gestaltung des Konzepts sind [260, S. 319]. Dies erfolgt durch die Erstellung einer Anforderungsliste. Die Anforderungsliste beinhaltet alle Interessen möglicher Kunden und Entwickler sowie relevante Gesetze, Standards und Vorschriften [260, S. 320]. Die Erstellung der Anforderungsliste hat weitreichende Folgen für das zu entwickelnde Konzept.

Abbildung 3.2   Verwendeter Konstruktionsansatz

Der erforderliche Aufwand zum Erstellen der Anforderungsliste ist vergleichbar mit dem der Durchführung der Konzept- und Gestaltungsphase [260, S. 320]. Eine Herausforderung besteht darin, dass die Anforderungsliste zu Beginn des Entwicklungsprozesses nicht vollständig sein kann, da viele Erkenntnisse erst während der Entwicklung gewonnen werden und somit zu Ergänzungen oder Änderungen führen.

Grundlegend enthält eine Anforderungsliste, vgl. Tabelle 3.2, die Teilbereiche

• Organisation,
• Identifikation,

Tabelle 3.2 Beispiel einer Anforderungsliste

Anforderungsliste Beispielprodukt			Erstellt durch: Erstellende Person (Initialen) Letzte Änderung: TT.MM.JJJJ		Version: XX
ID	**Anforderung**	**Beschreibung**	**Art**	**Datum**	**Quelle**
1	Anforderung 1	Beispielhafter Grenzwert 1	Forderung (F)	TT.MM.JJJJ	[YY]
2	Anforderung 2	Beispielhafter Grenzwert 2	Wunsch (W)	TT.MM.JJJJ	[ZZ]

- Inhalt und
- Rückverfolgung [260, S. 322].

Organisatorische Angaben beziehen sich auf die Bezeichnung des zu entwickelnden Produkts, den Entwickler sowie das Datum der Erstellung [260, S. 322]. Teil der Identifikation sind vor allem Identifikationsnummern (IDs) für die einzelnen Anforderungen [260, S. 322]. Mögliche Inhalte sind die Beschreibung und die Art der Anforderung [260, S. 322]. Als Anforderungsarten können beispielsweise Forderungen und Wünsche unterschieden werden [260, S. 334]. Die Rückverfolgung enthält Informationen über Änderungsdaten, Verantwortlichkeit und Quelle der Anforderung [260, S. 324].

Das Erstellen der Anforderungsliste ist unterteilbar in folgende Teilschritte:

- Ermitteln der Anforderungsquellen,
- Ermitteln der Rahmenbedingungen,
- Ermitteln der Kundenanforderungen,
- methodische Ermittlung und Ergänzung der Anforderungen,
- Abstimmung mit Kunden und
- Festlegen der Anforderungsliste [260, S. 326].

Quellen für Anforderungen können Personen, Produkte und Dokumente sein [260, S. 327–328]. Auch die Fachliteratur [253, S. 52–69], [260, S. 331], [263, S. 57], [267, S. 136–144], [271, S. 231], [273, S. 129], [285], [286] stellt zahlreiche Auflistungen von Anforderungen für die methodische Ermittlung und Ergänzung der Anforderungsliste bereit.

Die Anforderungsliste ist mit der ersten Erstellung nicht abgeschlossen und wird über den weiteren Verlauf des Entwicklungsprozesses aktualisiert und erweitert. Weitere Anforderungen gehen beispielsweise aus der Musterzulassungsanalyse sowie späteren Sicherheitsanalysen hervor.

Schnittstellenanalyse

Im Rahmen einer Schnittstellenanalyse werden die Voraussetzungen für eine Zonensicherheitsanalyse geschaffen. Dies erfolgt, indem die physischen und funktionellen Schnittstellen innerhalb der Zone des Einlasses sowie zu seinen benachbarten Bereichen untersucht werden.

Auf die Schnittstellenanalyse aufbauend, können potenzielle Synergien zwischen Teilsystemen des zu erarbeitenden Konzepts erkannt werden. Darüber hinaus können mögliche Wechselwirkungen zwischen vorhandenen und geplanten Subsystemen identifiziert werden. Diese Wechselwirkungen sind bei der anschließenden Musterzulassungsanalyse und der weiteren Erarbeitung des Konzeptes zu berücksichtigen.

Musterzulassungsanalyse

Die Erstellung des Zulassungsprogramms (Certification Programm) stellt den ersten Schritt zum Erreichen einer Musterzulassung für die Luftfahrt dar [281, S. 68]. Das Zulassungsprogramm beinhaltet

- die Identifikation und Interpretation anzuwendender Bauvorschriften,
- die Ableitung der Nachweiserbringung zur Erfüllung dieser,
- die Zusammenfassung zu einem ganzheitlichen Entwurf und
- die Abstimmung des Entwurfs mit der zuständigen Luftfahrtbehörde [281, S. 69].

Die Durchführung der beiden erstgenannten Schritte erfolgt im Rahmen der Musterzulassungsanalyse während der Anforderungsanalyse und gewährleistet eine möglichst vollständige Anforderungsliste.

Die Gültigkeit von Bauvorschriften für eine spezifische Komponente kann Interpretationsspielraum bieten und ist final mit der zuständigen Luftfahrtbehörde abzusprechen [281, S. 69]. Die Bauvorschriften der EASA für große Flugzeuge CS-25 [34] und Flugtriebwerke CS-E (Engines) [287] beinhalten zudem Vorschläge anwendbarer Nachweismethoden zur Sicherstellung der Einhaltung der Vorschriften. Die Nachweismethoden (Means of Compliance, MoC) werden in zehn Kategorien eingeteilt [281, S. 70–72], vgl. Tabelle 3.3

Alle relevanten Paragrafen der CS und deren zugehörige, mögliche Nachweismittel werden zur Nachweisprüfliste (Compliance Check List, CCL) zusammengefasst, vgl. Tabelle 3.4. Diese bildet einen wichtigen Bestandteil des abschließenden Nachweisdokuments (Compliance Document) [281, S. 73–74].

Tabelle 3.3 Übersicht möglicher Nachweismittel

ID	Bezeichnung	Beschreibung
MoC 0	Compliance Statement	Erläuterung bzw. Begründung der Erfüllung einer Vorschrift
MoC 1	Design Review	Überprüfung anhand von Zeichnungen, Schaltplänen, Stücklisten
MoC 2	Calculation/Analysis	Nachweis durch Berechnungen, Analysen, Herleitungen
MoC 3	Safety Assessment	Strukturierte Risikobewertung durch Sicherheitsanalysen
MoC 4	Laboratory Tests	Werkstoff- oder Bauteiltests im Labor
MoC 5	Test on aircraft (On Ground)	Test der Funktion am Flugzeug auf dem Boden
MoC 6	Flight Test	Test der Funktion am Flugzeug während des Fluges
MoC 7	Inspection	Zustandsprüfung ohne Aktivierung der Komponente
MoC 8	Simulation	Tests auf Basis eines digitalen Modells
MoC 9	Equipment Qualification	Gerätequalifikation

Kriterien identifizieren und gewichten

Nach der Erstellung der Anforderungsliste werden Kriterien aus dieser abgeleitet und gewichtet. Dies ist erforderlich, um eine möglichst objektive und effiziente Bewertung und Auswahl der späteren Konzepte durchführen zu können. Die Auswahl erfolgt auf zwei verschiedene Arten. In der Konzeptphase wird anhand von Ausschlusskriterien eine Vorauswahl der Konzepte getroffen. In der Vorentwurfsphase wird die gewichtete Punktbewertung für die abschließende Entscheidung für eine Lösungsalternative eingesetzt.

Eine quantitative Bewertung, wie die gewichtete Punktbewertung, erfordert eine Differenzierung der einzelnen Kriterien, obwohl diese Kriterien oft miteinander verbunden sind und sich gegenseitig beeinflussen [255, S. 189], [288]. Beispielsweise kann eine Gewichtsreduktion durch den Einsatz von Leichtbaumaterialien erreicht werden, die in der Regel mit erhöhten Materialkosten verbunden sind. Auch können unzureichende aerodynamische Eigenschaften in der Luftfahrt zu Strömungsablösungen und somit zu Sicherheitsproblemen führen. Darüber hinaus sind die Stückkosten von Komponenten mit langer Lebensdauer und hoher Effizienz häufig vergleichsweise hoch.

Tabelle 3.4 Beispiel einer Nachweisprüfliste

Nachweisprüfliste Beispielprodukt Teil 1: Nachweismethoden

CS	Titel	Nachweismethode (MoC)										Dokument	Version	Status
		0	1	2	3	4	5	6	7	8	9			
25.XXX	Beispielparagraf 1	X				X						Nachweis 1	A	Offen
25.XXX	Beispielparagraf 2	X	X				X					Nachweis 2	A	Offen

Die Differenzierung der Kriterien kann durch ein strukturiertes Anforderungsdokument unterstützt werden. Weiterhin kann das Anforderungsdokument bei der Ableitung der wichtigsten Bewertungskriterien unterstützend wirken. Die Gewichtung der Kriterien erfolgt durch einen paarweisen Vergleich [255, S. 289]. Bei dieser Methode werden alle Kriterien in Paaren anhand ihrer jeweiligen Bedeutung für die zu findende Lösung miteinander verglichen [260, S. 388]. Wenn ein Kriterium wichtiger erscheint als das mit ihm verglichene, wird es mit dem Wert 2 bewertet. Wenn beide Kriterien gleich wichtig sind, werden sie mit dem Wert 1 bewertet. Ist ein Kriterium weniger wichtig als das verglichene, wird ihm der Wert 0 zugeordnet [260, S. 388].

Zudem existieren Varianten dieser Bewertungsmethode mit einem größeren Wertebereich, beispielsweise um unterscheiden zu können, ob die Erfüllung eines Kriteriums viel wichtiger, wichtiger oder nur minimal wichtiger ist als die eines anderen Kriteriums [255, S. 184]. Dies kann in den letzten Phasen des Entwicklungsprozesses, in denen ein hoher Detaillierungsgrad der Lösung vorhanden ist, sinnvoll sein, um eine sehr detaillierte Beurteilung zu ermöglichen [289, S. 115]. In den hier vorliegenden frühen Phasen des Entwicklungsprozesses kann die Umsetzung dieser Variante aufgrund des geringeren Konkretisierungsgrades nicht völlig objektiv erfolgen [289, S. 115].

Nachdem alle Kriterien miteinander verglichen worden sind, hat jedes Kriterium i einen Wert p_i, der die Summe der Werte in der jeweiligen Zeile in Tabelle 3.5 darstellt. Dividiert man diese Zeilensumme p_i durch die Summe aller in dieser Tabelle zugeordneten Zellwerte P, so erhält man den relativen Gewichtungsfaktor w_i eines Kriteriums [289, S. 112–113]:

$$w_i = p_i / P. \tag{3.1}$$

Tabelle 3.5 Gewichtung der Kriterien durch paarweisen Vergleich

Kriterium	K1	K2	K3	Relatives Gewicht w_i
Kriterium 1 (**K1**)	–	2	1	0,500
Kriterium 2 (**K2**)	0	–	2	0,333
Kriterium 3 (**K3**)	1	0	–	0,167

Zellwerte: Reihenkriterium ist im Vergleich zum Spaltenkriterium wichtiger (2), gleich wichtig (1), unwichtiger (0)

3.2.2 Funktionsanalyse

Auf den Erkenntnissen der Anforderungsanalyse basierend, erfolgt die Funktionsanalyse. In dieser werden die erforderlichen Funktionen des Produkts strukturiert
ermittelt, Folgen von Funktionsausfällen analysiert und mögliche Lösungsprinzipe zum Erfüllen einer Funktion identifiziert [260, S. 341]. Auf Basis der
Funktionsstrukturen und Lösungsprinzipe der Funktionsanalyse können in der
Konzeptphase prinzipielle Produktarchitekturen in Form von Konzepten identifiziert werden [260, S. 341].

Funktionen identifizieren

Um eine Anforderung zu erfüllen, muss ein Produkt eine Funktion erfüllen. Eine
Funktion ist definiert als eine Operation am Objekt [290, S. 805]. Diese erfolgt durch
eine Umwandlung von Eingangsgrößen in die gewünschten Ausgangsgrößen [258,
S. 412]. Betreffende Größen können Material, Energie oder Daten sein. Darüber hinaus können Störungen und Verluste die Funktion beeinflussen, vgl. Abbildung 3.3.
Funktionen werden üblicherweise durch ein Substantiv gefolgt von einem Verb in
der Infinitivform beschrieben [291, S. 2].

Funktionsstrukturen erstellen

Im Rahmen des Entwicklungsprozesses ist es üblich, eine Funktionsstrukturanalyse
durchzuführen. Auf diese Weise werden die notwendigen Haupt- und Teilfunktionen
identifiziert und in elementare Funktionen, wie beispielsweise „Form konvertieren"
oder „Druck erhöhen", zerlegt [292, S. 19].

Je detaillierter die Funktionsstruktur analysiert wird, desto besser können den
Funktionen im späteren Verlauf geeignete Lösungsprinzipe zugeordnet werden. Es
ist jedoch zu beachten, dass dabei eine zu frühzeitige Vorfixierung auf eine Lösung
erfolgen und die Lösungsvielfalt zu stark eingeschränkt werden kann [50, S. 17].
Daher kann es sinnvoll sein, mit einer einfachen Funktionsstruktur zu beginnen und
den Detaillierungsgrad innerhalb des Entwicklungsprozesses iterativ zu erhöhen
[257, S. 54]. Die gebräuchlichsten Mittel zur Erstellung funktionaler Strukturen
sind

- das FAST-Diagramm (Function Analysis System Technique),
- das Funktionennetz und
- der Funktionenbaum [260, S. 346], [291, S. 3–4].

Die drei genannten Methoden sind einander recht ähnlich und werden beispielsweise
in der VDI-Richtlinie 2803 [291] detailliert beschrieben.

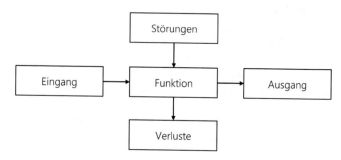

Abbildung 3.3   Begriff der Funktion

Funktionenbäume eignen sich aufgrund ihrer Struktur sehr gut als Basis für die Gefährdungsanalyse (FHA) und werden deshalb nachfolgend verwendet [272, 27 ff.], vgl. Abbildung 3.4. Im Funktionenbaum wird die Hauptaufgabe des Produkts durch seine Gesamtfunktion beschrieben [260, S. 346]. Diese Gesamtfunktion kann in Teilfunktionen verschiedener Detaillierungsebenen unterteilt werden [260, S. 345]. Die Anzahl der Detaillierungsebenen ist in Abhängigkeit der Aufgabe zu wählen [260, S. 345].

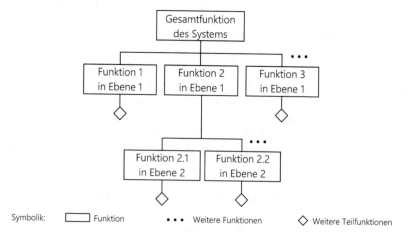

Abbildung 3.4   Aufbau eines Funktionenbaums

Gefährdungsanalyse

Die Gefährdungsanalyse und -bewertung (FHA) ist eine qualitative Sicherheitsmethode, die zu Beginn des Prozesses der Sicherheitsbewertung durchgeführt werden sollte [32, S. 33]. Der Einsatz qualitativer Methoden zu Beginn des Prozesses wird empfohlen, da sie die systematische Untersuchung von Ausfallbedingungen, -ursachen und -folgen unterstützen [273, S. 5]. In späteren Phasen des Entwicklungsprozesses können diese qualitativen Methoden durch quantitative Methoden ergänzt werden, um die Zuverlässigkeit genauer zu untersuchen [32, S. 22].

Das Hauptziel der FHA besteht in der systematischen Bewertung möglicher Funktionsausfälle eines Systems. Dadurch können Fehlerbedingungen sowie deren Auswirkungen identifiziert und klassifiziert werden. Dies ermöglicht das Ableiten von Zuverlässigkeitsanforderungen gemäß CS-25.1309 [53, S. 38], vgl. Tabelle 3.1. Die FHA wird auf Flugzeug-, System- und ggf. Subsystemebene durchgeführt [57, S. 34–35]. Ähnlich wie bei den Funktionenbäumen besteht der Hauptnachteil dieser Methode in der erforderlichen Erfahrung für deren Anwendung [53, S. 56]. So können bei unzureichender Erfahrung überaus umfangreiche, aber weitestgehend bedeutungslose Ergebnistabellen entstehen [53, S. 56]. Weiterhin kann die Klassifizierung von Gefährdungen eher subjektiv ausfallen [53]. Dem gegenüber stehen zahlreiche Vorteile, die von Kritzinger [53, S. 56] beschrieben werden, allen voran die optimale Bereitstellung von Ereignissen höchster Ebene (Top Level Events) für die vorläufige Systemsicherheitsbeurteilung (PSSA). Die PSSA erfolgt im Sicherheitsprozess der Luftfahrt im direkten Anschluss an die FHA.

Die Durchführung der FHA erfordert die folgenden Teilschritte:

- Identifizieren der Funktionen des zu untersuchenden Systems,
- Identifizieren der funktionalen Fehlermöglichkeiten (Fehlermoden),
- Kategorisieren der Schwere möglicher Fehler entsprechend der vorherrschenden Flugphasen und Betriebsbedingungen,
- Festlegen der erlaubten Eintrittswahrscheinlichkeit und
- Nachweisen dieser Wahrscheinlichkeit [53, S. 38–46], [57, S. 32–33].

Die Funktionen werden den Funktionenbäumen entnommen. Funktionale Fehlermöglichkeiten können ein vollständiger oder teilweiser Funktionsverlust, das unaufgeforderte Auftreten der Funktion oder eine unerwünschte Funktion sein [53, S. 38–46]. Bertsche [273, S. 131] listet zahlreiche weitere Fehlermöglichkeiten auf. Die Schwere möglicher Fehlerfolgen wird nach CS-25.1309 bewertet [53, S. 38], vgl. Tabelle 3.1. Aus dieser Tabelle können auch die zulässigen Eintrittswahrscheinlichkeiten abgeleitet werden. Das Nachweisen dieser Eintrittswahrscheinlichkeiten erfolgt in Abhängigkeit der Schwere des Fehlers gemäß des Absicherungsgrads

(Development Assurance Level, DAL) [53, S. 42–44]. Wird ein Fehler als katastrophal klassifiziert, so entspricht dies dem Absicherungsgrad DAL A [53, S. 44]. Dieser erfordert die Integration zusätzlicher Sicherheitsmaßnahmen, wie versagenssicheren (Fail-Safe) Eigenschaften, beispielsweise in Form von Redundanz [79, S. 212].

Lösungsprinzipe identifizieren

Um aus den Funktionsstrukturen methodisch Konzepte herleiten zu können, werden Lösungs- bzw. Wirkprinzipe genutzt. Diese ordnen den jeweiligen Funktionen einen Effekt zu [257, S. 107]. Entsprechende Effekte für die Umsetzung einer jeweiligen Funktion können einer Vielzahl von Konstruktionskatalogen [258, S. 447–462], [293, S. 22–43] und der Fachliteratur entnommen werden. Auch können vergleichbare existierende Produkte und Patente ausgewertet werden [260, S. 350–351]. Weiterhin können Prinzipe der Biologie für die Lösung technischer Problemstellungen adaptiert werden [260, S. 351]. Dieses Vorgehen ist unter dem Begriff der Bionik geläufig.

3.2.3 Konzeptphase

An die Funktionsanalyse schließt die Konzeptphase an. Im Rahmen der Konzeptphase werden, basierend auf der analysierten Aufgabenstellung und den erforderlichen Funktionen, Konzepte erdacht. Die Konzepte werden nach einer Vorauswahl zu Konzeptgruppen ähnlicher Eigenschaften zusammengefasst. Im Anschluss daran erfolgt die vorläufige Systemsicherheitsanalyse (PSSA) der identifizierten Konzeptgruppen. Mit Hilfe der PSSA können Schwachstellen identifiziert und durch Anpassungen vermieden werden.

Konzepterstellung

Die Erstellung erster Lösungskonzepte erfolgt zunächst auf intuitivem und anschließend auf methodischem Weg. Die intuitive Erstellung von Konzepten kann durch Methoden des Brainstormings unterstützt werden. Diese erlauben das möglichst ergebnisoffene Generieren einer Vielzahl von Lösungsideen und somit eine breite Abdeckung des Lösungsraums [294, S. 11]. Zudem wird dabei eine Vorfixierung auf eine Lösung durch zu starke Einschränkungen vermieden. Diese können beispielsweise aus sehr detaillierten Anforderungslisten und Funktionsstrukturen resultieren [260, S. 342].

Verbreitete Methoden des Brainstormings sind beispielsweise die Methode 635, die Galeriemethode, die Delphi-Methode oder die Synektik [260, S. 357–359]. In der Praxis findet zumeist eine kombinierte Anwendung dieser Methoden statt [260, S. 360]. So wird einer kleinen Gruppe von Beteiligten die zuvor definierte Aufgabenstellung dargelegt. Nachfolgend skizzieren die Beteiligten ihre jeweiligen Ideen und tauschen diese im Anschluss miteinander aus. Im Rahmen dieses Austauschs werden die vorhandenen Ideen weiterentwickelt und abschließend dokumentiert.

Um den Lösungsraum möglichst vollständig abzudecken, werden anschließend weitere Konzepte systematisch mit der Methode des morphologischen Kastens nach Zwicky identifiziert [294, S. 19–20]. Diese Methode der Konzeptentwicklung nutzt die erarbeitete Funktionsstruktur und ordnet den jeweiligen Funktionen verschiedene Teillösungsmöglichkeiten zu, vgl. Tabelle 3.6. Durch die beliebige Kombination von Teillösungen für jede Funktion können ganzheitliche Konzeptideen erstellt werden. Dennoch sollten bei der Kombination bereits mögliche Synergien zwischen Teillösungen in Betracht gezogen werden. Andererseits sollten Kombinationen von Teillösungen, die potenziell Wechselwirkungen miteinander hervorrufen können, in dieser Phase noch nicht ausgeschlossen werden. Eine Untersuchung bezüglich der Auswirkungen etwaiger Wechselwirkungen erfolgt in der nachfolgenden Vorentwurfsphase, beispielsweise im Rahmen der Zonensicherheitsanalyse.

Tabelle 3.6 Morphologischer Kasten

Funktion	**Lösungsansatz 1**	**Lösungsansatz 2**	**Lösungsansatz 3**
Funktion 1	Teillösungsalternative 1.1	Teillösungsalternative 1.2	Teillösungsalternative 1.3
Funktion 2	Teillösungsalternative 2.1	Teillösungsalternative 2.2	Teillösungsalternative 2.3
Funktion 3	Teillösungsalternative 3.1	Teillösungsalternative 3.2	Teillösungsalternative 3.3

Konzeptvorauswahl

Anhand der Ausschlusskriterien aus der Anforderungsanalyse erfolgt eine grundlegende Bewertung der erstellten Konzepte [255, S. 180]. Dabei wird unterschieden, ob Konzepte die Anforderungen der Ausschlusskriterien

- bereits erfüllen,
- perspektivisch ohne größere Einschränkungen erfüllen können oder
- nur mit größeren Einschränkungen bzw. gar nicht erfüllen können.

Diese Bewertung wird für eine Vorauswahl geeigneter Lösungsprinzipe genutzt. Darüber hinaus empfiehlt Ullman [278, S. 87] bereits zu diesem Zeitpunkt eine Patentierung voraussichtlich geeigneter Ideen.

Zusammenfassung zu Konzeptgruppen
Die nach der Vorauswahl als grundlegend geeignet angesehenen Konzepte werden zu einer kleineren Anzahl an Konzeptgruppen mit ähnlichen Eigenschaften zusammengefasst. Dieses Vorgehen ermöglicht in der Folge detailliertere Teiluntersuchungen der kleinen Anzahl der Konzeptgruppen im Vergleich zu einer großen Anzahl an Konzepten. Durch den höheren Detailgrad der Teiluntersuchungen wird die erreichbare Objektivität bei der abschließenden Bewertung der einzelnen Konzeptgruppen erhöht.

Vorläufige Systemsicherheitsanalyse
Die vorläufige Systemsicherheitsanalyse (PSSA) nach ARP 4761 [57] ist eine der besagten Teiluntersuchungen. Die PSSA folgt im Prozess der Sicherheitsbewertung nach ARP 4754A [32] direkt auf die FHA. Den in der FHA identifizierten funktionalen Gefährdungen werden mit Hilfe der PSSA Fehler und Ereignisse eines oder mehrerer Systeme, Subsysteme oder Komponenten zugeordnet [57, S. 40]. Auf diese Weise können sicherheitsrelevante Anforderungen an die Konstruktion ermittelt und Konzeptentwürfe bewertet werden.

Die PSSA erfolgt durch die iterative Anwendung von Top-Down-Methoden [57, S. 22]. Bei Top-Down-Methoden wird die Lösung vom allgemeinen, übergeordneten System schrittweise hin zu den detaillierten, untergeordneten Teilsystemen erarbeitet [273, S. 167]. Mögliche Methoden der PSSA sind

- die Fehlerbaumanalyse (FTA),
- das Abhängigkeitsdiagramm (DD) und
- die Markov-Analyse (MA) [57, S. 15–17].

Von den genannten Methoden ist die FTA am weitesten verbreitet und wird im weiteren Verlauf eingesetzt. Bei der FTA werden Beziehungen zwischen Fehlerereignissen durch logische Operationen darstellt. Das DD nutzt zur Darstellung dieser Beziehungen Pfade und die MA zeitabhängige Wahrscheinlichkeitsfunktionen [57, S. 108]. Die Vorteile von FTA, DD und MA werden von Kritzinger [53] und in ARP 4761 [57] diskutiert. Der gemeinsame Nachteil dieser Methoden besteht in der fehlenden Systematik zur Gewährleistung der Vollständigkeit ihrer Ergebnisse [272, S. 27–29].

Deshalb ist in späteren Entwicklungsphasen die Ergänzung des Top-Down-Ansatzes der PSSA durch die CCA und durch Bottom-Up-Methoden empfehlenswert. Bei Bottom-Up-Methoden wird die Lösung von detaillierten, untergeordneten Teilsystemen schrittweise hin zum allgemeinen, übergeordneten System erarbeitet [273, S. 167]. Eine iterative, einfach durchzuführende, aber auch zeitaufwendige Bottom-Up-Methode wird durch die FMEA repräsentiert [53, S. 131]. Der Einsatz von Bottom-Up-Methoden ist im späteren Verlauf der Konzepterarbeitung am effizientesten, da zu diesem Zeitpunkt der erforderliche hohe Grad der Detaillierung erreicht ist [79, S. 214]

Fehlerbaumanalyse

Die FTA kann sowohl qualitativ als auch quantitativ durchgeführt werden [273, S. 7]. In dieser frühen Phase der Konzepterarbeitung eignet sich besonders die qualitative Durchführung zur systematischen Suche nach Ursachen möglicher Fehler und Ereignisse sowie zur Identifikation von Schwachstellen [273, S. 167].

Die Durchführung der FTA erfordert die folgenden Teilschritte:

• Festlegen eines zu untersuchenden unerwünschten Ereignisses,
• Ermittlung aller Ausfälle, die zu diesem Ereignis führen können, und
• logische Verknüpfung der Ausfälle mit dem Ereignis [273, S. 167].

Die zu untersuchenden unerwünschten Ereignisse können aus den Ergebnissen der FHA übernommen werden. Grundlegende logische Verknüpfungen stellen die UND-Verknüpfung, die ODER-Verknüpfung und die Negation dar, vgl. Abbildung 3.5. Die beiden letztgenannten Teilschritte werden gemäß des Top-Down-Prinzips von der System- über die Teilsystem- bis hin zur Bauteilebene wiederholt [273, S. 167]. Als Ergebnis der Analyse der Bauteilebene verbleiben lediglich Elementarausfälle, wie Komponentenausfall durch eigene Schwäche, durch externe Einflüsse oder durch fehlerhafte Ansteuerung [273, S. 167], [295, S. 2].

3.2.4 Vorentwurfsphase

Im Rahmen der Vorentwurfsphase unterliegen die Konzeptgruppen einer weiteren Sicherheitsanalyse in Form der Analyse von Fehlern gemeinsamer Ursachen (CCA) nach ARP 4761. Darüber hinaus erfolgen Integrationsstudien ausgewählter Teilsysteme. Diese sind erforderlich, um die zuvor identifizierten möglichen Sicherheitsrisiken zu mindern. Weiterhin erfolgt die Identifikation des möglichen Funktionsumfangs der jeweiligen Konzeptgruppen. Im Fall von variablen

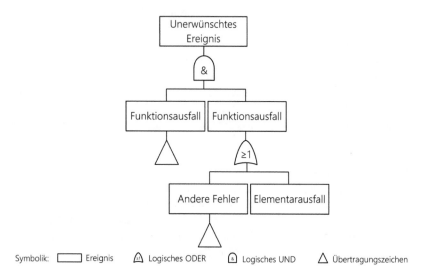

Abbildung 3.5   Aufbau eines Fehlerbaums

Einlässen betrifft dies vorrangig die umsetzbaren Geometrien und somit das aerodynamische Verbesserungspotenzial. Daran anschließend wird basierend auf den Bewertungskriterien aus der Anforderungsanalyse mit Hilfe einer gewichteten Punktbewertung nach VDI-Richtlinie 2225 [296] die am besten geeignete Konzeptgruppe ausgewählt.

Analyse von Fehlern gemeinsamer Ursachen
Der gesamte Erarbeitungsprozess sollte durch die iterativ durchgeführte Analyse von Fehlern gemeinsamer Ursachen (CCA) begleitet werden [57, S. 15–17]. Die CCA soll die Unabhängigkeit von Funktionen und Fehlerereignissen nachweisen oder aufzeigen, dass die vorhandene Abhängigkeit akzeptabel ist [57, S. 26]. Um dies zu erreichen, besteht die CCA aus

- der Analyse besonderer Risiken (PRA),
- der Zonensicherheitsanalyse (ZSA) sowie
- der Analyse redundanzüberbrückender Fehler (CMA) [57, S. 27].

Eine PRA dient der Identifizierung externer Ereignisse und Einflüsse [57, S. 27]. Die ZSA wird zur Ermittlung von Gefährdungen durch Ausfälle benachbarter Systeme sowie durch Installations- und Wartungsfehler eingesetzt [57, S. 27]. Die CMA wird verwendet, um die Unabhängigkeit von Funktionen und möglichen Fehlerereignissen zu überprüfen [57, S. 28].

Analyse besonderer Risiken
In ARP 4761 [57] charakterisiert die SAE besondere Risiken als Ereignisse, die außerhalb der unmittelbaren Systemgrenzen auftreten, jedoch einen Einfluss auf das System haben können. Dieser einzelne Einfluss darf nach CS-25 [34, AMC 25.1309] keine gefährlichen (Hazardous) Zustände zur Folge haben. Besondere Risiken können mehrere Zonen und somit Systeme gleichzeitig betreffen. Typische Beispiele besonderer Risiken sind

- Feuer,
- unkontrolliertes Versagen von Rotoren mit hoher Energie,
- Risse in Hochdruckluftkanälen,
- Leckagen von

    o Luft hoher Temperatur,
    o Kraftstoff,
    o Hydrauliköl,
    o Wasser,

- aerodynamische Reibung,
- Reibung zwischen beweglichen Teilen,
- Hagel, Eis, Schnee, Wasseraufnahme,
- Vereisung von Betriebsmitteln,
- hohe Umgebungstemperaturen,
- Vogelschlag,
- Blitzschlag,
- elektromagnetische Interferenzen,
- elektromagnetische Felder hoher Intensität und
- Schottwandbrüche [34, AMC 25.1309], [53, S. 158–162], [57, S. 156].

Einige dieser Ereignisse, z. B. Leckagen, sind auch Bestandteil der ZSA.

Das Ziel der PRA ist die Identifikation aller besonderer Risiken, die die untersuchte Konstruktion betreffen können. Nach der Identifikation der Risiken erfolgt für jedes Risiko eine separate, primär qualitative Analyse, um den

Effekt auf die Konstruktion zu bestimmen [53, S. 155–156]. Auf diese Weise kann jeder sicherheitsrelevante Effekt konstruktiv vermieden oder aufgrund seiner Eintrittswahrscheinlichkeit als akzeptabel nachgewiesen werden [53, S. 155–156]. Die PRA sollte bei neuen Luftfahrzeugen und bei größeren Änderungen am Luftfahrzeug den gesamten Entwicklungsprozess begleiten [57, S. 13]. Insbesondere in den Anfangsphasen kann die PRA durch das frühzeitige Erkennen von Schwachstellen die erforderlichen Entwicklungskosten verringern. Mit dem Fortschreiten des Entwicklungsprozesses und somit des Detailgrads der Konstruktion können verbleibende Schwachstellen leichter identifiziert werden [53, S. 173]. Eine Minderung der Schwachstellen ist zum fortgeschrittenen Zeitpunkt jedoch mit kostenintensiveren Konstruktionsanpassungen, komplexen Simulationen oder Tests verbunden [53, S. 173].

Die erforderlichen Schritte zur Durchführung einer PRA lassen sich wie folgt zusammenfassen:

- Identifizieren möglicher Ereignisse, betroffener Zonen, Komponenten und Folgen,
- Identifizieren der Fehlermöglichkeiten und ihrer Schwere für jedes identifizierte Ereignis,
- Zuordnen erforderlicher maximaler Eintrittswahrscheinlichkeiten zu den Fehlermöglichkeiten,
- Empfehlen von Maßnahmen zum Erreichen dieser Wahrscheinlichkeiten, z. B. durch Konstruktionsanpassungen und Analysen, sowie
- Validieren der Wahrscheinlichkeiten durch Konstruktionsanpassungen und Tests [53, S. 156–166], [57, S. 157].

Die Durchführung der PRA erfordert viel Erfahrung, um alle potenziellen Ereignisse und deren Auswirkungen zu identifizieren [53, S. 173]. Zudem ist sie mit einem hohen Zeit- und Kostenaufwand für die Durchführung aller erforderlichen Analysen und Tests verbunden [53, S. 173]. Andererseits ermöglicht diese Methode die gleichzeitige Untersuchung mehrerer Zonen und die Identifizierung von Schwachstellen gegenüber äußeren Einflüssen wird erleichtert [53, S. 173].

Zonensicherheitsanalyse
Das Ziel der ZSA ist es, Richtlinien für die Konstruktion und Installation zu erstellen, Interaktionen zwischen benachbarten Systemen zu identifizieren sowie Wartungs- und Installationsfehler aufzudecken [34, AMC 25.1309]. Auf diese Weise kann sichergestellt werden, dass Systemausfälle unabhängig von anderen Systemen sind oder deren Eintrittswahrscheinlichkeit als akzeptabel eingestuft werden kann. Die

ZSA ist eine vorrangig qualitative Methode, die für jede Zone des Flugzeugs durchgeführt werden sollte. Sie sollte alle Phasen des Entwicklungsprozesses begleiten [57, S. 13]. Zu Beginn des Entwicklungsprozesses wird die ZSA zur Erstellung von Konstruktions- und Installationsrichtlinien und zur Untersuchung von Skizzen sowie Modellen verwendet [53, S. 177]. In späteren Konstruktionsphasen werden mit Hilfe der ZSA detailliertere Konstruktionsinformationen überprüft, beispielsweise technische Zeichnungen und Komponenten von Prototypen [53, S. 177].

Der zusammengefasste Prozess der ZSA umfasst

- das Erstellen von Konstruktions- und Installationsrichtlinien,
- die Identifikation von Zonen, der darin enthaltenen Systeme und Komponenten sowie zonenexterner Fehlermöglichkeiten,
- das Untersuchen der Zonen bezüglich der festgelegten Richtlinien,
- das Überprüfen der Zonen auf resultierende Auswirkungen von Fehlern in benachbarten Zonen und umgekehrt sowie
- das Überprüfen und Dokumentieren der Ergebnisse, beispielsweise von Konstruktionsanpassungen [53, S. 177–184], [57, S. 153].

Die Erstellung der Konstruktions- und Installationsrichtlinien sollte die Anforderungen auf Flugzeugebene, die Ergebnisse vorangegangener Sicherheitsanalysen sowie verfügbare Wartungs- und Betriebsdaten vergleichbarer Systeme berücksichtigen. Die Richtlinien können in allgemein, system- oder zonenspezifisch unterteilt werden. Allgemeine Richtlinien umfassen

- Ausrüstungsinstallation, z. B. Rohre, Kanäle, Schläuche, Kabel,
- Entfernung und Austausch von Komponenten,
- Wartung und Instandhaltung sowie
- Entwässerungsrichtlinien [57, S. 285–286].

Die Definition der Zonen des Flugzeugs erfolgt beispielsweise basierend auf Tabellen, die durch den Dachverband amerikanischer Fluggesellschaften (Air Transport Association of America, ATA) bereitgestellt werden [57, S. 295–301]. Für jede Zone des Luftfahrzeugs wird eine Liste von Systemen und Gegenständen erstellt. Der Umfang dieser Liste hängt von der Phase des Entwicklungsprozesses ab. Abweichungen bei der Untersuchung der Konstruktion von den Konstruktions- und Installationsrichtlinien müssen für Konstruktionsanpassungen in Betracht gezogen werden. Fehler mit zonenexternen Auswirkungen sollten im Rahmen weiterer Sicherheitsanalysen untersucht und die Auswirkungen durch Konstruktionsanpassungen gemildert werden [57, S. 285–286].

Nachteile der ZSA bestehen darin, dass sie am effizientesten in späteren Entwicklungsphasen durchgeführt wird, in denen alle Gegenstände und Systeme untersucht werden können [53, S. 190]. Außerdem erfordert die erfolgreiche Durchführung dieser Methode viel Erfahrung mit dem zu untersuchenden System [53, S. 190]. Dennoch ist die ZSA während der Systemintegration sehr hilfreich, um komplexe sicherheitsrelevante Interaktionen zwischen benachbarten Systemen und Zonen zu erkennen. Dazu zählen beispielsweise heiße Rohre in der Nähe elektronischer Geräte, Heißluftleckagen und elektromagnetische Störeinflüsse [53, S. 190].

Analyse redundanzüberbrückender Fehler

Die CMA ist eine qualitative Sicherheitsmethode, die den Nachweis der Unabhängigkeit von Funktionen sowie den damit verbundenen Ereignissen und Fehlermöglichkeiten erlaubt [34, AMC 25.1309]. Die Unabhängigkeit kann durch die Anwendung von Fail-Safe- oder Unabhängigkeitsprinzipen erreicht werden [53, S. 297], [279, S. 95–99]. Dazu zählen Sicherungssysteme, Überwachungssysteme, Redundanz, Isolierung, Begrenzungen von Ausfalleffekten und Versagenspfaden sowie Fehlertoleranzen [53, S. 297], [279, S. 95–99].

Redundanz stellt das vorrangig eingesetzte Unabhängigkeitsprinzip dar. Darunter ist die mechanisch und elektrisch getrennte Duplizierung von Systemen oder Komponenten zu verstehen [279, S. 96]. Es existieren jedoch verschiedene Gefahren für die Unabhängigkeit redundanter Systeme. Im Vergleich zu Fehlermöglichkeiten von Einzelelementen können unbeabsichtigte funktionale Abhängigkeiten zu gleichartigen Fehlern (Common Mode Failures) mit deutlich höheren Ausfallraten und gravierenderen Auswirkungen führen [297, S. 73]. Deshalb müssen insbesondere die Auswirkungen von Entwurfs-, Herstellungs- und Wartungsfehlern sowie Fehler von Systemkomponenten untersucht werden [57, S. 160]. Dies muss erfolgen, da beispielsweise Fehler einer spezifischen Hard- oder Software zu Fehlfunktionen mehrerer gleichartiger Elemente in verschiedenen Systemen führen können [57, S. 160].

Die CMA sollte den gesamten Sicherheitsbewertungsprozess begleiten [57, S. 13]. Dabei kann sie am effizientesten durchgeführt werden, wenn die Ergebnisse der FHA und PSSA zur Identifizierung von Abhängigkeitsproblemen genutzt werden können [57, S. 13].

Für die Durchführung einer CMA sind folgende Teilschritte erforderlich:

- Erstellen von Checklisten für Typen und Ursachen gleichartiger Fehler,
- Identifizieren von Anforderungen zur Vermeidung von Abhängigkeiten,
- Analysieren der Konstruktion bezüglich der Abhängigkeitsanforderungen, um Schwachstellen zu identifizieren,

- Sicherstellung von Eintrittswahrscheinlichkeiten der untersuchten Fehlermöglichkeiten, z. B. durch Konstruktionsanpassungen, sowie
- Nachweis und Dokumentation der Ergebnisse [53, S. 136–145], [57, S. 160–167].

Beispiele für Kategorien gleichartiger Fehler sind

- fehlerhafte Anforderungen,
- konzeptionelle und Gestaltungsfehler,
- Software-Entwicklungsfehler,
- Hardware-Ausfälle,
- Produktions-, Reparatur- und Installationsfehler,
- von der Norm abweichende Betriebsbedingungen,
- Umweltfaktoren, z. B. Temperaturen, Vibrationen, Feuchtigkeit, sowie
- Fehlerketten (Kaskadenfehler) [53, S. 138–142], [57, S. 160].

Die systematische Durchführung einer CMA kann sich als schwierig erweisen, da sie eine umfassende Kenntnis der untersuchten Systeme erfordert und vom Eintreten unwahrscheinlicher Ereignisse ausgegangen werden muss [53, S. 154]. Auch wenn nicht sichergestellt werden kann, dass alle gleichartigen Fehler durch die Anwendung der CMA identifiziert und damit abgemildert werden, stellt sie eine gute Methode zur Erkennung von Fehlerabhängigkeiten dar [53, S. 153]. Dadurch unterstützt sie auch die Auswahl der Systemarchitektur. Weiterhin legt sie konstruktionstechnische Anforderungen für die Trennung und Isolierung von Systemen fest [53, S. 153].

Integrationsstudien

Die Durchführung von Integrationsstudien ist ein wichtiger Bestandteil des Funktionsnachweises im V-Modell [274, S. 27]. Hierbei finden systematische Untersuchungen von Teilsystemen statt. Diese dienen der Ermittlung der am besten geeigneten Teillösungsvarianten für die jeweiligen Konzeptgruppen. Die Teillösungen werden anhand der Kriterien aus der Anforderungsanalyse mit Hilfe einer gewichteten Punktbewertung beurteilt und den Konzeptgruppen zugeordnet. Die Bewertung wird von mehreren Ingenieuren unabhängig voneinander durchgeführt und basiert auf Herstellerangaben [134], den vorangegangenen Sicherheitsanalysen PSSA und CCA [298], [299] und Angaben aus der Fachliteratur [78], [112], [114], [118]. Die gewichtete Punktbewertung wird im Rahmen der Auswahl der besten Konzeptgruppe am Ende dieses Unterkapitels beschrieben.

Geometriegestaltung

Zur Einschätzung des aerodynamischen Verbesserungspotenzials variabler Pitot-Einlässe ist die Identifikation des möglichen Funktionsumfangs der einzelnen Konzeptgruppen erforderlich. Dafür werden zunächst die idealen Geometrien für die jeweiligen Betriebszustände ermittelt. Anschließend wird untersucht, inwieweit diese von den jeweiligen Konzeptgruppen umsetzbar sind. Die Bestimmung der Geometrien erfolgt mit Hilfe numerischer Methoden, deren Ergebnisse durch spätere Windkanaluntersuchungen bestätigt werden sollten [10, S. 983].

Eine alternative Herangehensweise besteht darin, bereits zu Beginn der Konzeptstudie die idealen Einlassgeometrien zu ermitteln und festzulegen. Darauf basierend könnten bei der Erarbeitung des variablen Konzepts ggf. Zeiterspar-nisse erreicht werden. Jedoch könnte diese frühe Geometriefestlegung auch die Vielfalt der Lösungsansätze einschränken. So könnte ein Konzept, das aus einem solchen Ansatz resultiert, sehr gute aerodynamische Eigenschaften aufweisen. Jedoch könnte es einem Konzept, das aus dem gewählten Ansatz hervorgeht, auf anderen Gebieten, wie beispielsweise der Zuverlässigkeit und Sicherheit, unterlegen sein. Der Hauptgrund hierfür liegt darin, dass beim gewählten Ansatz die Einlassgeo-metrien in Abhängigkeit der umsetzbaren Faktoren, wie beispielsweise Bauraum oder Komplexität, bestimmt werden. Dies führt dazu, dass das entstehende Konzept einen stärkeren Kompromiss zwischen den aerodynamischen und den restlichen Anforderungen eingeht und somit wahrscheinlich eine größere Chance hat, indus-triell eingesetzt zu werden. Diese Hypothese könnte im Rahmen einer Parallelstudie untersucht werden.

Auswahl der Konzeptgruppe

Die Auswahl der am besten geeigneten Konzeptgruppe erfolgt mit Hilfe einer techni-schen Bewertung. Es existieren zahlreiche Methoden für die Bewertung technischer Produkte mit unterschiedlichster Komplexität und für unterschiedliche Entschei-dungsaufgaben. Ziel aller Bewertungsmethoden ist es, den Entscheidungsprozess bei der Auswahl aus mehreren möglichen Lösungsvarianten möglichst objektiv und nachvollziehbar zu gestalten [260, S. 381].

Eine möglichst objektive Bewertung kann durch den Einsatz formaler, quanti-tativer Bewertungsmethoden erreicht werden. Allerdings sollten die numerischen Bewertungsergebnisse nicht die alleinige Grundlage für eine Entscheidung sein. Vielmehr sollten die Methoden zu einer intensiven Auseinandersetzung mit der Evaluation anregen, um ein ganzheitliches Urteil fällen zu können [263, S. 76]. Die Bewertung sollte stets von einer Gruppe von Personen aus verschiedenen tech-nischen Bereichen durchgeführt werden, um ein breites Spektrum an Fachwissen zu erhalten und so die bestmögliche Objektivität zu gewährleisten [255, S. 179],

[263, S. 76]. Die Anwendung von Bewertungsmethoden ist in verschiedenen Phasen des Produktentwicklungsprozesses möglich [260, S. 382]. In frühen Phasen trägt die Bewertung zur grundlegenden Orientierung bei der Lösungsfindung bei. In späteren Phasen wird eine vorrangig vergleichende Bewertung mehrerer Konzepte durchgeführt, um die am besten geeignete Lösung auszuwählen [260, S. 382]. Die Vorgehensweise der meisten Bewertungsmethoden ist ähnlich und beinhaltet die folgenden Arbeitsschritte:

- Bereitstellen von Lösungsvarianten mit vergleichbarem Detailgrad,
- Herleiten von Bewertungskriterien aus dem Anforderungsdokument,
- Gewichten der Bewertungskriterien,
- Einführen messbarer Werte für die Erfüllung eines Kriteriums,
- Analysieren der Lösungsvarianten und Zuweisen eines Wertes bezüglich der Erfüllung der Kriterien sowie
- Vergleichen der Bewertungsergebnisse und Auswählen einer Lösungsvariante [260, S. 382–383].

Im Anschluss kann die gewählte Lösungsvariante weiter verbessert werden.

Es werden einfache, aufwendige und komplexe Methoden unterschieden, wobei nicht uneingeschränkt empfohlen wird, komplexe und zeitaufwändige Methoden anzuwenden [260, S. 382]. Die Methode sollte entsprechend der Komplexität der Entscheidungsaufgabe und der zur Verfügung stehenden Zeit gewählt werden. Bekannte Methoden sind

- der Vorteil/Nachteil-Vergleich,
- die Auswahlliste,
- die einfache Punktbewertung,
- die gewichtete Punktbewertung nach VDI-Richtlinie 2225,
- die technisch-wirtschaftliche Bewertung nach VDI-Richtlinie 2225 und
- die Kosten-Nutzen-Analyse [255, S. 187], [260, S. 386], [263, S. 76].

Im Rahmen der Integrationsstudien und der Konzeptgruppenauswahl wird die gewichtete Punktbewertung nach VDI-Richtlinie 2225 [296] basierend auf den gewichteten Bewertungskriterien aus der Anforderungsanalyse ausgewählt. Für die erfolgreiche Implementierung dieser Methode ist eine möglichst umfassende Kenntnis der Eigenschaften der Lösungsvarianten erforderlich [260, S. 388]. Die Vorteile dieser Methode liegen darin, dass sie universell einsetzbar, einfach zu handhaben und innerhalb kurzer Zeit implementierbar ist [255, S. 193], [260, S. 388].

Bei der gewichteten Punktbewertung wird jeder Lösungsvariante j ein numerischer Wert $m_{i,j}$ zugewiesen. Dieser Wert entspricht dem Grad der Erfüllung eines Kriteriums i durch diese Lösungsvariante. Der Skalenbereich dieser Bewertung kann frei gewählt werden [260, S. 384]. Beliebte Varianten sind Skalen von 0 bis 4 oder von 0 bis 10 [260, S. 384], [296, S. 4]. Kleinere Skalenbereiche sind im Allgemeinen anfälliger für Fehleinschätzungen [260, S. 384]. Darüber hinaus kann die schlechte Erfüllung eines Kriteriums bei diesen einen stärkeren Einfluss auf das Gesamtbewertungsergebnis einer Variante haben [255, S. 183–187]. Größere Skalenbereiche ermöglichen eine fein abgestufte Abschätzung, die für spätere Entwicklungsphasen nützlich sein kann [289, S. 115]. Sie erfordern jedoch auch einen hohen Detaillierungsgrad und suggerieren einen Grad an Genauigkeit, der nicht unbedingt gegeben ist [289, S. 115]. Für sehr detaillierte Analysen ist es auch möglich, Wertfunktionen zu definieren [260, S. 384].

Aufgrund des niedrigen Technologiereifegrads der Konzeptgruppen und der frühen Entwicklungsphase wird ein enger Skalenbereich von 0 bis 4 gewählt. Die Konzeptgruppen werden von mehreren Ingenieuren unabhängig voneinander bewertet. Auf diese Weise wird ein hohes Maß an Objektivität gewährleistet [260, S. 381–382], [263, S. 76]. Darüber hinaus fließen die gesammelten Erkenntnisse aus durchgeführten Sicherheitsanalysen [298], [299], Integrationsstudien [300] und aerodynamischen Untersuchungen [301] in die Bewertung der jeweiligen Konzeptgruppen ein. Mögliche Fehleinschätzungen können durch Plausibilitätsprüfungen, Sensitivitätsanalysen und Schwachstellenanalysen vermieden werden [260, S. 401–403].

Für eine anschauliche und intuitive Darstellung der Bewertung kann ein Plus-Minus-System eingesetzt werden, vgl. Tabelle 3.7. Dabei wird die Bewertung der Erfüllung eines Kriteriums i durch eine Lösungsvariante j wie folgt durchgeführt [296, S. 4]:

- sehr gute Erfüllung: $m_{i,j} = 4$ Punkte $= + +$,
- gute Erfüllung: $m_{i,j} = 3$ Punkte $= +$,
- ausreichende Erfüllung: $m_{i,j} = 2$ Punkte $= $ o,
- noch tragbare Erfüllung: $m_{i,j} = 1$ Punkt $= -$, und
- unbefriedigende Erfüllung: $m_{i,j} = 0$ Punkte $= - -$.

Tabelle 3.7 Bewertung der Kriterienerfüllung

Kriterium	Gruppe 1	Gruppe 2	Gruppe 3	Gruppe 4	Gruppe 5
Kriterium 1 ($w_1 = 0,500$)	+ +	– –	o	+	–
Kriterium 2 ($w_2 = 0,333$)	–	–	o	+ +	+
Kriterium 3 ($w_3 = 0,167$)	o	o	– –	+	+ +

Zellwerte: Erfüllung des Kriteriums ist sehr gut + +, gut +, durchschnittlich o, schlecht – oder sehr schlecht – –

Der relative Gewichtungsfaktor w_i eines Kriteriums i fließt in die relative Bewertung r_j einer Lösungsvariante j mit ein. Basierend auf der relativen Bewertung kann eine objektive Entscheidung über die Auswahl einer Lösungsvariante getroffen werden. Die relative Bewertung r_j einer Variante j errechnet sich aus der Summe aller Produkte der numerischen Werte einer Variante $m_{i,j}$, multipliziert mit dem Gewichtungsfaktor des jeweiligen Kriteriums w_i, dividiert durch die Skalengröße [260, S. 385]:

$$r_j = \sum_{i=1;j=1}^{k;\,n} w_i . m_{i,j} / 4 \,. \tag{3.2}$$

Dabei ist k die Anzahl der Kriterien und n die Anzahl der Lösungsvarianten. Basierend auf den relativen Bewertungen der Lösungsvarianten kann eine objektive Auswahl einer Lösungsvariante, in diesem Fall einer Konzeptgruppe, getroffen werden.

3.2.5 Detaillierungsphase

Die Detaillierungsphase ist die abschließende Phase zum Erreichen des Reifegrads TRL 3. Dafür wird mit den zuvor gesammelten Erkenntnissen aus der ausgewählten Konzeptgruppe die Feingestaltung des umzusetzenden Konzepts durchgeführt. Die Feingestaltung beinhaltet

- die detaillierte Konzeptbeschreibung und seine Herleitung,
- die strukturelle Dimensionierung sowie
- die rechnergestützte 3D-Modellierung und Gestaltung.

Anschließend erfolgt der Bau eines Demonstrators, wodurch der Nachweis der Funktionalität und damit TRL 3 erreicht werden. Darüber hinaus können Studien anschließen, um den Detailgrad des Konzepts zu erhöhen und die Entwicklung in Richtung TRL 4, dem Test im Laborumfeld [56, S. 10–11], zu unterstützen.

Konzeptbeschreibung und Herleitung
Die Funktionsweise des umzusetzenden Konzepts sollte anhand seiner Komponenten detailliert beschrieben werden. Dies sollte durch Konzeptskizzen und eine Bauteilliste [273, S. 148] erfolgen, vgl. Tabelle 3.8. Zudem sind die getroffenen Konstruktionsentscheidungen während der Feingestaltung nachvollziehbar herzuleiten. Darüber hinaus ist auf die zuvor identifizierten Risiken gesondert einzugehen.

Tabelle 3.8 Beispiel einer Bauteilliste

ID	Bezeichnung	Beschreibung	Anzahl
K1	Komponente 1	Aufbau und Funktion von Komponente 1	1
K2	Komponente 2	Aufbau und Funktion von Komponente 2	6
K3	Komponente 3	Aufbau und Funktion von Komponente 3	4

Strukturelle Dimensionierung
An die Konzeptherleitung schließt die erste strukturelle Dimensionierung oder Auslegung der wichtigsten Komponenten des Konzepts an. Diese basiert auf den wirkenden Belastungen, die aus der Anforderungsanalyse hervorgehen. Aufgrund der Einschränkungen akademischer Studien bezüglich Personal- und Sachmitteln sowie Erfahrungswerten können die Ergebnisse dieser ersten strukturellen Dimensionierung nur als Richtwert dienen. Zudem werden die Ergebnisse auf akademischem Weg konservativ ermittelt. Im Vergleich dazu beziehen industrielle Auslegungen häufig empirische Erfahrungswerte mit ein, wodurch Produkte kleiner, leichter und kostengünstiger ausgelegt werden können.

Mit Hilfe der akademischen Auslegung kann dennoch eine erste Aussage über die Umsetzbarkeit des entwickelten Systems getroffen werden. Für weiterführende Versuche und höhere Reifegrade sind zusätzliche Auslegungsrechnungen auf einem höheren Detaillierungsgrad erforderlich.

Die Grundlage der Dimensionierung von Bauteilabmessungen bildet der Festigkeitsnachweis. Der Festigkeitsnachweis basiert auf

- der vorliegenden Belastungsart,

- der Belastungsdauer,
- dem verwendeten Werkstoff,
- der Bauteilform und
- der erforderlichen Sicherheit [302, S. 43].

Die Fachliteratur stellt zahlreiche allgemeingültige Herangehensweisen für den Festigkeitsnachweis von Bauteilen jeglicher Art bereit. Weiterhin existieren für die meisten Maschinenelemente, wie beispielsweise Stifte, Bolzen und Schrauben, spezielle Auslegungsregeln. Diese erfordern meist detailliertere Berechnungen, können dabei allerdings Materialersparnisse oder höhere Sicherheiten ermöglichen. Weiterführende Informationen können der Richtlinie des Forschungskuratoriums Maschinenbau (FKM) [303], Literatur zur Auslegung von Maschinenelementen [302], [304], [305] oder Übersichtswerken zum Maschinenbau [290], [306], [307], [308] entnommen werden.

Die meisten Herangehensweisen für den Festigkeitsnachweis verfügen über die gleichen grundlegenden Teilschritte

- Festlegen des kritischen Bauteilquerschnitts,
- Ermitteln der vorhandenen Spannung aus der Bauteilbeanspruchung,
- Ermitteln der zulässigen Spannung aus Werkstoff- und Konstruktionskennwerten,
- Ermitteln der vorhandenen Sicherheit aus diesen Spannungen und
- Vergleichen von ermittelter und erforderlicher Sicherheit [302, S. 43].

Die Reihenfolge der Teilschritte kann entsprechend den Zielen der Auslegung variiert werden. Beispiele für diese Ziele sind

- der Nachweis der Bauteilfestigkeit mit einer gewissen Sicherheit,
- eine erste Dimensionierung von Bauteilen,
- die Verringerung der Bauteilabmessungen oder
- die Reduzierung der Materialkosten.

Die Bestimmung der kritischen Bauteilquerschnitte der wichtigsten Komponenten des ausgewählten Konzeptes bei den wirkenden Belastungen ist in dieser Phase der Konzepterarbeitung von primärer Bedeutung. Diese Querschnitte werden genutzt, um eine erste Dimensionierung der Komponenten durchzuführen.

In Abhängigkeit der vorrangigen Beanspruchung einer Komponente werden hierfür das Versagen durch Gewaltbruch, unzulässig große Verformungen oder Knicken untersucht. Untersuchungen bezüglich Versagens durch Rissfortschreiten, mechanische Abnutzung oder Korrosion sollten zudem in einer späteren Entwicklungsphase durchgeführt werden.

Rechnerunterstützte 3D-Modellierung und Gestaltung
Mit Hilfe der erforderlichen Bauteilabmessungen, die aus der Kinematik sowie der strukturellen Dimensionierung hervorgehen, kann die detaillierte 3D-Modellierung des Konzepts durchgeführt werden. Hierfür wird ein CAD-System (Computer-Aided Design, Rechnerunterstützte Konstruktion) verwendet. Die 3D-Modellierung des Konzepts ermöglicht eine genauere Untersuchung der Funktionalität sowie möglicher Schwachstellen und somit eine verbesserte Konstruktion [260, S. 413]. Zudem werden durch die CAD-Modellierung der Bau erster Prototypen und die Erstellung von technischen Bauteilzeichnungen vereinfacht sowie die Durchführung numerischer Strömungssimulationen und Strukturanalysen ermöglicht [260, S. 421–429].

Funktionsdemonstratoren
An die Erstellung eines CAD-Modells des Konzepts und somit eines digitalen Modells schließt der Bau eines physischen Modells an. Das physische Modell kann die Funktionalität des zu entwickelnden Produkts demonstrieren und dadurch den Reifegrad TRL 3 nachweisen. Solch ein Funktionsdemonstrator wird auch als Prototyp bezeichnet [260, S. 334]. Die Vorteile eines physischen Prototyps bestehen darin, dass er anfassbar und erlebbar ist [260, S. 334]. Somit dient der Prototyp der Beurteilung des Konzepts und der Aktualisierung der Anforderungen [260, S. 334]. Zudem werden erste Erfahrungen für die Fertigung und Montage gesammelt. Weiterhin trägt der frühzeitige Bau von Prototypen durch die Erkennung von Schwachstellen und systematischen Konstruktionsfehlern dazu bei, kostenintensive Konstruktionsanpassungen in späteren Entwicklungsphasen zu vermeiden. Diese Anpassungen wurden beispielsweise bei den Einlässen der General Dynamics F-111 A oder der Boeing 727 erforderlich [9].

Die genannten Inhalte sind bereits zu großen Teilen auch mit den modernen Mitteln der virtuellen Realität (Virtual Reality, VR) umsetzbar [260, S. 334]. Allerdings erfordern diese momentan noch einen großen zeitlichen und finanziellen Aufwand, ohne dabei ein physisches Modell bereitstellen zu können [260, S. 334].

Weiterführende Analysen
Der vorgestellte Prozess ist beliebig erweiterbar. Beispielsweise kann er durch anschließende weiterführende Analysen ergänzt werden, um Labortests vorzubereiten, mit denen der Reifegrad TRL 4 nachgewiesen wird [56, S. 10–11].

Darüber hinaus können die Nachweise, die für die Musterzulassung erforderlich sind, vorbereitet werden.
Zu den möglichen Analysen zählen

- Sicherheitsmethoden, wie eine FMEA basierend auf der erstellten Bauteilliste, sowie weitere Iterationen von FTA und CCA,
- numerische Strömungsanalysen in Vorbereitung auf erforderliche Windkanaluntersuchungen [10, S. 983] und
- Simulationen von Vogelschlagereignissen (Bird Strike) als Vorbereitung auf erforderliche Vogelschlagtests [34, 25.631], [309, S. 44–45].

Zudem kann der Detailgrad der Auslegung der Konzeptkomponenten weiter erhöht werden.

Durchführung der Konzeptstudie

4

4.1 Anforderungsanalyse

Die Klärung und Präzisierung der Aufgabenstellung erfolgte in Kapitel 1, in welchem die Motivation für die Erarbeitung eines Konzepts für variable Pitot-Einlässe für zukünftige Flugtriebwerke dargelegt wurde. Folgende Teilaufgaben waren während der Erarbeitung des Konzepts zu erfüllen:

- Ermitteln des geeigneten Anwendungs- und Geschwindigkeitsbereichs innerhalb der Luftfahrt,
- Erarbeiten eines Konzepts, das perspektivisch industrielle Standards für Sicherheit und Zuverlässigkeit erfüllen kann, sowie
- Aufzeigen der prinzipiellen Umsetzbarkeit des Konzepts und seines Potenzials für die Luftfahrt, wodurch Reifegrad TRL 3 erreicht wird.

4.1.1 Erarbeitung der Anforderungsliste

Im direkten Anschluss an die Klärung der Aufgabenstellung wurde eine erste Anforderungsliste erarbeitet. Diese Anforderungsliste war mit der ersten Erstellung allerdings nicht vollständig abgeschlossen. Aufgrund von Ergänzungen durch Zwischenergebnisse im Verlauf der Konzeptstudie erfolgten mehrere Iterationen. Einige dieser Iterationen können Veröffentlichungen [310], [311] und studentischen Abschlussarbeiten [312], [313], [314], [315] entnommen werden. Die abschließende Version der Anforderungsliste ist in Anhang A.2 zu finden. Nachfolgend wird deren Herleitung vorgestellt.

© Der/die Autor(en) 2022
S. Kazula, *Variable Pitot-Triebwerkseinlässe für kommerzielle Überschallflugzeuge*, https://doi.org/10.1007/978-3-658-35456-5_4

Ermitteln der Anforderungsquellen

Für die Entwicklung variabler Triebwerkseinlässe sind zahlreiche primäre Anforderungsquellen in Betracht zu ziehen. Zu diesen Quellen, die direkt durch den Einlass beeinflusst werden können, zählen:

- Piloten,
- Passagiere und Kabinenbesatzung,
- Triebwerks-, Flugzeughersteller und Zulieferer,
- Wartungsunternehmen,
- Flugzeugbetreiber oder Fluggesellschaften,
- Flughafenbetreiber,
- Anwohner im Bereich des Flughafens sowie
- Luftfahrtbehörden und Gesetzgeber.

Ermittlung der Anforderungen

Mit Hilfe von Brainstorming-Methoden wurden die Anforderungen aus der Perspektive der jeweiligen Anforderungsquelle identifiziert. Anschließend erfolgte eine Ergänzung der ermittelten Anforderungen durch Recherche der Fachliteratur, vgl. Rolls-Royce [66, S. 30], Farokhi [47, S. 327–328], Sadraey [284, S. 38]. Um weitere relevante Anforderungen zu bestimmen, wurden Checklisten eingesetzt, vgl. Abschnitt 3.2.1. Die gesammelten Anforderungen wurden in einer strukturierten Anforderungsliste zusammengetragen, vgl. Anhang A.2.

Falls möglich, sind den Anforderungen Zielwerte zugeordnet worden. Ebenso erfolgte eine Unterteilung in Festforderungen und Wünsche. Diese Unterteilung erleichtert die Festlegung von Ausschlusskriterien. Weiterhin wurde die Anforderungsliste um Anforderungen bereinigt, welche für die Erarbeitung eines Konzepts bis Reifegrad TRL 3 vernachlässigbar sind, beispielsweise optische Eigenschaften des Einlasses oder Lärmemissionen eines möglichen Stellsystems.

Die Erstellung einer strukturierten Anforderungsliste unterstützt die spätere Identifikation der Bewertungskriterien. Darauf aufbauend wurden die identifizierten Anforderungen für variable Pitot-Einlässe den folgenden konstruktionstechnischen Kategorien zugeordnet:

- aerodynamische Funktionalität,
- Integrierbarkeit,
- Masse und Widerstand gegen Beanspruchungen,
- Sicherheit,
- Zuverlässigkeit und Lebenswegkosten sowie

- Entwicklungs- und Produktionskosten [47, S. 327–328], [66, S. 30], [284, S. 33–38].

Aerodynamische Funktionalität

Die Kategorie der aerodynamischen Funktionalität des variablen Einlasssystems beinhaltet den gewünschten Betriebsbereich, die Geometrieanforderungen sowie die erforderlichen Werte für die aerodynamischen Kennzahlen.

Zum Betriebsbereich zählen die bei verschiedenen Fluggeschwindigkeiten bis Mach 1,6 vom Triebwerk geforderten Luftmassenströme $\dot{m}_0$. Die Luftmassenströme können unter anderem näherungsweise mit der Kontinuitätsgleichung aus dem Produkt der Dichte der anströmenden Luft ρ_2, der vom Fan geforderten Anströmgeschwindigkeit c_2 und des Strömungsquerschnitts in der Fanebene A_2 bestimmt werden, vgl. Wöllner [315, S. 47–49].

Die aerodynamische Funktionalität eines variablen Einlasskonzepts wird vorrangig durch seine einstellbaren Geometrien bestimmt. Als Ausgangspunkt für die Größenordnung des zu entwickelnden Einlasskonzeptes dienten die geometrischen Abmessungen von Einlass und Fan der BR-700-Triebwerksreihe von Rolls-Royce, die beispielsweise in den Geschäftsreiseflugzeugen Gulfstream G650 eingesetzt wird [316]. Basierend auf dem Fandurchmesser dieser Triebwerksreihe wurden nach Bräunling [10, S. 967–980] zunächst auf analytischem Weg überschlägige ideale Geometrien ermittelt. Die Berechnung dieser Geometrien erfolgte ausschließlich für den Unterschallbetrieb bis Mach 0,95, vgl. Abbildung 4.1.

Wenngleich diese rudimentär identifizierten Geometrien noch keinen Einsatz in einem realen Triebwerk zulassen würden, geben sie einen grundlegenden Eindruck über die vom variablen Einlass umzusetzende Geometrievariation. Zudem fanden die Geometrien bei der ersten Erstellung von Konzepten und im ersten von zwei Funktionsdemonstratoren Verwendung, vgl. Abschnitt 4.3.1 und 4.5.4.

Im weiteren Verlauf offenbarten erste numerische Strömungsuntersuchungen dieser Geometrien deren geringes aerodynamisches Einsparpotenzial. Dies ist sowohl mit dem rudimentären Charakter der Geometrien als auch mit dem allgemeinhin geringen Einsparpotenzial im reinen Unterschallbetrieb begründbar. Das geringe Potenzial wird von Baier [21, S. 2] mit einer um 5 % reduzierbaren mitzuführenden Kraftstoffmenge quantifiziert. Dieser Ersparnis stehen die genannten Herausforderungen bezüglich Zuverlässigkeit, Sicherheit sowie Entwicklungs-, Herstellungs- und Wartungskosten gegenüber. Deshalb wurden im weiteren Verlauf der Konzeptstudie variable Pitot-Einlässe für den Überschallbetrieb bis Mach 1,6 untersucht und im späteren Verlauf deren ideale Geometrien und das zugehörige Einsparpotenzial detailliert ermittelt, vgl. Abschnitt 4.4.3.

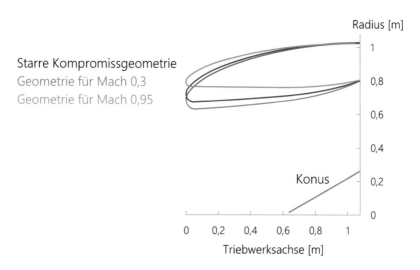

Abbildung 4.1 Analytisch ermittelte Einlassgeometrien

Zu den weiteren aerodynamischen Anforderungen zählen Beschränkungen der relativen Abweichungen der vom variablen Einlasskonzept umgesetzten Geometrie im Vergleich zur idealen Geometrie. Diese Abweichungen können im Bereich der Konturglätte, der Rundheit, der Durchmessereinstellbarkeit oder der Lippendicke auftreten. Auch Stufen, Spalte und die Oberflächenqualität beeinflussen die aerodynamische Funktionalität des Einlasses.

Weiterhin sind vom variablen System akzeptable Wertebereiche für die aerodynamischen Kennzahlen des Einlasses zu gewährleisten. Mit dem Einlassdruckverhältnis π_{inl}, dem $DC(60)$-Koeffizienten als Maß der Gleichförmigkeit der Fananströmung und dem externen Gondelvorkörperwiderstand (Überlaufwiderstand) $D_{nacf,ext}$ wurden die wichtigsten dieser Kennzahlen in Abschnitt 2.3.1 vorgestellt.

Integrierbarkeit

Die Integrierbarkeit eines Systems hängt vorrangig vom benötigten Bauraum der Systemkomponenten und ihren Anforderungen ab. Auch mögliche Schnittstellen, Synergien und Interaktionen zwischen Komponenten innerhalb der Einlasszone sowie in der direkten Umgebung des Einlasses sind für die Integrierbarkeit von großer Bedeutung. Dabei sollte die Nutzung möglicher Synergien zwischen den verschiedenen potenziellen Teilsystemen maximiert werden, z. B. durch eine gemeinsame Verwendung von Komponenten.

Der vorhandene Bauraum innerhalb des variablen Einlasses wird durch seine minimalen Konturabmessungen bestimmt. Die minimale Länge des Einlasses wird dabei durch die Unterschall-Geometrie festgelegt, während die minimale Dicke bei der Überschall-Kontur erforderlich ist. Zu beachten ist, dass Teilsysteme innerhalb des Einlasses zu keinem Betriebszeitpunkt die Strömung negativ beeinflussen dürfen und somit vollständig innerhalb der Einlaufstruktur befindlich verbleiben müssen.

Zu den Komponenten, die innerhalb der Einlasszone zu integrieren sind, zählen beispielsweise Eisschutzsysteme, akustische Auskleidungen, Messsonden oder ein mögliches Stellsystem, vgl. Abschnitt 2.3. Anforderungen an ein Stellsystem können beispielsweise hinsichtlich Bewegungsart, -richtung, Stellzeit, -weg, -toleranzen, -kräften oder Energiebedarf bestehen. In der direkten Umgebung des Einlasses ist insbesondere der Fan von Bedeutung, wobei sicherheitskritische Interaktionen mit diesem zu vermeiden sind.

Wechselwirkungen zwischen den Komponenten innerhalb der Einlasszone sowie in der Umgebung des Einlasses werden im Rahmen der Zonensicherheitsanalyse (ZSA) untersucht, vgl. Abschnitt 4.4.1. So können beispielsweise heiße Oberflächen von Eisschutzsystemen in Verbindung mit brennbaren Flüssigkeiten des Stellsystems im Falle einer Leckage zu einem Feuer führen. Die Minderung dieses Risikos kann konstruktive Maßnahmen erfordern. Zu möglichen Maßnahmen zählen die Ventilation der Luft, die Ableitung von Flüssigkeiten, die Integration von Schottwänden, der Einbau von Feuerdetektionsmechanismen sowie ein Feuerlöschsystem innerhalb der Einlassstruktur. Darüber hinaus sind Schäden an elektrischen Komponenten, beispielsweise dem Stellsystem oder Sensoren, durch das Austreten heißer Luft oder anderer Flüssigkeiten infolge einer Leckage in der Nähe zu vermeiden. Folglich könnten Überdruckausgleichklappen, Ventilation, Drainage und Hitzeschutz für das Stellsystem erforderlich werden. Mögliche elektrische Komponenten müssen durch Erdung, Integration von Drainage und wasserdichte Bauteilverkleidungen vor Beschädigungen geschützt werden. Durch eine mechanische Anpassung der Einlassgeometrie können zusätzliche Reibung zwischen Komponenten, erhöhte Spannungen und dadurch Schäden an starren Kabeln und Leitungen auftreten. Diese lassen sich durch eine flexible Gestaltung der Verkabelung und der Leitungsinstallation sowie einen Mindestabstand zwischen den Komponenten vermeiden.

Masse und Widerstand gegen Beanspruchungen

Die Masse des variablen Einlasses ist zu minimieren. Da die Geometrievariation einen Stellmechanismus oder eine andere zusätzliche Technologie erfordert, ist im Vergleich zu starren Einlässen eine größere Gesamtmasse des variablen Systems zu erwarten. Vorrangig wird die Masse des variablen Einlasssystems bestimmt durch

- seine räumlichen Dimensionen,
- die Eigenschaften der verwendeten Materialien,
- zusätzliche Teilsysteme und deren Komponenten, z. B. Aktoren, Leitungen und Verkabelung,
- die erforderlichen Betriebsmittel sowie
- eventuell notwendige Sicherheitsanpassungen, z. B. Schottwände oder Überdruckausgleichklappen.

Die räumlichen Dimensionen des Einlasses hängen einerseits von der erforderlichen aerodynamischen Form und andererseits von den wirkenden Beanspruchungen ab. Die wirkenden Beanspruchungen gehen aus der Umströmung und den vorhandenen Umgebungsbedingungen an den unterschiedlichen Einsatzorten hervor. Dies beinhaltet

- die auftretenden Strömungs- und Windbeanspruchungen,
- den Einfluss von Temperatur und Druck in der Umgebung,
- Niederschläge und hohe Luftfeuchtigkeit,
- Kontakt mit Chemikalien, z. B. Enteisungsfluiden,
- Blitzschläge,
- Sand, Staub- und Schmutzpartikel in der Luft,
- angesaugte Fremdkörper und Vögel sowie
- Reibungswärme im Überschallbetrieb.

In der Folge treten zahlreiche Arten der mechanischen und chemischen Belastung des Einlasses auf. Diese Belastungen werden in Abhängigkeit der Häufigkeit ihres Auftretens und der erlaubten Konsequenzen unterteilt in:

- Ermüdungslasten (Fatigue Loads),
- Grenzlasten (Limit Loads) und
- Extremlasten (Ultimate Loads) [34, 25.301].

Ermüdungslasten treten mit hoher Wahrscheinlichkeit bei jedem Flug auf. Diesen Lasten müssen die Komponenten über ihre gesamte Lebensdauer standhalten. Hierzu zählen insbesondere die aerodynamischen Lasten von bis zu 2,6 kN, die aus der Umströmung des Einlasses resultieren. Die Umströmung des Einlasses wird in Abschnitt 4.4.3 analysiert und die Berechnung der daraus resultierenden Lasten ist Anhang A.1.2 zu entnehmen. Zu den Ermüdungslasten zählen weiterhin thermomechanische Ermüdungslasten, die aus dem unterschiedlichen Wärmeausdehnungsverhalten ungeeigneter Werkstoffpaarungen resultieren können. Darüber hinaus ist der Einlass bei jedem Flug Erosion aufgrund von Sand und Staub in der Luft ausgesetzt.

Grenzlasten können theoretisch bei jedem Flug auf den Einlass wirken, treten in der Praxis jedoch deutlich seltener auf als Ermüdungslasten [34, 25.305]. Wirkenden Grenzlasten muss ohne plastische Verformung oder Beeinträchtigung des sicheren Folgebetriebs standgehalten werden. Hierzu zählen beispielsweise starke Böen, kleinere Fremdkörpereinschläge, harte Landungen und Manöverlasten mit großen Beschleunigungen.

Extremlasten müssen mindestens einmal ertragen werden können, ohne dass ein sicherheitskritisches strukturelles Versagen des variablen Einlasses eintritt [34, 25.305]. Hierzu zählen

- die Belastungen beim Windmilling, sowohl auf den Einlass des betroffenen Triebwerks als auch auf die Einlässe der verbleibenden,
- die Vibrationslasten nach einem Fanschaufelverlust,
- Stoßwellen beim Verdichterpumpen (Hammershocks) [9], [108, S. 289–290] sowie
- Einschläge von Vögeln und kleineren Drohnen.

Variable Einlässe weisen im Vergleich zu starren Einlässen eine veränderte Struktur auf. Diese Struktur muss den auftretenden Lasten dennoch derart standhalten, dass die Sicherheit im Flugbetrieb gewährleistet bleibt. Die größtmöglichen Lasten treten beim Vogelschlag auf und betragen in 95 % aller Fälle weniger als 144 kN, vgl. Anhang A.1.1. Dennoch dürfen aus einem einzigen Vogelschlag keine gefährlichen Folgen entstehen. Beispielsweise sollten aufgrund des Vogelschlags keine größeren Bauteile verloren gehen. Zum einen würde die Umströmung des Einlasses und das Betriebsverhalten des Flugzeugs erheblich gestört werden. Zum anderen könnten die besagten Bauteile sicherheitskritische Komponenten, wie zum Beispiel das Leitwerk, beschädigen. Dies ist insbesondere bei Geschäftsreiseflugzeugen, deren Triebwerke vorrangig heckmontiert sind, ein nicht zu vernachlässigendes Risiko. Dieses Risiko muss klassifiziert und durch entsprechende Maßnahmen behandelt werden [34, AMC 25.1309], [282, S. 68–71], [317]. Die von Rochard [318] durchgeführte Risikoanalyse bezüglich Vogelschlag führt beispielsweise die Bedeutung von Vogelvergrämungsmaßnahmen in der Nähe von Flughäfen an. Jedoch kann durch diese Maßnahmen das Risiko des Vogelschlags auf den Einlass nicht vollständig eliminiert werden. Im Rahmen der Auslegung ist somit zu zeigen, dass das Vogelschlagrisiko aufgrund seiner Eintrittswahrscheinlichkeit und der getroffenen Gegenmaßnahmen tolerierbar ist [279, S. 45–47], vgl. Abschnitt 4.5.2.

Darüber hinaus können verschiedene Sonderlasten bei der Montage und dem Transport sowie in Form von Trittlasten während der Wartung auftreten.

Sicherheit

Entsprechend der potenziellen Auswirkungen möglicher Fehler sind vom Konzept zugehörige Eintrittswahrscheinlichkeiten zu gewährleisten. Grundsätzlich darf ein einzelner Fehler keine gefährlichen Ereignisse nach sich ziehen. Mögliche Ursachen solcher Ereignisse wären Strömungsablösungen, Beschädigungen benachbarter Komponenten und unkontrollierte Feuer. Strömungsablösungen können beispielsweise aufgrund einer ungeeigneten Geometrie bei instationären Flugbedingungen auftreten. Schäden an benachbarten Komponenten können durch abplatzende Eisablagerungen unter Vereisungsbedingungen oder durch verlorene Einlasskomponenten nach einem Vogelschlag verursacht werden. Feuer können aus der Kombination von Zündquellen, brennbaren Fluiden und vorhandenem Sauerstoff resultieren. Weiterhin sind sicherheitskritische Interaktionen zwischen dem Einlass und dem Fan, den Tragflächen, dem Leitwerk sowie dem Flugzeugrumpf zu vermeiden.

Es ist sicherzustellen, dass durch die Variabilität des Einlasses keine gefährlichen Ereignisse verursacht werden. Folglich muss die primäre Funktion des Einlasses, die Luftzufuhr zum Triebwerk, im regulären Betrieb und im Fehlerfall gewährleistet werden. Hierfür muss ein Kontrollsystem für jeden Flugzustand eine geeignete Einlassgeometrie einstellen. Zudem ist der versagenssichere Ausfall des Variationsmechanismus sicherzustellen. Dies bedeutet, dass das variable Einlasssystem bei einem auftretenden Fehler, beispielsweise einem Aktorausfall, in eine Geometrie zurückgeführt werden muss, durch welche Strömungsablösungen vermieden werden.

Darüber hinaus ist die von möglichen Feuern ausgehende Gefahr durch verschiedene konstruktive Vorkehrmaßnahmen zu minimieren. Folglich sind Kombinationen von Zündquellen, brennbaren Fluiden und hohen Sauerstoffkonzentrationen zu vermeiden. Mögliche Zündquellen stellen beispielsweise die heißen Oberflächen eines Enteisungssystems oder Funkenbildung elektrischer

Komponenten dar. Brennbare Fluide können beispielsweise Betriebsmittel eines möglichen Variationsmechanismus oder Eisschutzsystems sein.

Zuverlässigkeit und Lebenswegkosten

Die Lebensdauer, die Zuverlässigkeit und die Lebenswegkosten von variablen Einlasskonzepten sind eng miteinander verbunden. Die Lebensdauer der Einlasskomponenten sollte mit der des Triebwerks übereinstimmen. Die Zuverlässigkeit basiert vorrangig auf der Anzahl der Teile und der Widerstandsfähigkeit gegen Erosion, Ermüdung und Grenzbelastungen. Die Bauteilanzahl und die Komplexität der Konstruktion sind folglich zu minimieren. Darüber hinaus darf auftretende Feuchtigkeit nicht zu Korrosion führen. Mögliche Spalte, Öffnungen und Ventile sind vor Verstopfen durch Sand und Schmutz zu schützen. Reibung zwischen beweglichen Teilen kann die Konturvariation behindern oder Komponenten beschädigen und ist zu minimieren. Außerdem sollten Chemikalien, z. B. Enteisungsfluide, die Lebensdauer der verwendeten Materialien nicht negativ beeinflussen.

Die Lebenswegkosten variabler Einlässe werden zusätzlich durch deren Leistungsbedarf, notwendige Verbrauchsmaterialien, z. B. Schmierstoffe, sowie Wartungsintervalle und -aufwand beeinflusst. Hierbei sollte der variable Einlass die üblichen Wartungsintervalle des Triebwerks nicht verkürzen und auch den Wartungsaufwand nicht signifikant erhöhen. Das Sicherheitsrisiko infolge einer inkorrekten Wartung ist zu minimieren. Die Wartung sollte innerhalb einer kurzen Zeitspanne durch eine einzelne Person durchführbar sein und größtenteils aus Sichtproben bestehen.

Die zu erwartenden erhöhten Lebensweg- und Produktkosten variabler Einlässe müssen durch die Vorteile der variablen Geometrie kompensiert werden. Diese können im reduzierten Luftwiderstand und den dadurch verringerten Kraftstoffkosten sowie in einem erweiterten Betriebsbereich für Seitenwind und Anstellwinkel bestehen, vgl. Abschnitt 4.6.

Entwicklungs- und Produktionskosten

Die Entwicklungskosten des variablen Einlasssystems basieren auf den Erfahrungswerten mit den eingesetzten Technologien und Materialien im Bereich der Luftfahrt. Unzureichende Erfahrungswerte können vergrößerte Aufwände für Analysen und Tests erfordern. Daraus würden erhöhte Kosten und eine verlängerte Entwicklungsdauer resultieren.

Erhöhte Herstellungskosten können durch erforderliche innovative Materialien, spezielle Herstellungsverfahren, zusätzliche Qualitätskontrollen sowie einen erhöhten Montage- und Transportaufwand entstehen. Ein Teil dieser Kosten könnte durch recyclebare Komponenten kompensiert werden. Das Einlasskonzept sollte zudem an verschiedene Triebwerksgrößen und Montagearten anpassbar sein. Weiterhin sollte das Konzept ein großes Potenzial für eine Patentierung aufweisen.

4.1.2 Schnittstellenanalyse

Ein variables Einlasssystem erfordert zahlreiche Schnittstellen mit seiner Umgebung, aber auch zwischen den Teilsystemen innerhalb des Einlasses. Unabhängig von den eingesetzten Teilsystemen zählen zu den Schnittstellen zwischen dem Einlass und seiner Umgebung stets

- seine mechanische Verbindung zur Triebwerksgondel,
- die umströmende Luft und mögliche Strömungsinteraktionen mit Triebwerksfan, -aufhängung, Tragflächen und Flugzeugrumpf,
- vom Fan ausgehende Schallwellen,
- anhaftende Feuchtigkeit mit der Möglichkeit der Eisbildung,
- Enteisungsfluide, die auf die Außenkontur gesprüht werden,
- Kollisionen mit Staub, Sand, Regen, Schnee, Hagel, Vulkanasche, angesaugten Kleinteilen, Vögeln und kleineren Drohnen,
- einschlagende Blitze,
- elektromagnetische Strahlung sowie
- Werkzeuge und Wartungspersonal, teilweise über Wartungszugänge.

Mögliche Teilsysteme eines variablen Einlasses sind

- ein Enteisungssystem,
- Lärmreduzierungsmaßnahmen,
- Messsonden zur Überwachung des Betriebs,
- Feuerschutzvorkehrungen sowie
- ein Variationsmechanismus, einschließlich umströmter Kontur, tragender Struktur und Aktorik.

Insbesondere für Enteisungssysteme, Lärmreduzierungsmaßnahmen und Variationsmechanismen existieren zahlreiche Umsetzungsmöglichkeiten, vgl. Abschnitt 2.3.2, 2.3.3, 2.4.2 und 2.4.3. In Abhängigkeit der gewählten Umsetzung der jeweiligen Teilsysteme variieren deren Komponenten und somit die resultierenden Schnittstellen untereinander. Schellin [313, S. 14–18] gibt einen detaillierten Überblick über mögliche resultierende Schnittstellen.

Ausgewählte Kombinationen von Teilsystemen weisen eine erhöhte Anfälligkeit für Feuerentstehung auf, weshalb Bereiche des Einlasses für diese Fälle als Feuerzonen auszuweisen sind. Diese Klassifizierung erfordert konstruktive Vorkehrungen und zusätzliche Sicherheitsnachweise, die im nachfolgenden Abschnitt zur Musterzulassungsanalyse erläutert werden. Eine Feuergefahr besteht bei Kombinationen brennbarer Fluide mit möglichen Zündquellen und vorhandenem Sauerstoff. Brennbare Fluide sind beispielsweise Öle zum Betrieb hydraulischer Aktoren sowie Enteisungsfluide auf Alkoholbasis. Mögliche Zündquellen sind heiße Oberflächen, wie zum Beispiel die Zapfluftleitungen von Heißlufteisschutzsystemen, oder Zündfunken, die durch Fehler elektrischer Komponenten entstehen können.

4.1.3 Identifikation erforderlicher Luftsicherheitsnachweise

Aus den behördlichen Vorgaben der EASA für die Luftfahrtzulassung eines Baumusters gehen zahlreiche Anforderungen an variable Einlässe hervor. Der Nachweis über die Erfüllung dieser Anforderungen ist durch mindestens eines der in Tabelle 3.3 aufgeführten Nachweismittel zu erbringen. Die relevanten behördlichen Vorgaben und mögliche Nachweismittel für variable Einlässe wurden in einer ersten Musterzulassungsanalyse von Schellin [313, S. 44–48] identifiziert und anschließend iteriert.

Im Rahmen der Zulassung wird der Einlass als Bestandteil der Triebwerksgondel vorrangig dem Flugzeug und nicht dem Triebwerk zugeordnet [34, 25.1091]. Für strahlgetriebene Flugzeuge gelten die Bauvorschriften der CS-25 [34] für große Flugzeuge mit einer maximal zulässigen Abflugmasse von mindestens 5.700 kg [34, 25.1]. Zudem hat die Einlassgestaltung auch einen großen Einfluss auf die Funktionsweise des Triebwerks, wodurch ausgewählte Regularien für Flugtriebwerke nach CS-E (Engines) [287] zusätzlich in Betracht zu ziehen sind [34, 25.901].

Basierend auf der Funktionsweise herkömmlicher Einlässe sowie möglicher Technologien variabler Einlässe, vgl. Kapitel 2, wurden die Paragrafen der CS-25 hinsichtlich ihrer Relevanz für die Zulassung variabler Triebwerkseinlässe analysiert. Neuentwicklungen, zu denen auch der variable Einlass zählt, sind zudem umfangreicher zu testen [34, 25.601]. In der Folge wurden 99 Paragrafen und zugehörige Nachweismittel identifiziert, vgl. Tabelle A.4 in Anhang A.3. Von den identifizierten Paragrafen sind 14 jedoch nur im Zusammenhang mit Feuerschutz zu betrachten, falls das ausgewählte Einlasskonzept durch ungeeignete Kombinationen von Teilsystemen als ausgewiesene Feuerzone zu deklarieren ist, vgl. Abschnitt 4.1.2.

Zahlreiche Paragrafen der CS-25 behandeln die potenziell wirkenden mechanischen Belastungen und die zu erfüllenden Anforderungen unter verschiedenen Betriebsbedingungen. Diese Anforderungen sind vom Flugzeug sowie seinen Komponenten und somit auch von der tragenden Struktur des variablen Einlasssystems zu erfüllen. So werden erlaubte Folgen, Sicherheitsfaktoren und Nachweismittel für Grenz- und Extremlasten erläutert, vgl. CS-25.301-307 [34]. Für Ermüdungslasten erfolgt dies in CS-25.571 [34]. Weiterhin werden die Maximallasten bei diversen Flug- und Landemanövern definiert, vgl. CS-25.333/337/349/351/371 bzw. CS-25.473/479/481/561 [34]. Darüber hinaus werden Anforderungen an die eingesetzten Materialien [34, 25.603/613], die Herstellungsverfahren [34, 25.605], die Montage [34, 25.607] sowie die Inspektion und die Wartung [34, 25.611] gestellt.

Das Flugzeug muss bei allen Betriebsbedingungen einfach und sicher zu steuern sein [34, 25.143]. Hierzu zählen beispielsweise starker Seitenwind [34, 25.237], Böen und Turbulenzen [34, 25.341] sowie Vereisungsbedingungen [34, 25.1093/1419/1420]. Weiterhin werden die Anforderungen bezüglich Blitzschlag [34, 25.581], Erdung elektrischer Komponenten [34, 25.899] und Vogelschlag [34, 25.631] beschrieben. Zusätzlich ist Schutz gegen weitere Wettereinflüsse, Korrosion und Abrieb erforderlich [34, 25.609]. Auf die von Vulkanasche ausgehende Gefahr wird gesondert eingegangen [34, 25.1593].

CS-25.901 [34] beschreibt explizit die Anforderungen an die Triebwerksinstallation und erfordert beispielsweise die Dokumentation von Schnittstellen gemäß CS-E20 [287]. Der Einlass muss im Zusammenspiel mit Kerntriebwerk und Düse unter allen Betriebsbedingungen seine Funktion erfüllen [34, 25.941]. Diese Funktion wird in CS-25.1091 [34] als Versorgung des Triebwerks mit der geforderten Luftmenge bei allen Betriebsbedingungen definiert. Gemäß CS-25.939 [34] darf der Einlass im Triebwerk keine Vibrationen als Folge ungleichförmiger Anströmbedingungen erzeugen. CS-25.1103 [34] stellt ausgewählte Ereignisse und zugehörige Belastungen heraus, denen der Einlass strukturell standhalten können muss. Dazu zählen

- Widerstandsfähigkeit gegen Pumplasten,
- die Gewährleistung der Sicherheit beim Bersten einer Zapfluftleitung eines Heißlufteisschutzsystems sowie
- Feuerresistenz und ein Feuerlöschsystem, falls der Einlass als Feuerzone ausgewiesen ist [34, 25.1103].

Die Einlasshülle muss aerodynamischen und systeminternen Lasten standhalten [34, 25.1193]. Auch Beschädigungen des Einlasses durch angesaugte Fremdkörper, Regen, Hagel und Vögel sollten vermieden werden [287, E790/800]. Weiterhin müssen Mittel zur Drainage und Ventilation gemäß CS-25.1187 [34] installiert sein. Zudem ist die Einlasshülle in jedem Fall feuerresistent umzusetzen [34, 25.1193], sodass sie einer Feuereinwirkung mindestens fünf Minuten widersteht [34, AMC 25.869]. Bei einer Klassifizierung des Einlasses als Feuerzone wird hingegen Feuerfestigkeit gefordert, die die Zeitspanne von 15 Minuten umfasst [34, AMC 25.869]. Die Thematik des Feuerschutzes wird in den Paragrafen CS-25.863/869 [34] sowie CS-25.1183-1207 [34] detailliert erläutert.

Zudem existieren Richtlinien für die Gestaltung, die Installation [34, 25.1353] und den Schutz elektrischer Systeme [34, 25.1357/1363], beispielsweise vor Blitzschlag [34, 25.1316] und Strahlungsfeldern [34, 25.1317]. Die Anforderungen an elektrische Leitungen und Verbindungen werden separat beschrieben, vgl. CS-25.1701-1733 [34]. Richtlinien für die Gestaltung hydraulischer Systeme sind in CS-25.1435 [34] angegeben. Analog dazu gehen diese für pneumatische Systeme aus CS-25.1436 hervor [34].

An einigen Stellen verweist die CS-25 auf Regularien für Flugtriebwerke nach CS-E [287]. Die Anforderungen der CS-E für die Gestaltung und Zulassung eines variablen Systems im Bereich der Triebwerksgondel wurden von Grasselt [54, S. 95–101] am Beispiel variabler Düsen und Schubumkehrer untersucht. Diese Untersuchung hebt hervor, dass verstellbare Systeme in ihren ungünstigsten Einstellungen getestet [54, S. 96] und bei einem Funktionsausfall in einer sicheren Stellung fixiert werden sollten [54, S. 96].

Als Hauptresultat geht aus der Musterzulassungsanalyse hervor, dass die Kombination von Zündquelle und entflammbaren Medium innerhalb des Einlasses zu vermeiden ist. Somit kann die Klassifizierung als ausgewiesene Feuerzone umgangen und der Zulassungsaufwand des variablen Systems reduziert werden. Abgesehen von den in Abschnitt 1.1 erläuterten behördlichen Restriktionen bezüglich des Überschallknalls [41] wurden zwischen Unter- und Überschallanwendungen keine Unterschiede für die mögliche Zulassung variabler Einlässe identifiziert. Die Anforderungen, die aus den identifizierten Paragrafen und den zugehörigen AMCs hervorgehen, wurden in der Anforderungsliste in Tabelle A.3 in Anhang A.2 ergänzt. Abschließend wird eine weitere Iteration der Musterzulassungsanalyse nach Erreichen von Reifegrad TRL 3 empfohlen, da dann alle wesentlichen Konzeptbestandteile bekannt sind und somit berücksichtigt werden können.

4.1.4 Identifikation und Wichtung von Kriterien

Nachfolgend werden die Ausschlusskriterien für die Vorauswahl der Konzepte erläutert. Darauf aufbauend erfolgt die Vorstellung der Auswahl und der Wichtung der Bewertungskriterien für die spätere gewichtete Punktbewertung von Lösungsvorschlägen.

Ermitteln der Ausschlusskriterien

Aus der Anforderungsliste in Tabelle A.3 wurden Ausschlusskriterien für die erste Bewertung der Konzeptideen hergeleitet. Diese Kriterien müssen von einem Einlasskonzept in jedem Fall bereits erfüllt werden oder perspektivisch erfüllbar sein. Aufgrund der frühzeitigen Phase der Vorauswahl sind die Kriterien qualitativer Natur. Zu den Ausschlusskriterien zählen

- eine hohe Sicherheit,
- eine große Geometrievariation,
- eine geringe Beeinträchtigung der Strömung,
- eine geringe Komplexität und
- eine gute Integrierbarkeit.

Die potenziellen Konzepte müssen perspektivisch bei minimaler Masse die Sicherheit gegen strukturelles Versagen im Fall eines Vogelschlags gewährleisten können. Zudem sollte das Risiko der Feuerentstehung durch Vermeidung einer ausgewiesenen Feuerzone minimiert werden.

Der Umfang und die Genauigkeit der ermöglichten Geometrievariation bestimmen das Einsparpotenzial eines Konzeptes. Zudem sollte die Variation in einer angemessenen Stellzeit erfolgen können. Weiterhin muss sichergestellt sein, dass die eingestellte Kontur erhalten bleibt.

Die störungsfreie Umströmung der Einlasskontur hat ebenfalls einen großen Einfluss auf die aerodynamischen Kennwerte des Einlasskonzepts, vgl. Abschnitt 2.3.1. Darüber hinaus hat sie auch einen signifikanten Einfluss auf die Lärmerzeugung durch den Einlass.

Die Komplexität des variablen Einlasssystems wird bestimmt durch die Anzahl der verwendeten Komponenten und Wirkmechanismen. Sie beeinflusst direkt die Ausfallwahrscheinlichkeit sowie den Wartungs- und den Montageaufwand des Konzepts.

Die Integrierbarkeit beschreibt, ob und wie gut die erforderlichen Teilsysteme des variablen Einlasses im Bauraum des untersuchten Konzepts unterzubringen sind. Zu diesen Teilsystemen zählen der Variationsmechanismus, ein Eisschutzsystem und eine Lärmreduzierungsmaßnahme.

Ermitteln und Wichten der Bewertungskriterien

Die Durchführung der gewichteten Punktbewertung von Lösungsvarianten während der Vorentwurfsphase erfordert gewichtete Kriterien. Für Lösungsalternativen bezüglich variabler Einlässe wurden die wichtigsten Bewertungskriterien aus dem Anforderungsdokument abgeleitet, vgl. Abschnitt 4.1.1. Diese Kriterien sind:

- die aerodynamische Funktionalität,
- die Integrierbarkeit,
- die Masse und die Widerstandsfähigkeit gegen Beanspruchungen,
- die Sicherheit,
- die Zuverlässigkeit und die Lebenswegkosten sowie
- die Entwicklungs- und die Produktionskosten.

Durch die eindeutige Zuordnung der Anforderungen aus Tabelle A.3 zu diesen Kategorien ist die thematische Überschneidung der einzelnen Bewertungskriterien weitestgehend minimiert worden. Dennoch verbleiben gewisse kausale Verkettungen zwischen Anforderungen, beispielsweise der Einfluss von Leichtbaumaterialien auf die Produktionskosten, vgl. Abschnitt 3.2.1.

Die Gewichtung der genannten Kriterien basiert auf dem paarweisen Vergleich mit einem Wertebereich von 0 bis 2, vgl. Tabelle 4.1. Der Vergleich wurde durch mehrere Luftfahrtingenieure durchgeführt, um somit die bestmögliche Objektivität gewährleisten zu können. Darüber hinaus wurden die Ergebnisse, soweit möglich, mit der Fachliteratur abgeglichen, vgl. Sadraey [284, S. 71].

Aus dem paarweisen Vergleich gehen die relativen Gewichtungsfaktoren w_i der jeweiligen Kriterien hervor. Diese Ergebnisse offenbaren, dass die Gewährleistung der Sicherheit und bestmögliche aerodynamische Eigenschaften die wichtigsten Kriterien für Lösungsalternativen im Bereich variabler Einlässe sind, vgl. Abbildung 4.2.

4.2 Funktionsanalyse

Um den identifizierten Anforderungen gerecht zu werden, muss ein variabler Einlass mehrere Funktionen erfüllen können. Die identifizierten Funktionen werden nachfolgend erläutert und in den Gesamtzusammenhang des Flugzeugs

Tabelle 4.1 Gewichtung der Kriterien durch paarweisen Vergleich

Kriterium	A	I	W	S	R	D	Relatives Gewicht w_i
Aerodynamische Funktionalität (**A**)	–	2	2	1	1	2	0,267
Integrierbarkeit (**I**)	0	–	1	0	0	1	0,067
Masse und Beanspruchungswiderstand (**W**)	0	1	–	0	1	2	0,133
Sicherheit (**S**)	1	2	2	–	1	2	0,267
Zuverlässigkeit und Lebenswegkosten (**R**)	1	2	1	1	–	1	0,200
Entwicklungs- und Produktionskosten (**D**)	0	1	0	0	1	–	0,067

Zellwerte: Reihenkriterium ist im Vergleich zum Spaltenkriterium wichtiger (2), gleich wichtig (1), sekundär (0)

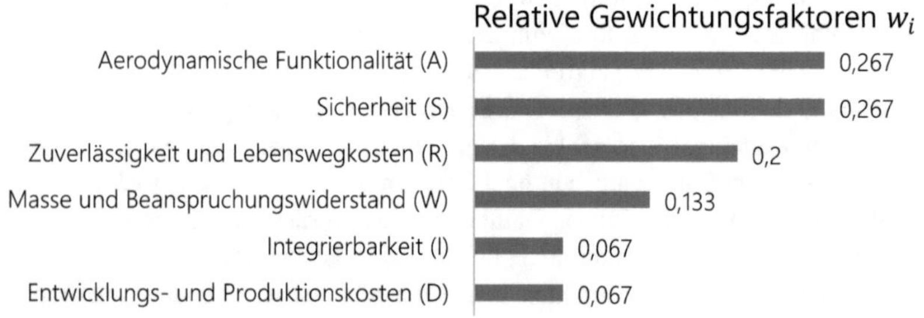

Relative Gewichtungsfaktoren w_i

Aerodynamische Funktionalität (A)	0,267
Sicherheit (S)	0,267
Zuverlässigkeit und Lebenswegkosten (R)	0,2
Masse und Beanspruchungswiderstand (W)	0,133
Integrierbarkeit (I)	0,067
Entwicklungs- und Produktionskosten (D)	0,067

Abbildung 4.2 Gewichtete Bewertungskriterien

eingeordnet. Anschließend werden die Zusammenfassung zu Funktionsstrukturen, die Analyse möglicher Fehlerfolgen sowie mögliche Wirkmechanismen zum Umsetzen der jeweiligen Funktionen vorgestellt.

4.2.1 Funktionsidentifikation

Die Hauptfunktion des Einlasses besteht darin, die Luftzufuhr zum Triebwerk zu gewährleisten. Dadurch wiederum kann das Triebwerk seine Hauptfunktion im Flugzeug erfüllen, nämlich die Erzeugung einer Schubkraft. Diese Schubkraft ermöglicht in Kombination mit der Umströmung der Tragflächen die Überwindung der Schwerkraft und somit das Fliegen.

Theoretisch ist für die Erfüllung der Hauptfunktion des Einlasses lediglich eine Eingangsströmung erforderlich. Diese wird basierend auf der Kontur des Einlasses in eine Ausgangsströmung umgewandelt. Bei der Umwandlung besteht eine weitere Funktion des Einlasses darin, den auftretenden Luftwiderstand zu minimieren.

In der Realität treten bei der genannten Umwandlung zusätzlich Störungen auf. Mögliche Störungsformen sind Böen, Regen, Eisbildung, Fremdkörper-, Hagel-, Vogel- und Blitzeinschläge. Durch diese Einschläge treten weiterhin Belastungen auf, die von der Einlassstruktur aufgenommen werden müssen. Um einer möglichen Eisbildung vorzubeugen, besteht zusätzlich eine Funktion des Einlasses in der Verhinderung von Eisansammlungen. Hierfür kann ein Eisschutzsystem im Einlass integriert werden, vgl. Abschnitt 2.3.2. Dieses erfordert wiederum Enteisungsenergie, die dem Einlass zugeführt werden muss. Eine weitere Funktion des Einlasses besteht in der Reduktion der Fanlärmemissionen, vgl. Abschnitt 2.3.3. Darüber hinaus kann vom Einlass die Funktion der Erfassung von Umgebungsdaten, wie Druck und Temperatur vor dem Fan, gefordert sein.

Die Erfüllung der geforderten Funktionen zur Gewährleistung der Luftzufuhr und der Minimierung des Luftwiderstands kann durch einen variablen Einlass verbessert werden. Dieser erfordert, zusätzlich zu den genannten Funktionen, das Variieren der umströmten Kontur, vgl. Abbildung 4.3. Ein solcher Variationsmechanismus benötigt als zusätzliche Eingangsgrößen ein Stellsignal und Hilfsenergie, vgl. Abschnitt 2.4.3. Weiterhin müssen potenzielle Störungen des Variationsmechanismus, beispielsweise durch elektromagnetische Felder und die zuvor genannten Einflüsse, beachtet werden.

4.2.2 Funktionsstrukturanalyse

Die Zusammenhänge zwischen den im vorherigen Kapitel identifizierten Funktionen werden nachfolgend durch Funktionsstrukturbäume veranschaulicht. Diese wurden auf den Hierarchie-Ebenen des Flugzeugs, des Einlasses und des Stellsystems erstellt.

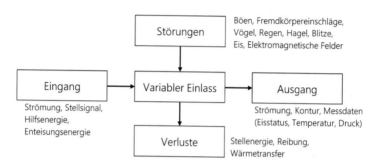

Abbildung 4.3   Funktion eines variablen Einlasses

Flugzeugebene

Eine der Hauptfunktionen des Flugzeuges ist das Steuern des Schubs [32], [53], vgl. Abbildung 4.4. Diese Funktion kann in die Erzeugung, das Anpassen, das Sicherstellen und das Bestimmen des Schubs unterteilt werden. Das Einlasssystem beeinflusst durch seine Funktion im Triebwerk die Umsetzung aller dieser Funktionen, vorrangig durch die Sicherstellung der Luftzufuhr. Darüber hinaus kann der Einlass Einfluss auf andere Hauptfunktionen des Flugzeuges, wie dessen Steuerung oder die Kabinenbelüftung, nehmen. Dies ist insbesondere bei einer Fehlfunktion des Einlasses der Fall.

Einlassebene

Die Hauptfunktionen auf der Detailebene des Einlasses bestehen darin

- die Luftzufuhr zum Triebwerk bei allen Betriebszuständen zu gewährleisten,
- den Luftwiderstand bei der Umströmung der Gondel zu minimieren,
- die wirkenden Belastungen aufzunehmen,
- den von Fan und Verdichter ausgehenden Lärm zu reduzieren sowie
- die Bildung von Eisansammlungen und deren Folgen zu verhindern.

Diese Hauptfunktionen lassen sich zudem in Teilfunktionen aufgliedern. So ist die Gewährleistung der Luftzufuhr unterteilbar in das Einstellen der Fananströmgeschwindigkeit, das Vermeiden von Strömungsablösungen und das Gewährleisten einer hohen Gleichförmigkeit, vgl. Abbildung 4.5. Die kombinierte Umsetzung dieser Funktionen für alle Betriebsbedingungen kann durch variable Einlasskonturen erleichtert werden.

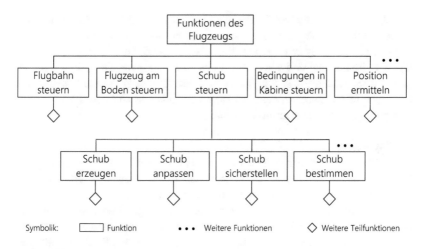

Abbildung 4.4 Funktionsstruktur des Flugzeugs

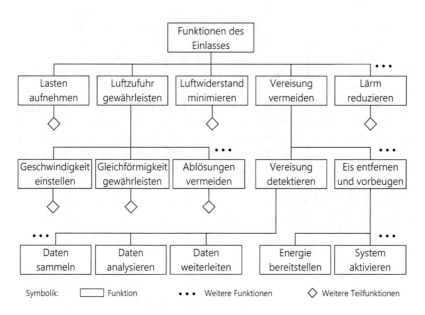

Abbildung 4.5 Funktionsstruktur des Einlasses

Darüber hinaus offenbart die Aufgliederung der Funktion zur Vermeidung von Vereisung untergeordnete Teilfunktionen, wie die Bereitstellung von Energie, die Aktivierung eines Systems sowie die Erfassung und Verarbeitung von Daten. Diese Teilfunktionen sind ebenfalls für einen positionsgeregelten Aktor erforderlich, vgl. Abschnitt 2.4.3. Folglich besteht hier Potenzial für die Nutzung von Synergieeffekten zwischen dem üblicherweise vorhandenen Eisschutzsystem und einem möglichen Variationsmechanismus.

Stellsystemebene

Neben der angesprochenen Bereitstellung von Energie und der Regelung des Systems hat ein mögliches Stellsystem weitere Funktionen zu erfüllen. Dies betrifft insbesondere die Variation der umströmten Kontur, aber auch die Gewährleistung, dass die eingestellte Kontur sich nicht ungewünscht verändert, vgl. Abbildung 4.6. Bei der Verwendung eines Stellsystems mit mehreren Aktoren ist eine Synchronisation dieser erforderlich. In diesem Fall sind für die Gewährleistung der Geometrie zusätzlich die Teilfunktionen „Synchronisation sicherstellen" und „Aktorausfall kompensieren" umzusetzen.

Im Rahmen der Sicherheitsanalysen ist festzustellen, inwieweit die Teilfunktion der Gewährleistung der Geometrie „Teilausfall kompensieren" umzusetzen ist. Die Umsetzung dieser Funktion hängt von den möglichen Folgen eines Funktionsausfalls des Stellsystems ab. Diese Funktionsausfälle sind Gegenstand der nachfolgenden Gefährdungsanalyse und der späteren Fehlerbaumanalyse.

Weiterhin ist der Einfluss der Variabilität auf die verbleibenden Einlassfunktionen zu untersuchen. Falls der Einlass in Abhängigkeit des gewählten Konzepts über keine starre, umlaufende Struktur verfügt, ist die konstruktive Umsetzung zur Erfüllung der Belastungsaufnahme anzupassen. Zudem kann die Variabilität durch einen verringerten oder formvariablen Bauraum Einfluss auf die Integration und die Funktionsweise herkömmlicher Lärmreduzierungsmaßnahmen nehmen. Umgekehrt darf die Variabilität nicht durch die Lösungen für die anderen Einlassfunktionen beeinträchtigt werden. Beispielsweise könnte die erzeugte Wärme einiger Eisschutzsysteme die Funktionsfähigkeit und die Lebensdauer möglicher verformbarer Oberflächenmaterialien beeinträchtigen. Im Rahmen der Zonensicherheitsanalyse werden diese Wechselwirkungen detailliert vorgestellt, vgl. Abschnitt 4.4.1.

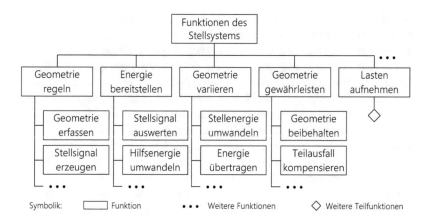

Abbildung 4.6 Funktionsstruktur des Stellsystems

4.2.3 Gefährdungsanalyse

Die systematische Analyse und Bewertung möglicher Fehler bei der Erfüllung von Systemfunktionen war Gegenstand der nachfolgend vorgestellten Gefährdungsanalyse (FHA). Die zuvor erarbeiteten Funktionsstrukturbäume dienten als Grundlage der FHA. So können Funktionsbeeinträchtigungen im Bereich des Einlasses auf verschiedene Weisen sicherheitskritische Auswirkungen auf Flugzeugebene haben. Möglichkeiten hierfür sind Fehlerereignisse, die bezüglich der Funktionen zum Aufnehmen von Lasten, Vermeiden von Vereisung und Gewährleisten der Luftzufuhr auftreten.

Durch eine unzureichende Luftzufuhr kann das Triebwerk nicht den geforderten Schub erzeugen. Dies kann in Abhängigkeit des Flugzustandes und der Anzahl der betroffenen Triebwerke sicherheitskritische Folgen nach sich ziehen. Die Gewährleistung der Luftzufuhr kann bei Verwendung variabler Einlässe durch Fehlfunktionen des Stellmechanismus gefährdet werden. Mögliche Fehlfunktionen des Stellmechanismus können dahingehend unterschieden werden,

- inwiefern sich das Fehlerereignis auf die eingestellte Geometrie auswirkt,
- wie stark die Funktionsbeeinträchtigung ausfällt oder
- ob das Fehlerereignis korrekt detektiert wird.

Im Folgenden werden Fehler des Stellsystems, die zur Folge haben, dass eine unerwünschte Geometrie eingestellt wird, zusammengefasst betrachtet. Eine solche Geometrie, die nicht zum vorherrschenden Flugzustand passt, kann zur Folge haben, dass Strömungsablösungen bis hin zum Schubverlust durch Verdichterpumpen auftreten können. Dabei ist zu unterscheiden, ob nur der variable Einlass eines einzelnen Triebwerks betroffen ist oder ob bei mehreren Triebwerken eine unerwünschte Geometrie eingestellt wird. Darüber hinaus hat die Flugphase, während welcher die unerwünschte Geometrie eingestellt ist, einen entscheidenden Einfluss auf die Schwere der möglichen Folgen. Die Schwere der Folgen einer unerwünschten Geometrie kann nach CS-25.1309 [34] bewertet und diesen Folgen erlaubte Eintrittswahrscheinlichkeiten zugeordnet werden, vgl. Tabelle 3.1.

Für den Fall, dass nur ein Triebwerk betroffen ist und dieses somit potenziell keinen Schub erzeugt (One Engine Inoperative), sind die Folgen als unbedeutend (Minor) zu klassifizieren, vgl. Tabelle 4.2. Die möglichen Folgen bestehen hierbei in einer geringen Reduzierung der Flugzeugfunktionsfähigkeit sowie einer geringen Zunahme der Arbeitsbelastung der Besatzung. Dies ist damit zu begründen, dass der fehlende Schub durch die verbleibenden Triebwerke zu kompensieren ist und auch die Steuerung des Flugzeugs weiterhin möglich sein muss [34, 25.147].

Fehler der Stellsysteme mehrerer Triebwerke können zu einem Schubverlust an mehr als einem Triebwerk führen. Dies kann beispielsweise während des Flugzeugstarts zu einem Startabbruch (Rejected Take-Off) führen. Ein Startabbruch ist nach CS-25 als gefährliches Ereignis mit einer erlaubten Eintrittswahrscheinlichkeit von weniger als 10^{-7} Ereignissen pro Flugstunde klassifiziert [34, 2-F-168 f.]. Der Nachweis dieser Eintrittswahrscheinlichkeit erfordert den Absicherungsgrad DAL B [53, S. 44]. Dieser kann die Integration zusätzlicher Sicherheitsmaßnahmen, beispielsweise in Form von Redundanz, erfordern [79, S. 212].

Ist die Funktion zur Aufnahme von Lasten fehlerbehaftet, können strukturelle Schäden bis hin zum Verlust des gesamten Einlasses auftreten, vgl. Air France Flug AF-66 [319], [320]. Strukturelle Schäden können den bereitstellbaren Schub und den erzeugten Luftwiderstand beeinflussen. Weiterhin können verloren gegangene Komponenten zu Folgeschäden an anderen Bauteilen, wie beispielsweise dem Leitwerk, führen, diese beschädigen und somit die Kontrollierbarkeit des Flugzeuges gefährden, was katastrophale Folgen haben kann. Folglich muss der Verlust großer Komponenten des Einlasses die Eintrittswahrscheinlichkeit von 10^{-7} Ereignissen pro Flugstunde unterschreiten, was mit dem Absicherungsgrad DAL A nachzuweisen ist. Dieser Nachweis erfolgt im Rahmen der Konzeptdimensionierung, vgl. Abschnitt 4.5.2.

Tabelle 4.2
Fehlerklassifizierung
„unerwünschte
Einlassgeometrie" bei
einem Triebwerk

Flugphase	Klassifizierung	Erlaubte Ereignisse pro Flugstunde
Triebwerksstart, Leerlauf, Rollen	kein Sicherheitseffekt	Keine Anforderung
Flugzeugstart, Steigflug	Unbedeutend	<1E-03
Startabbruch	kein Sicherheitseffekt	Keine Anforderung
Reiseflug, Sinkflug, Landeanflug	kein Sicherheitseffekt	Keine Anforderung
Durchstarten	Unbedeutend	<1E-03
Landung	kein Sicherheitseffekt	Keine Anforderung

Fehler beim Erfüllen der Funktion zur Vermeidung von Vereisung [34, AMC 25.21(g)] können in gefährlichen Ereignissen durch Eisansammlungen resultieren. Die Eisansammlungen können die Strömung negativ beeinflussen und im schlimmsten Fall zum Schubverlust führen. Weiterhin können abplatzende Eisansammlungen sicherheitskritische strukturelle Schäden am Fan verursachen. Darüber hinaus können Eisansammlungen die Funktionsfähigkeit des Variationsmechanismus eines variablen Einlasses einschränken. Zudem sind Wechselwirkungen zwischen dem Eisschutzsystem und dem Stellmechanismus, welche die jeweilige Funktionsfähigkeit verringern, zu vermeiden. Die Sicherheit des gewählten Eisschutzsystems ist in späteren Entwicklungsphasen gemäß CS-25 [34, AMC 25.1419] nachzuweisen.

4.2.4 Identifikation von Lösungsprinzipen

Nachfolgend wird die Identifikation von Wirkmechanismen bzw. Lösungsprinzipen für die umzusetzen Funktionen vorgestellt. Dies betrifft die Lösungsprinzipe für die Umsetzung von

- Vereisungsschutz,
- Lärmminderung,
- struktureller Lastaufnahme,

- Geometrievariation,
- Aktorik und
- Konturerfassung.

Hierfür wurden Lösungsprinzipe aus der Natur, von erprobten Anwendungen sowie aus neuartigen Technologien in Betracht gezogen und in der nachfolgenden Konzeptphase zu Konzeptvarianten kombiniert.

Lösungsprinzipe aus der Natur

So wie sich die frühen Pioniere der Luftfahrt bereits am Flug der Vögel, Insekten und Fledermäuse orientierten, können auch relevante Lösungsprinzipe für variable Einlässe von der Natur abgeleitet werden [249, S. 2]. Diese bionischen Ansätze könnten beispielsweise für den Vereisungsschutz oder die Geometrievariation Anwendung finden.

Zahlreiche innovative Eisschutzsysteme nutzen eisabweisende Beschichtungen [123], [124], [125]. Diese Beschichtungen verwenden Mikro- und Nanostrukturen, die das Anhaften von Wasser, Staub und Sand auf der Oberfläche verhindern. Dieses als Lotus-Effekt bekannte Prinzip findet man in der Natur bei verschiedenen Blättern von Pflanzen, aber auch an den Flügeln von Insekten und der Haut von Wüstenreptilien, wie dem Apothekerskink [321].

Zur Umsetzung einer Konturvariation sind in der Natur elastische Häute weit verbreitet. Beispielsweise nutzen Seiga Antilopen in den Steppen der Mongolei eine große aufblasbare Nase, um die Luft beim Einatmen zu filtern und zu erwärmen sowie zur Erzeugung von Lauten [322], vgl. Abbildung 4.7. Dabei hat die Nase, ähnlich dem Einlass, die Grundform eines Hohlzylinders. Bei den männlichen Exemplaren der Klappmützenrobben befindet sich die Nase in Form eines aufblasbaren Balgs auf der Stirn. Auch verfügen Rentiere über einen stark aufblasbaren Kehlkopf [323]. Ebenso sind die Körper der meisten Quallen und einiger Oktopodenarten stark verformbar.

Die Krallen von Katzen sind nicht elastisch verformbar, jedoch überwiegend ausfahrbar. Ein durch Muskeln, Sehnen und Knochen gesteuerter Mechanismus erlaubt den Katzen bei Bedarf den Einsatz der Krallen, während diese beim Laufen vor Abnutzung geschützt sind [324].

Lösungsprinzipe aus dem Bereich der Technik

Für den Vereisungsschutz können die in Abschnitt 2.3.2 vorgestellten erprobten Anwendungen, aber auch innovative Lösungsansätze, wie das Nutzen von Formgedächtnismaterialien, herangezogen werden.

Nase der Klappmützenrobbe   Nase der Seiga Antilope

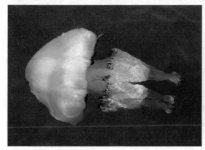

Quallenkörper   Einziehbare Katzenkrallen

Abbildung 4.7 Bionische Lösungsansätze für Variabilität [A48]

Im Bereich der Lärmminderung werden vorrangig Akustikauskleidungen als etablierte Lösung betrachtet, vgl. Abschnitt 2.3.3. Sollte das ausgewählte Konzept jedoch eine formvariable Außenhülle erfordern, können für die Lärmminderung Anpassungen erforderlich werden. In diesem Fall sollten Akustikauskleidungen mit flexiblen Wänden, vgl. Mischke et al. [325], [326], [327], oder die Schallauslöschung durch Gegenschall detailliert untersucht werden.

Zur Aufnahme struktureller Lasten können monolithische Strukturen mit eingeschlossenen Versteifungsringen entsprechend des Standes der Technik genutzt werden, vgl. Abschnitt 2.2.2. Darüber hinaus könnte die Lastaufnahme auch über die Spant-Stringer-Bauweise oder die Fachwerkbauweise erfolgen [77, S. 391–397].

Bei der Auswahl der Aktorik sind elektromechanische Aktoren zu bevorzugen, vgl. Abschnitt 2.4.3. Hydraulische, pneumatische und unkonventionelle Aktoren stellen mögliche Alternativen dar. Die von der Aktorik erzeugte Bewegung kann beispielsweise linear oder kreisförmig sowie in axialer oder radialer Richtung erfolgen. Die Erfassung der Kontur kann ein integraler Bestandteil der Aktorik sein, vgl. Abschnitt 2.4.3. Umgesetzt werden kann die Konturerfassung beispielsweise durch Drehwinkelgeber, Differentialtransformatoren zur Wegmessung oder optische Messverfahren.

Prinzipe, die für die Geometrievariation in Betracht gezogen werden können, sind das Verschieben starrer Segmente, das Verformen eines elastischen Oberflächenmaterials und die aerodynamische Grenzschichtbeeinflussung. Für die beiden letztgenannten Lösungsprinzipe kann die grundlegende Funktionsweise aus Abschnitt 2.4.2 entnommen werden. Für das Verschieben starrer Segmente werden nachfolgend die Prinzipe der Querschnitts-, Konturdicken-, Lippen- und Längenvariation vorgestellt.

Querschnittsvariation

Radiale Variationen eines Kreisdurchmessers erfordern bei Verwendung starrer Komponenten eine Segmentierung über den Umfang, um die Entstehung von Bauteilkollisionen zu vermeiden. Jedoch entstehen durch die Segmentierung bei der Querschnittserweiterung Spalte, vgl. Abbildung 4.8.

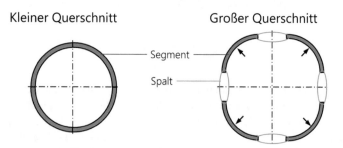

Abbildung 4.8 Segmentierung über den Umfang

Die Anzahl der Teilsegmente hat einen entscheidenden Einfluss auf die Güte der erzeugten Geometrie und die Zuverlässigkeit des Konzepts. Eine geringere Anzahl erzeugt eine Geometrie, die stärker von einem idealen Kreisquerschnitt abweicht und somit eine geringere Gleichförmigkeit der Fananströmung erzeugt. Gleichzeitig reduziert sie allerdings die Anzahl der erforderlichen Bauteile, was sich positiv auf die Komplexität und Zuverlässigkeit des Systems auswirken kann.

Die über den Umfang der Kontur entstehenden Spalte zwischen den Segmenten sind abzudichten. Existierende Ansätze hierfür reichen von

- der Akzeptanz des Spalts [218] über
- starre Einfassungen zwischen den Segmenten [31], [214],
- Überlappungen benachbarter starrer Segmente [30], [158] bis hin zur
- Nutzung von elastischen Materialien zwischen den Segmenten [30].

Die beiden erstgenannten Varianten stellen aufgrund der schlechten aerodynamischen Eigenschaften keine zu erwägende Option dar.

Überlappungen benachbarter starrer Segmente zur Umfangsspaltabdichtung sind beispielsweise umsetzbar durch

- bewegliche Zwischensegmente [30],
- lineare Verlängerungen der Segmente oder
- Rotation der Segmente, vgl. Abbildung 4.9.

Bewegliche Zwischensegmente erhöhen die Anzahl der erforderlichen Komponenten im Vergleich zu den anderen Beispielen und haben somit einen verstärkten negativen Einfluss auf die Komplexität und die Zuverlässigkeit der Konstruktion. Zudem entstehen radiale Stufen auf der Außenseite der Geometrie. Auch bei der Verwendung rotierender Segmente entstehen Stufen auf der Außenseite der Geometrie, die einen negativen Strömungseinfluss haben können. Diese können zwar durch eine größere Anzahl an Teilsegmenten verringert, jedoch nicht vollständig vermieden werden. Lineare Verlängerungen der Segmente erzeugen kleinere radiale Stufen auf der Außenseite. Weiterhin ist die Reibung zwischen Verlängerungen benachbarter Segmente zu minimieren. Diese Variante vereint die besten geometrischen Eigenschaften mit einer einfachen konstruktiven Umsetzung.

Die Spaltabdeckung kann auch unter Verwendung dehnbarer Materialien zwischen den Segmenten erfolgen [30]. Diese können beispielsweise beidseitig oder einseitig fest eingespannt sein, vgl. Abbildung 4.10. Diese Varianten bieten eine aerodynamisch günstige Geometrie bei eingeschränkter Lebensdauer.

Aufgrund der genannten Vor- und Nachteile werden im weiteren Verlauf vorrangig lineare Verlängerungen zur Spaltabdichtung bei Verwendung starrer Segmente berücksichtigt. Die konstruktive Gestaltung der linearen Segmentverlängerungen wird in Abbildung 4.54 in Abschnitt 4.5 detailliert beschrieben.

Bewegliches Zwischensegment

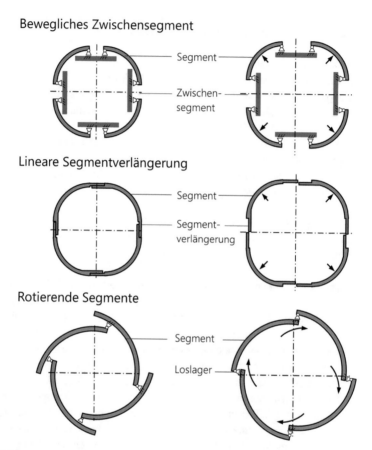

Lineare Segmentverlängerung

Rotierende Segmente

Abbildung 4.9 Querschnittsvariation mit starren Segmenten

Konturdickenvariation

Das Prinzip der Querschnittsvariation mit Hilfe linearer Segmentverlängerungen kann genutzt werden, um sowohl die Innen- als auch die Außenkontur des Einlasses zu variieren, vgl. Abbildung 4.11. Dadurch wird eine größere Variation der Profildicke sowie eine bessere Anpassung an die aerodynamischen Anforderungen ermöglicht.

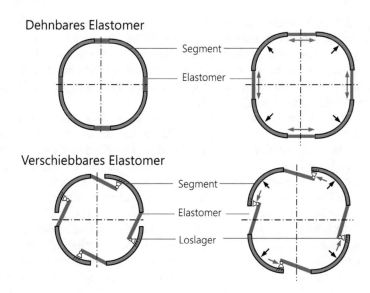

Abbildung 4.10   Querschnittsvariation mit Elastomeren

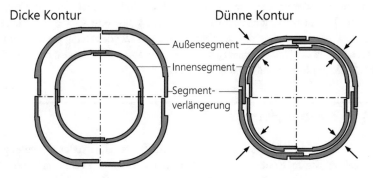

Abbildung 4.11   Konturdickenvariation durch verschiebbare starre Segmente

Lippendickenvariation

Bei der Verwendung starrer Segmente sind für die Variation der Lippendicke komplexe Mechaniken erforderlich. Eine Möglichkeit besteht darin, die Lippe axial und über den Umfang zu segmentieren. Die Dicke der segmentierten

Lippe lässt sich anschließend durch Rotieren der Lippensegmente verändern. Auch das Verschieben sich radial überlappender Lippensegmente kann als eigenständige Variante genutzt werden. Eine weitere Möglichkeit besteht in der Verwendung rotierender Segmente, die mit einem geschlossenen Vorderkantenring verbunden sind. Bei dieser Variante ist jedoch die Festlegung auf genau einen Vorderkantendurchmesser erforderlich.

Bei allen genannten Varianten der Lippendickenvariation treten mindestens in einem Betriebszustand Stufen und Spalte im Bereich der Vorderkante auf, insbesondere bei der simultanen Variation des Vorderkantenquerschnitts. Der Spaltentstehung kann durch Abdichtungen entgegengewirkt werden. Bei einer Variation des Vorderkantenquerschnitts mittels starrer Abdichtelemente müssen diese über Kardan- oder Kugelgelenke mit den Segmenten verbunden werden, da hierbei eine Bewegung um zwei Achsen erforderlich wird [314, S. 87–90], [315, S. 105–106]. Wird hingegen eine elastische Abdichtung genutzt, unterliegt diese großen Beanspruchungen in mehrere Richtungen. Beide Varianten hätten einen negativen Effekt auf Komplexität und Lebensdauer. Die Umsetzungsmöglichkeiten der Lippenvariation und Abdichtung sowie deren Auswahl werden detailliert in Abschnitt 4.5.1 vorgestellt.

Längenvariation

Kleinere Variationen der Einlasslänge sind als Nebeneffekt bei der Verringerung der Konturwölbung erreichbar. Signifikante Längenvariationen des Einlasses erfordern hingegen stets das Ausfahren einander zuvor überlappender Komponenten gemäß des Teleskopprinzips. Diese Überlappung geht mit einer zusätzlich erforderlichen Masse und Komplexität einher.

4.3   Konzeptphase

Die Identifikation prinzipiell geeigneter Konzepte ist von großer Bedeutung für die weitere Konzeptstudie, da Fehler hierbei im weiteren Verlauf nicht oder nur unter erheblichem Aufwand behoben werden können [260, S. 341]. Erprobte Technologien bieten hierfür Sicherheit, laufen allerdings Gefahr, nicht das volle Potenzial einer Technologie auszuschöpfen [260, S. 342]. Bei innovativen Umsetzungen kann das Potenzial, auf Kosten eines erhöhten Entwicklungsrisikos, womöglich besser ausgeschöpft werden [260, S. 342].

Nachfolgend werden die intuitive und die methodische Erstellung der Konzeptvarianten beschrieben. Danach erfolgt die Vorstellung der erstellten Konzepte und deren Vorauswahl anhand der Bewertung ihrer prinzipiellen Eignung.

Die prinzipiell geeigneten Konzepte wurden im Anschluss zu Konzeptgruppen zusammengefasst. Diese Konzeptgruppen werden beschrieben und die anschließende vorläufige Systemsicherheitsanalyse, basierend auf den zuvor identifizierten gefährlichen Funktionsausfällen, wird vorgestellt.

4.3.1 Konzepterstellung

Intuitive Konzeptfindung

Zu Beginn der Konzepterstellung wurden in vier Brainstorming-Sitzungen mit jeweils zwei bis acht Luftfahrtingenieuren erste Lösungsideen erarbeitet. Die jeweiligen Sitzungen wurden ergebnisoffen durchgeführt, um ein möglichst breit gefächertes Lösungsspektrum abzudecken.

Für das ergebnisoffene Generieren von Konzeptideen wurde den Sitzungsteilnehmern die zuvor definierte Aufgabenstellung dargelegt. Weiterhin wurden keine umzusetzenden Geometrien vorgegeben. Als Orientierung konnten bei Bedarf die Geometrien gemäß Abbildung 1.1 sowie Abbildung 4.1 genutzt werden. Dadurch wurde der Ergebnisraum bei der Ideenfindung maximiert. Diese Vorgehensweise resultierte in der Ermittlung zahlreicher verschiedener Lösungsideen, die am Ende dieses Teilkapitels vorgestellt werden.

Methodische Konzeptfindung

Zusätzliche Lösungsideen wurden mit der Methode des morphologischen Kastens erarbeitet. Hierbei wurden die zuvor identifizierten Funktionen und Lösungsprinzipe zusammengefasst, vgl. Tabelle 4.3. Durch Kombinieren der Lösungsprinzipe für die jeweiligen Funktionen konnten weitere Konzepte erstellt werden. Bei dieser Erstellung war zu berücksichtigen, dass einzelne Teillösungen nicht uneingeschränkt miteinander kombinierbar sind. Beispielsweise ist die Kombination eines Heißlufteisschutzsystems mit einem hydraulischen Aktor zu vermeiden, um die Feuergefahr innerhalb des Einlasses zu minimieren, vgl. Abschnitt 4.1.3.

Identifizierte Konzepte

Durch die beschriebene Herangehensweise wurden insgesamt 30 Konzepte für variable Einlässe identifiziert. Diese Konzepte sind in Tabelle 4.4 aufgelistet. Zusätzlich erfolgt die Angabe der variierbaren geometrischen Parameter:

- Einlassquerschnittsfläche (**A**),
- Vorderkantenrundung (**R**),
- Profillänge (**L**) und/oder
- Profildicke (**T**),

Tabelle 4.3   Morphologischer Kasten für variable Einlässe

Funktion	Lösungsansatz 1	Lösungsansatz 2	Lösungsansatz 3
Vereisungsschutz	Heißluft	Elektrothermisch	Elektromechanisch
Lärmreduktion	Herkömmliche Akustik- auskleidungen	Gegenschall	Elastische Akustik- auskleidungen
Strukturelle Bauweise	Versteifungsringe	Monolithische Bauweise	Fachwerkbauweise
Variationsmechanis- mus	Verschiebung starrer Segmente	Elastische Oberflä- chenverformung	Aerodynamische Grenzschichtbeein- flussung
Stellsystem	Elektromechani- sche Aktoren	Elektrohydraulische Aktoren	Unkonventionelle Aktoren
Konturerfassung	Differentialtrans- formatoren	Drehwinkelgeber	Optische Erfassung

und auf welchem Lösungsprinzip die Geometrievariation basiert:

- Verschieben/Rotieren fester Segmente einer geschlossenen Kontur (**F**),
- elastisches Verformen des Oberflächenmaterials (**E**),
- Bewegen von Vorkörpern/Klappen/Rampen/Konen (**V**) und/oder
- aerodynamisches Beeinflussen der Strömungsgrenzschicht (**G**).

Darüber hinaus können Anhang A.4 alle zugehörigen Konzeptskizzen entnommen werden. Eine Beschreibung der Funktionsweise eines Großteils dieser Konzepte ist in der Arbeit von Pauly [312, S. 27–80] vorzufinden.

Unter den identifizierten Konzeptideen ähneln einige bereits patentierten Ideen, vgl. Abschnitt 2.4.2. So findet das Kippen des Einlasses, vgl. Abbildung 2.28, Anwendung in Konzept 23, vgl. Abbildung A.23. Konzept 20 (Abbildung A.20) greift das radiale Verschieben eines Halbrings auf. Auch das Rotieren des Ein- lasses oder eines Anteils, vgl. Abbildung 2.29, spiegelt sich in den Konzepten 5 (Abbildung A.5), 6 (Abbildung A.6), 19 (Abbildung A.19) und 24 (Abbil- dung A.24) wider. Das Teleskop-Prinzip, vgl. Abbildung 2.30 links, ist in den Konzepten 16 (Abbildung A.16) und 21 (Abbildung A.21) wiederzufinden. Auch das Prinzip des axialen Ausfahrens von Lippe oder Profilen, vgl. Abbildung 2.30 mittig bzw. rechts, wird in Konzept 7 (Abbildung A.7) verwendet. Radial versetzte Strömungsprofile, vgl. Abbildung 2.31 links, sind in variabler Form in Konzept

Tabelle 4.4 Liste der erarbeiteten Konzepte

ID	Konzeptbeschreibung	Variation			Funktion					Verweis
1	Ausdrehen starrer Innenkontursegmente durch radiale Aktoren	A	R		T	F				[312, S. 27–28]
2	Ausdrehen starrer Innenkontursegmente durch axialen Stellring	A	R		T	F				[312, S. 29]
3	Aufblasen eines elastischen Balgs im Bereich der Lippe	A	R		T		E			[312, S. 30–31]
4	Verformen einer elastischen Lippe durch axiale Stellglieder	A	R		T		E			[312, S. 32–33]
5	Rotation eines Innenrings	A	R		T	F				[312, S. 34–35]
6	Rotation des gesamten Einlasses	A	R		T	F				[312, S. 36–37]
7	Axial verfahrbare Einlasslippe mit Nebenstromspalt			L				V	G	[312, S. 38–39]
8	Axial verfahrbare verzahnte Ringe zur Längenvariation			L		F				[312, S. 40–41]
9	Segmentierte Lippe und radial verschiebbare Kontursegmente	A	R		T	F				[312, S. 42–43]
10	Verschieben miteinander verketteter Außenkontursegmente	A	R		T	F				[312, S. 44–45]
11	Ausfahrbare Nebenstromöffnungsklappen	A						V		[312, S. 46–47]
12	Abrollen einer flexiblen Haut durch Stabmechanismus	A	R	L	T		E			[312, S. 48–49]
13	Dehnen einer flexiblen Haut durch Stabmechanismus	A	R	L	T		E			[312, S. 50]

(Fortsetzung)

Tabelle 4.4 (Fortsetzung)

ID	Konzeptbeschreibung	Variation				Funktion				Verweis
		A	R	L	T	F	E	V	G	
14	Verformen einer flexiblen Haut durch drehbare Lippensegmente	A	R	L	T		E			[312, S. 51–52]
15	Verformen einer flexiblen Haut durch verfahrbaren Ring	A	R	L	T		E			[312, S. 53–54]
16	Teleskopprinzip zur Längenvariation			L		F				[312, S. 55–56]
17	Radial verschiebbare Ringsegmente							V	G	[312, S. 57–58]
18	Dehnen einer flexiblen Haut durch verfahrbaren Vorderkantenring	A	R	L	T		E			[312, S. 59–60]
19	Rotation eines verstaubaren Innenrings	A	R			F				[312, S. 61–62]
20	Radiales Verschieben eines Halbrings	A	R			F				[312, S. 63–64]
21	Axial verfahrbare Vorderkante ohne Nebenstromspalt			L		F				[312, S. 65–66]
22	Drehbare segmentierte Vorderkante	A	R		T	F				[312, S. 67–68]
23	Kippbarer Einlassring							V		[312, S. 69–70]
24	Aktivierbare Strömungskanäle in der Vorderkante	A						V		[312, S. 71–72]
25	Radial ausfahrbare Wirbelgeneratoren							V	G	[312, S. 73–74]
26	Zuschaltbare Grenzschichtabsaugung								G	[312, S. 75–76]
27	Starre radial versetzte Tandemprofile								G	[312, S. 61–62]
28	Zuschaltbare Grenzschichteinblasung								G	[312, S. 79–80]
29	Zwei-Wege-Formgedächtnismetallhülle	A	R	L	T		E			–
30	Dehnen einer flexiblen Haut durch Stützstruktur	A	R	L	T		E			–

17 (Abbildung A.17) und in starrer Form in Konzept 27 (Abbildung A.27) vorgesehen. Öffnungsklappen, vgl. Abbildung 2.31 rechts, werden in Konzept 11 (Abbildung A.11) eingesetzt. In Konzept 25 (Abbildung A.25) wird das Prinzip der Wirbelgeneratoren aufgegriffen.

Die aktive Grenzschichtbeeinflussung, vgl. Abbildung 2.33, kommt in Form von Grenzschichtabsaugung in Konzept 26 (Abbildung A.26) und als Einblasen in die Grenzschicht in Konzept 28 (Abbildung A.28) zum Einsatz.

Die Konzepte 1 (Abbildung A.1), 2 (Abbildung A.2), 8–10 (Abbildung A.8–Abbildung A.10) und 22 (Abbildung A.22) entsprechen grundlegend dem Prinzip der Verschiebung starrer Segmente, vgl. Abbildung 2.32. Die Konzepte 3 (Abbildung A.3), 4 (Abbildung A.4), 12–15 (Abbildung A.12–Abbildung A.15), 18 (Abbildung A.18), 29 (Abbildung A.29) sowie 30 (Abbildung A.30) verwenden vorwiegend elastisch verformbare Oberflächenmaterialien für die Konturvariation.

Unterschiede zwischen den jeweiligen Konzepten sowie existierenden Patenten liegen beispielsweise in den Bereichen der möglichen Konturvariation, der Gestaltung der Vorderkante oder der Kinematik.

4.3.2 Konzeptvorauswahl

Die identifizierten Konzeptideen wurden entsprechend ihrer Erfüllung der qualitativen Ausschlusskriterien aus Abschnitt 4.1.4 bewertet, vgl. Tabelle 4.5. Bei der Bewertung der Konzepte wurde deren Erfüllung der Kriterien

- hohe Sicherheit (**S**),
- große Geometrievariation (**V**),
- geringe Beeinträchtigung der Umströmung (**A**),
- geringe Komplexität (**K**) und
- gute Integrierbarkeit (**I**)

unterschieden in

- bereits erfüllt (**2**),
- perspektivisch erfüllbar (**1**) und
- nicht erfüllbar (**0**).

Tabelle 4.5 Bewertung der Konzepte zur Vorauswahl

ID	Konzept	S	V	A	K	I	Ergebnis
1	Ausdrehen starrer Innenkontursegmente durch radiale Aktoren	1	1	1	1	1	**Geeignet**
2	Ausdrehen starrer Innenkontursegmente durch axialen Stellring	1	1	1	1	1	**Geeignet**
3	Aufblasen eines elastischen Balgs im Bereich der Lippe	0	1	1	1	1	Ungeeignet
4	Verformen einer elastischen Lippe durch axiale Stellglieder	0	1	2	1	1	Ungeeignet
5	Rotation eines Innenrings	1	0	1	0	1	Ungeeignet
6	Rotation des gesamten Einlasses	1	0	1	0	1	Ungeeignet
7	Axial verfahrbare Einlasslippe mit Nebenstromspalt	1	1	0	1	2	Ungeeignet
8	Axial verfahrbare verzahnte Ringe zur Längenvariation	1	0	1	1	1	Ungeeignet
9	Segmentierte Lippe und radial verschiebbare Kontursegmente	1	1	1	1	1	**Geeignet**
10	Verschieben miteinander verketteter Außenkontursegmente	1	2	1	1	1	**Geeignet**
11	Ausfahrbare Nebenstromöffnungsklappen	1	1	0	1	1	Ungeeignet
12	Abrollen einer flexiblen Haut durch Stabmechanismus	0	1	1	0	1	Ungeeignet
13	Dehnen einer flexiblen Haut durch Stabmechanismus	0	1	1	0	1	Ungeeignet
14	Verformen einer flexiblen Haut durch drehbare Lippensegmente	1	1	1	1	1	**Geeignet**
15	Verformen einer flexiblen Haut durch verfahrbaren Ring	0	1	1	1	1	Ungeeignet
16	Teleskopprinzip zur Längenvariation	1	0	1	1	1	Ungeeignet
17	Radial verschiebbare Ringsegmente	1	1	0	1	2	Ungeeignet
18	Dehnen einer flexiblen Haut durch verfahrbaren Vorderkantenring	2	1	2	1	1	**Geeignet**
19	Rotation eines verstaubaren Innenrings	1	1	1	0	1	Ungeeignet
20	Radiales Verschieben eines Halbrings	1	0	1	1	1	Ungeeignet

(Fortsetzung)

Tabelle 4.5 (Fortsetzung)

ID	Konzept	S	V	A	K	I	Ergebnis
21	Axial verfahrbare Vorderkante ohne Nebenstromspalt	1	0	1	1	1	Ungeeignet
22	Drehbare segmentierte Vorderkante	1	2	1	1	1	**Geeignet**
23	Kippbarer Einlassring	1	0	1	1	1	Ungeeignet
24	Aktivierbare Strömungskanäle in der Vorderkante	0	1	0	2	2	Ungeeignet
25	Radial ausfahrbare Wirbelgeneratoren	1	1	0	2	2	Ungeeignet
26	Zuschaltbare Grenzschichtabsaugung	1	1	1	1	1	**Geeignet**
27	Starre radial versetzte Tandemprofile	1	0	0	1	2	Ungeeignet
28	Zuschaltbare Grenzschichteinblasung	1	1	1	1	1	**Geeignet**
29	Zwei-Wege-Formgedächtnismetallhülle	1	1	1	1	0	Ungeeignet
30	Dehnen einer flexiblen Haut durch Stützstruktur	1	1	1	1	1	**Geeignet**

Zellwerte: Kriterium wird bereits erfüllt (2), perspektivisch erfüllbar (1), nicht erfüllbar (0)

Der geringe Detailgrad der Konzepte aufgrund des frühen Entwicklungsstadiums wurde bei der Bewertung berücksichtigt. Aus diesem Grund gilt eine Konzeptvariante nur dann als ungeeignet, wenn sie mindestens eines dieser Kriterien perspektivisch nicht erfüllen kann.

Um eine möglichst objektive Vorauswahl zu ermöglichen, führten sechs Luftfahrtingenieure die Bewertung unabhängig voneinander durch. Bei voneinander abweichenden Bewertungsergebnissen wurde eine gemeinsame Lösung gefunden. Der verbleibende subjektive Einfluss bei der Konzeptbewertung wird durch die gewichtete Punktbewertung im späteren Verlauf vermindert.

Konzepte, deren Vorderkante aus einem elastischen, weichen Material besteht, würden bei möglichen Vogelschlägen oder Erosionseinflüssen mit großer Wahrscheinlichkeit versagen. Dies kann größere Sicherheitsrisiken nach sich ziehen, weshalb diese Konzepte aussortiert wurden. Dies betrifft die Konzepte 3, 4, 12, 13, 15 und 24. Hingegen wurden Konzepte, die in einer Ausweisung des Einlasses als Feuerzone resultieren würden, mit perspektivisch erfüllbar bewertet, da dieses Risiko durch konstruktive Maßnahmen beherrschbar ist. Hierzu ist beispielsweise Konzept 1 zu zählen.

Ein geringes aerodynamisches Einsparpotenzial wäre die Folge einer zu geringen Geometrievariation durch das Konzept. Aus diesem Grund wurden Konzepte, die ausschließlich die Einlasslage (5, 6 und 23), die Einlasslänge (8, 16, 21), nur einen Einlasssektor (20) oder keine geometrischen Parameter variieren können (27), aussortiert.

Die Umströmung von Klappen und Profilen, die aus der Einlasskontur herausstehen, führt zu einer stark turbulenten Umströmung. Aufgrund der negativen Folgen für das Einlassdruckverhältnis und die Lärmbelastung infolge der Turbulenzen wurde von diesen Konzepten abgesehen. Hierzu gehören die Konzepte 7, 11, 17, 24, 25 und 27.

Die abschließende Komplexität eines Konzeptes ist zu diesem frühen Zeitpunkt sehr schwer zu beurteilen. Jedoch wurden hierbei Konzepte ausgeschlossen, die den gesamten Einlass oder einen Innenring rotieren (5, 6 und 19) oder die eine aufwendige Stützmechanik für die flexible Vorderkante erfordern (12 und 13).

Eine Integrierbarkeit in den Einlass wird allen Konzepten bis auf Konzept 29, das eine Zwei-Wege-Formgedächtnismetallhülle verwendet, zugetraut. Dieses Konzept weist einen hohen Bauraum- und Energiebedarf auf. Zudem erfordert es eine komplexe Temperaturregelung für das breite Spektrum möglicher auftretender Umgebungstemperaturen.

Darüber hinaus offenbaren die Ergebnisse der Konzeptvorauswahl, dass noch keine ideale Lösung gefunden wurde. Während der Bewertung wurden zahlreiche Schwachstellen der jeweiligen Konzepte identifiziert und zugleich Lösungsmöglichkeiten erarbeitet. Weiterhin wurden Konzepte mit ähnlichen Lösungsprinzipen zusammengefasst und teilweise miteinander kombiniert, um zusätzliche Konzepte zu generieren. Dadurch entstanden Konzeptgruppen, die im weiteren Verlauf der Konzeptstudie detailliert untersucht wurden, um das bestgeeignete Lösungsprinzip für die Geometrievariation von Triebwerkseinlässen zu identifizieren. Die jeweiligen Konzeptgruppen beschreiben Konzepte zur Variation der Einlassgeometrie durch

- Verschieben starrer Komponenten einer segmentierten Kontur und/oder Vorderkante (1, 2, 9, 10 und 12),
- Verformen eines elastischen Oberflächenmaterials (14, 18 und 30), sowie
- aerodynamische Grenzschichtbeeinflussung (26, 28).

4.3.3 Konzeptgruppen

Nachfolgend wird die prinzipielle Funktionsweise der jeweiligen Konzeptgruppen anhand eines Beispielkonzepts vorgestellt. Zudem werden die grundlegenden

Herausforderungen bei der Umsetzung sowie die Vorteile der jeweiligen Gruppen erläutert.

Detaillierte Herausforderungen der Konzeptgruppen werden mit den Ergebnissen der vorläufigen Systemsicherheitsanalyse und der Analyse von Fehlern gemeinsamer Ursachen in den anschließenden Kapiteln beschrieben. Basierend auf diesen Ergebnissen werden darauffolgend die Integrationsstudien zur Auswahl der jeweiligen Lösungen für Stellsystem, Vereisungsschutz und Lärmminderung präsentiert, vgl. Abschnitt 4.4.2. Aus diesem Grund werden für diese genannten Funktionen bei den nachfolgenden Konzeptgruppen keine oder nur exemplarische Lösungsmöglichkeiten angegeben.

Verschieben starrer Komponenten

Ein Konzept aus der Gruppe, bei der die Einlassgeometrie durch Neupositionierung starrer Segmente der Außenhülle angepasst wird, ist in Abbildung 4.12 veranschaulicht. Dieses Konzept basiert auf einer Kombination und Weiterentwicklung der Konzepte 2 (Abbildung A.2) und 10 (Abbildung A.10).

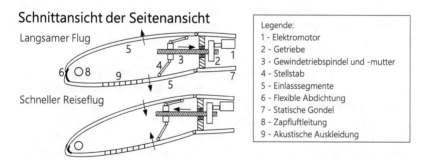

Abbildung 4.12 Geometrievariation durch Verschieben starrer Segmente

Das vorgestellte Konzept variiert die Innen- und Außenkontur des Einlasses durch axiale Bewegung eines Stellglieds. Dieses Konzept findet zudem Verwendung im ersten von zwei Funktionsdemonstratoren, vgl. Abschnitt 4.5.4. Als Stellglied kann beispielsweise die Mutter eines Gewindetriebs (3) genutzt werden, welcher durch einen Elektromotor (1) und ein zwischengeschaltetes Getriebe (2) angetrieben wird. Durch die axiale Bewegung der Gewindetriebmutter (3) wird die Lage gelenkig gekoppelter Stellstäbe (4) gesteuert. Die Stellstäbe (4) sind wiederum gelenkig mit den konturgebenden Einlasssegmenten (5) verbunden, welche durch die Bewegung ebenfalls ihre Lage verändern, wodurch die Außenkontur des

Einlasses angepasst wird. Im Bereich der Vorderkante verhindert eine elastische Abdichtung (6) die Entstehung von Spalten zwischen den Kontursegmenten (5) der Innen- und Außenseite des Einlasses.

Für den Vereisungsschutz und die Lärmreduktion können alle Lösungsmöglichkeiten in Betracht gezogen werden. Jedoch sollten Synergien zwischen Teilsystemen maximiert und Kombinationen vermieden werden, die zu einem erhöhten Feuerrisiko beitragen können.

Mit dem beschriebenen Konzept können relevante Strömungsquerschnitte und die gewünschte Einlassdicke eingestellt werden. Ermöglicht wird diese Variation durch die Segmentierung des Einlasses über den Umfang, vgl. Abbildung 4.8 in Abschnitt 4.2.4. Die Segmentierung der Kontur über den Umfang ist das Hauptmerkmal der gesamten vorliegenden Konzeptgruppe. Die Entstehung von Umfangsspalten wird mittels geradliniger Segmentverlängerungen umgangen, vgl. Abbildung 4.11. Dabei sollte die Ansammlung von Schmutz und Eis zwischen den Segmenten vermieden werden, um die Funktionsfähigkeit des variablen Einlasses nicht zu gefährden.

Aufgrund des festen Radius der Segmente kann nur für einen Flugzustand eine exakte Kreisquerschnittsfläche eingestellt werden. Durch eine Erhöhung der Anzahl der Umfangssegmente kann eine nahezu kreisrunde Geometrie erreicht werden. Dies resultiert in einer gleichförmigeren Fananströmung, erhöht jedoch auch die Komplexität des Systems.

Ein größerer Variationsbereich der genannten Geometrieparameter als im vorgestellten Konzept kann durch eine zusätzliche axiale Segmentierung der Außenkontur realisiert werden. Diese ist beispielsweise bei den Konzepten 9 (Abbildung A.9) und 10 (Abbildung A.10) vorgesehen. Damit einhergehend sind jedoch auch eine erhöhte Bauteilanzahl, eine höhere Komplexität sowie mehr Spalte zwischen den Segmenten, wodurch die Zuverlässigkeit negativ beeinflusst werden kann.

Andere Konzepte dieser Konzeptgruppe können zusätzlich die Länge des Einlasses anpassen, beispielsweise durch Nutzung des Teleskopprinzips. Die Anpassung der Einlasslänge ermöglicht zwar bessere aerodynamische Eigenschaften, erfordert jedoch zugleich eine erhöhte Masse und Komplexität der Konstruktion.

Durch die Variation der Kontur verändert sich die Lage von Komponenten und der vorhandene Bauraum innerhalb des Einlasses. Üblicherweise unbewegliche Komponenten, wie Kabel und Rohrleitungen, können dadurch zusätzlichen Beanspruchungen ausgesetzt sein. Um Beschädigungen dieser Komponenten zu vermeiden, werden sie flexibel gestaltet und ein Mindestabstand zwischen den Komponenten zur Vermeidung von Kollisionen vorgesehen.

Verformen eines elastischen Oberflächenmaterials

Ein Vertreter der Konzeptgruppe, die die Einlassgeometrie durch Verformung eines elastischen Oberflächenmaterials anpasst, ist in Abbildung 4.13 dargestellt. Hierbei handelt es sich um eine Weiterentwicklung von Konzept 14, vgl. Abbildung A.14, bei der sowohl die Einlassdicke, relevante Strömungsquerschnitte als auch die Länge angepasst werden können. Bei diesem Konzept wird die Antriebsenergie eines Elektromotors (1) über ein Getriebe (2) und einen Gewindetrieb (3) in eine Axialbewegung der Gewindetriebmutter umgewandelt. Durch die axiale Bewegung der Gewindetriebmutter wird das elastische Oberflächenmaterial des Einlasses (5) durch Stellstäbe (4) verformt. Weiterhin dreht sich die Vorderkante (6) durch die Axialbewegung der Stellstäbe (4) in eine Position, die für die vorherrschende Flugphase geeignet ist. Gleichzeitig dienen die Stellstäbe (4) als Stützstruktur, die die Geometrie der elastischen Oberfläche (5) und die Lage der Vorderkante (6) sicherstellt.

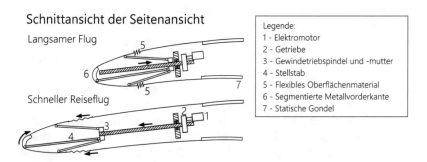

Schnittansicht der Seitenansicht

Langsamer Flug

Schneller Reiseflug

Legende:
1 - Elektromotor
2 - Getriebe
3 - Gewindetriebspindel und -mutter
4 - Stellstab
5 - Flexibles Oberflächenmaterial
6 - Segmentierte Metallvorderkante
7 - Statische Gondel

Abbildung 4.13 Geometrievariation durch elastische Oberflächenverformung

Die Vorderkante dieses Konzepts ist aus Aluminium gefertigt, um Beanspruchungen wie Erosion und Vogelschlägen standzuhalten. Zusätzlich ist die Vorderkante über den Umfang segmentiert, um die Anpassung des Eintrittsquerschnitts und der Lippendicke zu ermöglichen. Zwischen diesen Segmenten sind wiederum komplexe Abdichtelemente erforderlich [314, S. 87–90], vgl. Abschnitt 4.2.4. Bei Verwendung einer starren Lippe ist eine größere Anpassung des Eintrittsquerschnitts nicht möglich, jedoch kann dadurch die strukturelle Stabilität deutlich gesteigert und die Komplexität signifikant gesenkt werden, vgl. Konzept 18 (Abbildung A.18).

Als elastisches Oberflächenmaterial können Elastomere, elastisch verformbare Verbundwerkstoffe oder intelligente Werkstoffe verwendet werden, vgl.

Abschnitt 2.4.3. Für die Verformung des Materials sind stets Stell- und Stützme-
chanismen oder bei Verwendung intelligenter Werkstoffe die Erzeugung externer
Reize erforderlich.

Eine Segmentierung der elastischen Oberfläche über den Umfang der Kontur
ist nicht vorgesehen. Daher muss das elastische Material auch in Umfangsrichtung
belastbar und anpassbar sein. Daraus ergeben sich anspruchsvollere mechanische
Anforderungen an das flexible Material, die im MorphElle-Projekt beispielsweise
durch eine elastische Verbundmaterialhaut erfüllt werden sollten [23], [24], [26].

Darüber hinaus kann die Lebensdauer der elastischen Materialien stark eingeschränkt sein. Dies begründet sich aus der zyklischen Verformung in Kombination
mit den auftretenden Beanspruchungen, z. B. Erosion, und den Umgebungsbedingungen in der Luftfahrt, z. B. Temperaturen. Folglich können Beschichtungen für
Erosionsbeständigkeit, Blitzschutz, Isolierung und Vereisungsschutz erforderlich
werden. Weiterhin ist eine Stützstruktur zur Aufnahme von Vogelschlagbelastun-
gen erforderlich.

Ein möglicher Lebensdauereinfluss durch einen Temperatureintrag bei Verwendung von Heißlufteisschutzsystemen oder elektrothermischen Eisschutzsystemen
ist zu untersuchen. Dadurch müssen ggf. Eisschutzsysteme mit geringerem Erpro-
bungsgrad und höherer Ausfallwahrscheinlichkeit eingesetzt werden. Andererseits
könnte der Stellmechanismus auch als redundantes elektromechanisches Eisschutzsystem im Fall einer Fehlfunktion des Primärsystems eingesetzt werden,
indem er die Kontur minimal variiert.

Da konventionelle starre akustische Auskleidungen eine Konturanpassung
verhindern, sollten entweder akustische Auskleidungen mit flexiblen Wänden
oder die Schallauslöschung durch Gegenschall als Lärmminderungsmaßnahmen
in Betracht gezogen werden. Auch die Gestaltung von Kabeln und Leitungen ist flexibel durchzuführen und Kollisionen zwischen Komponenten sind zu
vermeiden.

Der Hauptvorteil dieser Gruppe ist die spalt- und stufenfreie Oberfläche, da
diese aus einem Stück gefertigt werden kann. Die Limitierungen dieser Konzeptgruppe liegen in der Notwendigkeit einer tragenden Struktur zur Sicherstellung,
dass die Geometrie im gewünschten Zustand verbleibt, sowie in der reduzierten
Lebensdauer des elastischen Oberflächenmaterials. Weiterhin bedarf der Schutz
vor Vereisung und die Minderung des Fanlärms erhöhter Aufmerksamkeit.

Aerodynamische Grenzschichtbeeinflussung

Von den in Abschnitt 2.4.2 vorgestellten Möglichkeiten zur Vermeidung von
Strömungsablösungen durch Grenzschichtbeeinflussung verbleiben nach der Konzeptvorauswahl lediglich zwei aktive Varianten durch

- Absaugen der Grenzschicht und
- tangentiales Einblasen in die Grenzschicht, vgl. Abbildung 2.33.

Die erste Variante wird in Konzept 26 eingesetzt und scheidet bzw. saugt die verzögerte Strömungsgrenzschicht durch Absaugschlitze in der Einlasshülle ab, vgl. Abbildung A.26. Die abgesaugte Luft der Strömungsgrenzschicht kann gleichzeitig zur Ventilation der Triebwerksgondel verwendet werden. Das Prinzip der Grenzschichtabsaugung findet in der Luftfahrt bereits vielfach Anwendung [328], [329].

Bei der zweiten Variante, dem Grenzschichteinblasen, wird die Geschwindigkeitsdifferenz zwischen Wand und Strömung durch tangentiales Einblasen in die Grenzschicht minimiert, vgl. Konzept 28 (Abbildung A.28). Die größte Herausforderung bei diesem Konzept besteht darin, bei jeder Flugbedingung die geeignete einzublasende Luftmenge mit geeigneter Geschwindigkeit, Druck und Temperatur zu bestimmen und dabei eine hohe Gleichförmigkeit der Fananströmung einzustellen. Geringfügige Fehler hierbei können zu Strömungsablösungen oder zur Beschädigung des Verdichters aufgrund erhöhter Temperaturen führen, was gefährliche Ereignisse zur Folge haben kann. Daher ist auch der Schutz der Einblasschlitze vor Verblockung durch Vereisung oder andere Einflüsse von großer Bedeutung.

Abgesehen von den verschließbaren Absaug- bzw. Einblasschlitzen weisen die Konzepte eine stufen- und lückenlose Oberfläche auf, was sich positiv auf die aerodynamischen Kennwerte des Einlasses auswirkt. Beide Varianten dieser Konzeptgruppe verwenden eine starre Einlassgeometrie mit minimalen Abmessungen und somit minimaler Masse. Hierfür wird die aerodynamisch ideale Geometrie für den schnellen Reiseflug gewählt, vgl. Abschnitt 2.2.1. Bei langsamem Flugzuständen mit den zugehörigen Fangstromröhren werden Strömungsablösungen durch die zuschaltbare Grenzschichtbeeinflussung vermieden. Diese wird über die axial und über den Umfang im Einlass verteilten Absaug- bzw. Einblasschlitze ermöglicht. Die ideale Verteilung dieser Schlitze ist in späteren Entwicklungsphasen zu ermitteln.

Die Konzepte erlauben den Einsatz konventioneller akustischer Auskleidungen und Eisschutzsysteme. Zudem wird die Verwendung eines großen und schweren Stellmechanismus einschließlich Aktorik vermieden. Allerdings ist für das Öffnen und Schließen der Absaug- bzw. Einblasschlitze eine Regelung erforderlich, beispielsweise über elektrisch ansteuerbare Ventile. Das Öffnen und Schließen der Schlitze muss mit hoher Zuverlässigkeit erfolgen, da eine Fehlfunktion der jeweiligen Schlitze zu einer ungleichförmigen Fananströmung führen und letztlich gefährliche Ereignisse auslösen kann. Daher sind die Schlitze vor Schmutz, Feuchtigkeit, Fremdkörperschäden sowie Vereisung zu schützen. Darüber hinaus müssen versagenssichere Konstruktionsprinzipien, z. B. Redundanz, verwendet werden, um Strömungsablösungen im Fehlerfall zu vermeiden. Zudem muss die wesentlich dünnere Einlassgeometrie weiterhin Vogelschlägen standhalten können.

4.3.4 Fehlerbaumanalyse

Basierend auf den Ergebnissen der Gefährdungsanalyse waren Fehler zu analysieren, die zur Einstellung einer unerwünschten Geometrie bei mehreren Triebwerken führen könnten, vgl. Abschnitt 4.2.3. Hierfür wäre die mögliche Folge mit den größtmöglichen Auswirkungen der Schubverlust des Flugzeugs. Die Fehlerbaumanalyse beinhaltet die Ermittlung und logische Verknüpfung aller Ausfälle, die zu diesem Ereignis führen können [273, S. 167].

Zu einem sicherheitskritischen Schubverlust des Flugzeugs führen nur Ereignisse, bei denen mindestens zwei der Triebwerke deutlich vom geforderten Wert abweichenden Schub erzeugen. Der Leistungsausfall eines einzelnen Triebwerks hingegen wäre durch das verbleibende Triebwerk bzw. je nach Flugzeugbauart die verbleibenden Triebwerke zu kompensieren.

Die Ursachen für den Schubverlust eines Triebwerks können vielfältiger Natur sein. Beispiele hierfür sind

- ausbleibende Brennstoffzufuhr,
- ein Rotorwellenbruch,
- ein Fanschaufelverlust,
- ein unkontrolliertes Feuer oder
- Verdichterpumpen.

Wie in den vorherigen Kapiteln beschrieben, kann Verdichterpumpen durch eine unerwünschte Einlassgeometrie, die nicht für die vorherrschende Flugphase geeignet ist, hervorgerufen werden. Eine unerwünschte Einlassgeometrie kann Folge verschiedener Fehler sein. Möglichkeiten hierfür sind

- Fehler des Stellmechanismus,
- Fehler des Kontrollsystems,
- Eisansammlungen und
- strukturelle Beschädigungen.

Die logische Verknüpfung dieser Fehlerfälle mit dem Ereignis des Schubverlusts ist für Konzepte, die ein Aktorsystem mit Feststellmechanismus verwenden, in Abbildung 4.14 dargestellt.

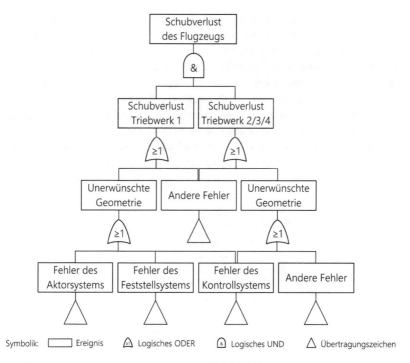

Abbildung 4.14 Fehlerbaum für den Schubverlust mehrerer Triebwerke

Fehler des Stellmechanismus können je nach Konzept beispielsweise ein Versagen der Aktorik, etwaiger Stellstäbe oder eventuell genutzter Ventile sein. Diese Fehler sollten unabhängig voneinander auftreten und somit nicht zeitgleich in mehreren Triebwerken. Dies wird im Rahmen der Analyse von Fehlern gemeinsamer Ursachen in Abschnitt 4.4.1 gezeigt.

Auch Eisansammlungen und strukturelle Beschädigungen, beispielsweise durch einzelne Vogelschläge hervorgerufen, sollten nicht zeitgleich mehrere Triebwerke betreffen. Dies wird einerseits durch das verwendete Eisschutzsystem und andererseits durch die konstruktive Gestaltung gewährleistet. Simultane Einschläge von Vögeln mit mehr als 2 kg Masse auf mehrere Triebwerke können und müssen nicht abgesichert werden [34, 25.631].

Ein Fehler des Kontrollsystems, beispielsweise durch ein fehlerhaftes Stellsignal, könnte ebenfalls mehrere Triebwerke gleichzeitig betreffen, vgl. Abbildung 2.35. Aufgrund der geforderten niedrigen Eintrittswahrscheinlichkeit eines

Schubverlusts, ist die Integration einer zusätzlichen Sicherheitsmaßnahme zielführend, um die Auswirkungen von Fehlern des Kontrollsystems zu vermindern.

Aus diesem Grund sollten die Konzepte, die ein Aktorsystem verwenden, einen unabhängig ansteuerbaren Feststellmechanismus in Form eines Verschlusssystems beinhalten. Die Ansteuerung des Verschlusssystems hat hierbei unabhängig von der Ansteuerung des Aktors durch die zugehörige Steuerung zu erfolgen. Das Verschlusssystem könnte beispielsweise zwischen Motor und Getriebe integriert sein und somit die Bewegung des Aktors durch ein fehlerhaftes Stellsignal verhindern, vgl. Abbildung 4.15. Auf diesem Weg wird das Einstellen einer unerwünschten Geometrie und die Möglichkeit des Schubverlusts vermieden.

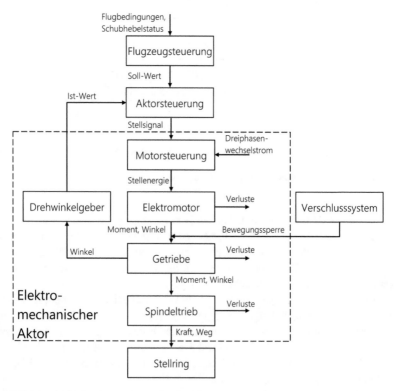

Abbildung 4.15 Elektromechanischer Aktor mit Feststellmechanismus

Weitere Lösungsansätze für die redundante Sicherstellung der Ansteuerung von Aktoren in Luftfahrtsystemen werden von Rossow et al. [77, S. 748–749] und Grasselt [54, S. 94] vorgestellt. Hierzu zählt beispielsweise die Verwendung unterschiedlicher Energiequellen und Transportwege.

Für die Konzeptgruppe der aerodynamischen Grenzschichtbeeinflussung ist der gewählte Ansatz eines unabhängigen Feststellmechanismus aufgrund der eingesetzten elektrisch angesteuerten Ventile nicht zielführend. Eine Lösungsmöglichkeit für diese Konzeptgruppe besteht darin, im Rahmen von Tests nachzuweisen, dass auch die aerodynamisch ungünstigste Geometrie des Systems, die gleichzeitig der Geometrie beim Ausfall der Grenzschichtbeeinflussung entspricht, bei allen möglichen Flugzuständen funktionsfähig ist [34, 25.941]. Dies impliziert, dass die Funktionalität der Überschallgeometrie auch bei Startbedingungen nachzuweisen ist. Durch diesen Ansatz würde das aerodynamische Einsparpotenzial dieser Konzeptgruppe voraussichtlich signifikant verringert werden. Ein alternativer Ansatz hierzu wäre die doppelte Ausführung und unabhängige Ansteuerung aller vorhandenen Absaug- bzw. Einblasschlitze.

4.4 Vorentwurf der Konzeptgruppen

Um die Konzeptgruppe, die am besten für eine Umsetzung variabler Einlässe geeignet ist, zu identifizieren, waren weitere Analysen erforderlich, deren Ergebnisse nachfolgend vorgestellt werden. Dies erfolgt zuerst für die Analyse von Fehlern gemeinsamer Ursachen (CCA), bestehend aus

- der Analyse besonderer Risiken (PRA),
- der Zonensicherheitsanalyse (ZSA) sowie
- der Analyse redundanzüberbrückender Fehler (CMA).

Danach wird die Identifikation geeigneter Teilsysteme, insbesondere für den Schutz vor Vereisung, erläutert. Anschließend wird der mögliche Funktionsumfang der jeweiligen Konzeptgruppen, basierend auf den idealen und den umsetzbaren Einlassgeometrien, präsentiert. Die gesammelten Ergebnisse der durchgeführten Analysen ermöglichten eine abschließende Bewertung der jeweiligen Konzeptgruppen, wodurch eine Konzeptgruppe für weiterführende Untersuchungen ausgewählt werden konnte.

4.4.1   Analyse von Fehlern gemeinsamer Ursachen

Analyse besonderer Risiken

Zahlreiche der in Abschnitt 3.2.4 aufgelisteten besonderen Risiken, wie beispielsweise Hagelschlag, haben einen vergleichbaren Einfluss auf variable wie auf starre Einlässe. Dennoch können die Auswirkungen vereinzelter Risiken durch die zusätzlichen Komponenten und die veränderte Bauweise variabler Einlässe deutlich größere Ausmaße annehmen. Hierbei sind insbesondere der Einfluss auf den Variationsmechanismus und die mögliche Segmentierung des Einlasses von Relevanz. Beispielsweise sind die Kontrollsysteme aller Konzeptgruppen vor elektromagnetischen Interferenzen zu schützen, um gefährlichen Ereignissen vorzubeugen.

Für die Konzepte, welche die Einlassgeometrie durch Bewegung starrer Segmente anpassen, gehören zusätzlich Eis, Reibung zwischen beweglichen Bauteilen, Vogelschlag und Blitzschlag zu den bedeutenden Risiken. Mögliche daraus resultierende Ereignisse, die Schwere der jeweiligen Folgen und die daraus abgeleiteten Anforderungen an die Eintrittswahrscheinlichkeit können Tabelle 4.6 entnommen werden.

Tabelle 4.6   Ausgewählte Ergebnisse der Analyse besonderer Risiken

Risiko	Ereignisse	Mögliche Folgen	Klassifizierung	Erlaubte Ereignisse pro Flugstunde
Eis	Große Ansammlungen auf Einlässen mehrerer Triebwerke	Abplatzendes Eis; Beschädigungen des Fans; Blockieren des Stellmechanismus; Strömungsbeeinträchtigungen; Schubverlust mehrerer Triebwerke	Gefährlich (Hazardous)	<1E-07
Vogelschlag	Einlass eines Triebwerks	Beschädigung von Segmenten; Strömungsbeeinträchtigungen; Beschädigungen des Fans; Schubverlust eines Triebwerks; Verlust von Segmenten; Beschädigungen des Leitwerks; Einschränkungen der Kontrolle über das Flugzeug	Gefährlich (Hazardous)	<1E-07

(Fortsetzung)

Tabelle 4.6 (Fortsetzung)

Risiko	Ereignisse	Mögliche Folgen	Klassifizierung	Erlaubte Ereignisse pro Flugstunde
	Einlässe mehrerer Triebwerke	Zusätzlich Schubverlust mehrerer Triebwerke	Gefährlich (Hazardous)	<1E-07
Blitz-schlag	Direkter Einschlag auf ein Triebwerk	Beschädigung von Segmenten durch erhöhte Temperaturen; Beschädigungen elektrischer Komponenten, z. B. Aktoren und Kontrollsysteme, durch Überladung; Verlust der Kontrolle über den Variationsmechanismus; Schubverlust eines Triebwerks	Unbedeutend (Minor)	<1E-03
Rei-bung	Starke Reibung zwischen beweglichen Einlasskomponenten eines Triebwerks	Lebensdauerverringerung; Blockieren des Stellmechanismus; Schubverlust eines Triebwerks	Unbedeutend (Minor)	<1E-03

In Abhängigkeit der gewählten Umsetzungen für den Vereisungsschutz und die Aktorik können zusätzliche Risiken, wie austretende Hydraulikflüssigkeit und Feuergefahr, relevant werden. Die größte Wahrscheinlichkeit dafür besteht beim Kombinieren eines Heißlufteisschutzsystems mit einem elektrohydraulischen Aktorsystem.

Während schwere Vereisungsbedingungen, wie gefrierender Regen, mit einer Wahrscheinlichkeit von 10^{-2} pro Flug auftreten, können normale Vereisungsbedingungen bei jedem Flug eintreffen [34, AMC 25.1419], [53, S. 164]. Daher sind bei modernen Flugzeugen Eisschutzsysteme stets Bestandteil des Einlasses. Diese Systeme decken zumeist nur den Bereich der Vorderkante und der Einlasslippe ab.

Bei segmentierten Einlasskonzepten können größere Eisansammlungen auch im Bereich des Diffusorkanals und der äußeren Beplankung eine Gefahr darstellen, indem sie sich zwischen den Segmenten bilden und somit den Stellmechanismus blockieren. Um die Variationsfähigkeit von Einlässen dieser Konzeptgruppe sicherzustellen, ist folglich eine Erweiterung der vom Eisschutzsystem abgedeckten Fläche erforderlich. Dies führt zu einer Erhöhung des erforderlichen Energiebedarfs, des technischen Aufwands sowie der anfallenden Betriebskosten.

Die Wahl des Eisschutzsystems beeinflusst neben der Feuergefahr auch die Relevanz weiterer Risiken. Bei der Wahl elektrischer Eisschutzsysteme müssen die Einwirkungen von Blitzschlägen und elektromagnetischen Feldern genauer untersucht werden. Beim Einsatz von Heißlufteisschutzsystemen sind die Folgen von Schottwandbrüchen und die Leckage von Zapfluftkanälen detailliert zu untersuchen. Vogelschläge sind ein bekanntes Risiko in der Luftfahrt. Etwa 37 % der gemeldeten Vogelschläge betreffen dabei das Triebwerk oder dessen Einlass [309, S. 28]. Gemäß CS-25.631 [34] sind Vogelschläge als Extremlasten zu behandeln, was plastische Materialverformungen, nicht jedoch das strukturelle Versagen sicherheitskritischer Komponenten, erlaubt. Es ist sicherzustellen, dass ein einzelner Vogelschlag auf den Einlass nicht zu gefährlichen Folgen durch starke Leitwerksbeschädigungen und einen möglichen Kontrollverlust über das Flugzeug führt, vgl. Tabelle 4.6. Im Rahmen der strukturellen Dimensionierung in Abschnitt 4.5.2 und Anhang A.6 wird diese Sicherheit nachgewiesen. Dies erlaubt die Klassifizierung eines Vogelschlags auf ein einzelnes Triebwerk als unbedeutend (Minor). Jedoch erfordert die konstruktive Gestaltung gegen Vogelschlag eine Erhöhung des erforderlichen Bauraums und der Masse eines Konzepts.

In der Europäischen Union wird ein Flugzeug rein statistisch alle 2400 Flugstunden von einem Blitz getroffen [53, S. 165]. Negative Auswirkungen dieser Blitzeinschläge sind durch die Verwendung von temperaturbeständigen Materialien und die Gestaltung des Einlasses als Faraday'schen Käfig zu vermeiden. Außerdem müssen elektrische Komponenten geerdet werden.

Die Reibung zwischen den Einlasssegmenten oder anderen beweglichen Komponenten kann beispielsweise durch Gleitbeschichtungen oder eine lebenslange Schmierung reduziert werden.

Für die Konzeptgruppe der elastischen Oberflächenverformung sind die auftretenden Risiken und deren Folgen größtenteils vergleichbar. Lediglich das Risiko des Vogelschlags stellt eine größere Unsicherheit dar, da eine höhere Festigkeit der Konstruktion die Variationsfähigkeit des elastischen Oberflächenmaterials negativ beeinflussen könnte.

Bei der Konzeptgruppe der aerodynamischen Grenzschichtbeeinflussung ist insbesondere der Schutz der Absaug- bzw. Einblasschlitze vor Verschmutzungen und Eis zu beachten. Andernfalls könnten die Schlitze verstopfen, woraus gefährliche Folgen aufgrund von Strömungsablösungen resultieren würden.

Zonensicherheitsanalyse

Der erste Schritt der ZSA bestand in der Erstellung von Konstruktions- und Installationsrichtlinien für Komponenten, wie Rohre, Leitungen, Schläuche, Drähte und

Kabel [57]. Beispielhafte Konstruktions- und Installationsrichtlinien, die aus der Zonensicherheitsanalyse hervorgehen, umfassen Anforderungen zur Minimierung von Spannungen, Blockaden und Flüssigkeitsansammlungen sowohl für statische als auch für bewegliche Teile. So ist eine Drainage in Bereichen zu installieren, in denen Flüssigkeitsansammlungen Brände, Korrosion oder Fäulnis verursachen können. Darüber hinaus sollten redundante Systeme durch einen Mindestabstand voneinander getrennt werden, um Ereignisse und Ausfälle zu vermeiden, die beide Systeme betreffen. Gleiches gilt für Zapfluftleitungen, Stellenergieleitungen oder Sensorkabel. Die Ansammlung von Staub und Schmutz auf den Komponentenoberflächen im Inneren der Einlassstruktur ist durch eine Ventilation zu verhindern.

Der nächste Schritt der ZSA umfasste die Analyse der Einlasszone hinsichtlich der Erfüllung der erstellten Richtlinien und möglicher Wechselwirkungen innerhalb der Zone sowie mit benachbarten Zonen, vgl. Tabelle 4.7. Dabei wurden sowohl der reguläre Betrieb als auch Fehlerfälle untersucht. Innerhalb der Einlasszone werden die Außenhülle, die Versteifungselemente, die Lärmminderungsmaßnahmen, das Eisschutzsystem und der Variationsmechanismus mit ihren zugehörigen Komponenten unterschieden, vgl. Abbildung 2.10. In Abhängigkeit der gewählten Umsetzungen der Teilsysteme können ähnliche Komponenten mehrfach vorhanden sein, wodurch sich Synergien zwischen den Teilsystemen ergeben können. Andererseits können auch Komponentenpaarungen mit Wechselwirkungen untereinander auftreten.

Tabelle 4.7 Ausgewählte Ergebnisse der Zonensicherheitsanalyse

Komponenten	Mögliche Fehler	Mögliche Folgen	Vorkehrungen
Bewegliche Komponenten	Starke Verschmutzung, eindringende Feuchtigkeit, Vereisung, Blockieren	Verlust der Variationsfähigkeit; Schubverlust eines Triebwerks	Beschichtungen, Ventilation, Drainage, Minimierung von Lücken, Eisschutzsystem
	Bauteilversagen und Verlust durch Vogelschlag, Feuer, Druckluftleckage	Beschädigung von Fan oder Leitwerk; Triebwerksschubverlust; Flugzeugkontrollverlust	Strukturelle Dimensionierung, Redundante Absicherung gegen Komponentenverlust

(Fortsetzung)

Tabelle 4.7   (Fortsetzung)

Komponenten	Mögliche Fehler	Mögliche Folgen	Vorkehrungen
Eisschutzsystem	Funktionsausfall	Schubverlust eines Triebwerks	Enteisung per Konturvariation
Kabel, Leitungen und Rohre	Erhöhte Belastungen durch Konturvariation; Durchtrennen bei Bauteilversagen	Verlust der Variationsfähigkeit; Schubverlust eines Triebwerks	Flexible Gestaltung, Mindestabstand zueinander, ggf. redundante Ausführung
Heißlufteisschutzsystem und hydraulische Aktorik	Leckage von Hydraulikfluid kann auf heiße Oberflächen auftreten und zu Feuerentstehung führen	Schubverlust eines Triebwerks; Gefährliche Ereignisse aufgrund eines unkontrollierten Feuers	Feuerdetektion und Feuerlöschsystem, Feuerschutzwände, Ventilation, Drainage, Zündtemperatur brennbarer Fluide >300 °C
Elektrische Komponenten	Schäden durch Leckage von Hydraulikfluid oder Zapfluft	Schubverlust eines Triebwerks; Gefährliche Ereignisse aufgrund eines unkontrollierten Feuers	Überdruckausgleichklappen, Ventilation, Drainage und Hitzeschutz, Schottwände
	Schäden durch Feuchtigkeit, Schmutz, Blitzschlag	Schubverlust eines Triebwerks	Drainage, Erdung, Schutz gegen Wasser und Staub

Analyse redundanzüberbrückender Fehler

Zur Vermeidung voneinander abhängiger Fehlermöglichkeiten wurden mögliche gleichartige Fehler zu Beginn der CMA durch die Erstellung von Checklisten identifiziert. Tabelle 4.8 zeigt Beispiele für gleichartige Fehler variabler Einlässe auf, die während eines Fluges bei mehreren Triebwerken gleichzeitig möglich sind und somit gefährliche Ereignisse verursachen können.

Tabelle 4.8   Ausgewählte Kategorien und Ursachen gleichartiger Fehler für variable Einlässe

Art	Unterart	Ursache	Fehlerbeispiel
Konzeption und Gestaltung	Systemarchitektur	Gemeinsame Schnittstellen und Leitungen	Fehlende Energie für Eisschutzsystem oder Variationsmechanismus mehrerer Triebwerke
		Fehlender Schutz von Komponenten	Systemausfall aufgrund unzureichender Anforderungsdefinition
		Gemeinsame Software	Simultaner Ausfall des Variationsmechanismus in mehreren Triebwerken
	Technologie	Unerprobte, anfällige Technologie	Allgemeine Entwicklungsfehler, wie unzureichende Lebensdauer, durch fehlende Erfahrung
Herstellungsprozess	Hersteller	Gemeinsamer Hersteller	Simultan auftretende Fehler in mehreren Triebwerken aufgrund unzureichender Personalschulung

Diese identifizierten Fehler gilt es, mit Hilfe von Fail-Safe- oder Unabhängigkeitsprinzipen zu vermeiden bzw. deren Auswirkungen auf den Einlass eines einzelnen Triebwerks einzugrenzen. Mögliche Mittel hierfür sind Redundanz, Sicherungssysteme, Überwachungssysteme, Isolierung und Begrenzungen von Ausfalleffekten.

Beispielhafte Vorkehrungen, um Abhängigkeiten zwischen Fehlern variabler Einlässe mehrerer Triebwerke zu vermeiden, sind in Tabelle 4.9 aufgelistet. Es ist festzuhalten, dass durch diese Maßnahmen die Wahrscheinlichkeit des zeitgleichen Auftretens dieser Fehler in mehreren Triebwerken signifikant verringert, jedoch nicht vollständig ausgeschlossen werden kann.

Tabelle 4.9 Vorkehrungen gegen Abhängigkeiten der Einlässe mehrerer Triebwerke

Unterart	Fehler	Vorkehrungen
Systemarchitektur	Lokale Ereignisse beeinträchtigen Pfade vom zentralen Flugzeugkontrollsystem zu den Einlässen und verhindern Variation mehrerer Einlässe	Räumliche, mechanische und elektrische Trennung der Leitungen und Kabel zu den variablen Einlässen verschiedener Triebwerke
Technologie	Allgemeine Entwicklungsfehler, wie zu geringe Lebensdauer, durch fehlende Erfahrung	Wenn möglich, Verwendung erprobter Technologien; ausreichende Anzahl Tests
Hersteller	Fehlerhafte Montage von Komponenten, wodurch mehrere Einlässe beeinträchtigt werden	Verschiedene Hersteller wählen; Prozess- und Qualitätsüberwachung; in einem Flugzeug nur Einlässe unterschiedlicher Chargen verwenden
Umwelteinflüsse	Vogelschlag auf mehrere Triebwerke	Rückführung in versagenssichere Geometrie; Vogelvergrämungsmaßnahmen am Flughafen

Erkenntnisse aus der Analyse von Fehlern gemeinsamer Ursachen

Die Ergebnisse der CCA untermauern die Bedeutung der Auswahl des Eisschutz- und des Stellsystems variabler Einlässe sowie den Schutz vor äußeren Einflüssen, wie Vogel- und Blitzschlag. Darüber hinaus sind Fehlerabhängigkeiten von Einlässen mehrerer Triebwerke eines Flugzeugs zu vermeiden. Hierfür eignet sich insbesondere die Nutzung von Redundanz.

Für die Konzeptgruppe, die verschiebbare starre Segmente für die Konturvariation verwendet, ist eine Erweiterung der Oberfläche, die vor Vereisung zu schützen ist, erforderlich. Dadurch wird Eisbildung zwischen den Segmenten verhindert. Infolgedessen erfordert der Vereisungsschutz dieser Konzeptgruppe mehr Energie.

Weiterhin sollte das ausgewählte Eisschutzsystem keine potenziellen Wechselwirkungen mit dem verwendeten Variationsmechanismus des jeweiligen Konzepts sowie, falls vorhanden, dem verformbaren Oberflächenmaterial aufweisen. Zu diesen Wechselwirkungen zählen beispielsweise Leckagen von Fluiden, die eine Feuerentstehung begünstigen oder elektrische Komponenten beschädigen können. Darüber hinaus sind erhöhte Beanspruchungen von Kabeln und Leitungen bei der Konturvariation der betreffenden Konzeptgruppen durch eine flexible Gestaltung und einen Mindestabstand zwischen den Komponenten zu vermeiden. Andererseits könnte die Konturvariation dieser Konzeptgruppen auch als sekundäres Eisschutzsystem genutzt werden. So lange zusätzliche Fehlerabhängigkeiten verhindert werden, könnten zudem Synergieeffekte zwischen einem Stellsystem und einem Eisschutzsystem mit gleicher Art der Energieversorgung genutzt werden. Diese bestehen beispielsweise in der gemeinsamen Nutzung von Komponenten und können zu einer Massenreduktion beitragen.

Bei der Konzeptgruppe der aerodynamischen Grenzschichtbeeinflussung sind vor allem die Absaug- bzw. Einblasschlitze vor äußeren Einflüssen, wie dem Verstopfen infolge von Vereisung oder Verschmutzung, zu schützen.

4.4.2 Integrationsstudien

Der Auswahl geeigneter Teilsysteme für das Einstellen der Geometrie, für die Reduzierung des Triebwerkslärms und für den Vereisungsschutz fällt eine große Bedeutung zu. Diese Auswahl bestimmt die Funktionalität, die Zuverlässigkeit, die Kosten und die Sicherheit der Konzeptgruppen maßgeblich.

Stellsystem

Für die Antriebssysteme der Konzepte, die die Geometrie variieren, indem sie starre Komponenten verschieben oder das Oberflächenmaterial des Einlasses elastisch verformen, werden vorrangig Aktoren angedacht, die eine axiale Bewegung realisieren. Hierfür können als konventionelle Lösungen elektrische, hydraulische oder pneumatische Aktoren ausgewählt werden, vgl. Abschnitt 2.4.3. Aufgrund der überwiegenden Nachteile bezüglich Masse und Anfälligkeit für Leckagen hydraulischer und pneumatischer Aktoren gegenüber elektromechanischen Lösungen, fällt die Auswahl der Aktorik auf die letztgenannte Antriebsart.

Unter den elektromechanischen Aktoren stellen Linearsysteme mit Kugelgewindetrieb, bestehend aus Motor, Kupplung, Lagerung und Kugelgewindetrieb, eine gut geeignete Lösung dar [302, S. 579]. Sie vereinen eine große Vorschubkraft mit hoher Stellgenauigkeit und Stellgeschwindigkeit, sind wartungsarm und weisen akzeptable Anschaffungskosten auf [302, S. 579].

Für Konzepte, die die Strömungsgrenzschicht beeinflussen, ist ebenfalls ein Stellsystem zum Öffnen und Schließen der Absaug- bzw. Einblasschlitze erforderlich. Hierbei werden elektrisch angesteuerte Magnetventile ausgewählt. Magnetventile sind technisch erprobt und kommen auch in regelungstechnischen Anwendungen in der Luftfahrt zum Einsatz [10, S. 1668–1669]. Vom Einsatz unkonventioneller Aktoren, vgl. Abschnitt 2.4.3, wird bei allen Konzeptgruppen aus Gründen der Zuverlässigkeit abgesehen.

Lärmminderungsmaßnahmen

Herkömmliche Akustikauskleidungen stellen eine bewährte Lärmminderungsmaßnahme dar. Die Funktionsfähigkeit und Lebensdauer flexibler Akustikauskleidungen ist noch nicht umfassend nachgewiesen. Auch das Prinzip der Schallauslöschung durch Gegenschall ist noch unzureichend erprobt, sodass für alle Konzeptgruppen konventionelle starre Akustikauskleidungen eingeplant werden.

Bei der Umsetzung in der Konzeptgruppe, die starre Segmente verschiebt, ist zu beachten, dass auch die Akustikauskleidungen segmentiert werden müssen. Zudem dürfen sie den Variationsmechanismus nicht einschränken, beispielsweise indem sie eine Überlappung benachbarter Segmente behindern. Dadurch wird der von Akustikauskleidungen abdeckbare Anteil der Einlassoberfläche verringert.

Bei den grenzschichtbeeinflussenden Konzepten ist zu beachten, dass der Bauraum ebenfalls aufgrund der voraussichtlich kleineren Konturabmaße sowie den zu integrierenden Einblas- bzw. Absaugschlitzen eingeschränkt ist.

Für die Gruppe der elastischen Oberflächenverformung müssten die starren Akustikauskleidungen stark segmentiert werden, um die Einschränkung der Oberflächenverformung zu minimieren. Alternativ könnte auch ein starrer Bereich im Diffusor beibehalten werden, um herkömmliche Auskleidungen zu integrieren. Der vollständige Verzicht auf Akustikauskleidungen würde eine inakzeptable Erhöhung der Lärmemissionen nach sich ziehen.

Schutz vor Vereisung

Die Eiserkennung kann uneingeschränkt weiterhin über die erprobten elektromechanischen Eisdetektoren erfolgen. Für die Auswahl der geeigneten Eisschutzsysteme (IPSs) für die jeweiligen Konzeptgruppen wurde eine gewichtete Punktbewertung der in Abschnitt 2.3.2 vorgestellten Eisschutzsystemarten durchgeführt. Diese Bewertung basiert auf der Erfüllung der Bewertungskriterien für variable Einlässe, vgl. Abschnitt 4.1.1. Zusätzlich kommen zu diesen Bewertungskriterien noch spezifische Ergänzungen für IPSs hinzu.

Einige IPS-Arten können die aerodynamische Funktionalität des variablen Einlasses durch potenzielle zusätzliche Stufen, Spalte oder Flüssigkeiten auf der Oberfläche beeinträchtigen. Die Integrierbarkeit eines IPS wird durch den erforderlichen Bauraum sowie mögliche Synergien und Interaktionen mit anderen Komponenten in der Einlasszone beeinflusst. Die Masse des IPS wird durch die strukturell erforderlichen Dimensionen, Betriebsmittel sowie zusätzlich erforderliche Komponenten, wie Druckausgleichklappen, bestimmt. Die Wahl des IPS beeinflusst zudem die Sicherheit, falls die Entstehung von kleineren Eisansammlungen sowie deren Abplatzen nicht auszuschließen ist. Dadurch könnten einerseits Strömungsablösungen und andererseits Beschädigungen des Fans auftreten. Auch steigt bei der Verwendung bestimmter Kombinationen von IPSs und Stellsystemen die Feuergefahr. Die Zuverlässigkeit eines IPS wird durch seine Komplexität, die Anfälligkeit gegenüber Erosion oder Verstopfen erforderlicher Öffnungen durch Fremdkörper sowie seinen Lebensdauereinfluss auf andere Einlasskomponenten bestimmt. Die Lebenswegkosten werden durch den Energiebedarf des IPS sowie erforderliche Betriebsmittel bestimmt. Die Entwicklungskosten sind vorrangig abhängig von den existierenden Erfahrungswerten bezüglich des IPS und den erforderlichen Zulassungsnachweisen, während die Produktionskosten durch innovative Materialien, aufwändige Herstellungsmethoden und eine erforderliche Qualitätssicherung negativ beeinflusst werden können.

Die gewichtete Punktbewertung erfordert neben den relativen Gewichtungsfaktoren w_i der jeweiligen Kriterien, vgl. Abschnitt 4.1.4, auch numerische Werte für die Erfüllung eines Kriteriums durch eine Lösungsvariante $m_{i,j}$, vgl. Abschnitt 3.2.4. Diese Werte in einem Bereich von sehr schlecht (0 oder − −) bis sehr gut (4 oder + +) wurden durch eine Gruppe von Ingenieuren vergeben. Dabei basiert die Bewertung auf der Fachliteratur [78], [112], [114], [118], Herstellerangaben [134] sowie den zuvor durchgeführten Analysen. Zudem wurde die Bewertung der IPS-Optionen für die jeweiligen Konzeptgruppen separat durchgeführt. Dadurch konnten die jeweiligen Charakteristiken, die in unterschiedlichen Synergien und Wechselwirkungen resultieren, berücksichtigt werden.

Die Hauptcharakteristiken der Konzeptgruppe, die die Einlassgeometrie durch Verschieben starrer Segmente variiert, bestehen in der eingesetzten elektrischen Aktorik und der notwendigen Erweiterung des IPS auf den Bereich zwischen einzelnen Segmenten.

Für diese Konzeptgruppe bieten Heißluft-IPSs die höchste aerodynamische Effizienz, da sie durch den Eisverhütungsbetrieb die bestmögliche Oberfläche gewährleisten. Elektrothermische IPSs ermöglichen sowohl im Eisverhütungsbetrieb als auch im Nassfließbetrieb eine sehr gute Oberfläche. Jedoch verbleibt im Nassfließbetrieb das Risiko der Bildung von Runback-Eis [113], welches wiederum durch die Erweiterung der zu schützenden Fläche reduziert wird. Flüssigkeits-IPSs ermöglichen ebenfalls den Nassfließbetrieb, verursachen allerdings eine geringe Widerstandserhöhung [134]. Diese begründet sich mit dem strömungsmechanischen Einfluss des Enteisungsfluids und der mikroporösen Löcher. Zudem ist kein kontinuierlicher Betrieb möglich, was zu geringfügigen Eisansätzen führen kann. Elektromechanische und Druckluft-IPSs ermöglichen ausschließlich einen Enteisungsbetrieb mit allen daraus resultierenden Nachteilen, z. B. mögliches Resteis. Während der aerodynamische Einfluss der schwingenden Oberfläche von elektromechanischen IPSs vernachlässigbar ist, führen die aufblasbaren Druckzellen der Druckluft-IPSs zudem zu einer messbaren Widerstandserhöhung [134].

Im Vergleich zu den Alternativen, lassen sich elektrische IPSs deutlich leichter in den Einlass integrieren, da sie den geringsten Bauraum erfordern und potenziell viele Synergieeffekte mit dem bevorzugten elektrischen Aktorsystem bieten. Beispielsweise könnten Teile der erforderlichen Leitungen, der wasserdichten Komponentengehäuse, der Drainage, der Erdung und des Blitzschlagschutzes von beiden Systemen genutzt werden [53], [57], [299]. Da elektrothermische IPSs weniger Bauraum benötigen und gleichzeitig einen geringeren Einfluss auf die Materialwahl der Einlassoberfläche haben als elektromechanische IPSs, werden sie hinsichtlich der Integrierbarkeit als eine sehr gute Option angesehen. Flüssigkeits-IPSs benötigen hingegen viel Bauraum für einen Flüssigkeitstank, Rohre und Ventile. Darüber hinaus sind Teleskoprohre oder flexible Kupplungen erforderlich, um das Enteisungsfluid für alle einstellbaren Geometrien zur Außenhülle zu transportieren. Wechselwirkungen zwischen dem elektrischen Aktorsystem und dem Enteisungsfluid werden im Fall möglicher Leckagen durch die bereits erforderlichen wasserdichten Komponentengehäuse des Aktorsystems vermieden. Pneumatische IPSs erfordern einen großen Bauraum für die Integration flexibler Leitungen für den Lufttransport sowie Überdruckklappen, um mögliche Wechselwirkungen mit dem Stellsystem zu vermeiden. Darüber hinaus benötigt das Heißluft-IPS ein komplexes Zapfluftverteilungs- und Regelsystem sowie einen Überhitzungsschutz für das Stellsystem [113], [299]. Für die Anwendung eines Druckluft-IPS ist hingegen die komplexe Integration der aufblasbaren Druckzellen auf den beweglichen Außensegmenten erforderlich. Zudem ermöglicht dieses System keine Enteisung zwischen den Segmenten.

Die Komponenten elektrischer IPSs weisen nur eine geringe Masse auf [112], [134]. Durch Synergien mit dem Stellsystem könnte diese Masse zusätzlich verringert werden. Aufgrund der erforderlichen Rohre weisen pneumatische IPSs eine deutlich höhere Masse auf, die vom Flüssigkeits-IPS noch übertroffen wird. Zudem erfordern Druckluft-IPSs Pumpen zum Aufblasen und Absaugen der Druckzellen, Heißluft-IPSs Schottwände als Überhitzungsschutz und Flüssigkeits-IPSs das Enteisungsfluid und den Vorratstank [134].

Elektrothermische IPSs werden als sicherste Option für die vorliegende Konzeptgruppe erachtet, da sie durch den Eisverhütungsbetrieb das Risiko einer Strömungsablösung vermeiden. Weiterhin wird die zusätzliche Feuergefahr durch die bereits für das elektrische Stellsystem erforderlichen Feuerverhütungsmaßnahmen, wie Erdung, minimiert. Heißluft-IPSs vermeiden ebenfalls das Risiko einer Strömungsablösung, jedoch bergen sie im Fall einer Leckage zusätzliche Risiken für Beschädigungen durch Überhitzung und Druckluft. Diesen Risiken kann durch konstruktive Vorkehrungen, wie Schottwänden, Ventilation und Druckausgleichklappen, begegnet werden [53], [57]. Flüssigkeits-IPSs sind anfällig für Strömungsablösungen aufgrund von Eisansammlungen, falls der Vorratstank für das Enteisungsfluid durch Leckagen oder anhaltende Eisbildungsbedingungen entleert ist. Bei elektromechanischen und Druckluft-IPSs können Strömungsablösungen aufgrund von Resteis auftreten, da diese IPSs ausschließlich für den Enteisungsbetrieb geeignet sind. Darüber hinaus kann die Form der aufblasbaren Druckzellen des Druckluft-IPS zu Strömungsbeeinflussungen führen [34].

Heißluft-IPSs bieten abgesehen von den erforderlichen flexiblen Leitungen eine lange Lebensdauer und hohe Zuverlässigkeit [134]. Bei diesen Systemen ist der Einfluss des erforderlichen Zapfluftmassenstroms auf die Triebwerksleistung zu berücksichtigen. Druckluft-IPSs haben eine Lebensdauer von wenigen Monaten bis hin zu 5 Jahren, wodurch erhöhter Wartungsaufwand entsteht [134]. Dies begründet sich vorrangig aus der Anfälligkeit der Druckzellen gegenüber äußeren Einflüssen, wie Sand, Hagel oder Vogelschlag, sowie aus der begrenzten Lebensdauer der flexiblen Leitungen. Zudem muss der Einfluss der erforderlichen Druckluft und Steuerungsenergie auf die Betriebskosten berücksichtigt werden [134]. Flüssigkeit-IPSs ermöglichen, abgesehen von den notwendigen flexiblen Leitungen, eine relativ lange Lebensdauer [134]. Allerdings könnten die mikroporösen Löcher durch Fremdkörper verstopfen. Zudem resultiert das erforderliche Enteisungsfluid in einer verringerten Nutzlast und erhöhten Betriebskosten [134]. Elektrothermische IPSs bieten eine lange Lebensdauer auf Kosten eines hohen Leistungsbedarfs im Eisverhütungsbetrieb [134]. Dieser Leistungsbedarf kann durch die Verwendung im Enteisungsbetrieb erheblich reduziert werden. Elektromechanische IPSs vereinen einen sehr niedrigen Leistungsbedarf mit einer langen Komponentenlebensdauer [134]. Jedoch ist der mögliche Schwingungseinfluss auf die Lebensdauer des Einlassoberflächenmaterials zu beachten.

Alle untersuchten IPSs weisen nahezu ähnliche Herstellungskosten auf [134]. Sie unterscheiden sich jedoch hinsichtlich des erforderlichen Entwicklungsaufwands. Elektrothermische IPSs wurden bereits in Einlässen eingesetzt und sind die bevorzugte Option für komplexe dreidimensionale Einlasstypen [113]. Auch Heißluft-IPSs sind sehr erprobt in der Anwendung in Einlässen. Druckluft-, Flüssigkeits- und elektromechanische IPSs fanden bisher keine Anwendung in Triebwerkseinlässen. Dies würde bei einer Anwendung in variablen Einlässen den erforderlichen Simulations- und Testaufwand während der Entwicklung und Zulassung erhöhen.

Die Ergebnisse der Bewertung der Konzeptgruppe verschiebbarer Segmente sind in Tabelle 4.10 zusammengefasst. Die Netzdiagramme in Abbildung 4.16

verdeutlichen die sehr gute Eignung von elektrothermischen und von Heißluft-IPSs für diese Konzeptgruppe. Die relativen Gewichtungsfaktoren w_i der Kriterien werden bei der relativen Bewertung in Tabelle 4.13 berücksichtigt.

Tabelle 4.10 Eisschutzsystembewertung der Konzeptgruppe verschiebbarer Segmente

Kriterium	Heißluft	Druckluft	Flüssigkeit	Elektro-thermisch	Elektro-mechanisch
Aerodynamische Funktionalität ($w_1 = 0,267$)	++	−−	o	+	−
Integrierbarkeit ($w_2 = 0,067$)	−	−	o	++	+
Masse und Beanspruchungswiderstand ($w_3 = 0,133$)	o	o	−−	+	++
Sicherheit ($w_4 = 0,267$)	+	−	o	++	o
Zuverlässigkeit und Lebenswegkosten ($w_5 = 0,200$)	+	−−	o	+	+
Entwicklungs- und Produktionskosten ($w_6 = 0,067$)	+	o	o	++	o

Zellwerte: Erfüllung des Kriteriums ist sehr gut ++, gut +, durchschnittlich o, schlecht − oder sehr schlecht −−

Die Hauptcharakteristik der nächsten Konzeptgruppe besteht in der Verwendung eines elastischen Oberflächenmaterials, das mit Hilfe eines Stellsystems verformt wird. Das zu verwendende IPS muss bei dieser Konzeptgruppe eine vergleichbare Fläche, wie bei der Verwendung starrer Einlässe, abdecken. Das verformbare Oberflächenmaterial darf dabei jedoch nicht durch hohe Temperaturen oder starke Verformungen beeinträchtigt werden. Der Einfluss der jeweiligen IPS-Varianten auf die aerodynamische Funktionalität, die Masse sowie die Entwicklungs- und Produktionskosten verhält sich ähnlich wie bei der Konzeptgruppe verschiebbarer starrer Komponenten.

Die Integrierbarkeit von Druckluft-IPSs wird bei der vorliegenden Einlasskonzeptgruppe erschwert, da zusätzliche Wechselwirkungen zwischen den aufblasbaren Druckzellen und dem elastischen Oberflächenmaterial auftreten können. Der

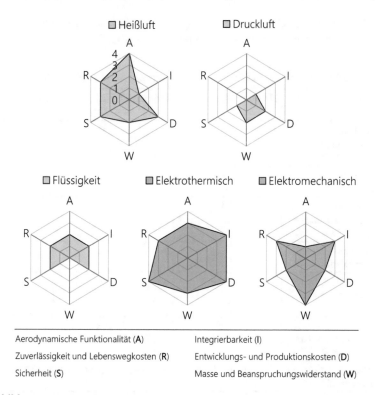

Aerodynamische Funktionalität (**A**)   Integrierbarkeit (**I**)

Zuverlässigkeit und Lebenswegkosten (**R**)   Entwicklungs- und Produktionskosten (**D**)

Sicherheit (**S**)   Masse und Beanspruchungswiderstand (**W**)

Abbildung 4.16   Eisschutzsystembewertung der Konzeptgruppe verschiebbarer Segmente

Einfluss der anderen IPS-Varianten auf die Integrierbarkeit ist vergleichbar mit dem Einfluss auf die vorherige Konzeptgruppe.

Heißluft- und elektrothermische IPSs erwärmen die Außenhülle des Einlasses. Die daraus resultierenden Temperaturänderungen können sich negativ auf die Lebensdauer des verformbaren Oberflächenmaterials auswirken und zu reduzierten Wartungszyklen führen. Darüber hinaus könnten Fehler dieser IPSs zu Überhitzungen führen, die potenziell zu Feuer oder strukturellem Versagen und somit zu gefährlichen Ereignissen führen können. Die übrigen IPS-Varianten haben keinen signifikanten Temperatureinfluss auf das Oberflächenmaterial, weshalb die Bewertung von Sicherheit sowie Zuverlässigkeit und Lebenswegkosten mit der der vorherigen Konzeptgruppe übereinstimmt.

Die Bewertung hebt die gute Eignung von elektrischen und Heißluft-IPSs für diese Konzeptgruppe hervor, vgl. Tabelle 4.11 und Abbildung 4.17.

Tabelle 4.11   Eisschutzsystembewertung der Konzeptgruppe verformbarer Oberflächen

Kriterium	Heißluft	Druckluft	Flüssigkeit	Elektro-thermisch	Elektro-mechanisch
Aerodynamische Funktionalität $(w_1 = 0,267)$	++	− −	o	+	−
Integrierbarkeit $(w_2 = 0,067)$	−	− −	o	++	+
Masse und Beanspruchungswiderstand $(w_3 = 0,133)$	o	o	− −	+	++
Sicherheit $(w_4 = 0,267)$	−	−	o	o	o
Zuverlässigkeit und Lebenswegkosten $(w_5 = 0,200)$	o	− −	o	o	+
Entwicklungs- und Produktionskosten $(w_6 = 0,067)$	+	o	o	++	o

Zellwerte: Erfüllung des Kriteriums ist sehr gut ++, gut +, durchschnittlich o, schlecht − oder sehr schlecht − −

Die Konzeptgruppe der Grenzschichtbeeinflussung wird durch eine starre Einlasskontur mit zahlreichen über den Einlass verteilten Lufteinblas- bzw. Luftabsaugschlitzen charakterisiert. Diese Schlitze sind, ebenso wie der Bereich der Einlasslippe, vor Vereisung zu schützen.

Die aerodynamische Funktionalität dieser Konzeptgruppe kann bei einem Einsatz von Druckluft- und Flüssigkeits-IPSs erheblich beeinträchtigt werden. Grund hierfür sind mögliche Interaktionen der aufblasbaren Druckzellen bzw. des Enteisungsfluids mit den Absaug- bzw. Einblasschlitzen des IPS und der Strömungsgrenzschicht. Heißluft-IPSs und elektrische IPSs haben keinen Einfluss auf die aerodynamische Funktionsfähigkeit dieser Konzeptgruppe und werden wie bei der ersten Konzeptgruppe bewertet.

Die Integration von Heißluft-IPSs in Einlasskonzepte mit Grenzschichtbeeinflussung bietet potenzielle Vorteile und Synergien durch die Nutzung gemeinsamer Komponenten für den Transport der erforderlichen Luft. Darüber hinaus

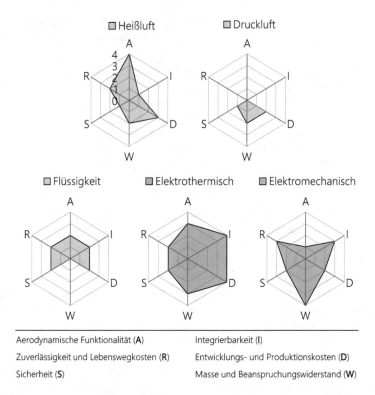

Aerodynamische Funktionalität (**A**)   Integrierbarkeit (**I**)

Zuverlässigkeit und Lebenswegkosten (**R**)   Entwicklungs- und Produktionskosten (**D**)

Sicherheit (**S**)   Masse und Beanspruchungswiderstand (**W**)

Abbildung 4.17   Eisschutzsystembewertung der Konzeptgruppe verformbarer Oberflächen

sind keine flexiblen Leitungen erforderlich, da ein starrer Einlass verwendet wird. Druckluft-IPSs könnten ähnliche Synergien nutzen. Allerdings überwiegt hierbei der erforderliche Konstruktionsaufwand zur Minderung von Interaktionen der Druckzellen mit den Schlitzen. Während die Integrierbarkeit der Leitungen für das Flüssigkeits-IPS vereinfacht ist, erfordert die Vermeidung von Wechselwirkungen mit der Grenzschicht und den Schlitzen einen erhöhten Konstruktionsaufwand. Die Integration von elektrischen IPSs ist für diese Konzeptgruppe aufwendiger. Zum einen sind die nutzbaren Synergien mit dem Stellsystem stark eingeschränkt. Zum anderen sind Interaktionen zwischen Elektronik und Luftkanälen zu vermeiden.

Die Masse pneumatischer IPS-Varianten kann aufgrund der möglichen Synergieeffekte deutlich reduziert werden, während die Masse elektrischer IPSs durch die Maßnahmen zur Vermeidung von Interaktionen mit dem Grenzschichtbeein-flussungssystem leicht erhöht wird. Flüssigkeits-IPS stellen weiterhin die Variante mit der höchsten Masse dar.

Bei der Verwendung von Heißluft-IPSs wird die Schadens- und Feuerge-fahr erheblich verringert, da keine elektrische Aktorik vorhanden ist. Dies führt zu einer erhöhten Sicherheit. Die potenziellen Wechselwirkungen zwi-schen Druckluft- bzw. Flüssigkeits-IPSs und der aerodynamischen Geometrie dieser Konzeptgruppe können zu gefährlichen Strömungsablösungen führen. Die Sicherheit aller elektrischen IPSs wird nur unwesentlich beeinträchtigt.

Der mögliche Verzicht auf flexible Leitungen infolge der starren Kontur erhöht die Zuverlässigkeit von pneumatischen und Flüssigkeits-IPSs. Die Lebensdauer von Druckluft-IPSs ist jedoch weiterhin unzureichend. Elektrische IPSs benö-tigen ebenfalls keine flexible Verkabelung mehr, was ihre Zuverlässigkeit und Lebenszykluskosten nur geringfügig verbessert.

Die Entwicklungs- und Produktionskosten der jeweiligen IPS-Varianten die-ser Konzeptgruppe ähneln denen der Konzeptgruppe zur Einlassvariation durch Verschieben starrer Komponenten.

Aus der Bewertung der IPS-Varianten für die Konzeptgruppe der Grenz-schichtbeeinflussung geht eine sehr gute Eignung von elektrothermischen und Heißluft-IPSs hervor, vgl. Tabelle 4.12 und Abbildung 4.18.

Der relative Gewichtungsfaktor w_i eines Kriteriums i fließt in die relative Bewertung r_j einer IPS-Variante j mit ein, vgl. Gleichung (3.2). Diese Bewer-tung geht aus Tabelle 4.13 hervor, wobei die ausgewählten Kombinationen fett hervorgehoben sind. Die relative Bewertung r_j entspricht dabei nicht zwingend der abschließenden Auswahl, sondern unterstützt diese quantitativ.

Für die Konzeptgruppe des Verschiebens starrer Komponenten sollte im wei-teren Verlauf der Entwicklung die Anwendung elektrothermischer IPSs verfolgt werden. Diese weisen gegenüber der ersten Alternative in Form der Heißluft-IPSs Vorteile bezüglich eines akzeptablen Leistungsbedarfs in Verbindung mit einer größeren vor Eis zu schützenden Oberfläche auf. Zudem ermöglichen sie die Nutzung zahlreicher Synergien und sind anwendungserprobt in komplexen dreidimensionalen Einlässen. Der Nachteil, dass elektrothermische IPSs nur im Nassfließbetrieb, der die Bildung von Runback-Eis ermöglicht, energieeffizient arbeiten, wird durch die erforderliche Erweiterung der zu schützenden Oberfläche hinfällig. Theoretisch kann sich hinter dem Fan zwar weiterhin Runback-Eis bil-den. Die davon ausgehende Gefahr für andere Triebwerkskomponenten ist jedoch deutlich verringert.

Bei der Konzeptgruppe der elastischen Oberflächenverformung können neben elektrothermischen und Heißluft-IPSs auch elektromechanische IPSs in Betracht

Tabelle 4.12 Eisschutzsystembewertung der Konzeptgruppe zur Grenzschichtbeeinflussung

Kriterium	Heißluft	Druckluft	Flüssigkeit	Elektro-thermisch	Elektro-mechanisch
Aerodynamische Funktionalität ($w_1 = 0,267$)	++	−−	−	+	−
Integrierbarkeit ($w_2 = 0,067$)	++	−−	o	+	o
Masse und Beanspruchungswiderstand ($w_3 = 0,133$)	+	+	−−	+	+
Sicherheit ($w_4 = 0,267$)	++	−−	−	++	o
Zuverlässigkeit und Lebenswegkosten ($w_5 = 0,200$)	++	−−	+	+	+
Entwicklungs- und Produktionskosten ($w_6 = 0,067$)	+	o	o	++	o

Zellwerte: Erfüllung des Kriteriums ist sehr gut ++, gut +, durchschnittlich o, schlecht − oder sehr schlecht −−

gezogen werden. Falls durch Versuche nachgewiesen werden kann, dass elektromechanische IPSs keine negativen Auswirkungen auf die Aerodynamik und die Materiallebensdauer haben, würde diese IPS-Variante die beste Eignung aufweisen. Die Hauptgründe dafür sind die möglichen Synergien mit dem Stellsystem sowie die Vermeidung eines Temperatureinflusses auf das elastische Oberflächenmaterial.

Grenzschichtbeeinflussende Konzepte verwenden Einblas- bzw. Absaugschlitze anstatt eines Stellsystems. Diese Schlitze müssen vor Eis und Schmutz geschützt werden, wofür Druckluft verwendet werden könnte. Hierbei muss die Lufttemperatur geregelt werden, um Schäden am Verdichtersystem zu vermeiden. Der Einsatz eines konventionellen Heißluft-IPS erscheint bei dieser Konzeptgruppe aufgrund der möglichen Synergieeffekte, beispielsweise durch Nutzung gemeinsamer Leitungen, und der wegfallenden Wechselwirkungen mit einem Stellsystem ideal.

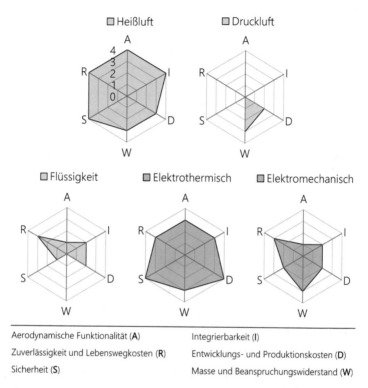

Aerodynamische Funktionalität (**A**)   Integrierbarkeit (**I**)

Zuverlässigkeit und Lebenswegkosten (**R**)   Entwicklungs- und Produktionskosten (**D**)

Sicherheit (**S**)   Masse und Beanspruchungswiderstand (**W**)

Abbildung 4.18 Eisschutzsystembewertung der Konzeptgruppe zur Grenzschichtbeeinflussung

Tabelle 4.13 Relative Bewertung der Eisschutzsystemvarianten

Konzeptgruppe	Heißluft	Druckluft	Flüssigkeit	Elektro-thermisch	Elektro-mechanisch
Verschieben starrer Komponenten	0,750	0,183	0,433	**0,850**	0,567
Verformen einer elastischen Oberfläche	0,567	0,167	0,433	0,667	**0,567**
Grenzschichtkontrolle	**0,950**	0,133	0,350	0,833	0,517

4.4.3 Identifikation idealer Konturen

Die weitere Bewertung und Gestaltung der Einlasskonzeptgruppen erforderte Kennnisse über ideale und von den Konzepten umsetzbare Reiseflug-Geometrien sowie das daraus resultierende aerodynamische Einsparpotenzial für den Reiseflug bei Mach 0,95, 1,3 und 1,6. Die Bestimmung der Korrelationen zwischen geometrischen und aerodynamischen Parametern sowie geeigneter Geometrien wurde basierend auf einer zweidimensionalen Strömungssimulation mit gekoppelter Antwortflächenoptimierung in Ansys Fluent 18 durchgeführt, vgl. hierzu im Detail die Arbeit von Wöllner [315] sowie die Veröffentlichungen [301], [330], [331], [332].

Dafür erfolgte zuerst die Herleitung eines aerodynamischen Modells durch

- die Identifikation einer Referenzgeometrie,
- die geometrische Parametrisierung des Einlasses,
- die Identifikation aerodynamischer Bewertungskriterien,
- die Modellbildung der Strömungsanalyse und
- die Validierung des Modells mit Hilfe der Fachliteratur.

Daran schloss eine Parameterstudie bestehend aus

- der Definition der Optimierungsaufgabe,
- einer Versuchsplanung (Design of Experiments, DoE),
- der Erstellung von Antwortflächen,
- einer genetischen Optimierung und
- der Überprüfung der ausgewählten Kandidatengeometrien an.

Das Ziel dieser Herangehensweise war es, die für den Reiseflug idealen makroskopischen Dimensionen des Einlasssystems zu identifizieren. Eine detaillierte Variation von Kurvenparametern, vgl. Albert [14], [15], Schnell [16] und Kulfan [333], sollte Bestandteil späterer Entwicklungsphasen sein.

Es ist zu beachten, dass die bestimmten Geometrien durch den Variationsmechanismus des Einlasses realisierbar sein müssen. Zeitgleich müssen Anforderungen bezüglich Masse, Bauraum und Komplexität erfüllt werden. Aus diesen Anforderungen ergeben sich Einschränkungen hinsichtlich geometrischer Parameter, wie der Lippendicke, dem Eintrittsradius oder der Einlasslänge. Daher entsprechen die in der Theorie aerodynamisch idealen Geometrien nicht zwingend den ausgewählten Geometrien für variable Einlässe.

Referenzgeometrie

Als Referenzgeometrie wurde eine vereinfachte, achsensymmetrische Geometrie des starren Einlasses der Rolls-Royce Pearl 15-Triebwerksreihe verwendet [334]. Diese Reihe gehört zu den modernsten Triebwerken ziviler Geschäftsreiseflugzeuge, einem potenziellen Hauptanwendungsgebiet variabler Pitot-Einlässe. Anwendung findet die Pearl 15-Triebwerksreihe beispielsweise in der Bombardier Global 6500, die für Reisegeschwindigkeiten von Mach 0,85 und Höchstgeschwindigkeiten bis Mach 0,9 ausgelegt ist [335].

Geometrische Parametrisierung

Die Referenzgeometrie wurde in Siemens NX12 als parametrisierte Skizze unter Verwendung von quadratischen Bézierkurven und kubischen Polynomzügen erstellt, vgl. Abbildung 4.19. Der Fanradius r_2 wurde auf 0,64 m und der maximale Gondelradius r_{max} auf 0,93 m festgelegt [316].

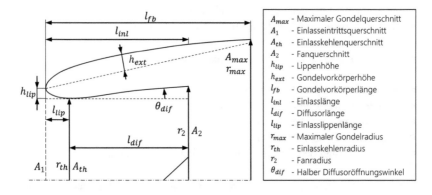

Abbildung 4.19 Parametrisierung der Einlassgeometrie

Obwohl eine Verkleinerung des maximalen Gondelradius zur Reduzierung des Luftwiderstands genutzt werden könnte, wurde dies nicht untersucht, um den erforderlichen Bauraum innerhalb der Gondel nicht einzuschränken. Dieser ist gegenwärtig für die Integration von Anbauteilen, wie Generatoren, Steuerelektronik und Pumpen, notwendig.

Zur Feststellung der Abhängigkeit der Einlassaerodynamik von der Einlasskontur wurden Variationen der folgenden geometrischen Parameter als Entwurfsvariablen x_G in der Optimierung untersucht:

- der Einlasslänge l_{inl}, bestehend aus Diffusor- l_{dif} und Lippenlänge l_{lip},
- der radialen Lippenhöhe h_{lip} und der Lippenlänge l_{lip}, die zusammen das Lippenellipsenverhältnis l_{lip}/h_{lip} ergeben [12],
- des Einlasskehlenradius r_{th}, der zum Lippenkontraktionsverhältnis $(r_{th} + h_{lip})^2/(r_{th})^2$ beiträgt [12] und
- der Vorkörperhöhe h_{ext}, die die Wölbung der Außenkontur beschreibt.

Bewertungskriterien

Die aerodynamischen Kennwerte bezüglich Einlassdruckverhältnis, Strömungs-gleichförmigkeit und Luftwiderstand dienten als Bewertungskriterien der Einlass-geometrien, vgl. Abschnitt 2.3.1. Die Erfüllung dieser Kriterien wurde während der Strömungsanalyse mit Hilfe verschiedener Strömungsparameter überwacht.

Das Einlassdruckverhältnis π_{inl} ist aus dem gemittelten Totaldruck in der Fanebene p_{t2} und unter Freistrombedingungen p_{t0} gemäß Gleichung (2.1) ermit-telbar. Signifikante Einlassdruckverluste und Strömungsablösungen können durch große Machzahlen in der Einlasskehle Ma_{th} hervorgerufen werden. Daher wurde die gemittelte und die maximale lokale Machzahl in der Einlasskehle während der Optimierung überwacht.

Strömungsablösungen tragen zudem zu einer geringeren Strömungsgleich-förmigkeit bei. Die Abwesenheit von Strömungsablösungen kann mit Hilfe der dynamischen Viskosität μ, dem Geschwindigkeitsgradient $\partial u/\partial y$ und des Reibungsgesetzes nach Newton

$$\tau_W = \mu\left(\frac{\partial u}{\partial y}\right)_W \tag{4.1}$$

nachgewiesen werden, indem gezeigt wird, dass die Wandschubspannungen τ_W im Bereich des Einlasses stets positiv sind [336, S. 3], vgl. Abschnitt 2.2.1,

$$\left(\frac{\partial u}{\partial y}\right)_W > 0. \tag{4.2}$$

Der externe Gondelvorkörperwiderstand $D_{nacf,ext}$ bzw. Überlaufwiderstand, bestehend aus Zulaufwiderstand D_{pre} und Gondelvorkörperkraft D_{fb}, wurde während der Optimierung minimiert. Hierfür war die Bestimmung von Geschwin-digkeiten c und Drücken p auf der Fangstromröhre und dem Gondelvorkörper sowie des Triebwerksmassenstroms $\dot{m}_0$ erforderlich, vgl. Gleichungen (2.5) und (2.6).

Modellbildung der Strömungsanalyse

Die Modellbildung umfasst erforderliche Vereinfachungen, die Bestimmung von Randbedingungen, die automatische Vernetzung des Strömungsraumes, die Auswahl geeigneter Lösungsmethoden und die Ergebnisaufbereitung.

Für das aerodynamische Einsparpotenzial variabler Pitot-Einlässe ist vorrangig die Reiseflugphase relevant, vgl. Abschnitt 2.2.1. In dieser Phase können Anstellwinkel, Seitenwindeinflüsse und verschiedene Schnittgeometrien des Einlasses aufgrund des geringen Einflusses idealisiert vernachlässigt werden. Dies ermöglichte die Verwendung einer zweidimensionalen achsensymmetrischen Analyse, wodurch der Rechenaufwand signifikant verringert wurde. Weiterhin wurde der Rechenaufwand reduziert, indem der Gondelvorkörper isoliert vom verbleibenden Flugzeug untersucht und der Fan nur durch seinen geforderten Massenstrom und Eintrittsdruck modelliert wurde. Dadurch wurden potenzielle Strömungsinteraktionen mit Flugzeugrumpf, Tragflächen und Triebwerksaufhängung vernachlässigt, die in späteren Untersuchungen zu betrachten sind. Für die makroskopische Ermittlung von Geometrietendenzen sind diese Annahmen geeignet und erforderlich.

Zur Untersuchung aller durch die Einlassumströmung auftretenden Effekte im untersuchten Strömungsfeld war dessen Größe entsprechend zu wählen, vgl. Abbildung A.31 in Anhang A.5. Zudem wurden die Randbedingungen des Strömungsfeldes entsprechend der Fanaustrittsbedingungen und der ungestörten Umgebungsgrößen der Atmosphäre festgelegt.

Erforderliche Atmosphärendaten können beispielsweise dem Militärhandbuch MIL-310 [337] entnommen werden. Diese wurden für die Reiseflughöhe des Gulfstream G650ER Geschäftsreiseflugzeuges von 14 km bestimmt [49]. Für den Druckauslass in der Fanebene wurde eine Machzahl Ma_2 von 0,5 gewählt [8], [11], [47]. Mit Hilfe der idealen Gasgleichung und der Bernoulli-Gleichung wurden die verbleibenden Randbedingungen ermittelt und mit der Fachliteratur abgeglichen [10], [338], [339], vgl. Wöllner [315, S. 45–64] und Tabelle A.5 in Anhang A.5.

Ein strukturiertes C-Netz wurde aufgrund seiner guten Eignung für das Abbilden der Einlassströmung zur Vernetzung des Strömungsfeldes genutzt [340]. Um mögliche Strömungsablösungen detektieren und den Luftwiderstand bestimmen zu können, wurde im wandnahen Bereich stets eine sehr feine Vernetzung für alle Gondelwände automatisiert umgesetzt [341], [342]. Eine feine Vernetzung und somit hohe Grenzschichtauflösung kann durch Werte für den dimensionslosen Wandabstand $y^+ < 1$ erreicht werden [336], [341], vgl. Abbildung A.32.

Detaillierte Beschreibungen zum dimensionslosen Wandabstand können den Werken von White [343], Schlichting et al. [336] sowie Laurien und Oertel [338] entnommen werden.

Für die Berechnung des Strömungsraumes wurde der Ansatz der Reynolds-gemittelten Navier-Stokes-Gleichungen (RANS, Reynolds-averaged Navier-Stokes) genutzt [344], [345]. Das RANS-Modell kombiniert akzeptable Genauigkeit und Rechenaufwand. Die Genauigkeit im Bereich der Grenzschicht wurde durch Verwendung des k-ω-SST-Turbulenzmodells erhöht [338], [344]. Dieses erlaubt die Modellierung der turbulenten kinetischen Energie k und der charakteristischen Frequenz ω von Wirbeln im wandnahen sowie wandfernen Bereich [344], [346], [347]. Dadurch ermöglicht es eine gute Vorhersage des Ablöseverhaltens der Grenzschicht auf glatten Oberflächen [345].

Im Rahmen der Ergebnisaufbereitung wurden die Ergebnisse der Strömungssimulation bezüglich der identifizierten Bewertungskriterien automatisiert analysiert. Auf diesem Weg konnten Einlassdruckverhältnis und Luftwiderstand bestimmt werden, während Fälle mit auftretenden Strömungsablösungen identifiziert und nicht weiterverfolgt wurden.

Validierung des aerodynamischen Modells

Die Gültigkeit der getroffenen Vereinfachungen und Randbedingungsannahmen wurde durch eine Validierung mit der Fachliteratur und vergleichbaren Studien abgesichert. Dies stellt für diese vorläufige Untersuchung eine kosteneffiziente Alternative zu aufwändigen Windkanaluntersuchungen dar, welche im weiteren Verlauf der Entwicklung durchgeführt werden sollten.

So stimmen die berechneten Randbedingungen [10], [81] und Simulationsergebnisse [36], [348] gute mit der Fachliteratur überein. Beispielsweise präsentiert Robinson [348] die Machzahl-Verteilung im Unterschall für die gesamte Gondel bei einer Fluggeschwindigkeit von Mach 0,82. Dabei zeigt die Machzahl-Verteilung in der Einlassregion eine sehr hohe Übereinstimmung mit den Ergebnissen des zugrunde liegenden Modells bei Mach 0,85 [301], vgl. Abbildung A.33 in Anhang A.5.2. Slater [36] stellt die Ergebnisse einer achsensymmetrischen Simulation scharflippiger Pitot-Einlässe für den Überschallflug bei Mach 1,6 mit einer Fananströmmachzahl von 0,52 dar. Mit der dabei verwendeten scharfen Einlasslippe kann ein anliegender Verdichtungsstoß und somit ein sehr geringer Widerstand realisiert werden [11]. Aufgrund der standzuhaltenden Beanspruchungen, beispielsweise beim Vogelschlag, ist eine scharfe Lippe für den variablen Einlass jedoch nicht zielführend, weshalb nachfolgend ein minimaler Vorderkantendurchmesser von 20 mm festgelegt wurde. Dadurch ist der senkrechte Verdichtungsstoß von der Vorderkante abgelöst, vgl. Abbildung A.34

in Anhang A.5.2. Die Machzahlverteilung im verbleibenden Bereich des Einlasses gleicht sich hingegen annähernd mit Slaters Ergebnissen [301].

Antwortflächenoptimierung

Das Ziel der Optimierung bestand in der Minimierung des Überlaufwiderstands $D_{nacf,ext}$ bei verschiedenen Fluggeschwindigkeiten in Abhängigkeit der geometrischen Entwurfsvariablen x_G im Entwurfsraum X sowie bei ausreichender Gleichförmigkeit und hohem Einlassdruckverhältnis:

$$\min_{x \in X} D_{nacf,ext}(x_G). \tag{4.3}$$

Die Entwurfsvariablen x beschreiben Parameter, die während der Optimierung im Entwurfsraum variiert werden [349, S. 239]. Der Entwurfsraum X enthält zudem untere x^l und obere x^u Schranken für die Entwurfsvariablen:

$$X = \left\{ x \in \mathbb{R}^7 | x^l \leq x \leq x^u \right\}. \tag{4.4}$$

Nachfolgend werden geometrische x_G und aerodynamische Entwurfsvariablen x_A unterschieden:

$$x = \left[x_G^T, x_A^T \right]^T \tag{4.5}$$

mit

$$x_G = \left[l_{dif}, l_{lip}/h_{lip}, h_{ext}, h_{lip}, r_{th} \right]^T \tag{4.6}$$

und

$$x_A = \left[Ma_{th,avg}, \tau_W \right]^T. \tag{4.7}$$

Aus den Anforderungen an variable Einlässe bezüglich Masse, kinematischer Umsetzbarkeit, Bauraum und Komplexität ergeben sich geometrische Begrenzungen, z. B. hinsichtlich Lippendicke und Einlasslänge. Diese sind als Schranken der geometrischen Entwurfsvariablen x_G in Tabelle 4.14 aufgelistet.

Zusätzlich wurden Parameterstudien mit verschiedenen Beschränkungswerten für die maximale Diffusorlänge l_{dif} durchgeführt, um ideale Geometrien für verschiedene kinematische Optionen zu ermitteln, vgl. Abbildung 4.20.

Tabelle 4.14 Beschränkungen geometrischer Entwurfsvariablen

Geometrische Entwurfsvariable	Referenzwert	Unterschallflug		Überschallflug	
		Min	Max	Min	Max
Diffusorlänge l_{dif} [mm]	600	600	1388	750	1623
Ellipsenverhältnis l_{lip}/h_{lip} [-]	2,77	1,00	4,00	1,00	1,00
Vorkörperhöhe h_{ext} [mm]	98	28	120	28	120
Lippenhöhe h_{lip} [mm]	78	20	80	10	10
Kehlenradius r_{th} [mm]	586	550	620	550	620

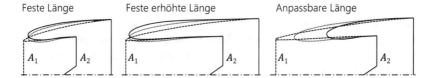

Feste Länge   Feste erhöhte Länge   Anpassbare Länge

A_1 A_2 A_1 A_2 A_1 A_2

Abbildung 4.20 Optionen der Längenvariation

Die Erfüllung der Anforderungen an die Gleichförmigkeit und das Einlass-druckverhältnis wird durch die aerodynamischen Schranken x_A gewährleistet. Dabei werden zum Ausschließen von Strömungsablösungen durchgängig positive Wandschubspannungen τ_W gefordert. Stoßverlusten wird durch mittlere Kehlen-Machzahlen $Ma_{th,avg}$ von maximal Mach 0,75 vorgebeugt [47].

Zur Erzeugung von Antwortflächen, die eine schnelle Optimierung ermöglichen, wurde die DoE-Methode angewandt. Dabei wurden die Entwurfspunkte mittels optimiertem Latin-Hypercube-Sampling ideal im Entwurfsraum X verteilt. Dadurch sind keine Werte für geometrische Entwurfsvariablen x_G identisch, während die Abstände zwischen den Werten maximal sind [350], vgl. Kazula et al. [301]. Anschließend wurden die Strömungsfelder für über 100 Entwurfspunkte automatisiert gelöst. Mit Hilfe einer genetischen Regressionsanalyse wurden aus den gelösten Entwurfspunkten Antwortflächen erzeugt, vgl. Wöllner [315, S. 69]. Die Antwortflächen ermöglichten die Bestimmung der grundlegenden Korrelationen zwischen den geometrischen Parametern und den aerodynamischen Bewertungskriterien.

Weiterhin wurden, basierend auf den Antwortflächen und einer indirekten genetischen Optimierung mit Elite-Strategie, die Kandidatenpunkte für die idealen Geometrien im definierten Entwurfsraum identifiziert, vgl. Kazula et al. [331]. Die identifizierten Kandidatenpunkte wurden jeweils simuliert, um die resultierenden Widerstandswerte aus den Antwortflächen zu verifizieren.

Parameterkorrelationen für den Unterschallflug

Für Fluggeschwindigkeiten von Mach 0,95 wurden bei den gewählten Randbedingungen im untersuchten Parameterbereich zahlreiche Zusammenhänge für die Anteile des externen Gondelvorkörperwiderstands $D_{nacf,ext}$ ermittelt.

Der Zulaufwiderstand D_{pre} steigt mit zunehmender Differenz zwischen dem Einlass-Fangquerschnitt A_0 und dem Eintrittsquerschnitt A_1 an. Deshalb führen Vergrößerungen des Kehlenradius r_{th} und des Stirnflächenradius r_1, zu einem Anstieg des Zulaufwiderstands, vgl. Abbildung 4.21 links oben. Der Stirnflächenradius ergibt sich aus der Summe von Kehlenradius und Lippenhöhe h_{lip} und entspricht näherungsweise dem Eintrittsradius. Auch eine Vergrößerung der Lippenhöhe resultiert in einem Anstieg des Zulaufwiderstands. Die Länge des Einlasses hat nur einen geringen Einfluss auf den Zulaufwiderstand, vgl. Abbildung 4.21 links unten.

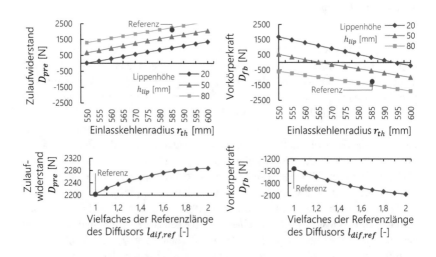

Abbildung 4.21 Abhängigkeit von Zulaufwiderstand und Vorkörperkraft von Lippenhöhe, Kehlenradius und Einlasslänge im Unterschall

Die Gondelvorkörperkraft D_{fb} nimmt mit zunehmendem Kehlenradius r_{th} und Stirnflächenradius r_1 ab, da die Fangstromröhre stärker divergiert, vgl. Abbildung 4.21 rechts unten. Dadurch wird die externe Strömung beschleunigt, wodurch der statische Druck auf der Außenkontur des Einlasses reduziert und eine Saugkraft erzeugt wird, vgl. Abschnitt 2.2.1. Die Referenzgeometrie erzeugt bei Mach 0,95 weiterhin eine große Saugkraft, obwohl sie auch bei langsamen Flugzuständen nachweislich zuverlässig funktioniert. Eine Reduktion der Lippenhöhe h_{lip} führt bei konstantem Kehlenquerschnitt und Gondeldurchmesser zu einem Anstieg der Vorkörperkraft. Folglich wäre eine scharfe Lippe mit kleinem Kehlenquerschnitt ungeeignet für den Unterschall-Reiseflug.

Eine Verlängerung des Einlasses führt zu einer deutlichen Verringerung der Vorkörperkraft, vgl. Abbildung 4.21 rechts oben. Dies begründet sich durch die veränderte Außenkontur des längeren Vorkörpers [336], vgl. Abbildung 4.22. Durch die längere Kontur wird die gewünschte negative Druckdifferenz auf dem Vorkörper vergleichsweise früh erreicht und anschließend eine fast konstante Geschwindigkeit beibehalten. Dadurch wird die wirkende Saugkraft maximiert. Die kleineren Schwankungen der Druckdifferenz zeigen schwache Verdichtungsstöße (Shocklets) entlang der Kontur an [351, S. 328].

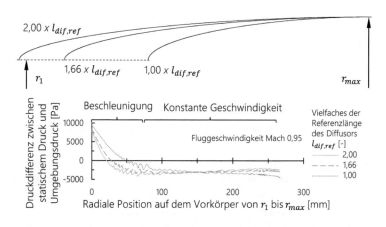

Abbildung 4.22 Druckverteilung auf äußerem Vorkörper bei Mach 0,95

Der aus der Summe von Zulauf- und Vorkörperwiderstand resultierende Überlaufwiderstand $D_{nacf,ext}$ kann durch die Erhöhung der Einlasslänge signifikant verringert werden, vgl. Abbildung 4.23 rechts oben. Ein Mindestmaß der Konturwölbung h_{ext} ist erforderlich, um eine ausreichende Beschleunigung der Strömung zu Beginn der äußeren Kontur zu ermöglichen, vgl. Abbildung 4.23 unten. Somit hat eine Verringerung der Konturwölbung keinen positiven Einfluss. Eine Verringerung der Lippenhöhe h_{lip} resultiert in einem größeren Überlaufwiderstand. Der Einfluss des Kehlenradius r_{th} ist für verhältnismäßig dicke Einlasslippen gering, vgl. Abbildung 4.23 links oben.

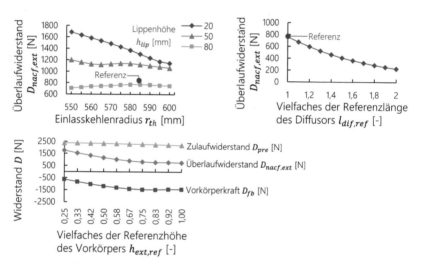

Abbildung 4.23 Abhängigkeit des Einlasswiderstands von geometrischen Parametern

Das Einlassdruckverhältnis ist primär vom Kehlenradius r_{th} abhängig. Kleinere Kehlenradien führen zu größeren Machzahlen in der Einlasskehle Ma_{th}. Dadurch können lokale Verdichtungsstöße und Grenzschichtaufdickungen auftreten, die sich negativ auf das Einlassdruckverhältnis auswirken.

Für die gegebenen Randbedingungen resultiert ein Kehlenradius r_{th} von 560 mm in einer durchschnittlichen Kehlen-Machzahl von 0,7 und einem sehr guten Einlassdruckverhältnis von 0,995, vgl. Abbildung 4.24. Bei einem Radius von 550 mm ergibt sich ein um 0,3 Prozent verringertes Einlassdruckverhältnis. Hieraus würde bei einem Triebwerksschub von 20 kN ein umgerechneter Schubverlust von 100 N resultieren [11, S. 11], vgl. Abschnitt 2.3.1. Für kleiner werdende Kehlenradien nimmt dieser Verlust stark zu.

Abbildung 4.24
Abhängigkeit des
Einlassdruckverhältnis vom
Kehlenradius

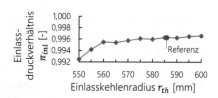

Die radiale Gleichförmigkeit der Fananströmung kann im Reiseflug vorrangig durch Strömungsablösungen aufgrund von Verdichtungsstößen im Bereich der Einlasslippe und aufgrund ungeeigneter Diffusoröffnungswinkel beeinträchtigt werden. Verdichtungsstöße können bei lokalen Machzahlen, die größer als 1 sind, auftreten. Bei einer Konfiguration mit einem Kehlenradius r_{th} von 550 mm und einer Lippenhöhe h_{lip} von 50 mm ergeben sich für Ellipsenverhältnisse l_{lip}/h_{lip}, die kleiner als 2,7 sind, lokale Machzahlen größer 1, vgl. Abbildung 4.25 links. Gleichzeitig fällt in diesen Fällen die minimale axiale Wandschubspannung zwischen Einlasseintritt und Kehle in negative Bereiche, was lokale Rückströmungen und Strömungsablösungen aufzeigt.

Die Werte für den halben Diffusoröffnungswinkel θ_{dif}, vgl. Abbildung 2.9, überschreiten im untersuchten Parameterbereich nicht die empfohlenen 8°, wodurch keine negativen Wandschubspannungen auftreten. Folglich entstehen keine Strömungsablösungen aufgrund ungeeigneter Diffusoröffnungswinkel, vgl. Abbildung 4.25 rechts.

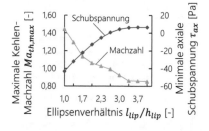
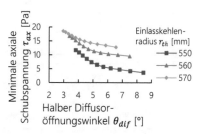

Abbildung 4.25 Einfluss geometrischer Einlassparameter auf die axiale Wandschubspannung

Parameterkorrelationen für den Überschallflug

Im Überschallbetrieb steigt der Zulaufwiderstand D_{pre}, wie auch im Unterschall, mit zunehmendem Kehlenradius r_{th} an, vgl. Abbildung 4.26 links oben. Jedoch ist der Widerstandsanstieg hier deutlich größer als im Unterschallbereich. Zwischen Einlasslänge und Zulaufwiderstand konnte kein eindeutiger Zusammenhang bestimmt werden.

Die Gondelvorkörperkraft D_{fb} hängt noch stärker von der Fluggeschwindigkeit ab als der Zulaufwiderstand. So führt eine Erhöhung der Fluggeschwindigkeit von Mach 1,3 auf Mach 1,6 zu einer Verdopplung der Vorkörperkraft, vgl. Abbildung 4.26 unten. Eine Vergrößerung des Kehlenradius r_{th} führt in Kombination mit dem konstanten Gondelradius r_{max} zu einer deutlichen Verringerung der Vorkörperkraft. Dies begründet sich mit einer Reduzierung der projizierten Querschnittsfläche sowie einer geringeren Strömungsumlenkung entlang des Vorkörpers. Die geringere Strömungsumlenkung resultiert in einer verringerten Anzahl Verdichtungsstöße, die zudem abgeschwächt sind.

Die Verringerung der relativen Strömungsumlenkung entlang des Vorkörpers kann auch durch seine Verlängerung erfolgen, wodurch die Vorkörperkraft am besten reduziert werden kann. Der Effekt der Widerstandsverringerung nimmt dabei mit zunehmender Länge des Vorkörpers ab, vgl. Abbildung 4.26 oben rechts. Durch die Verlängerung der Kontur erfolgt die stärkste Umlenkung und Beschleunigung der Strömung im Bereich der Vorderkante, vgl. Abbildung 4.27. In Kombination mit einer geringen Wölbung werden somit stromabwärts die auftretenden Verdichtungsstöße abgeschwächt. Dadurch wird die Druckdifferenz zwischen dem statischen Druck auf dem Vorkörper und dem Umgebungsdruck reduziert. Aufgrund des senkrechten Verdichtungsstoßes vor dem Einlass ist der

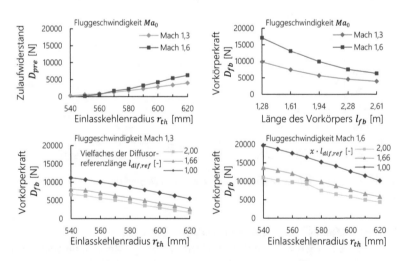

Abbildung 4.26 Abhängigkeit von Zulaufwiderstand und Vorkörperkraft von Lippenhöhe, Kehlenradius und Einlasslänge im Überschall

statische Druck jedoch erhöht, weshalb er für den Großteil des Vorkörpers den Umgebungsdruck überschreitet und das Erzeugen einer Saugkraft verhindert.

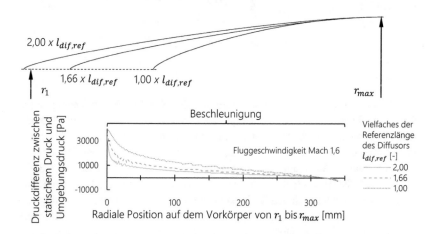

Abbildung 4.27 Druckverteilung auf äußerem Vorkörper bei Mach 1,6

Durch eine Minimierung der Lippenhöhe h_{lip} könnte die projizierte Einlassstirnfläche verringert und somit die Vorkörperkraft reduziert werden. Von einer Reduktion der Lippenhöhe h_{lip} unter Werte von 20 mm wurde jedoch aufgrund der strukturell erforderlichen Mindesthöhe abgesehen.

Der Überlaufwiderstand $D_{nacf,ext}$ kann primär durch einen längeren Vorkörper mit daraus folgender geringerer Wölbung und flacherem Anströmwinkel der Außenkontur reduziert werden, vgl. Abbildung 4.28. Jedoch ist eine gewisse Wölbung erforderlich, um starke Verdichtungsstöße beim Übergang zum maximalen Gondelradius r_{max} zu vermeiden. Darüber hinaus verringert sich bei längeren Einlässen der Einfluss einer Variation des Kehlenradius r_{th}.

Aufgrund des im Überschallbetrieb entstehenden senkrechten Verdichtungsstoßes vor dem Pitot-Einlass, können nur theoretische Einlassdruckverhältnisse π_{inl} von etwa 0,98 bei einer Fluggeschwindigkeit von Mach 1,3 bzw. 0,90 bei Mach 1,6 erreicht werden, vgl. Abschnitt 2.3.1. Bei den untersuchten Fällen, bei denen keine Strömungsablösungen auftreten, wurden sehr gute Werte für das Einlassdruckverhältnis von 0,977 bei Mach 1,3 bzw. 0,893 bei Mach 1,6 bestimmt, was mit den Werten der Studie von Slater [36] übereinstimmt, vgl. Wöllner [315, S. 90].

Abbildung 4.28
Abhängigkeit des
Einlasswiderstands vom
Kehlenradius

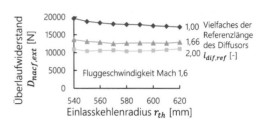

Die Strömungsgleichförmigkeit wird im Überschallbetrieb vorrangig durch Grenzschichtablösungen beeinträchtigt. Diese können bei ungeeigneten Kehlen- und Eintrittsradien auftreten. Bei zu kleinen Eintrittsradien steigt die Machzahl in der Kehle stark an, wodurch lokale Verdichtungsstöße auf der Einlasslippe auftreten und zu Strömungsablösungen führen können, vgl. Abbildung A.35 in Anhang A.5. Ist der Eintrittsradius zu groß gewählt, divergiert die Fangstromröhre stärker, was zu einer erhöhten Umlenkung und Beschleunigung der Strömung entlang der Vorderkante führt. Dadurch können auf der Außenseite des Vorkörpers Verdichtungsstöße mit zugehörigen Verlusten und Strömungsablösungen auftreten, vgl. Abbildung A.36 in Anhang A.5. Bei den gewählten Bedingungen traten für Kehlenradien r_{th} im Intervall von 580 bis 620 mm keine Strömungsablösungen auf. Jedoch sind diese Werte stark von den getroffenen Annahmen abhängig, beispielsweise bezüglich des Triebwerksmassenstroms.

Geometrieauswahl

Zur Minimierung der Komplexität der variablen Pitot-Einlässe bis Mach 1,6 wurde im Rahmen dieser ersten Konzeptstudie die minimale Anzahl umzusetzender Geometrien ausgewählt, die einen zuverlässigen und effizienten Betrieb ermöglicht. Dabei ist das geringe Potenzial variabler Pitot-Einlässe im reinen Unterschallbetrieb zugleich ein Vorteil, da eine einzige Geometrie sowohl bei langsamen Flugbedingungen als auch im Unterschallreiseflug zuverlässig und relativ effizient eingesetzt werden kann. Für den Überschallbetrieb wurde ebenfalls eine einzige Geometrie ausgewählt, die bei einer Fluggeschwindigkeit von Mach 1,6 am besten geeignet ist.

Somit muss ein möglicher Stellmechanismus nur zwischen zwei Konturen wechseln können. Dies betrifft insbesondere die Konzeptgruppen des Verschiebens starrer Komponenten und der elastischen Oberflächenverformung. Für Konzepte mit aerodynamischer Grenzschichtbeeinflussung wird die Überschallkontur starr implementiert, während im Unterschallbetrieb Strömungsablösungen verhindert werden.

Weiterhin kann die Komplexität aller Konzepte durch den Verzicht auf die Variation der Länge und des Vorderkantendurchmessers signifikant verringert werden. Folglich wurden entsprechend der identifizierten Parameterkorrelationen und der Optimierungsergebnisse Tendenzen idealer Geometrien ermittelt und Geometrien gewählt [301], vgl. Tabelle 4.15 und Abbildung 4.29.

Tabelle 4.15 Tendenzen idealer und gewählter Geometrien

Geometrischer Parameter	Referenz	Unterschallflug		Überschallflug	
		Ideal	Gewählt	Ideal	Gewählt
Diffusorlänge l_{dif} [mm]	600	Maximal	1388	Maximal	1623
Ellipsenverhältnis l_{lip}/h_{lip} [-]	2,7	>3	3,5	1,0	1,0
Vorkörperhöhe h_{ext} [mm]	98	Hoch	112	Niedrig	56
Lippenhöhe h_{lip} [mm]	78	Hoch	70	Niedrig	10
Kehlenradius r_{th} [mm]	586	≥560	560	580 bis 620	620

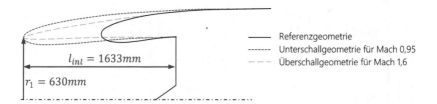

$l_{inl} = 1633mm$

$r_1 = 630mm$

——— Referenzgeometrie
-------- Unterschallgeometrie für Mach 0,95
— — — Überschallgeometrie für Mach 1,6

Abbildung 4.29 Gewählte Geometrien variabler Einlässe

Obwohl die Unterschallgeometrie nicht bei langsamen Flugbedingungen simuliert und getestet wurde, sollte sie zuverlässig bei diesen Bedingungen ihre Funktion erfüllen. Dies ist in nachfolgenden Studien zu zeigen. Gründe für die angenommene Funktionalität bestehen in den konservativ gewählten Geometrieparameterwerten, insbesondere dem erhöhten Ellipsenverhältnis und der größeren Länge, wodurch die Strömungsumlenkung auf einer längeren Strecke erfolgt. Zudem ist der Diffusoröffnungswinkel kleiner als 8° und die durchschnittliche Kehlen-Machzahl unterschreitet stets Mach 0,7.

Geometrieverifizierung

Da die Geometrien mit Hilfe der Antwortflächen bestimmt wurden, erfolgte eine jeweilige Simulation dieser zur Sicherstellung der Erfüllung der aerodynamischen Bewertungskriterien. Diese Simulationen bei Fluggeschwindigkeiten von Mach 0,95 und 1,6 zeigen, dass die bestimmten Geometrien deutlich besser für die jeweiligen Fluggeschwindigkeiten geeignet sind als die Referenzkontur, die für Mach 0,85 ausgelegt ist.

So sind die auftretenden Überschallgebiete und die maximalen lokalen Geschwindigkeiten für die gewählte Unterschallgeometrie bei Mach 0,95 deutlich kleiner als die der Referenz, vgl. Abbildung 4.30 oben. Dies resultiert in einer Verringerung des Überlaufwiderstands $\Delta D_{nacf,ext}$ von über 700 N bzw. 97 %, vgl. Tabelle 4.16. Im Überschallbetrieb reicht der senkrechte Verdichtungsstoß bei der gewählten Überschallgeometrie deutlich näher an die Einlasskontur heran als bei der Referenzgeometrie und ist zudem abgeschwächt, vgl. Abbildung 4.30 unten. Dadurch wird der Überlaufwiderstand $D_{nacf,ext}$ des Einlasses um über 9.000 N bzw. über 40 % reduziert.

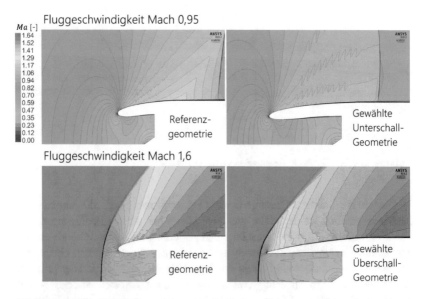

Abbildung 4.30 Machzahlverteilungen der Referenz und der ausgewählten Geometrien

Tabelle 4.16 Vergleich der Referenzkontur mit den ausgewählten Konturen

Bewertungskriterium	Unterschallflug bei Mach 0,95		Überschallflug bei Mach 1,6	
	Referenz-kontur	Unterschall-kontur	Referenz-kontur	Überschall-kontur
Zulaufwiderstand D_{pre} [N]	2180	1360	8800	4100
Vorkörperkraft D_{fb} [N]	−1440	−1340	10900	6520
Überlaufwiderstand $D_{nacf,ext}$ [N]	740	20	19700	10620
Widerstandsreduktion $\Delta D_{nacf,ext}$ [N]	–	720	–	9080
Einlassdruckverhältnis π_{inl} [-]	0,996	0,996	0,892	0,893

Zu beachten ist bei diesen Ergebnissen, dass ein starrer Überschall-Pitot-Einlass voraussichtlich mit einer dünneren Geometrie ausgelegt werden würde, wodurch sich die identifizierten Ersparnisse verringern würden. Allerdings wäre in diesem Fall der Vorteil des größeren Betriebsbereichs variabler Einlässe stärker ausgeprägt, beispielsweise bei Seitenwind.

Aus Simulationen der Unterschallkontur bei Überschallbedingungen geht ein Überlaufwiderstand $D_{nacf,ext}$ von 15660 N hervor [315, S. 95]. Für den umgekehrten Fall beträgt der Überlaufwiderstand $D_{nacf,ext}$ 800 N [315, S. 95]. Diese deutlichen Anstiege des Widerstands, die teilweise über das Niveau der Referenzkontur hinausreichen, offenbaren die Notwendigkeit variabler Einlässe für einen effizienten Betrieb sowohl im Unterschall- als auch im Überschall-Reiseflug.

Aerodynamisches Einsparpotenzial

Die Reduzierung des Luftwiderstands durch Verwendung variabler Einlässe ermöglicht eine größere Flugreichweite R, einen verringerten Kraftstoffverbrauch $\dot{m}_{fuel}$ oder eine geringere mitzuführende Kraftstoffmenge m_{fuel} bzw. eine erhöhte Nutzlast. Diese Vorteile sind mit Hilfe der Breguet'schen Reichweitenformel [10, S. 454] näherungsweise quantifizierbar, vgl. Anhang A.5.3.

Der Widerstandskoeffizient c_D eines Flugzeugs, das Triebwerke mit variablen Einlässen nutzt, hat einen großen Einfluss auf die möglichen Verbesserungen bezüglich Flugreichweite R und Kraftstoffverbrauch $\dot{m}_{fuel}$. Während die meisten Unterschall-Geschäftsreiseflugzeuge zwei Triebwerke nutzen, sind bei einigen Überschall-Konzepten, wie der Aerion AS2, drei Triebwerke vorgesehen [45]. Deshalb werden im Folgenden Konfigurationen mit zwei und drei Triebwerken vorgestellt. Der Einsatz variabler Einlässe im Unterschall bei Mach 0,95 in einem Flugzeug mit zwei Triebwerken und mit einem üblichen c_D-Wert von 0,025 ermöglicht einen Reichweitengewinn von etwa 5 %, während im Überschall bei Mach 1,6 mit drei Triebwerken und einem c_D-Wert von 0,035 ca. 35 % Reichweitengewinn möglich sind [352], [353], [354], [355], vgl. Abbildung 4.31.

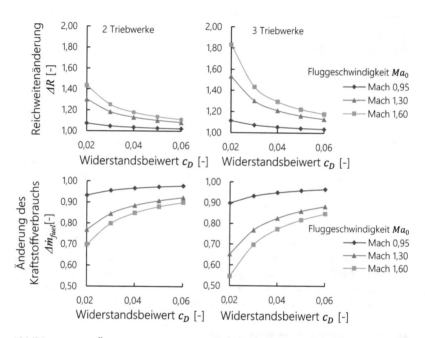

Abbildung 4.31 Änderung von Reichweite und Kraftstoffverbrauch durch Verwendung variabler Einlässe bei verschiedenen Maximalgeschwindigkeiten und Widerstandsbeiwerten

Die Masse variabler Einlässe ist durch die längere Geometrie und die erforderlichen Variationsmechanismen erhöht. Der Einfluss dieser zusätzlichen Masse kann ebenfalls mittels der Breguet'schen Reichweitenformel bestimmt werden. Hierfür wurde eine maximal zulässige Startmasse $m_{to,max}$ von 47.000 kg gewählt, die etwa 1.800 kg mehr beträgt als die der Gulfstream G650ER oder der Bombardier Global 6500 [49], [335]. Zudem wurde für Fluggeschwindigkeiten von Mach 0,85 und Mach 0,95 ein Widerstandsbeiwert c_D von 0,025 und für Mach 1,3 bzw. Mach 1,6 ein c_D-Wert von 0,035 gewählt.

Unterschallflugzeuge bis Mach 0,95 mit zwei Triebwerken erreichen bei Verwendung variabler Einlässe mit einer konservativen Zusatzmasse von 500 kg je Einlass keinen merklichen Reichweitengewinn, vgl. Abbildung 4.32. Überschallflugzeuge bis Mach 1,6 mit drei Triebwerken ermöglichen bei der gleichen Zusatzmasse pro Einlass eine um 20 % erhöhte Reichweite.

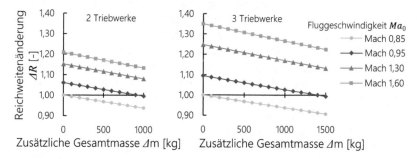

Abbildung 4.32 Abhängigkeit der Reichweitenänderung von der Zusatzmasse variabler Einlässe

Vorteile und Limitierungen der Herangehensweise

Der verwendete Ansatz ermöglicht die zeit- und kosteneffiziente Bestimmung von Korrelationen zwischen geometrischen und aerodynamischen Einlassparametern sowie die Ermittlung idealer Einlassgeometrien für Unter- und Überschall-Reiseflugbedingungen. Aus den Vereinfachungen bei der Modellbildung, den getroffenen Annahmen für die Randbedingungen und der Antwortflächenoptimierung ergeben sich Einschränkungen bezüglich der Ergebnisgenauigkeit, die für eine erste Konzeptstudie tolerierbar sind [301].

Es wurden ausschließlich Reiseflugbedingungen eingehend untersucht. Untersuchungen bezüglich verbleibender Flugphasen, z. B. Start, Steigflug, Seitenwind und Windmilling, könnten ebenfalls zu verbesserten Geometrien für diese Bedingungen führen. Dies könnte eine höhere Widerstandsfähigkeit gegen Seitenwind, höhere Steigraten und verringerten Lärm in Flughafennähe ermöglichen. Da diese Betriebsbedingungen jedoch deutlich komplexer als der Reiseflug sind, können die zugehörigen Untersuchungen nur bei einer anschließenden experimentellen Validierung durch Versuche wertvolle Ergebnisse bereitstellen. Während für nachfolgende Entwicklungsphasen folglich zusätzliche Analysen und Versuche empfohlen werden, können die Ergebnisse des vorgestellten Ansatzes als Anhaltspunkte für den weiteren Verlauf der vorliegenden Konzeptstudie herangezogen werden.

4.4.4 Konzeptgruppenbewertung

Die abschließende Auswahl einer Konzeptgruppe erfolgte, wie die Auswahl geeigneter Eisschutzsysteme, mit Hilfe einer gewichteten Punktbewertung. Dafür wurde die Erfüllung der Bewertungskriterien aus Abschnitt 4.1.4 durch die jeweilige Konzeptgruppe basierend auf dem Bewertungssystem aus Abschnitt 4.4.2 durch eine Gruppe von vier Ingenieuren untersucht.

Die Konzeptgruppen für variable Einlässe, die die Geometrie durch Grenzschichtbeeinflussung oder durch Verformen einer elastischen Oberfläche variieren, gewährleisten eine sehr gute aerodynamische Funktionalität. Beide Konzeptgruppen ermöglichen bei einer Geometrieanpassung im geforderten Bereich eine glatte, lücken- und stufenlose Strömungskontur. Die Konzeptgruppe des Verschiebens starrer Komponenten weist mögliche Einschränkungen hinsichtlich der aerodynamischen Funktionalität auf. Diese Einschränkungen ergeben sich aus den kleinen Stufen und Lücken zwischen den Segmenten, der nicht ideal kreisförmigen Querschnittsgeometrie und den Einschränkungen bei der Anpassung des Eintrittsdurchmessers.

Die Integration dieser Konzeptgruppe erfordert ein Stellsystem, eine Erweiterung des vor Vereisung zu schützenden Bereichs und eine erhöhte Teileanzahl. Dennoch ist diese Konzeptgruppe im Vergleich zu den beiden verbleibenden Optionen wesentlich einfacher in den Einlass zu integrieren. Die Konzeptgruppe der elastischen Oberflächenverformung erfordert eine komplexe interne Stützstruktur, innovative Lösungen für Eisschutz und Lärmminderung sowie ein Stellsystem. Darüber hinaus ist der Einfluss der Umgebungsbedingungen auf das Oberflächenmaterial zu untersuchen. Die Konzepte der Grenzschichtbeeinflussung erfordern Pumpen, Rohre und zahlreiche ansteuerbare Schlitze, die vor Eis und Schmutz geschützt werden müssen.

Die erforderlichen Komponenten für die Grenzschichtbeeinflussung resultieren in einer erhöhten Masse, diese kann jedoch teilweise durch die schlanke, starre Geometrie ausgeglichen werden. Die Konzeptgruppen der starren Komponentenverschiebung und der elastischen Oberflächenverformung erfordern hingegen Variationsmechanismen, einschließlich einer Aktorik, die zu einer Massenzunahme führt. Beide Konzeptgruppen sind zudem segmentiert, weshalb ihre strukturelle Dimensionierung gegen Beanspruchungen, wie Vogelschläge, eine erhöhte Masse nach sich zieht. Weiterhin benötigt die Konzeptgruppe der elastischen Oberflächenverformung für Belastungsaufnahme und für das Beibehalten der eingestellten Geometrie eine Stützstruktur mit entsprechender zusätzlicher Masse.

Die Sicherheit von Konzepten der Gruppe verschiebbarer starrer Komponenten kann durch Vorkehrungen gewährleistet werden. So kann Vogelschlägen durch eine entsprechende Dimensionierung widerstanden werden. Für den Fall einer Aktorfehlfunktion kann automatisch eine versagenssichere Geometrie eingestellt und durch einen unabhängigen Feststellmechanismus gesichert werden. Ein mögliches zusätzliches Feuerrisiko durch ungeeignete Kombinationen von Stellsystem und Eisschutzsystem kann mittels konstruktiver Vorkehrungen beherrscht werden. Für die Konzeptgruppe elastischer Oberflächenverformung gelten für Aktorversagen und das Eindämmen des Feuerrisikos die gleichen Möglichkeiten. Jedoch sind diese Konzepte anfälliger für gefährliches Materialversagen durch Vogel- oder Fremdkörpereinschläge. Die Konzeptgruppe der Grenzschichtbeeinflussung verwendet eine schlanke, starre Geometrie, die anfällig für Strömungsablösungen beim Start und im Steigflug sein kann. Für den Fall einer Fehlfunktion des Grenzschichtbeeinflussungssystems können gefährliche Ereignisse eintreten. Diese könnten auf Kosten des aerodynamischen Einsparpotenzials durch eine ablösungsresistentere starre Ausgangsgeometrie vermieden werden.

Nach Berücksichtigung der erhöhten Teilezahl, der flexiblen Leitungen, des Leistungs- und Wartungsbedarfs des Stellsystems und der Reibung zwischen Segmenten, bieten Konzepte der Verschiebung starrer Komponenten weiterhin gute Lebenswegkosten und Zuverlässigkeit. Konzepte mit elastisch verformbaren Oberflächenmaterialien haben aufgrund von Erosion und anderen Umwelteinflüssen eine stark begrenzte Lebensdauer, was in erhöhtem Wartungsaufwand resultiert. Abgesehen von der großen Schlitzanzahl und dem damit einhergehenden Bedarf an Schutzvorkehrungen und Wartung verbinden grenzschichtbeeinflussende Konzepte hohe Zuverlässigkeit mit niedrigen Betriebskosten.

Wenngleich alle Konzeptgruppen einen erhöhten Herstellungsaufwand erfordern, wird nur dem verformbaren Oberflächenmaterial der zugehörigen Konzeptgruppe eine signifikante Erhöhung der Herstellungskosten zugeschrieben. Zudem erfordert diese Gruppe und die der Grenzschichtbeeinflussung einen erhöhten Entwicklungs- und Zulassungsaufwand.

Aus der Bewertung der Konzeptgruppen und den sich daraus ergebenden relativen Bewertungen r_j geht hervor, dass die Konzeptgruppe des Verschiebens starrer Komponenten am besten für variable Einlässe geeignet ist, vgl. Tabelle 4.17 und Abbildung 4.33. Deshalb wurde im weiteren Verlauf ein Konzept dieser Konzeptgruppe detailliert untersucht.

Tabelle 4.17 Bewertung der Konzeptgruppen

Kriterium	Verschieben starrer Komponenten	Verformen elastischer Oberflächen	Grenzschicht-beeinflussung
Aerodynamische Funktionalität ($w_1 = 0{,}267$)	+	++	++
Integrierbarkeit ($w_2 = 0{,}067$)	+	−	o
Masse und Beanspruchungswiderstand ($w_3 = 0{,}133$)	o	−	+
Sicherheit ($w_4 = 0{,}267$)	++	+	−
Zuverlässigkeit und Lebenswegkosten ($w_5 = 0{,}200$)	+	−	+
Entwicklungs- und Produktionskosten ($w_6 = 0{,}067$)	+	−	−
Relative Bewertung r_j	**0,783**	0,183	0,633

Zellwerte: Erfüllung des Kriteriums ist sehr gut ++, gut +, durchschnittlich o, schlecht − oder sehr schlecht −−

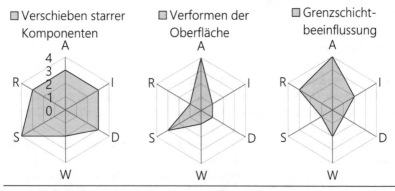

Aerodynamische Funktionalität (**A**)	Integrierbarkeit (**I**)
Zuverlässigkeit und Lebenswegkosten (**R**)	Entwicklungs- und Produktionskosten (**D**)
Sicherheit (**S**)	Masse und Beanspruchungswiderstand (**W**)

Abbildung 4.33 Bewertung der Konzeptgruppen

4.5   Detaillierte Konzeptuntersuchungen

Basierend auf den zuvor beschriebenen Untersuchungen wurde die Konzeptgruppe für variable Einlässe durch Verschieben starrer Segmente als die bestgeeignete identifiziert. Nachfolgend wird erläutert, wie aus dieser Konzeptgruppe
das umzusetzende Konzept hergeleitet, strukturell dimensioniert, in einer CAD-
Umgebung modelliert, in einem Prototyp umgesetzt und seine strukturelle
Stabilität mittels Vogelschlaganalyse vorläufig gezeigt wurde.

4.5.1   Konzeptbeschreibung und Herleitung

Das umzusetzende Konzept ist in Abbildung 4.34 dargestellt. Bei diesem Konzept verschiebt eine elektrisch betriebene Aktorik A einen Stellring R parallel
zur Triebwerksrotationsachse. Die Bewegung des Stellrings R wird von einer
Schienenführung F getragen und geleitet, wodurch die Aktorik entlastet wird.
Durch die Bewegung des Stellrings R wird die axial und über den Umfang
segmentierte umströmte Kontur des Einlasses variiert. Die axiale Unterteilung
erfolgt in je vier umströmte Segmente auf der Außenseite S1, S3, S5 und S7
sowie auf der Innenseite S2, S4, S6 und S8. Axial benachbarte Segmente sind
gelenkig miteinander verbunden. Die Segmente S1 und S2 sind zudem gelenkig
mit dem statischen Teil des Einlasses gekoppelt. Über den Umfang erfolgt eine
Unterteilung der umströmten Segmente in 15°-Sektoren. Die Querschnittsvariation wird dabei durch ein teilweises Überlappen der Segmente ermöglicht, vgl.
Abbildung 4.11 in Abschnitt 4.2.

Der Einlass wird als zusammenhängende Baugruppe auf axialer Höhe der
Fanebene an die restliche Gondel montiert. Hierfür ist zwischen den Segmenten S1 bzw. S2 und der Fanebene ein starrer Bereich vorgesehen. Die Montage
des Einlasses kann beispielsweise durch eine Flanschverbindung zwischen dem
starren Bereich des Einlasses und der Triebwerksgondel erfolgen. Dies wird in
dieser Arbeit nicht detailliert betrachtet und alle unbeweglichen Komponenten von
Einlass und Gondel werden als statische Gondel G zusammengefasst. Weiterhin
müssen in den starren Bereich des Einlasses auch die funktionalen und mechanischen Schnittstellen zwischen Einlass und restlicher Gondel integriert werden.
Zudem werden die Aktorik A und die Schienenführung F des Stellrings R in
besagtem Bereich gelagert.

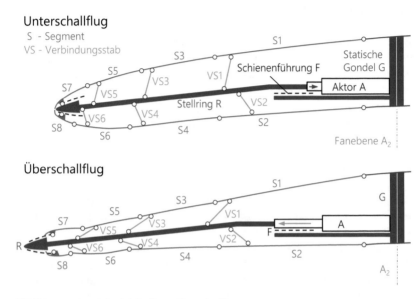

Abbildung 4.34 Prinzipielle Darstellung des Konzepts

Der Stellring R ist über seine axiale Erstreckung teilweise als geschlossener Ring und teilweise segmentiert ausgeführt, vgl. Abbildung 4.50. Im Bereich der Vorderkante ist der Stellring ein über den Umfang geschlossener Ring, der im Folgenden als Vorderkantenring bezeichnet wird, vgl. Abbildung 4.35.

Über die Verbindungsstäbe VS1 bis VS8 ist der Stellring R mit den jeweiligen umströmten Außensegmenten des Konzeptes S1 bis S8 verbunden. Bei den Segmenten S1 bis S6 erfolgt die Lagerung der Verbindungsstäbe VS1 bis VS6 beidseitig gelenkig. Bei den Segmenten S7 und S8 sind die Verbindungstäbe VS7/8 fest in die Segmente integriert. Die Verbindung zum Stellring R erfolgt bei den Segmenten S7/8 über Gelenkbolzen BRV7/8, die fest mit VS7/8 verbunden sind und innerhalb der Vorderkante des Stellrings R entlanggleiten können. Um dies zu ermöglichen, sind Schienen im Vorderkantenring integriert. Die gelenkigen Verbindungen zwischen den Komponenten des variablen Konzepts werden in allen Fällen über Bolzenverbindungen realisiert.

Unterschallflug

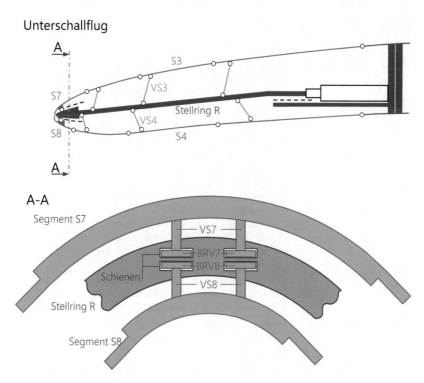

Abbildung 4.35   Funktionsprinzip gleitender Gelenke im Vorderkantenring

Eisbildung wird durch elektrische Enteisungsmatten verhindert. Diese erstrecken sich über die gesamte umströmte Einlassoberfläche, um auch Eisbildung zwischen den Segmenten benachbarter Sektoren zu verhindern [300]. Vom Fan ausgehende Lärmemissionen werden durch herkömmliche Akustikauskleidungen in den Segmenten S2 und S4 minimiert. Eine umfassende Auflistung der Bauteile des Konzepts ist Tabelle 4.18 zu entnehmen. Bauteile, deren Anzahl in Klammern steht, sind Bestandteil eines anderen Bauteils.

Tabelle 4.18 Bauteilliste des Konzepts

ID	Bezeichnung	Beschreibung	Anzahl
G	Statische Gondel	Statische Komponenten der Triebwerksgondel, einschließlich des statischen Einlassteils sowie Schnittstellen zwischen Einlass und Gondel	1
A	Aktorik	Antriebssystem des variablen Einlasses, einschließlich Stelltrieben, Motoren, Sensorik, Steuerelektronik, Feststellmechanismen und Kabeln	6
F	Führungsschienen	Entlastung der Aktorik A durch Tragen und Führen des Stellrings R	24
R	Stellring	Umlaufende Struktur; durch Schienenführung F gelagert; axiale Position von Aktorik A gesteuert; über Verbindungsstäbe VS1 bis VS6 und Gelenke mit überströmten Segmenten S1 bis S6 verbunden; Vorderkante ringförmig mit integrierten Schienen; bildet im Überschallbetrieb Teil der Einlasslippe; über gleitende Gelenke mit Segmenten S7/8 verbunden	1
S1	Segment 1	Überströmtes Segment auf der Einlassaußenseite; gelenkig mit statischer Gondel G, Segment S3 sowie Verbindungsstab VS1 verbunden	24
S2	Segment 2	Überströmtes Segment auf der Einlassinnenseite; gelenkig mit statischer Gondel G, Segment S4 sowie Verbindungsstab VS2 verbunden	24
S3	Segment 3	Überströmtes Segment auf der Einlassaußenseite; gelenkig mit Segmenten S1 und S5 sowie Verbindungsstab VS3 verbunden	24
S4	Segment 4	Überströmtes Segment auf der Einlassinnenseite; gelenkig mit Segmenten S2 und S6 sowie Verbindungsstab VS4 verbunden	24
S5	Segment 5	Überströmtes Segment auf der Einlassaußenseite; gelenkig mit Segmenten S3 und S7 sowie Verbindungsstab VS5 verbunden	24
S6	Segment 6	Überströmtes Segment auf der Einlassinnenseite; gelenkig mit Segmenten S4 und S8 sowie Verbindungsstab VS6 verbunden	24
S7	Segment 7	Überströmtes Segment auf der Einlassaußenseite; gelenkig mit Segment S5 verbunden; beinhaltet Verbindungsstab VS7 und Gelenkbolzen BRV7 für gleitende Gelenkverbindung mit Vorderkantenring R	24

(Fortsetzung)

Tabelle 4.18   (Fortsetzung)

ID	Bezeichnung	Beschreibung	Anzahl
S8	Segment 8	Überströmtes Segment auf der Einlassinnenseite; gelenkig mit Segment S6 verbunden; beinhaltet Verbindungsstab VS8 und Gelenkbolzen BRV8 für gleitende Gelenkverbindung mit Vorderkantenring R	24
VS1	Verbindungsstab 1	Stab; gelenkig mit Stellring R und Segment S1 verbunden	48
VS2	Verbindungsstab 2	Stab; gelenkig mit Stellring R und Segment S2 verbunden	48
VS3	Verbindungsstab 3	Stab; gelenkig mit Stellring R und Segment S3 verbunden	48
VS4	Verbindungsstab 4	Stab; gelenkig mit Stellring R und Segment S4 verbunden	48
VS5	Verbindungsstab 5	Stab; gelenkig mit Stellring R und Segment S5 verbunden	48
VS6	Verbindungsstab 6	Stab; gelenkig mit Stellring R und Segment S6 verbunden	48
VS7	Verbindungsstab 7	Stab; fest mit Segment S7 und Gelenkbolzen BRV7 verbunden	(48)
VS8	Verbindungsstab 8	Stab; fest mit Segment S8 und Gelenkbolzen BRV8 verbunden	(48)
BSG1	Gelenkbolzen SG1	Gelenkbolzen zwischen Segment S1 und der statischen Gondel G	48
BSG2	Gelenkbolzen SG2	Gelenkbolzen zwischen Segment S2 und der statischen Gondel G	48
BS13	Gelenkbolzen S13	Gelenkbolzen zwischen Segment S1 und Segment S3	48
BS24	Gelenkbolzen S24	Gelenkbolzen zwischen Segment S2 und Segment S4	48
BS35	Gelenkbolzen S35	Gelenkbolzen zwischen Segment S3 und Segment S5	48
BS46	Gelenkbolzen S46	Gelenkbolzen zwischen Segment S4 und Segment S6	48
BS57	Gelenkbolzen S57	Gelenkbolzen zwischen Segment S5 und Segment S7	48
BS68	Gelenkbolzen S68	Gelenkbolzen zwischen Segment S6 und Segment S8	48
BSV1	Gelenkbolzen SV1	Gelenkbolzen zwischen Segment S1 und Verbindungsstab VS1	48
BSV2	Gelenkbolzen SV2	Gelenkbolzen zwischen Segment S2 und Verbindungsstab VS2	48

(Fortsetzung)

Tabelle 4.18   (Fortsetzung)

ID	Bezeichnung	Beschreibung	Anzahl
BSV3	Gelenkbolzen SV3	Gelenkbolzen zwischen Segment S3 und Verbindungsstab VS3	48
BSV4	Gelenkbolzen SV4	Gelenkbolzen zwischen Segment S4 und Verbindungsstab VS4	48
BSV5	Gelenkbolzen SV5	Gelenkbolzen zwischen Segment S5 und Verbindungsstab VS5	48
BSV6	Gelenkbolzen SV6	Gelenkbolzen zwischen Segment S6 und Verbindungsstab VS6	48
BRV1	Gelenkbolzen RV1	Gelenkbolzen zwischen Stellring R und Verbindungsstab VS1	48
BRV2	Gelenkbolzen RV2	Gelenkbolzen zwischen Stellring R und Verbindungsstab VS2	48
BRV3	Gelenkbolzen RV3	Gelenkbolzen zwischen Stellring R und Verbindungsstab VS3	48
BRV4	Gelenkbolzen RV4	Gelenkbolzen zwischen Stellring R und Verbindungsstab VS4	48
BRV5	Gelenkbolzen RV5	Gelenkbolzen zwischen Stellring R und Verbindungsstab VS5	48
BRV6	Gelenkbolzen RV6	Gelenkbolzen zwischen Stellring R und Verbindungsstab VS6	48
BRV7	Gelenkbolzen RV7	Fest mittels Verbindungsstab 7 in Segment S7 integrierter Gelenkbolzen; gleitet gelenkig in Vorderkantenring R entlang	(48)
BRV8	Gelenkbolzen RV8	Fest mittels Verbindungsstab 8 in Segment S8 integrierter Gelenkbolzen; gleitet gelenkig in Vorderkantenring R entlang	(48)
			1472

Funktionsweise

Das Konzept kann zwei Zustände annehmen. Im ersten Zustand wird eine Geometrie für den Unterschallflug eingestellt. Dieser Zustand repräsentiert zugleich die Nominalstellung des Systems, welche im unbelasteten Fall, aber auch im Fehlerfall, umgesetzt werden soll. Der zweite Zustand realisiert eine Geometrie, die für den Überschallflug geeignet ist. Durch axiales Verfahren des Stellrings kann zwischen den Zuständen gewechselt werden.

Beim Verfahren des Aktors A aus dem Unterschallzustand wird der Stellring R entgegen der Flugrichtung axial verschoben. Dadurch verändert sich die Lage der Verbindungsstäbe VS1 bis VS6, wodurch wiederum die umströmten Segmente S1 bis S6 in die gewünschte Position gezogen werden. Durch das axiale Vorfahren des Stellrings gleiten zudem die Segmente S7 und S8 mit Hilfe der Bolzengelenke entlang der Schienen im Vorderkantenring R an diesem entlang. Dadurch wird der Vorderkantenring zum vordersten Teil der Einlasslippe und bildet gemeinsam mit den umströmten Segmenten S1 bis S8 die Einlassgeometrie während des Überschallbetriebs.

Für das Verfahren des Stellrings wird ein elektrisch betriebenes Aktorsystem A verwendet. Dieses kann Synergien mit dem elektrischen Enteisungssystem nutzen [300]. Ein Umwandeln der Geometrie von Unterschall zu Überschall darf sicherheitsbedingt nur im stationären Reiseflug erfolgen, während die Änderung von Überschall- zu Unterschallgeometrie während jeder Flugphase erfolgen darf.

Bei Fehlern oder dem Ausfall von Teilsystemen sind Vorkehrungen zu treffen, die gefährliche Fehlerfolgen verhindern. Relevante Fehlerfälle sind unter anderem das ungewollte Ausfahren des Aktors und somit eine ungewollte Verstellung der Geometrie während des Startfalls. Da dieser Fehler gefährliche Folgen haben kann, sind Gegenmaßnahmen zu ergreifen, wie beispielsweise ein vom Aktorkontrollsystem unabhängiger Feststellmechanismus für die Aktoren, vgl. Kazula et al. [299] und Abbildung 4.15. Die Position des Aktors und somit des Stellrings wird deshalb durch ein unabhängig angesteuertes Bremssystem gegen ungewolltes Verstellen gesichert. Beim Ausfall des Aktorsystems, beispielsweise beim Fehlen elektrischer Energie zum Verstellen, sollte der variable Einlass die Geometrie für den Unterschall einnehmen. Erfolgt dies nicht automatisch durch die wirkenden Strömungslasten, kann hierfür ein zusätzlicher Federmechanismus zum Zurückfahren des Stellrings R eingesetzt werden.

Statische und kinematische Bestimmtheit

Das Konzept als mechanisches System muss statisch und kinematisch eindeutig bestimmt sein. Dies bedeutet, dass jeder Position des Aktors genau eine Position der Systemkomponenten und somit genau eine Einlassgeometrie zugeordnet sein muss [356, S. 90]. Die notwendige Bedingung hierfür ist ein statisch

bestimmtes System, welches mit Hilfe eines Abzählkriteriums nachgewiesen wird
[356, S. 91–106]. Nach diesem muss die Anzahl der ungebundenen Bewegungs-
freiheitsgrade aller Systemkomponenten f gleich der Anzahl der Wertigkeiten
der Bindungselemente oder Lagerungen des Systems n sein [356, S. 91]. Als
hinreichende Bedingung für die kinematische Bestimmtheit kann ein Polplan herangezogen werden oder direkt gezeigt werden, dass das System unbeweglich ist
[356, S. 91–106], [357, S. 142–147].

Nachfolgend wird die statische und kinematische Bestimmtheit des Konzepts
in der Schnittebene aus Abbildung 4.34 gezeigt. Die Starrkörper des Systems
haben in dieser ebenen Betrachtungsweise jeweils drei Freiheitsgrade:

- horizontale Verschiebung,
- vertikale Verschiebung und
- Rotation in der Ebene.

Das Konzept beinhaltet 17 Starrkörper und somit insgesamt 51 Bewegungsfrei-
heitsgrade f, vgl. obere Hälfte von Abbildung 4.36.

Freiheitsgrad des ungebundenen Systems

$f = 3 \cdot 17 = 51$

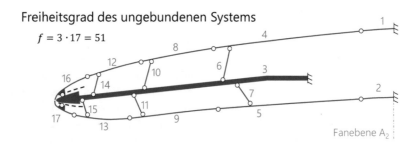

Zahl der Bindungen des Systems

$n = 3 \cdot 3 + 20 \cdot 2 + 2 \cdot 1 = 51$

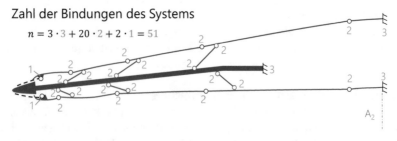

Abbildung 4.36 Freiheitsgrade und Lagerwertigkeiten des Konzepts

Die Wertigkeit einer Bindung ist entsprechend der Anzahl der Freiheitsgrade, die sie aus dem System entfernt. Die Aktorik A und die Führungsschienen F stellen für jeden Zustand des Systems genau eine Position des Stellrings sicher. Diese Positionssicherung wird im Folgenden als feste Einspannung mit einer Wertigkeit von 3 modelliert. Auch der statische Teil des Einlasses ist durch die Flanschverbindung zur restlichen Gondel fest eingespannt. Die Schienen im Vorderkantenring realisieren ein Dreh-Schiebe-Gelenk mit einer Wertigkeit von 1, da sowohl eine Rotation des Segmentes S7 bzw. S8 möglich ist, als auch ein Abgleiten entlang der Schiene [356, S. 106]. Alle weiteren Gelenkbolzenverbindungen stellen Drehgelenke mit einer Wertigkeit von 2 dar [356, S. 106]. Wie aus der unteren Hälfte von Abbildung 4.36 hervorgeht, beträgt die Summe der Wertigkeiten aller unabhängigen Bindungen n des Konzepts somit insgesamt 51. Folglich ist das System statisch bestimmt. Weiterhin ist aus der Anschauung feststellbar, dass das abgebildete System unbeweglich ist. Daraus resultiert, dass das gebundene System keinen Freiheitsgrad hat und deshalb kinematisch eindeutig bestimmt ist.

Umsetzung der Kinematik über Stellring und Verbindungsstäbe

Das Verhalten der Kinematik und somit die vom Konzept umsetzbaren Geometrien werden durch Verfahren des Stellrings R gesteuert. Der Stellring R ist eine umlaufende Struktur, die durch die Schienenführung F gehalten und deren axiale Position von der Aktorik A gesteuert wird. Über die Verbindungsstäbe VS1 bis VS6 und die zugehörigen Bolzengelenke ist er mit den überströmten, konturgebenden Segmenten S1 bis S6 des Konzepts verbunden, vgl. Abbildung 4.37. Die Segmente S1 bis S6 sind über je zwei Verbindungsstäbe mit dem Stellring verbunden. Diese doppelte Ausführung resultiert in einer erhöhten Sicherheit durch Redundanz im Versagensfall einer der genannten Komponenten.

Der Stellring beinhaltet zudem den Vorderkantenring, der während des Überschallreiseflugs einen Teil der Einlasslippe bildet. Über integrierte Schienen im besagten Vorderkantenring ist der Stellring direkt mit den Segmenten S7 und S8 verbunden. Während langsamer Fluggeschwindigkeiten in Bodennähe ist der Vorderkantenring im Inneren des Einlasses verstaut. Dadurch ist während der zugehörigen sicherheitskritischen Phasen durch die Segmente S7 und S8 eine aerodynamisch bessere Geometrie im Vorderkantenbereich einstellbar. Um die Masse des Stellrings zu minimieren, ist er nur an den Lagerungsstellen der Verbindungsstäbe und in der Vorderkante als durchgängiger Ring ausgeführt. In den Bereichen zwischen den Ringen wird er durch einen Stab pro Sektor umgesetzt.

Durch das axiale Verschieben des Stellrings R ändert sich die Lage der Verbindungsstäbe und somit auch die jeweilige Position der damit verbundenen

Unterschallflug   Überschallflug

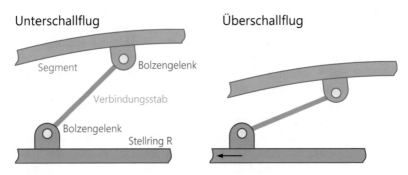

Abbildung 4.37 Gelenkverbindungen über Bolzen

Segmente, die in die gewünschten Positionen gezogen werden. Die vom Konzept umsetzbaren Geometrien sind daher stark abhängig von der nominalen Lage und der Länge der Verbindungsstäbe.

Die Umwandlung der axialen Stellringbewegung in die gewünschte Bewegung des Aufhängungspunktes des zugehörigen Segmentes wird dabei insbesondere vom Winkel α zwischen dem Verbindungsstab und dem Stellring beeinflusst, vgl. Abbildung 4.38. Dabei dürfen keine „Pendelsituationen" auftreten. In diesen könnten die verbundenen Stäbe und Segmente sowohl in die eine Richtung als auch in die andere Richtung ausschlagen. Dies wäre bei einem gestreckten Winkel α der Fall, weshalb im vorliegenden Konzept generell spitze Winkel α realisiert werden. Zudem werden gestreckte Winkel zwischen den Segmenten und den zugehörigen Verbindungsstäben vermieden.

Die Längen und Lagerungspositionen der Verbindungsstäbe sowie die axialen Positionen, an denen die Einlasskontur in Segmente unterteilt wird, wurden iterativ bestimmt und gehen aus Tabelle A.1 in Anhang A.1.2 bzw. Tabelle A.7 in Anhang A.6.4 hervor. Diese Daten können in einer späteren Entwicklungsphase auch mathematisch bestimmt und strömungsmechanisch optimiert werden.

Herleitung des Konzeptes

Die Herleitung des Konzeptes basiert vorrangig auf den nachfolgenden Anforderungen für variable Einlasskonzepte:

- Gewährleistung der Sicherheit beim Start und im Steigflug,
- hohe Effizienz im Reiseflug sowie
- hohe Zuverlässigkeit.

Verbindungsstablängenbestimmung

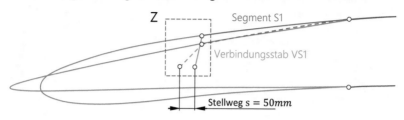

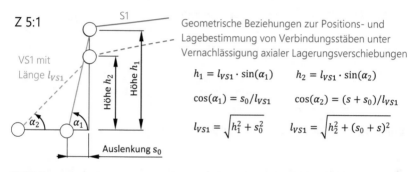

Z 5:1

VS1 mit Länge l_{VS1}

Höhe h_2

Höhe h_1

Auslenkung s_0

Geometrische Beziehungen zur Positions- und Lagebestimmung von Verbindungsstäben unter Vernachlässigung axialer Lagerungsverschiebungen

$$h_1 = l_{VS1} \cdot \sin(\alpha_1) \qquad h_2 = l_{VS1} \cdot \sin(\alpha_2)$$

$$\cos(\alpha_1) = s_0/l_{VS1} \qquad \cos(\alpha_2) = (s + s_0)/l_{VS1}$$

$$l_{VS1} = \sqrt{h_1^2 + s_0^2} \qquad l_{VS1} = \sqrt{h_2^2 + (s_0 + s)^2}$$

Abbildung 4.38 Ermittlung der Verbindungsstablängen am Beispiel von Verbindungsstab VS1

Ausreichende Sicherheit im Startfall und im Steigflug ist durch Sicherstellen einer geeigneten Geometrie von hoher Güte erreichbar. Eine Geometrie mit hoher aerodynamischer Güte kann durch die Realisierung einer glatten Oberfläche mit minimalen Stufen und Spalten erreicht werden. Auch die Effizienz bei schnellen Fluggeschwindigkeiten hängt neben der Geometriedicke und der Masse von der Glattheit der Oberfläche ab.

Bei der Überführung verschiedener Einlassgeometrien durch Verschieben fester Segmente kann nur für einen Zustand eine glatte Oberfläche erzeugt werden. Dies gilt sowohl radial, vgl. Abbildung 4.8 in Abschnitt 4.2.4, als auch axial, vgl. Abbildung 4.39. Zur Gewährleistung der Sicherheit im Startfall und beim Steigflug stellt das umzusetzende Konzept während dieser kritischen Flugphasen im Unterschallbereich [298] eine annähernd ideale, glatte Geometrie bereit.

Für die Glattheit der Überschallgeometrie ist die Anzahl der axialen Segmente entscheidend. Durch eine geringe Anzahl axialer Segmente entstehen bei der

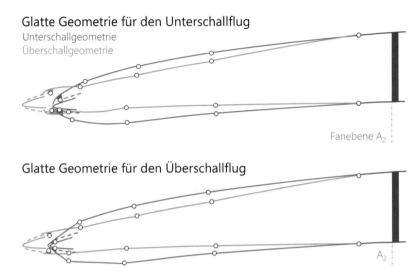

Abbildung 4.39 Möglichkeiten axialer Geometrieglattheit

Überschallgeometrie größere Stufen. Diese können Verdichtungsstöße und Strömungsablösungen zur Folge haben sowie gegebenenfalls die Effizienz und den Luftwiderstand des Einlasses beeinträchtigen. Wie zuvor beschrieben, ist der Einlass axial in je vier umströmte Segmente auf der Außenseite S1, S3, S5 und S7 sowie auf der Innenseite S2, S4, S6 und S8 unterteilt. Eine Unterteilung in mehr Abschnitte würde die Glattheit der Geometrie verbessern, während sie eine höhere Komplexität des Konzepts zur Folge hätte. Die Festlegung auf vier axiale Segmente stellt somit einen Kompromiss aus Effizienz der umsetzbaren Kontur im Überschallreiseflug sowie Komplexität und somit Zuverlässigkeit durch die dafür verwendete Komponentenanzahl dar.

Die axial benachbarten Segmente eines Sektors sind über jeweils zwei Bolzengelenkverbindungen miteinander verbunden, vgl. Abbildung 4.40. Die redundant ausgeführten Bolzenverbindungen ermöglichen eine hohe Genauigkeit bei der Umsetzung der kleinen Bewegungen der Gelenke und gewährleisten eine größere Sicherheit im Versagensfall eines Bolzens.

Von einer signifikanten Längenvariation des Einlasses mittels Teleskopprinzip wird aufgrund der großen erforderlichen Masse und Komplexität abgesehen, vgl. Genßler [314] und Wöllner [315]. Sollte im Verlauf späterer Entwicklungsphasen für den Startfall ein deutlich kürzerer Einlass als notwendig identifiziert werden,

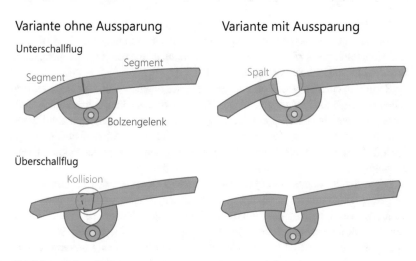

Abbildung 4.40   Kollision fester Segmente beim Verstellen

müsste das gewählte Konzept angepasst werden. Dies kann beispielsweise durch eine Verlängerung des Vorderkantenrings R und eine Verkürzung der Segmente S1 bis S4 realisiert werden [315, S. 104].

Die Variation des Querschnitts in verschiedenen Ebenen des Einlasses, beispielsweise in der Kehle und im Diffusor, wird durch die radiale Segmentierung in Sektoren mit teilweiser Überlappung ermöglicht. Die radiale Segmentierung und die Überlappungen haben zur Folge, dass die Geometrie einen Polygonquerschnitt an Stelle eines idealen Kreisquerschnitts realisiert, vgl. Abbildung 4.8. Die Größe der Abweichung von einem idealen Kreisquerschnitt hängt vorrangig von der Sektorgröße ab. Der Einfluss dieser Abweichung auf die Einlassströmung ist zu untersuchen. Die Abweichungen können zum einen kleine Ungleichförmigkeiten der Strömung in der Ebene des Fans nach sich ziehen. Zum anderen können sie bewirken, dass potenzielle Ablöseblasen nicht über einen Sektor hinauswachsen und somit keine kritische Größe erreichen [358]. Kleine Sektoren resultieren in einer geringeren Abweichung und kleineren Segmenten S1 bis S8, die potenziell bei einem Vogelschlag verloren gehen könnten. Zudem können insbesondere im Bereich der Lippe potenziell entstehende Spalte zwischen Segmenten minimiert werden. Allerdings steigt gleichzeitig die Anzahl der Segmente über den Umfang. Bei einer Segmentgröße von 30° würden 12 Umfangssegmente resultieren, bei 20° wären es 18, bei 15° wären es 24 und bei 10° wären es 36. Unter

Berücksichtigung der genannten Einflüsse wurden 15°-Sektoren gewählt. Weiterhin erzeugen die Segmentverlängerungen zur Überlappung radiale Stufen im Größenbereich von 1 bis 2 mm, deren aerodynamische Auswirkungen in späteren Entwicklungsphasen zu untersuchen sind. Beim Verschieben bzw. Rotieren benachbarter Segmente sind Kollisionen zwischen diesen Bauteilen zu vermeiden. Um dies zu erreichen, müssen auch Teile einzelner Segmente ausgespart werden, vgl. Abbildung 4.40. Dies führt zu Lücken bzw. Spalten zwischen Teilsegmenten. Insbesondere im Lippenbereich ist die Spaltgröße stark von der Anzahl der axialen Segmente sowie der Sektorengröße abhängig.

Diese Spalte können aerodynamische Auswirkungen auf den Einlass und das Flugzeug haben und zu zusätzlichen Belastungen, Eisansammlungen sowie Verschmutzungen innerhalb des Einlasses führen. Zudem können sie einen Einfluss auf die Lärmentstehung haben. In Abhängigkeit ihrer Gestaltung können die Spalte allerdings auch für die erforderliche Ventilation des Einlasses genutzt werden. Zudem könnten sie einen positiven aerodynamischen Einfluss haben, indem sie die Grenzschicht abscheiden und somit sowohl den Widerstand als auch die Wahrscheinlichkeit von Strömungsablösungen verringern [336]. Der Einfluss möglicher Spalte des abschließenden Konzepts, sollte im weiteren Verlauf der Auslegung untersucht werden.

Sollte der Einfluss der Spalte negativ sein, sind Gegenmaßnahmen zu ergreifen, die wiederum Auswirkungen auf die Komplexität und die Effizienz des Konzeptes haben können. Beispielsweise können die Spalte durch eingeklebte oder festgenietete Elastomer-Verbindungen abgedichtet werden, sodass weder Luft, Wasser, Hagel, Eis noch Schmutz in das Innere des Einlasses eindringen können. Beispielhafte Umsetzungen hierfür können Abbildung 4.41 entnommen werden.

Alternativ kann ein Druckgefälle vom Inneren des Einlasses hin zur umströmten Oberfläche umgesetzt werden. Dies erfordert einerseits Energie, die dem Triebwerk entnommen werden muss und somit vom potenziellen Effizienzgewinn durch den variablen Einlass abzuziehen ist. Andererseits könnte Luft durch die Spalte gezielt in die Grenzschicht der Einlassumströmung eingeblasen werden und somit Strömungsablösungen verhindern [336].

Insbesondere am Staupunkt im Bereich der Einlasslippe ist eine glatte Geometrie erforderlich, um Strömungsablösungen und deren potenzielle Folgen zu vermeiden. Jedoch sollte ein variabler Einlass die Geometrie im Lippenbereich variieren können, um sowohl im Unter- als auch im Überschallbereich hohe Effizienz gewährleisten zu können, vgl. Abschnitt 4.4.3.

Eine Variation der Lippendicke des Einlasses kann durch Rotieren der Lippensegmente in der Schnittebene oder durch Überlappen der Lippensegmente

Axialspaltabdichtung

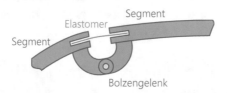

Umfangsspaltabdichtung

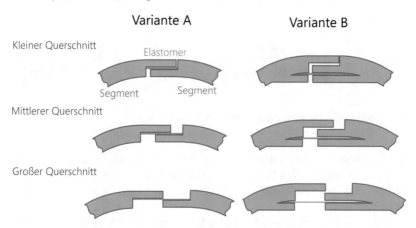

Abbildung 4.41 Möglichkeiten der Spaltabdeckung durch Elastomere

erreicht werden, vgl. Abbildung 4.42. Während beim Überlappen stets eine Stufe im Bereich der Vorderkante existiert, entsteht beim Rotieren ein Spalt. Die Größe des Spaltes ist unter anderem abhängig von der Sektorengröße und der Lagerung der Segmente. Beide Lösungen führen folglich zu einer negativen Beeinflussung der Strömung.

Unter anderem aus diesem Grund wird die Variante der Segmentrotation mit einem über den Umfang geschlossenen Vorderkantenring kombiniert. Der Vorderkantenring ist Bestandteil des Stellrings und wird mit diesem verschoben. Die Lippensegmente S7/S8 gleiten beim Verschieben des Stellrings auf diesem entlang. Die Spalte entstehen dadurch vom Staupunkt versetzt und sind etwa halb so groß wie bei der Variante ohne Vorderkantenring. Weiterhin kann die Kontur des Vorderkantenrings optimiert werden, um den Spalt zu minimieren. Durch

Rotierende Lippensegmente   Überlappende Lippensegmente

Seitenansicht   Vorderansicht   Seitenansicht   Vorderansicht

Unterschallflug

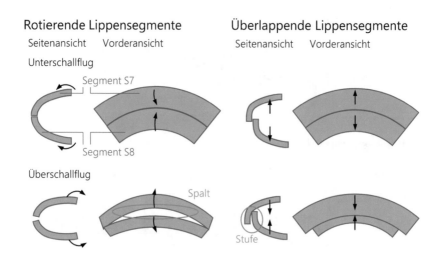

Überschallflug

Abbildung 4.42 Spaltentstehung beim Drehen runder Körper

die Verwendung eines Vorderkantenrings wird für alle Zustände des Konzepts eine glatte Oberfläche im Bereich um den Staupunkt erreicht. Hierzu zählen die Zustände für Unterschall- und Überschallbetrieb, aber auch die Zwischenzustände beim Verfahren.

Bei entsprechender Auslegung des Stellmechanismus wäre es möglich, für jede Flugphase einen entsprechenden Zustand mit zugehöriger Geometrie umzusetzen. Insbesondere die Lage und Länge der Verbindungsstäbe ist hierbei ausschlaggebend. In späteren Entwicklungsphasen sollten die potenziell daraus resultierenden Vorteile bezüglich Effizienz und Betriebsverhalten mit dem erhöhten Entwicklungsaufwand und der zusätzlichen Komplexität des resultierenden Konzepts abgewogen werden.

Die Ausführung der Vorderkante als geschlossener Ring birgt über die strömungsmechanischen Verbesserungen hinaus weitere Vorteile in Bezug auf Sicherheit und Stabilität im Vogelschlagfall. Der über den Umfang geschlossene Ring kann dicker ausgeführt werden als drehbare Lippensegmente und ist widerstandsfähiger gegen Verformung und Bruch. Wie beschrieben, ermöglicht die Verwendung eines Vorderkantenrings die Variation der Einlasslippendicke. Dabei ist aus Gründen der Konstruktion und Fertigung eine Mindesthöhe und -dicke des Vorderkantenrings erforderlich. Beispielsweise müssen die Schienen für die gelenkige Gleitlagerung der Segmente S7 und S8 integriert werden können. Daraus resultiert eine minimal erforderliche Bauhöhe, worauf in der nachfolgenden Auslegung genauer eingegangen wird. Weiterhin ist bei der Verwendung eines Vorderkantenrings keine relevante Änderung des Eintrittsquerschnittes möglich, was bei der Festlegung der geeigneten Geometrien und der anschließenden Konzeptgruppenbewertung in Abschnitt 4.4 berücksichtigt wurde. Eine Variation des Vorderkantenquerschnitts wäre mit einer über den Umfang segmentierten Vorderkante möglich. Jedoch werden bei gleichzeitiger Umsetzung einer Lippendickenvariation komplexe Abdichtungen notwendig, um der Entstehung großer Spalte entgegenzuwirken. Bei der Verwendung starrer Abdichtsegmente müssten diese über Kardan- oder Kugelgelenke realisiert werden [314, S. 87–90]. Bei Nutzung elastischer Abdichtungen wäre das elastische Material starken Belastungen in mehrere Richtungen ausgesetzt. Dies würde sich zusätzlich negativ auf die Lebensdauer auswirken. Beide Lösungen wären bei einer geringfügig günstigeren Geometrie aufgrund ihrer Komplexität im regulären Betrieb und insbesondere im Vogelschlagfall deutlich schadensanfälliger als ein starrer, geschlossener Vorderkantenring.

Der Vorderkantenring ist im Unterschallbetrieb hinter den vorderen Segmenten S7 und S8 verstaut, um eine möglichst störungsfreie Umströmung in diesem Betriebsfall zu ermöglichen. Ein Nicht-Verstauen des Vorderkantenrings, vgl. Abbildung 4.43, könnte noch etwas kleinere Segmente S7/8 und kleinere Spalte bei einer annähernd gleichwertigen Geometriegüte ermöglichen. Folglich könnte auch diese Möglichkeit gewählt werden.

Die Verbindung des Vorderkantenrings mit den Segmenten S7 und S8 erfolgt über Gelenkverbindungen, die auf Schienen entlanggleiten. Die Gelenkverbindungen bestehen dabei aus jeweils einem Bolzen BRV7/8, der über ein Verbindungsteil VS7/8 fest mit dem jeweiligen Segment S7/8 verbunden ist. Die Schienen verlaufen hierbei auf einer Bahnkurve, die derart geformt ist, dass Spalte und Überlappungen im Lippenbereich minimiert werden. Trotz der Rundung und des eingeschränkten vorhandenen Bauraums in der Vorderkante des Stellrings sollten zwei Verbindungsstäbe VS7 bzw. VS8 und Gelenkbolzen BRV7 bzw. BRV8 pro 15°-Sektor eingeplant werden. Die Integration eines zweiten Verbindungsstabs pro Sektor erhöht die Sicherheit gegen Segmentverlust, beispielsweise im Vogelschlagfall.

Die Schienen werden intern in den Bauraum des Vorderkantenrings R integriert, da sie so die Strömung im geringstmöglichen Umfang beeinflussen und im Vergleich zu alternativen Umsetzungen die größte Lebensdauer und Zuverlässigkeit aufweisen. Alternativ könnten die Schienen extern auf dem Vorderkantenring angebracht sein, wo sie die Strömung stärker beeinflussen würden und zudem anfälliger für Verschmutzungen wären, vgl. Abbildung 4.44 Mitte. Weiterhin

Verstauter Vorderkantenring   Freier Vorderkantenring

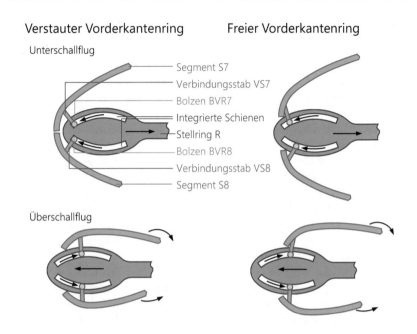

Abbildung 4.43 Optionen der Ausführung des Vorderkantenrings

besteht auch die Möglichkeit, auf Schienen zu verzichten und stattdessen eine Verbindung mit Hilfe eines Elastomers zu realisieren, welches die Segmente S7 und S8 mit dem Vorderkantenring verbindet, vgl. Abbildung 4.44 rechts. Die Lebensdauer dieser Elastomer-Komponente wäre jedoch aufgrund der auftretenden mechanischen und thermalen Beanspruchungen stark eingeschränkt. Weiterhin würde durch die Einspannung eine Krümmung der Geometrie verhindert werden, was wiederum die Einlassumströmung beeinträchtigen kann. Dennoch bietet die Variante einer Elastomerlippe den Vorteil eines geringen erforderlichen Bauraums. Aus diesem Grund findet sie beim Bau eines maßstabsgetreuen verkleinerten Funktionsdemonstrators Anwendung, vgl. Abschnitt 4.5.4.

Umgang mit dem Risiko eines Vogelschlags

Die durchgeführten Sicherheitsanalysen, insbesondere die PRA, vgl. Abschnitt 4.4.1, stellen die Bedeutung des Vogelschlagrisikos heraus. Im Vogelschlagfall besteht die Gefahr, dass Bauteile des Konzepts stark plastisch verformt werden, strukturell versagen oder auch verloren gehen können. Daraus

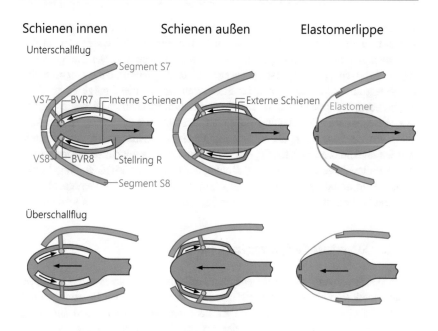

Abbildung 4.44   Optionen der Lippengestaltung

können gefährliche Folgen resultieren. Einerseits können infolge mehrerer von Vogelschlag betroffener Triebwerkseinlässe unzulässige Veränderungen der umströmten Konturen auftreten, die in einem Schubverlust des Flugzeugs resultieren können. Andererseits können verloren gegangene Komponenten sicherheitskritische Bauteile, wie das Leitwerk, beschädigen und somit zum Kontrollverlust über das Flugzeug führen.

Ein Verlust von Konzeptkomponenten kann umgangen werden, indem die Bauteile gegen Vogelschlaglasten ausgelegt werden oder redundante Vorkehrungen [53, S. 144] zum Halten der Segmente integriert werden. Die Stabilität des Konzepts im Vogelschlagfall wird vorrangig durch die Auslegung des umlaufenden Vorderkantenrings gewährleistet. Dieser darf sich unter Vogelschlaglasten zwar verformen, allerdings nicht strukturell versagen. Die umströmten Segmente im Lippenbereich S7 und S8, die mit hoher Wahrscheinlichkeit getroffen werden, haben kleine Abmaße und folglich eine geringe Masse, sodass die Folgen eines potenziellen Abfallens beherrschbar wären. Dies wird im Rahmen der anschließenden ersten Auslegung nachgewiesen, vgl. Anhang A.6.4.

Zudem sind, wie auch bei allen weiteren umströmten Segmenten, die Verbindungsstäbe und Gelenke redundant ausgeführt. In der nachfolgenden strukturellen Dimensionierung wird gezeigt, ob zudem eine Auslegung dieser Komponenten gegen Vogelschlag möglich ist. Ist besagte Auslegung aufgrund des eingeschränkten Bauraums oder der großen resultierenden Masse nicht möglich, wird ein redundanter Haltemechanismus für die Segmente erforderlich, der sich im Fall des Versagens eines Verbindungsstabs oder Gelenkbolzens aktiviert. Hierfür kann beispielsweise eine im regulären Betrieb unbelastete Stahlseilhalterung verwendet werden, die die benachbarten Segmente miteinander und mit dem Stellring verbindet. Auf diese Weise wäre die Umströmung des Einlasses nach einem Vogelschlag zwar gestört und die Einlassgeometrie könnte nicht mehr variiert werden, aber der gefährliche Verlust eines oder mehrerer Segmente würde vermieden werden.

4.5.2 Strukturelle Dimensionierung

Nach der Festlegung des grundlegenden Aufbaus des Einlasskonzepts, wurden seine wichtigsten Komponenten basierend auf den auftretenden Belastungen mittels Festigkeitsnachweis ausgelegt. Dies bedeutet, dass Dimensionen und Materialien der Konzeptkomponenten in der Art gewählt werden, dass die strukturelle Festigkeit der Komponenten beim Wirken der regulär auftretenden Ermüdungs- und Grenzlasten, vgl. Abschnitt 4.1.1, gewährleistet ist. Der Festigkeitsnachweis erfolgte für die folgenden Komponenten:

- die umströmten Segmente S1 bis S8,
- den Stellring R,
- die Führungsschienen F,
- die Verbindungsstäbe VS1 bis VS8,
- die Gelenkbolzen BSG1/2, BS13/24/35/46/57/68, BSV1 bis BSV6, BRV1 bis BRV8 sowie
- die Aktorik A.

In Abhängigkeit der vorrangingen Beanspruchung einer Komponente wurde hierbei das Versagen durch Gewaltbruch, unzulässig große Verformungen oder Knicken untersucht.

Für weiterführende Versuche am Boden oder in der Luft sind zusätzliche Auslegungsrechnungen auf einem höheren Detaillierungsgrad erforderlich. Zudem müssen die hier noch nicht detailliert untersuchten Konzeptkomponenten, wie Schrauben und Dichtungen, dimensioniert werden.

Vorhandene Bauteilbeanspruchungen

Grundlage eines jeden Festigkeitsnachweises ist die Ermittlung der vorhandenen Bauteilbeanspruchung. Bauteile können mechanisch auf Zug, Druck, Biegung, Schub, Torsion, Flächenpressung, Knicken, Beulen und Kippen beansprucht werden, wobei sich diese Beanspruchungen auch überlagern können [302, S. 43–45], [305], [359]. Die genannten Beanspruchungen können statisch oder in verschiedenen dynamischen Abstufungen auftreten [302, S. 43–45]. Weiterhin können aufgrund variierender Temperaturen auf der Einlassoberfläche thermisch induzierte Spannungen auftreten. Zudem ist bei der Auswahl möglicher Elastomer-Werkstoffe für Abdichtungsaufgaben zu beachten, dass durch die Reibung im Überschallbereich hohe Temperaturen erreicht werden können. So traten bei Fluggeschwindigkeiten von Mach 2 auf der Oberfläche der Concorde Temperaturen von über 100 °C auf [360].

Für die erste Dimensionierung des Einlasskonzepts wurden vorrangig die wirkenden Strömungslasten $F_{Strömung}$ und $p_{Strömung}$ sowie die Vogelschlaglast F_{Vogel} verwendet, vgl. Abbildung 4.45. Die Ermittlung dieser Lasten ist in Anhang A.1 ausführlich beschrieben. Zudem wurden bei der Auslegung die wirkenden Gewichtskräfte $F_{Gewicht}$ berücksichtigt.

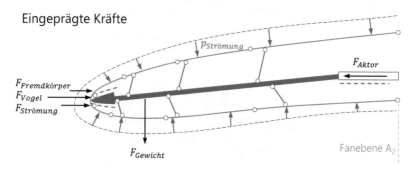

Abbildung 4.45 Einlassbelastungen

Fremdkörpereinschläge $F_{Fremdkörper}$, zu denen Hagel, Regen und angesaugte Kleinteile, wie Schrauben, Nieten und Steinchen, zählen, wurden im Rahmen dieser Auslegung nicht explizit beachtet, da sich deren Einfluss auf variable Einlässe nicht signifikant von dem auf konventionelle Einlässe unterscheidet.

Zukünftig könnte auch die Auslegung gegen den Einschlag kleinerer Drohnen bis etwa 2 kg erforderlich werden. Nach aktuellem Stand existieren hierzu für den Einlass noch keine relevanten behördlichen Nachweisforderungen. In Abschnitt 4.5.5 werden die Risiken einer Kollision mit einer Drohne erläutert.

Aus Abbildung 4.46 gehen die Belastungen hervor, die auf die freigeschnittenen Komponenten des variablen Systems wirken. Die in orangener Farbe hervorgehobenen Belastungen wurden bei der Auslegung vorrangig berücksichtigt.

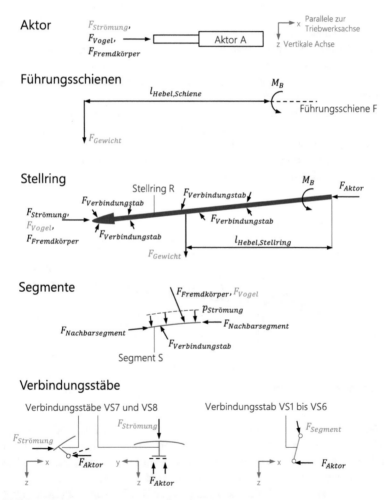

Abbildung 4.46 Freigeschnittene Einlasskomponenten

Aus den Belastungen, die auf den Einlass und seine Komponenten wirken, ergeben sich die Beanspruchungen auf seine Komponenten und die potenziell daraus resultierenden Versagensformen, wie unzulässig große Verformungen, Knicken, Gewaltbruch, mechanische Abnutzung oder Beulen, vgl. Tabelle 4.19. Die Auslegung der einzelnen Komponenten gegen die ermittelten Beanspruchungen ist Anhang A.6 zu entnehmen.

Tabelle 4.19   Auf die Einlasskomponenten wirkende Beanspruchungen

ID	Bauteilbezeichnung	Vorrangige Beanspruchungen	Auslegung
G	Statische Gondel	–	–
A	Aktorik	Zug-/Druckbeanspruchung beim Stellvorgang und im regulären Flugbetrieb; Knickbeanspruchung bei Vogelschlag	Anhang A.6.6
F	Führungsschienen	Biegung durch Gewichtskraft der zu tragenden Komponenten, Strömungs- und Manöverlasten	Anhang A.6.3
R	Stellring	Biegung, vgl. Führungsschienen; Schub-, Druck- und Knickbeanspruchung bei Vogelschlag; Erosion, Hagel und Fremdkörpereinschläge; thermomechanische Ermüdung und Spannungen durch Enteisungssystem und Umgebung	Anhang A.6.2
S1 bis S8	Segmente 1 bis 8	Druck-/Zugbeanspruchung durch Strömungslast; Erosion, Hagel und Fremdkörpereinschläge; thermomechanische Ermüdung durch Enteisungssystem und Umgebung; Schub- und Reibungsbeanspruchung durch Segmente benachbarter Sektoren	Anhang A.6.1
VS1 bis VS8	Verbindungsstäbe 1 bis 8	Druck-, Zug-, Biege- und Knickbeanspruchung durch Strömungs- und Aktorlasten sowie Hagel-, Vogel- und Fremdkörpereinschläge	Anhang A.6.4
BSG1/2, BS13/24/35/46/57/68, BSV1 bis BSV6, BRV1 bis BRV6,	Gelenkbolzen	Biegung, Scherung und Flächenpressung durch Strömungs- und Aktorlasten sowie Hagel-, Vogel- und Fremdkörpereinschläge	Anhang A.6.5
BRV7/8	Gelenkbolzen in Segment 7 und 8	Vgl. Gelenkbolzen; zusätzlich Reibverschleiß beim Stellvorgang	Anhang A.6.5

Dimensionen der benötigten Komponenten

Aus der Auslegung der Systemkomponenten gegen die potenziell wirkenden Beanspruchungen ergeben sich die in Tabelle 4.20 aufgelisteten Bauteildimensionen und gewählten Werkstoffe. Die Masse der jeweiligen Komponenten lässt sich aus dem Produkt ihres ungefähren Volumens und der Dichte des verwendeten Materials bestimmen. Die Volumina der Komponenten berechnen sich aus den gewählten Bauteilabmessungen, deren Auslegung in Anhang A.6 detailliert beschrieben ist. Für die Aluminiumknetlegierungen EN AW-2024 und EN AW 7075 kann eine Dichte von 2,7 g/cm^3 angenommen werden und für Stahl S275JR eine Dichte von 7,85 g/cm^3. Somit ergibt sich eine Gesamtmasse der dimensionierten Komponenten des Einlasskonzepts von etwa 172 kg.

4.5.3   Rechnerunterstützte 3D-Modellierung und Gestaltung

Basierend auf den erforderlichen Bauteilabmessungen, die aus den Untersuchungen zur Kinematik sowie der ersten Konzeptauslegung hervorgehen, erfolgte die 3D-Modellierung des Konzepts mit dem CAD-System Siemens NX12. Nachfolgend werden die einzelnen 3D-modellierten Komponenten und deren mechanische Verbindungen miteinander vorgestellt.

Statische Gondel

Von der statischen Gondel G wurde nur der starre Bereich des Einlasses als ein zusammenhängendes Bauteil modelliert. Dieser überträgt durch eine Flanschverbindung sämtliche auf das variable Konzept wirkenden Belastungen auf die restliche Triebwerksgondel. Der umströmte Anteil des starren Bereichs beträgt 30 mm. Dies stellt sicher, dass direkt vor dem Fan eine ideale Kreisquerschnittsfläche des Einlasses vorliegt. Beim Übergang zwischen dem statischen und dem variablen Bereich sind Stufen und Spalte zu minimieren, um Störungen der Strömung zu vermeiden, vgl. Abbildung 4.41.

Weiterhin sind zur Übertragung der wirkenden Belastungen Montageflächen für die Führungsschienen F und die Aktorik A vorgesehen, vgl. Abbildung 4.47.

Für die Funktion des variablen Einlasses sind Kabel und Leitungen erforderlich, um beispielsweise Strom für die Aktorik oder das Enteisungssystem bereitzustellen. Diese müssen aus der restlichen Gondel durch den Verbindungsflansch zu den Komponenten des variablen Systems geleitet werden. Der Bauraum im variablen Einlass ist ausreichend für die Unterbringung dieser Leitungen.

Tabelle 4.20 Dimensionierte Einlasskomponenten

ID	Bauteilbezeichnung	Abmaße	Material	Einzelmasse [kg]	Gesamtmasse [kg]
G	Statische Gondel	Innendurchmesser Fanebene Ø1.276 mm; Außendurchmesser Fanebene Ø1.844 mm	–	–	–
A	Aktorik	Linearzylinder: 55 mm × 55 mm × 385 mm; Spindeldurchmesser: Ø12 mm	Stahl und Aluminium	3,000	18,000
F	Führungsschienen	Schienen: 10 mm × 8 mm × 100 mm	EN AW 7075	0,054	1,296
R	Stellring	Minimaler Durchmesser: Ø1.240 mm; Maximaler Durchmesser: Ø1.290 mm; Länge: 1.200 mm; Vorderkantenring: ca. 60 mm × 20 mm auf mittlerem Durchmesser von Ø1.260 mm; Minimale Wandstärke der Kreisringquerschnittsbereiche: 1 mm; Querschnitt der segmentierte Bereiche pro 15°-Sektor: 10 mm × 5 mm	EN AW 7075	29,538	29,538
S1	Segment 1	253.706 mm^2 × 3 mm	EN AW-2024	2,055	49,320

(Fortsetzung)

Tabelle 4.20 (Fortsetzung)

ID	Bauteilbezeichnung	Abmaße	Material	Einzelmasse [kg]	Gesamtmasse [kg]
S2	Segment 2	147.442 mm^2 × 3 mm	EN AW-2024	1,194	28,663
S3	Segment 3	65.664 mm^2 × 3 mm	EN AW-2024	0,532	12,765
S4	Segment 4	82.003 mm^2 × 3 mm	EN AW-2024	0,664	15,941
S5	Segment 5	10.632 mm^2 × 3 mm	EN AW-2024	0,086	2,067
S6	Segment 6	19.197 mm^2 × 3 mm	EN AW-2024	0,155	3,732
S7	Segment 7	6.392 mm^2 × 3 mm	EN AW-2024	0,052	1,243
S8	Segment 8	6.669 mm^2 × 3 mm	EN AW-2024	0,054	1,296
VS1	Verbindungsstab 1	Ø10 mm × 130 mm	EN AW 7075	0,028	1,323
VS2	Verbindungsstab 2	Ø10 mm × 131 mm	EN AW 7075	0,028	1,333
VS3	Verbindungsstab 3	Ø6 mm × 63 mm	EN AW 7075	0,005	0,231
VS4	Verbindungsstab 4	Ø6 mm × 82 mm	EN AW 7075	0,006	0,300
VS5	Verbindungsstab 5	Ø4 mm × 54 mm	EN AW 7075	0,002	0,088
VS6	Verbindungsstab 6	Ø4 mm × 72 mm	EN AW 7075	0,002	0,117
VS7	Verbindungsstab 7	Ø4 mm × 14 mm	EN AW 7075	0,000	0,022
VS8	Verbindungsstab 8	Ø4 mm × 16 mm	EN AW 7075	0,001	0,026
BSG1	Gelenkbolzen SG1	Ø4 mm × 10,4 mm	Stahl S275JR	0,001	0,049
BSG2	Gelenkbolzen SG2	Ø10 mm × 26 mm	Stahl S275JR	0,016	0,769
BS13	Gelenkbolzen S13	Ø4 mm × 10,4 mm	Stahl S275JR	0,001	0,049
BS24	Gelenkbolzen S24	Ø8 mm × 20,8 mm	Stahl S275JR	0,008	0,394

(Fortsetzung)

Tabelle 4.20 (Fortsetzung)

ID	Bauteilbezeichnung	Abmaße	Material	Einzelmasse [kg]	Gesamtmasse [kg]
BS35	Gelenkbolzen S35	Ø4 mm × 10,4 mm	Stahl S275JR	0,001	0,049
BS46	Gelenkbolzen S46	Ø4 mm × 10,4 mm	Stahl S275JR	0,001	0,049
BS57	Gelenkbolzen S57	Ø4 mm × 10,4 mm	Stahl S275JR	0,001	0,049
BS68	Gelenkbolzen S68	Ø4 mm × 10,4 mm	Stahl S275JR	0,001	0,049
BSV1	Gelenkbolzen SV1	Ø4 mm × 10,4 mm	Stahl S275JR	0,001	0,049
BSV2	Gelenkbolzen SV2	Ø10 mm × 26 mm	Stahl S275JR	0,016	0,769
BSV3	Gelenkbolzen SV3	Ø4 mm × 10,4 mm	Stahl S275JR	0,001	0,049
BSV4	Gelenkbolzen SV4	Ø8 mm × 20,8 mm	Stahl S275JR	0,008	0,394
BSV5	Gelenkbolzen SV5	Ø4 mm × 10,4 mm	Stahl S275JR	0,001	0,049
BSV6	Gelenkbolzen SV6	Ø4 mm × 10,4 mm	Stahl S275JR	0,001	0,049
BRV1	Gelenkbolzen RV1	Ø4 mm × 10,4 mm	Stahl S275JR	0,001	0,049
BRV2	Gelenkbolzen RV2	Ø10 mm × 26 mm	Stahl S275JR	0,016	0,769
BRV3	Gelenkbolzen RV3	Ø4 mm × 10,4 mm	Stahl S275JR	0,001	0,049
BRV4	Gelenkbolzen RV4	Ø8 mm × 10,4 mm	Stahl S275JR	0,008	0,394
BRV5	Gelenkbolzen RV5	Ø4 mm × 10,4 mm	Stahl S275JR	0,001	0,049
BRV6	Gelenkbolzen RV6	Ø4 mm × 10,4 mm	Stahl S275JR	0,001	0,049
BRV7	Gelenkbolzen RV7	Ø4 mm × 11,2 mm	Stahl S275JR	0,001	0,054
BRV8	Gelenkbolzen RV8	Ø4 mm × 11,2 mm	Stahl S275JR	0,001	0,054
					ca. 172

Statische Gondel

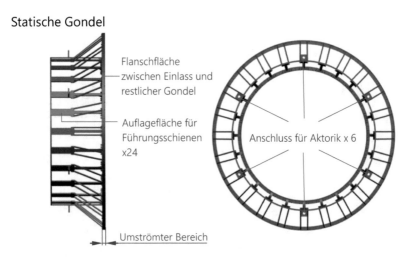

Flanschfläche
zwischen Einlass und
restlicher Gondel

Auflagefläche für
Führungsschienen
x24

Anschluss für Aktorik x 6

Umströmter Bereich

Abbildung 4.47 Statischer Teil des Einlasses

Bei der Installation dieser Kabel und Leitungen sind jedoch auch Interaktionen mit den variablen Komponenten zu vermeiden, vgl. Abschnitt 4.4.1. Aus diesem Grund sollten in einer späteren Entwicklungsphase die Kabelwege modelliert und detailliert untersucht werden.

Aktorik

Die erforderlichen Komponenten der Aktorik A bestehen aus Stelltrieb, Motorsteuerung und Leitungen. Diese Komponenten wurden gemäß ihrer erforderlichen Abmessungen, vgl. Anhang A.6.6, vom Hersteller Festo übernommen [361]. CAD-Modelle des ausgewählten Stelltriebs und der zugehörigen Motorsteuerung sind in Abbildung 4.48 dargestellt [361]. Als Stelltriebe werden sechs Elektrozylinder der Baureihe EPCO-40-50-5P-ST-E [361] verwendet. Diese werden im statischen Teil des Einlasses montiert und die ausfahrbaren Stellglieder mit dem Stellring R verbunden. Die Motorsteuerung CMMO-ST-C5-1-DIOP könnte auch innerhalb des statischen Bereichs des Einlasses installiert werden. Sie erhält ein Stellsignal von der triebwerksseitigen Aktorsteuerung und beliefert die Elektrozylinder mit der erforderlichen Stellenergie, vgl. Abschnitt 2.4.3.

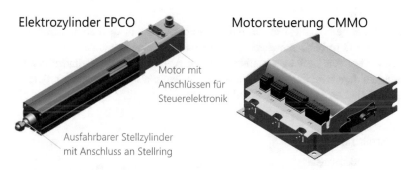

Elektrozylinder EPCO

Motor mit
Anschlüssen für
Steuerelektronik

Ausfahrbarer Stellzylinder
mit Anschluss an Stellring

Motorsteuerung CMMO

Abbildung 4.48 Aktorik des variablen Einlasskonzepts

Führungsschienen

Die Führungsschienen F sind als Gleitschienen bestehend aus Schiene und Schlitten ausgeführt, vgl. Abbildung 4.49. Die Schiene ist hierbei fest mit der Auflagefläche im statischen Teil des Einlasses verbunden, vgl. Abbildung 4.47. Der Schlitten ist fest mit dem Stellring R verbunden und stellt somit dessen axiale Führung sicher. Für die festen Verbindungen der Bauteile untereinander können beispielsweise Schraubverbindungen verwendet werden. Sowohl die Profilflächen der jeweiligen Schienen als auch die der Schlitten erreichen die strukturell erforderliche Querschnittsfläche von 80 mm², um den wirkenden Biegebeanspruchungen standzuhalten, vgl. Anhang A.6.3.

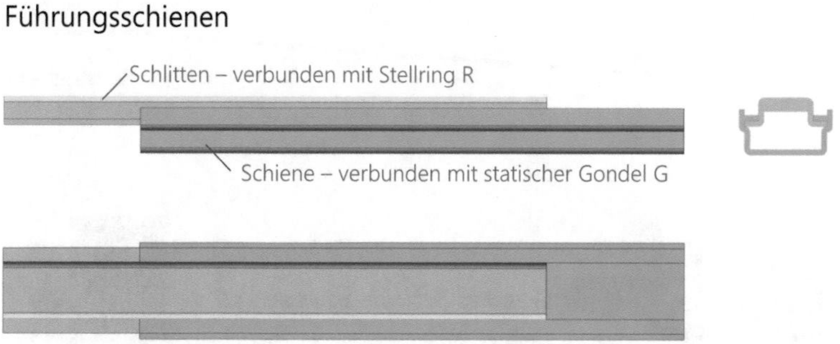

Führungsschienen

Schlitten – verbunden mit Stellring R

Schiene – verbunden mit statischer Gondel G

Abbildung 4.49 Führungsschienen

Stellring

Der Stellring R wird über die Führungsschienen F mit dem statischen Teil des Einlasses G verbunden und gelagert. Zudem wird seine axiale Position mittels der sechs über den Umfang verteilten Aktoren A gesteuert. Aus Gründen der Massenreduktion wird der Stellring nicht durchgängig als Ring, sondern größtenteils segmentiert ausgeführt, vgl. Abbildung 4.50.

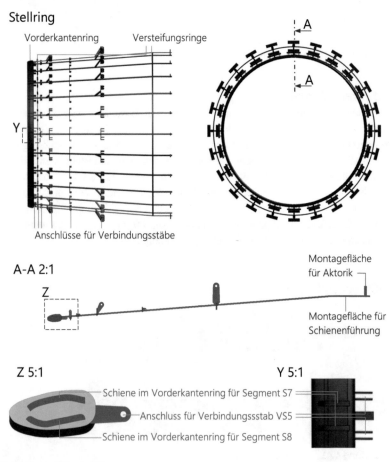

Abbildung 4.50   Stellring

An den Aufnahmestellen der Verbindungsstäbe ist er jedoch zur Versteifung der Konstruktion ringförmig gestaltet. Auch im Bereich der Vorderkante ist der Stellring als durchgängiger Ring realisiert. Zudem sind in diesem Bereich die Schienen zur Aufnahme der Gelenkbolzen BRV7/8 der Segmente S7/8 integriert, vgl. Detail Z in Abbildung 4.50.

Verbindungsstab
Die Verbindungsstäbe VS1 bis VS6 sind gemäß ihrer Auslegung in Anhang A.6.4 dimensioniert. Dies ist in Abbildung 4.51 am Beispiel von Verbindungsstab VS5 dargestellt.

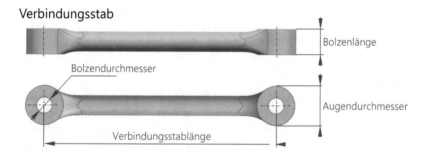

Abbildung 4.51 Verbindungsstab VS5

Gelenkverbindungen zwischen Stellring und Verbindungsstäben
Mit Hilfe der in Anhang A.6.5 dimensionierten Bolzen werden die Verbindungsstäbe VS1 bis VS6 am Stellring montiert, vgl. Abbildung 4.52. Dabei ist in der Gabel auf der Seite des Stellrings eine Übermaßpassung realisiert, die einen Verlust der Bolzen durch Herausrutschen verhindert. Zusätzlich kann der Bolzen durch einen Splint gegen axiales Verrutschen gesichert werden. Zwischen den Bolzen und den Verbindungsstäben werden Spielpassungen gewählt, um die Drehbewegung der Verbindungsstäbe zu ermöglichen.

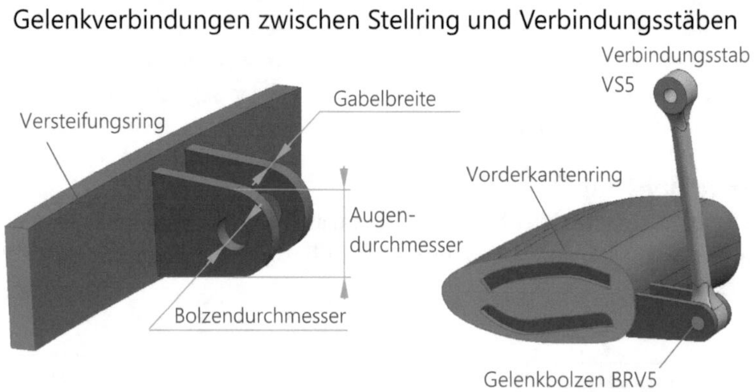

Gelenkverbindungen zwischen Stellring und Verbindungsstäben

Abbildung 4.52   Gelenkverbindung zwischen Stellring und Verbindungsstab

Segmente

Die umströmten Segmente S1 bis S8 des Systems basieren auf einem 15° großen Ringsegment als Grundkörper, vgl. Abbildung 4.53. Zusätzlich sind die Gelenkgabeln und Stangen für die Verbindungen mit dem zugehörigen Verbindungsstab und den Nachbarsegmenten des betreffenden Sektors Bestandteil der Segmente. Dabei ist bei den Segmenten S1 bis S6 für die Verbindung mit dem Vordersegment stets die Gelenkgabel am Segment untergebracht und für die Verbindung mit dem stromabwärtsliegenden Segment die Gelenkstange. Bei den Lippensegmenten S7 und S8 sind die zugehörigen Verbindungsstäbe VS7/VS8 sowie die Bolzen BRV7/BRV8, die im Vorderkantenring entlanggleiten, feste Bestandteile dieser Segmente. Trotz der Rundung und des eingeschränkten vorhandenen Bauraums in der Vorderkante des Stellrings ist es möglich, jeweils zwei Verbindungsstäbe VS7/VS8 und Gelenkbolzen BRV7/BRV8 pro 15°-Sektor zu integrieren.

Daraus resultieren verschiedene Vorteile. Beispielsweise wird das gleichmäßige Abgleiten der Bolzen entlang der Schienen des Stellrings erleichtert. Weiterhin trägt die doppelte Ausführung der Verbindungsstäbe und der Gelenkbolzen zu einer erhöhten Sicherheit gegen Segmentverlust bei, vgl. Anhang A.6.

Segmente S1 bis S6

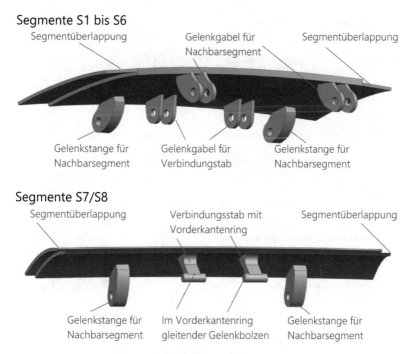

Abbildung 4.53   Aufbau der umströmten Segmente

Wie zuvor beschrieben, werden für die Umsetzung einer Querschnittsvariation Segmentüberlappungen verwendet, vgl. Abbildung 4.11. Diese Überlappungen sind Bestandteil der Segmente und beidseitig in diese integriert. Um bei der Querschnittsvariation das Auftreten größerer Spalte oder von Bauteilkollisionen zu verhindern, müssen die Überlappungen zwischen den Segmenten benachbarter Sektoren parallel zueinander sein, vgl. Abbildung 4.54. Die Erstellung der parallelen Überlappungen wird nachfolgend beschrieben.

Segmentüberlappungen

Erstellung eines 15°-Grundkörpers durch Rotation

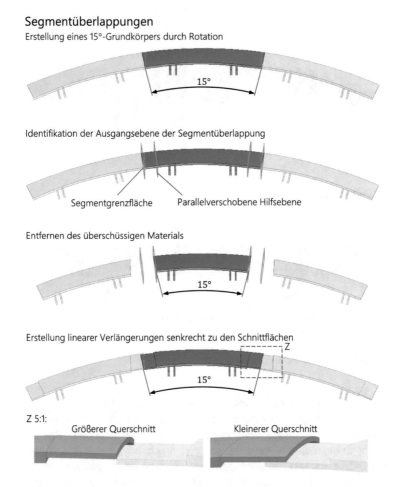

Identifikation der Ausgangsebene der Segmentüberlappung

Segmentgrenzfläche   Parallelverschobene Hilfsebene

Entfernen des überschüssigen Materials

Erstellung linearer Verlängerungen senkrecht zu den Schnittflächen

Z 5:1:
Größerer Querschnitt   Kleinerer Querschnitt

Abbildung 4.54   Gestaltung der Segmentüberlappungen

Die Außenflächen des rotierten Segmentgrundkörpers stehen in einem Winkel von 15° zueinander. Bei einer Querschnittsvariation würden die Segmentverlängerungen benachbarter Sektoren jedoch miteinander kollidieren. Deshalb werden Hilfsebenen erstellt, die parallel zu den Außenflächen des Grundkörpers liegen. Der Abstand der Hilfsebenen zu den ursprünglichen Außenflächen entspricht dabei der späteren Größe der Segmentüberlappungen. Das Material zwischen den erstellten Ebenen und den ursprünglichen Außenflächen wird entfernt. Die somit neu entstehenden Außenflächen weisen ebenfalls einen Winkel von 15° zueinander auf. Die neuen Außenflächen werden mit der halben Segmentdicke senkrecht zur Schnittfläche linear verlängert. Somit sind die Segmentüberlappungen parallel zueinander.

Dennoch ist die Entstehung kleinerer Spalte im Lippenbereich bei der Querschnittsvariation aufgrund der relativen Drehung der Segmente in der Ebene nicht vermeidbar. Durch die geringe Größe der Sektoren von 15° werden diese Spalte jedoch minimiert. Aufgrund der Segmentüberlappungen entstehen auf der umströmten Kontur des Einlasses axiale Stufen in Höhe von 1,5 mm.

Gelenkverbindungen zwischen Segmenten

Wie bei der gelenkigen Verbindung zwischen Stellring R und den Verbindungsstäben VS1 bis VS6 wird die Verbindung benachbarter Segmente durch Bolzengelenke realisiert, vgl. Abbildung 4.55. Hierbei wird zwischen der Gelenkgabel und dem Bolzen stets eine Übermaßpassung realisiert, um einen Verlust des Gelenkbolzens zu verhindern. Zwischen der Gelenkstange und dem Bolzen wird eine Spielpassung verwendet, um die Drehbewegung der Segmente zueinander zu ermöglichen.

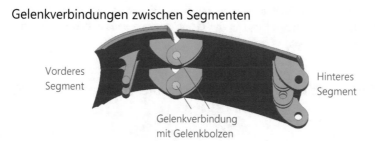

Abbildung 4.55 Gelenkverbindungen zwischen Segmenten

Durch die Rotation der Segmente könnten diese miteinander kollidieren, was durch Aussparungen umgangen werden kann, vgl. Abbildung 4.40. In Abbildung 4.56 sind die real auftretenden Spalte mit einer Größe von bis zu 5 mm dargestellt. Diese sollten in der weiteren Entwicklung untersucht werden und ggf. durch Elastomere abgedichtet werden, vgl. Abbildung 4.41.

Aussparungen

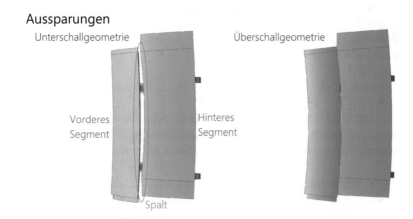

Abbildung 4.56 Erforderliche Aussparungen zwischen Segmenten

Gelenkverbindungen zwischen Segmenten und Verbindungsstäben

Für die Gelenkverbindungen zwischen den Verbindungstäben VS1 bis VS6 und den zugehörigen Segmenten werden ebenfalls Bolzen verwendet, vgl. Abbildung 4.57. Die Bolzen werden dabei in die segmentseitigen Gelenkgabeln mit Übermaßpassungen und in die Gelenkstangen seitens der Verbindungsstäbe mittels Spielpassungen eingefügt.

Gelenkverbindungen zwischen Segmenten und Verbindungsstäben

Abbildung 4.57 Gelenkverbindung zwischen Segment und Verbindungsstab

Gelenkverbindungen zwischen Segmenten und Vorderkantenring

Die Gelenkbolzen der Segmente S7 und S8 sind über eine Spielpassung in die Schienen des Vorderkantenrings integriert, vgl. Abbildung 4.58.

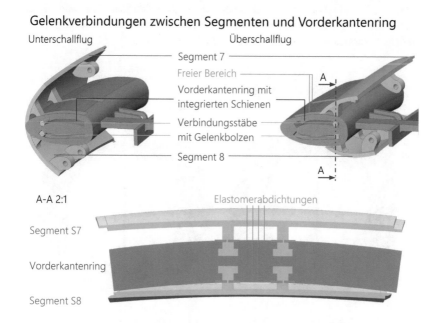

Abbildung 4.58 Gelenkverbindungen zwischen Segmenten und Vorderkantenring

Dies ermöglicht ein Gleiten der Segmente entlang der Schienen und somit eine Variation der Lippengeometrie. Für die Montage muss ein kleiner Zugang zu den Schienennuten in den Vorderkantenring integriert werden. Damit die Bolzen im Betrieb nicht aus dem Vorderkantenring herausfallen können, muss der Zugang nach der Montage wieder verschlossen werden, beispielsweise durch eine verschraubte Abdeckung.

   Beim Verfahren in die Überschallgeometrie kann innerhalb der Schienenkanäle im Vorderkantenring R ein freier Bereich zwischen den Schienen und den Verbindungsstäben VS7/8 entstehen, vgl. Abbildung 4.58 oben und Detail Y in Abbildung 4.59. In diesen Bereich könnten Schmutz und Wasser eindringen und somit die Funktionsweise des variablen Einlasses gefährden. Dies wäre durch eine Abdichtung aus Elastomeren, die die Schienenkanäle im Vorderkantenring abdichtet, vermeidbar, vgl. Schnitt A-A in Abbildung 4.58.

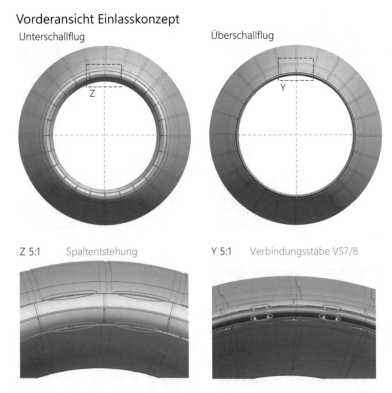

Abbildung 4.59 Vorderansicht des zusammengebauten CAD-Modells

Zusammenbau

Die zu einem Gesamtmodell zusammengefügten Komponenten des Konzepts sind in Abbildung 4.59 in der Vorderansicht und in Abbildung 4.60 in der Seitenansicht dargestellt.

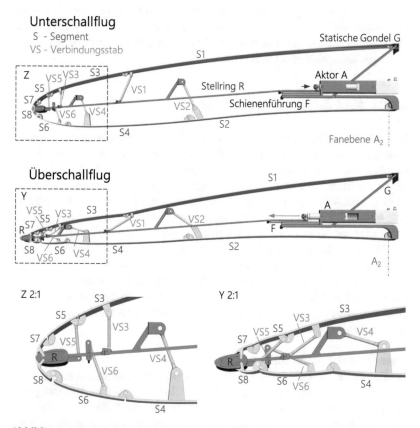

Abbildung 4.60 Schnittansicht eines Sektors des Konzepts

Aus der Bewegungssimulation und Kollisionsprüfung des zusammengebauten CAD-Modells in Siemens NX12 geht hervor, dass keine Komponenten miteinander kollidieren. Dadurch wird die mechanische Funktionsweise des variablen Einlasskonzepts theoretisch nachgewiesen.

Die Segmentaussparungen zur Vermeidung von Bauteilkollisionen, vgl. Abbildung 4.56, verursachen im Unterschallbetrieb kleine Spalte im Lippenbereich, vgl. Abbildung 4.59 Detail Z. Diese Spalte könnten durch eine optimale axiale Segmentierung der Sektoren deutlich verkleinert werden.

Abbildung 4.60 stellt die geschnittene Seitenansicht eines Sektors dar und erlaubt somit den Vergleich des 3D-modellierten Konzepts mit dem Funktionsprinzip aus Abbildung 4.34. Dabei wird die lippenlastige, axiale Unterteilung der Modellkontur in Segmente deutlich, wodurch eine größere Glattheit der Kontur im Überschallbetrieb ermöglicht wird.

4.5.4 Funktionsdemonstratoren

Im Verlauf der Konzeptstudie wurden zwei Funktionsdemonstratoren variabler Einlässe im Maßstab 1:3 gefertigt. Diese Prototypen sind der Konzeptgruppe verschiebbarer starrer Segmente zuzuordnen. Mit Hilfe der Prototypen wurde die Umsetzbarkeit der erarbeiteten Lösungsprinzipe für die Konturvariation aus Abschnitt 4.2.4 nachgewiesen. Dabei wurden erste Erfahrungen für die Fertigung und Montage gesammelt. Im Stellmechanismus finden hierbei jeweils Elektrozylinder mit Kugelgewindetrieb von Festo Anwendung, vgl. Anhang A.6.6. Die Führungsschienen, Scharniere und Schrauben entsprechen handelsüblichen Metallbauteilen. Die übrigen Komponenten entstammen der Fertigung mittels 3D-Druck aus thermoplastischem Kunststoff. Zudem wurden potenzielle Schwachstellen frühzeitig identifiziert und behoben. Ein Nachweis der strukturellen und aerodynamischen Funktionalität sollte Gegenstand anschließender Untersuchungen sein.

Erster Funktionsdemonstrator

Der Bau des ersten Funktionsdemonstrators wurde im Anschluss an die Konzeptvorauswahl begonnen, vgl. Abschnitt 4.3.2. Dabei wurde das in Abbildung 4.12 dargestellte Konzept umgesetzt, welches die Innen- und Außenkontur des Einlasses durch axiale Bewegung eines Stellglieds variiert. Der gefertigte Prototyp verdeutlicht die Funktionalität des Prinzips des Verschiebens starrer Komponenten für die Variation der Einlassgeometrie, vgl. Abbildung 4.61.

Abbildung 4.61 Erster
Funktionsdemonstrator

Seitenansicht   Vorderansicht

Eine Schwachstelle des verwendeten Konzepts stellt der Bereich der Einlassvorderkante dar. In diesem Bereich können Spalte und Lücken auftreten,
die bei Versagen der Elastomerabdichtungen, vgl. Abbildung 4.12, verstärkt
werden können. Dadurch könnte die langfristige Funktionsfähigkeit des Einlasssystems gefährdet werden. Zudem ist die stark segmentierte Vorderkante bei
Vogelschlägen strukturell anfällig. Deshalb wurde für den zweiten Prototypen
ein starrer Vorderkantenring gewählt, vgl. Abschnitt 4.5.1. Zusammenfassend
könnte diese Konzeptidee jedoch als Alternative weiterverfolgt werden, falls sich
die ausgewählte Variante im weiteren Entwicklungsverlauf aufgrund der höheren
Komplexität als unzureichend herausstellen sollte.

Zweiter Funktionsdemonstrator

Die Umsetzbarkeit des im vorherigen Kapitel hergeleiteten und dimensionierten
Konzepts wurde mit Hilfe des zweiten Funktionsdemonstrators praktisch gezeigt,
vgl. Abbildung 4.62. Dadurch hat das Konzept den Reifegrad TRL 3 erreicht. Aufgrund des Verkleinerungsmaßstabes wurden die Segmente S7 und S8 im Prototyp
durch ein dehnbares Elastomer ersetzt, vgl. Abbildung 4.44 rechts. Die Ausführung unter Verwendung starrer Segmente S7 und S8 ist in Anhang A.7 mittels
technischer Baugruppenzeichnungen im Originalmaßstab dargestellt.

Unterschallflug

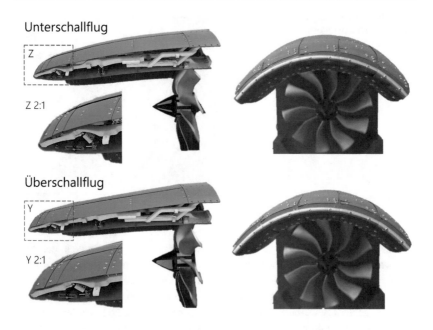

Überschallflug

Abbildung 4.62 Zweiter Funktionsdemonstrator

Der Bau des Prototyps verdeutlicht die erhöhte Komplexität des ausgewählten Konzepts, die zum Einstellen aerodynamisch effizienter Geometrien erforderlich ist. Die Aktorik muss für die Konturvariation neben den Strömungskräften auch die nicht zu vernachlässigende Trägheit und Reibung des Systems überwinden. Diese Faktoren werden durch den Verkleinerungsmaßstab und die verhältnismäßig großen Bauteiltoleranzen jedoch verstärkt. Die finalen Spalte und Stufen auf der Einlasskontur sind von geringem Ausmaß.

4.5.5 Vogelschlaguntersuchungen

Durch die Erstellung des zweiten Funktionsdemonstrators wurde der Reifegrad TRL 3 des Konzepts nachgewiesen, jedoch auch seine hohe Komplexität verdeutlicht. Um deren Einfluss auf die Sicherheit im Vogelschlagfall zu bestimmen, werden nachfolgend vorläufige Ergebnisse einer Vogelschlaganalyse des erarbeiteten Konzepts vorgestellt, vgl. Selleng [362]. Diese wurde mit Hilfe des Simulationsprogramms LS-Dyna durchgeführt.

Für die Untersuchung von Vogelschlägen hat sich das hydrodynamische Modell nach Wilbeck [363] durchgesetzt [309, S. 50–52]. Dieses Modell basiert auf der Annahme, dass sich der Vogel beim Aufprall auf einen festen Körper wie ein Fluid verhält [309, S. 50–52]. Somit fließt er beim Auftritt auf eine Komponente an dieser entlang, anstatt sie, wie ein Projektil, zu durchbrechen. Dieses Verhalten wird durch die Dichtedifferenz zwischen der metallischen Auftrittskomponente und dem Vogel mit deutlich geringerer Dichte begründet [309, S. 51]. Ein ähnliches Beispiel stellen Insekten auf Autofrontscheiben dar.

Im Rahmen numerischer Untersuchungen findet häufig das SPH-Modell (Smoothed Particle Hydrodynamics, geglättete Teilchen-Hydrodynamik) Anwendung [309, S. 127]. Dieses vereint gute Eigenschaften für Robustheit und Genauigkeit [309, S. 131]. Deshalb wurde es auch in der vorliegenden Untersuchung verwendet, vgl. Selleng [362]. Erforderliche Randbedingungen, wie die Masse, Größe und Geschwindigkeit des Vogels können der Fachliteratur [364, S. 2083], [309, S. 143–144] entnommen werden. Üblicherweise werden hierbei Vögel mit ca. 2 kg Masse und einer Relativgeschwindigkeit von etwa 130 m/s modelliert, vgl. Anhang A.1.1. Die grundlegende Validierung des modellierten Vogels kann mittels der erzeugten Spannungsverteilung beim Aufschlag auf eine Platte erfolgen [309, S. 210].

Der obere Teil von Abbildung 4.63 stellt die Verformung des Referenzeinlasses aus Aluminium mit 3 mm Wandstärke dar, vgl. Anhang A.6.1. Wie zu erkennen ist, hält die Einlassstruktur den wirkenden Beanspruchungen ohne Rissbildung stand. Jedoch treten plastische Verformungen bis etwa 80 mm auf.

Die Simulation des Vogelschlags auf einen einzelnen 15°-Sektor des variablen Einlasskonzepts einschließlich des vollständigen umlaufenden Stellrings zeigt ein ähnliches Ausmaß maximaler Verformungen auf, vgl. Abbildung 4.63 mittig und unten. Es ist kein Versagen mehrerer Gelenkverbindungen und somit kein Verlust von Einlasskomponenten zu beobachten, wodurch der redundante Haltemechanismus für die Segmente nicht erforderlich wäre, vgl. Abschnitt 4.5.1. Weiterhin würden die benachbarten Sektoren den vom Vogelschlag betroffenen Sektor strukturell verstärken. Die benachbarten Sektoren wurden aufgrund des hohen Rechenaufwands vorerst nicht betrachtet.

Der Abgleich der präsentierten Ergebnisse mit der Fachliteratur [309], [363], [365], [366] zeigt eine gute Übereinstimmung. Somit geben die Ergebnisse erste Hinweise auf das strukturelle Verhalten des Einlasses im Vogelschlagfall. Für zuverlässige Aussagen diesbezüglich sind jedoch weitere Untersuchungen und reale Vogelschlagversuche erforderlich.

Starrer Referenzeinlass

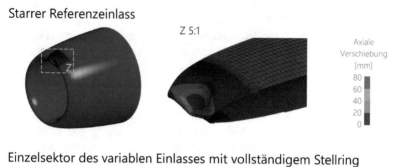

Einzelsektor des variablen Einlasses mit vollständigem Stellring

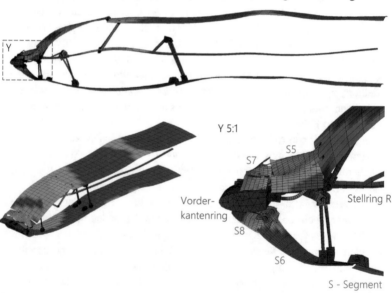

Abbildung 4.63 Vogelschlaguntersuchungen

Für metallische Drohnen wäre die hydrodynamische Annahme aufgrund der deutlich höheren Dichte unzulässig. Die Dichte von Drohnen ist im Bereich der Dichte der Komponenten, auf die sie aufschlägt und somit die Wirkung beim Aufschlag eher vergleichbar mit einem Projektil. Folglich existiert eine erhöhte Gefahr für strukturelles Versagen im Fall einer Kollision, auch unter Beachtung der häufig deutlich unter 2 kg liegenden Masse von Drohnen.

4.6 Abschätzung des Technologie-Potenzials

Die im Rahmen dieser Konzeptstudie durchgeführten Untersuchungen erlauben eine Abschätzung des grundlegenden Potenzials variabler Pitot-Einlässe im Allgemeinen und des erarbeiteten Konzepts im Besonderen. Neben den in Abschnitt 2.4.1 vorgestellten Vorteilen variabler Pitot-Einlässe haben die folgenden Gesichtspunkte einen Einfluss auf das Potenzial dieser Technologie:

* Funktionalität,
* Innovativität,
* Sicherheit,
* Komplexität und
* Masse.

Variable Pitot-Einlässe können durch Variation der Geometrie in verschiedenen Flugphasen positive Effekte bewirken. So ermöglichen sie einerseits eine erhöhte Sicherheit und Erweiterung des Betriebsbereichs bei langsamen Fluggeschwindigkeiten. Andererseits unterstützen sie einen effizienteren Reiseflugbetrieb, sowohl im Unterschall als auch im Überschall. Das erarbeitete Konzept zielt auf eine Effizienzerhöhung im Reiseflugbetrieb ab. Diese wird durch eine innovative Variation der Einlasskontur zwischen Unterschall- und Überschallbetrieb erreicht. Dabei erfolgt eine Geometrievariation von Einlasslippe, Diffusor und Gondelvorkörper durch Verschieben eines geschlossenen Vorderkantenrings sowie starrer Komponenten der axial und über den Umfang segmentierten Einlasskontur.

Existierende Patente, die ebenfalls starre Kontursegmente verschieben, [30], [31], [158], [214] erlauben nur eine deutlich eingeschränktere Variation der Einlasskontur und sind darüber hinaus anfällig für sicherheitskritische Probleme, vgl. Abschnitt 2.4.2. Hierzu ist die Anfälligkeit der Vorderkante gegenüber Vogelschlag [31], [214] zu erwähnen, die im vorliegenden Konzept durch den geschlossenen Vorderkantenring minimiert wird. Dabei wird im Gegensatz zu einem anderen Konzept mit verschiebbarem Vorderkantenring [30] die Spaltbildung im Bereich der Vorderkante durch gleitende Gelenkverbindungen des Vorderkantenrings mit den Kontursegmenten des Einlasses verhindert, vgl. Abschnitt 4.5.1. Die Entstehung von Umfangsspalten zwischen den Kontursegmenten bei der Querschnittsvariation wird durch Überlappung der Segmente unter Nutzung linearer Segmentverlängerungen erreicht, vgl. Abschnitt 4.2.4. Für diese konzeptuellen Neuerungen bezüglich variabler Pitot-Einlässe erfolgte zudem als Bestandteil der vorliegenden Konzeptstudie eine Patentanmeldung. Das zugehörige Patentierungsverfahren ist zum gegenwärtigen Zeitpunkt noch nicht abgeschlossen.

Das erarbeitete Konzept kann die Sicherheit des Flugbetriebs bei allen identifizierten sicherheitskritischen Ereignissen gewährleisten. So werden Strömungsablösungen im Startfall und beim Steigflug durch die Unterschallgeometrie des Einlasses umgangen, vgl. Abschnitt 4.4.3. Die Sicherheit bei Vogelschlag ist durch die Dimensionierung der Konzeptkomponenten gegeben, vgl. Abschnitt 4.5.5 und Anhang A.6. Zusätzlich kann der Verlust von Kontursegmenten durch einen redundanten Haltemechanismus verhindert werden, vgl. Abschnitt 4.5.1. Eine mögliche Vereisung und deren negative Konsequenzen werden durch ein elektrothermisches Eisschutzsystem vermieden. Die Gefahr einer Feuerentstehung innerhalb der Einlasszone ist durch die ausschließliche Verwendung elektrischer Teilsysteme für Aktorik und Eisschutz minimal, vgl. Abschnitt 4.4.2. Die einzig möglichen brennbaren Fluide innerhalb der Einlasszone wären somit die Schmiermittel der Stelltriebe, die durch Gehäuse vor möglichen Zündquellen geschützt sind, vgl. Abschnitt 4.4.1.

Die Integration einer zusätzlichen Funktion, in diesem Fall der Konturvariation, resultiert stets in einer Erhöhung der Komponentenanzahl und der Komplexität eines Systems. Durch die erhöhte Anzahl an Teilkomponenten sind im weiteren Verlauf der Entwicklung verhältnismäßig hohe Zuverlässigkeitsanforderungen an die einzelnen Komponenten zu stellen. Beim Einhalten dieser Anforderungen kann eine Ausfallwahrscheinlichkeit variabler Einlässe auf dem Niveau starrer Einlässe erreicht werden. Zusätzlich ist ein erhöhter Inspektions- und Wartungsaufwand für das variable Einlasssystem und insbesondere den verwendeten Variationsmechanismus erforderlich. Darüber hinaus ist davon auszugehen, dass nach Vogelschlagereignissen die meisten Komponenten des Einlasses ausgetauscht werden müssen.

Die Masse der dimensionierten Komponenten des Konzepts beträgt ungefähr 172 kg, vgl. Tabelle 4.20. Hierzu zu ergänzen sind noch die Massen

- des Aktorkontrollsystems, des Feststellmechanismus und zugehöriger Leitungen,
- des Eisschutzsystems mit ca. 20 kg, vgl. Abschnitt 2.3.2,
- der Akustikauskleidungen, äquivalent zu herkömmlichen Einlässen,
- eines möglichen redundanten Segmenthaltemechanismus sowie
- zusätzlicher Bauteile, wie Schrauben, Muttern und Abdichtungen.

Herkömmliche Pitot-Einlässe verwenden zumeist ein schweres Heißlufteisschutzsystem. Zudem bringen die starre Außenkontur und deren Versteifungselemente ebenfalls eine gewisse Masse mit sich. Folglich ist davon auszugehen, dass die zusätzliche Masse durch Verwendung variabler Einlässe die geforderten 500 kg deutlich unterschreiten wird. Dadurch könnte sich der erzielte Reichweitenge-winn bei Verwendung variabler Einlässe in Überschallflugzeugen bis Mach 1,6 anstelle der identifizierten 20 % auf Werte im Bereich von 30 % belaufen, vgl. Abschnitt 4.4.3. Dieser sehr gute Wert kann jedoch durch Spalte und Stufen ent-lang der Kontur beeinträchtigt werden und ist mittels weiterer aerodynamischer Untersuchungen abzusichern, vgl. Abschnitt 4.5.1.

Das große identifizierte Anwendungspotenzial variabler Pitot-Einlässe für den Überschallflug bei Verwendung des erarbeiteten Konzepts kann zudem in Fol-geentwicklungen weiter gesteigert werden. Eine Möglichkeit hierfür besteht in der Erweiterung des Flugzeugbetriebsbereichs, indem das Konzept eine zusätz-liche, noch ablöseresistentere Geometrie für langsame Fluggeschwindigkeiten einstellt. Darüber hinaus könnte anstelle des Einlasses der gesamte Gondel-vorkörper, einschließlich des maximalen Gondeldurchmessers variiert werden. Dadurch könnte der Luftwiderstand der gesamten Triebwerksgondel nochmals signifikant reduziert und auch der Reichweitengewinn gesteigert werden, vgl. Abschnitt 4.4.3. Diesbezüglich wurden während der Durchführung der Konzept-studie einige Lösungsmöglichkeiten in einer weiteren laufenden Patentanmeldung (DE 10 2019 125 038.2) skizziert.

Zusammenfassung und Ausblick

5

In der modernen globalisierten Welt herrscht eine hohe Nachfrage nach schnellstmöglichen, flexiblen und dabei sicheren Transportmitteln. Gleichzeitig ist allerdings die Nachhaltigkeit der dafür eingesetzten Technologien zu maximieren, um den fortschreitenden Klimawandel einzudämmen. Kommerzielle Überschallflugzeuge könnten bei verbesserter Nachhaltigkeit die Nachfrage nach solch einem Transportmittel erfüllen. Für die Nachhaltigkeit stellen vor allem ihr großer Bedarf fossiler Kraftstoffe und die resultierenden CO_2-Emissionen bei einer geringen Flugreichweite eine Herausforderung dar.

Als Beitrag zur Erhöhung der Flugreichweite kommerzieller Flugzeuge durch Reduzierung des Luftwiderstands der Triebwerke wurden variable Pitot-Einlässe innerhalb einer fünfjährigen akademischen Konzeptstudie untersucht. Frühere Studien zu variablen Einlässen fanden keine industrielle Anwendung, da sie die hohen Anforderungen an Effizienz, Sicherheit und Zuverlässigkeit nicht erfüllen konnten, vgl. Abschnitt 1.1. Mögliche Gründe hierfür sind ein zu geringes Einsparpotenzial durch eine zu niedrige Reisefluggeschwindigkeit der Anwendung oder unzureichende Zuverlässigkeit und Sicherheit aufgrund eines ungeeigneten Konstruktionsansatzes. Das Ziel der vorliegenden Studie war es, ein Konzept für variable Pitot-Einlässe konstruktiv bis zu einem Technologie-Reifegrad TRL 3 zu gestalten, sodass dieses zur Erhöhung von Reisefluggeschwindigkeit und Flugreichweite beitragen kann, ohne dabei die Sicherheit und Zuverlässigkeit des Flugzeugs einzuschränken, vgl. Abschnitt 1.2.

Zum Erreichen dieses Ziels war der aktuelle Stand der Wissenschaft und Technik bezüglich der Einlässe von Flugzeugtriebwerken zu erarbeiten, vgl. Kapitel 2. Dieser beinhaltet die Analyse der für die jeweiligen Geschwindigkeitsbereiche einsetzbaren Einlasstypen, vgl. Abschnitt 2.1. Zudem wurden die Gestaltung von Pitot-Einlässen sowie Einflüsse auf deren Gestaltung detailliert untersucht, vgl. Abschnitt 2.2 und 2.3. Aus diesen Untersuchungen gehen

© Der/die Autor(en) 2022
S. Kazula, *Variable Pitot-Triebwerkseinlässe für kommerzielle Überschallflugzeuge*, https://doi.org/10.1007/978-3-658-35456-5_5

zahlreiche Vorteile variabler Pitot-Einlässe gegenüber anderen Bauformen für Fluggeschwindigkeiten bis Mach 1,6 hervor, vgl. Abschnitt 2.4.1. Hierzu zählt beispielsweise die hohe Strömungsgleichförmigkeit über den gesamten Betriebsbereich bei verhältnismäßig geringer Masse. Daraufhin erfolgte die Analyse relevanter existierender Lösungsansätze und potenziell erforderlicher Technologien für variable Pitot-Einlässe, vgl. Abschnitt 2.4.2 und 2.4.3. Hierbei wurden unter anderem bereits Ansätze für die Variation der Einlassgeometrie durch Verschieben starrer Komponenten, Verformen des Oberflächenmaterials oder durch Grenzschichtbeeinflussung identifiziert.

Darüber hinaus war ein konstruktionsmethodischer Ansatz zu erarbeiten, der für diese akademische Konzeptstudie geeignet ist, um die gewünschte Sicherheit und Zuverlässigkeit des Konzepts zu erreichen, vgl. Kapitel 3. Hierfür wurden allgemeine Konstruktionsmethodiken, Methoden für die Entwicklung sicherer und zuverlässiger Produkte sowie der luftfahrtspezifische Sicherheitsprozess detailliert betrachtet, vgl. Abschnitt 3.1. Daraus ergab sich ein Konstruktionsansatz, der auf dem Vorgehen nach VDI-Richtlinie 2221 basiert und durch Methoden der Sicherheits- und Zuverlässigkeitsanalyse nach ARP 4761 ergänzt wurde, vgl. Abschnitt 3.2. Auf diesem fünfphasigen Konstruktionsansatz basiert die anschließend durchgeführte Konzeptstudie, vgl. Kapitel 4. Der Ansatz könnte jedoch auch generell für zukünftige Konzeptstudien im Bereich der Luftfahrt eingesetzt werden. Bei einer weiteren Anwendung des Ansatzes könnte vorab untersucht werden, ob die inhaltlichen Überschneidungen zwischen einzelnen verwendeten Methoden reduzierbar wären, ohne dadurch den Grad der Vollständigkeit der Konzeptstudie zu verringern.

Während der ersten Durchführungsphase der Konzeptstudie erfolgte die Analyse relevanter Anforderungen, Schnittstellen und behördlicher Regularien variabler Pitot-Einlässe, vgl. Abschnitt 4.1.1 bis 4.1.3. Zudem gehen aus dieser Phase Ausschlusskriterien und gewichtete Bewertungskriterien für die spätere Auswahl der erarbeiteten Lösungsvarianten hervor, vgl. Abschnitt 4.1.4. Zu den Ausschlusskriterien zählen beispielsweise die perspektivische Erfüllbarkeit einer hohen Sicherheit, einer umfangreichen Variation geometrischer Einlassparameter oder eine geringe Komplexität. Bei den Bewertungskriterien stellen die Gewährleistung der Sicherheit und bestmögliche aerodynamische Eigenschaften die wichtigsten Vertreter dar.

In der darauffolgenden Phase der Funktionsanalyse wurden die relevanten erforderlichen Funktionen und deren Strukturen auf Flugzeug-, Einlass- und Stellsystemebene ermittelt, vgl. Abschnitt 4.2.1 und 4.2.2. Zudem wurden potenzielle Gefährdungen für Funktionsausfälle identifiziert. Hierbei wurde beispielsweise die Bedeutung eines unabhängigen Stellsystems, eines integrierten Vereisungs-schutzes und der strukturellen Stabilität variabler Einlässe hervorgehoben, vgl. Abschnitt 4.2.3. Zudem wurden mögliche Lösungsprinzipe aus Natur und Technik zum Erfüllen der identifizierten Funktionen erarbeitet, vgl. Abschnitt 4.2.4. Während der anschließenden Konzeptphase wurden 30 Konzepte auf intuiti-vem sowie auf methodischem Weg erstellt und beschrieben, vgl. Abschnitt 4.3.1. Die intuitive Konzepterstellung erfolgte in Brainstorming-Sitzungen, während die methodische durch Kombination der zuvor erarbeiteten Lösungsprinzipe mit-tels morphologischen Kastens durchgeführt wurde. Anschließend erfolgte eine Vorauswahl der Konzepte auf Basis der identifizierten Ausschlusskriterien, vgl. Abschnitt 4.3.2. Die verbleibenden zehn Konzepte wurden zu drei Konzeptgrup-pen zusammengefasst, vgl. Abschnitt 4.3.3. Diese Konzeptgruppen variieren die Geometrie des Einlasses durch

- Verschieben starrer Komponenten,
- Verformen des Oberflächenmaterials oder
- Grenzschichtbeeinflussung.

Im weiteren Verlauf wurden die Konzeptgruppen detailliert untersucht. Beispiels-weise wurde im direkten Anschluss an die Identifikation der Konzeptgruppen eine vorläufige System-Sicherheits-Analyse in Form einer Fehlerbaumanalyse durchgeführt, vgl. Abschnitt 4.3.4. Aus dieser Analyse gingen unter anderem Kon-struktionsanpassungen zur Vermeidung von Schubverlust durch eine fehlerhafte Ansteuerung des variablen Einlasses hervor.

Die darauffolgende Vorentwurfsphase der Konzeptgruppen beinhaltete die Analyse von Fehlern gemeinsamer Ursachen, vgl. Abschnitt 4.4.1. Als Ergebnis dieser Analyse wurde die Bedeutung von Redundanz, der Auswahl des Eisschutz- und des Stellsystems variabler Einlässe sowie der Schutz vor äußeren Einflüssen, wie Vogel- und Blitzschlag, hervorgehoben. Die Auswahl des Eisschutz- und des Stellsystems für die jeweilige Konzeptgruppe erfolgte im direkten Anschluss im Rahmen von Integrationsstudien, vgl. Abschnitt 4.4.2. Dabei wurde beispielsweise für die Konzeptgruppe zum Verschieben starrer Komponenten die Kombination einer elektrischen Aktorik mit einem elektrothermischen Eisschutzsystem als ideal identifiziert. Im nächsten Schritt wurden ideale Geometrien für die Konzeptgrup-pen und deren aerodynamisches Einsparpotenzial bestimmt, vgl. Abschnitt 4.4.3. Das Einsparpotenzial variabler Einlässe in Form eines Reichweitengewinns durch Verringerung des Luftwiderstands beträgt für Überschallflugzeuge bis Mach 1,6 unter Vernachlässigung der zusätzlichen Masse etwa 35 %. Im Unterschall bis Mach 0,95 könnte der Reichweitengewinn theoretisch bis zu 5 % betragen, wird jedoch durch die zusätzliche Masse und Komplexität des variablen Systems ausgeglichen. Die gesammelten Ergebnisse der durchgeführten Untersuchungen wurden in einer gewichteten Punktbewertung für die abschließende Konzeptgruppenauswahl genutzt, vgl. Abschnitt 4.4.4. Hierbei wurde die Konzeptgruppe des Verschiebens starrer Komponenten als die am besten geeignete identifiziert.

In der anschließenden detaillierten Konzeptuntersuchungsphase wurde basierend auf den zuvor gewonnenen Erkenntnissen das umzusetzende Konzept aus der ausgewählten Konzeptgruppe hergeleitet, vgl. Abschnitt 4.5.1. Dieses wurde danach strukturell dimensioniert und in einer CAD-Umgebung modelliert, vgl. Abschnitt 4.5.2 und 4.5.3. Die CAD-Modellierung des Konzepts ermöglichte den theoretischen Nachweis der Funktionsweise des variablen Einlasskonzepts. Der nachfolgende Bau zweier Prototypen resultierte in einem praktischen Nachweis der Konzeptfunktionalität, vgl. Abschnitt 4.5.4. Zudem konnte die strukturelle Stabilität des Konzeptes im Falle eines Vogelschlags durch eine vorläufige Analyse gezeigt werden, vgl. Abschnitt 4.5.5.

Abschließend wurde das große Potenzial des erarbeiten Konzepts bezüglich seiner Funktionalität, Innovativität, Sicherheit, Komplexität und Masse festgestellt, vgl. Abschnitt 4.6. In Abhängigkeit der finalen Masse des Konzepts wurde ein Reichweitengewinn für Überschallanwendungen von 20 % bis 30 % quantifiziert.

Das Ziel, ein Konzept für variable Pitot-Einlässe bis zu einem Technologie-Reifegrad TRL 3 zu erforschen, wurde durch den theoretischen und praktischen Nachweis der Funktionsfähigkeit des Konzepts erreicht. Die luftfahrtspezifischen Sicherheits- und Zuverlässigkeitsanforderungen wurden bei der Erarbeitung und Gestaltung besonders beachtet, sodass das Konzept diese perspektivisch erfüllen kann. Als Anwendungsbereich für das Konzept wurde der kommerzielle Überschallflug bis Mach 1,6 identifiziert. In diesem Anwendungsbereich bieten variable Pitot-Einlässe ein großes Potenzial für einen Reichweitengewinn und könnten somit eine Schlüsseltechnologie bei der Wiedereinführung des kommerziellen Überschallflugs darstellen.

Die Ergebnisse dieser Konzeptstudie sind durch nachfolgende Entwicklungsschritte und Konzeptuntersuchungen mit einem erhöhten Grad der Detaillierung abzusichern. Hierzu zählen insbesondere aerodynamische, strukturelle und sicherheitstechnische Analysen sowie die weitere Konzeptgestaltung.

Aerodynamische Analysen können dabei numerische Simulationen und Windkanalversuche beinhalten. Im Rahmen dieser Analysen sind die Auswirkungen der Spalte und Stufen auf der Kontur des variablen Einlasskonzepts zu untersuchen. Diese könnten dreidimensionale Effekte und veränderte Stoßkonfigurationen bis hin zu Strömungsablösungen hervorrufen. Auch sollte die Fanströmung sowie die

Umströmung des gesamten Triebwerks, seiner Aufhängung, der Tragflächen und des Flugzeugrumpfes untersucht werden. Zusätzlich ist der Einfluss möglicher Montagearten, Anstellwinkel sowie Seitenwindeinflüsse miteinzubeziehen.

Nachfolgend wäre auch der praktisch durch das Konzept erreichbare Reichweitengewinn sowie die mögliche Lärmerzeugung bei der Umströmung der segmentierten Kontur zu bestimmen. Weiterhin ist die Funktionsfähigkeit der Unterschallgeometrie für den Startfall, den Steigflug sowie den Windmilling-Betrieb nachzuweisen. Zusätzlich sollte das Verhalten der Überschallgeometrie bei diesen Betriebsbedingungen analysiert werden, wodurch versagenssichere Maßnahmen zur Absicherung im Fehlerfall, wie ein Rückstellmechanismus, vermeidbar werden könnten.

Darüber hinaus kann die Verteilung der axialen Unterteilung der Kontur in Segmente strömungsmechanisch optimiert werden. Zudem sollten weitere Konturen für die jeweiligen Flugphasen bestimmt werden. Diese könnten in einer späteren Konzeptiteration implementiert werden, um eine kontinuierliche Einlassvariation zu ermöglichen. Hierbei sollte auch eine mögliche Variation des maximalen Gondeldurchmessers sowie die Anwendung verschiedener Schnittgeometrien oder eines Schräganschnitts untersucht werden. Die Umsetzbarkeit dieser Geometrien durch Lage- und Längenanpassung der Verbindungsstäbe des Konzepts ist für die genannten Geometrieänderungen zu untersuchen.

Weiterführende strukturelle Analysen sollten die detaillierte Dimensionierung bisher unberücksichtigter Komponenten, wie Schraubverbindungen, beinhalten. Weiterhin sollten die bisher dimensionierten Komponenten bezüglich eines Versagens durch Dauerbruch, Rissfortschreiten, mechanische Abnutzung, Korrosion oder Temperatureinflüsse untersucht werden. Auch sollte eine potenzielle Massenreduktion durch Verwendung von Leichtbaumaterialien sowie Strukturoptimierung in Betracht gezogen werden. Die strukturelle Stabilität des Konzepts ist auch infolge der resultierenden Dimensionsanpassungen mittels Festigkeitssimulationen und Versuchen, wie dem Vogelschlagtest, umfassend nachzuweisen.

Während nachfolgender sicherheitstechnischer Untersuchungen sollte eine Fehlermöglichkeits- und -Einflussanalyse (FMEA) zur Absicherung der Ergebnisse der Fehlerbaumanalyse durchgeführt werden. Zudem ist die Steuerung des variablen Einlasses mit dem Flugzeugkontrollsystem abzustimmen. Darüber hinaus sind die Erforderlichkeit und die Umsetzung der geplanten Mechanismen für das Sichern der Kontur im regulären Betrieb, das Rückstellen der Kontur bei einem Aktorausfall und das Halten der Segmente im Vogelschlagfall zu prüfen. Weiterhin sollten alle identifizierten Teilsysteme in einem zukünftigen Funktionsdemonstrator integriert und unter Laborbedingungen getestet werden.

Die vorgeschlagenen Entwicklungsschritte und Konzeptuntersuchungen dienen der Vorbereitung des Konzepts auf die zu erbringenden Zulassungsnachweise entsprechend der erarbeiteten Nachweisprüfliste. Hierzu zählen neben Analysen und Simulationen auch Windkanal-, Vogelschlag- und Flugversuche. Durch die erfolgreiche Erbringung dieser Nachweise kann die Verwendung variabler Pitot-Einlässe in der Luftfahrt ermöglicht werden.

Durch die Verwendung variabler Pitot-Einlässe in geplanten Überschallflugzeugen kann deren Reichweite deutlich gesteigert und ihr Kraftstoffverbrauch verringert werden. Dies würde in einer signifikanten Verbesserung der ökonomischen und ökologischen Eigenschaften dieser schnellstmöglichen Transporttechnologie resultieren. Somit könnten variable Pitot-Einlässe durch das vorgestellte Konzept eine Schlüsselrolle bei der Wiedereinführung eines umweltfreundlicheren kommerziellen Überschallflugs einnehmen.

A Anhang

A.1 Belastungsermittlungsrechnungen

A.1.1 Vogelschlaglast

Etwa 90 % der gemeldeten Schäden durch Fremdkörpereinschläge an Luftfahrzeugen werden durch Vögel verursacht [367], [309, S. 1]. Dabei betrifft über ein Drittel der gemeldeten Schäden das Triebwerk und seinen Einlass [309], beziehungsweise fast ein Viertel den Einlass [368]. Von den in der FAA-Datenbank (Federal Aviation Administration) erfassten Vogelschlägen verursachten 93 % keinen Schaden und nur 2 % beträchtliche Schäden [309, S. 4].

Jedoch führen Vogelschläge alle etwa 109 Flugstunden zu einem Todesfall [369]. Da Vogelschläge gefährliche Fehlerfolgen nach sich ziehen können [309], [298], werden zahlreiche Vermeidungsmaßnahmen unternommen. Zu diesen Maßnahmen zählen die Kontrolle des Aufenthalts und der Bewegung von Vögeln sowie die Anpassung von Flugzeiten und -routen [309, S. 35–45].

Weiterhin werden von den Luftfahrtbehörden strukturelle Sicherheitsnachweise für den Vogelschlagfall eingefordert [309, S. 44–45], [34, 25.631]. Die nach einem Vogelschlag verbleibende Festigkeit und Steifigkeit der betroffenen Struktur, zumeist das Triebwerk oder aerodynamische Vorderkanten, müssen den ungefährlichen Weiterflug und die Landung sicherstellen können [309, S. 44–45], [34, 25.631]. Hierfür erforderlich sind Nachweise für Treffer mit einem 1,8 kg (4 lb) schweren Vogel und einer Relativgeschwindigkeit, die der Auslegungsreisefluggeschwindigkeit von v_c (Design Cruising Speed) auf Höhe des Meeresspiegels oder dem 0,85-fachen dieser Geschwindigkeit in 2438 m (8000 ft) Höhe entspricht [34, 25.631].

© Der/die Herausgeber bzw. der/die Autor(en) 2022
S. Kazula, *Variable Pitot-Triebwerkseinlässe für kommerzielle Überschallflugzeuge*, https://doi.org/10.1007/978-3-658-35456-5

Die somit insgesamt vom Vogel auf die getroffene Komponente übertragene Kraft F_{Vogel} in Abhängigkeit seiner Dichte ρ_{Vogel}, seiner Querschnittsfläche A_{Vogel} und seiner Relativgeschwindigkeit zum Flugzeug u_0 ergibt sich aus [309, S. 61], [363]:

$$F_{Vogel} = \rho_{Vogel} \cdot A_{Vogel} \cdot u_0^2. \tag{A.1}$$

Die Dichte ρ_{Vogel} des Vogels kann in Abhängigkeit seiner Masse m_{Vogel} approximiert werden [309, S. 69]:

$$\rho_{Vogel} = 1148 - 63 \, log_{10}(1000 \cdot m_{Vogel}). \tag{A.2}$$

Der Durchmesser d_{Vogel} des Vogels und somit seine Querschnittsfläche A_{Vogel} können ebenfalls aus der Masse ermittelt werden [309, S. 69], [369]:

$$log_{10}(d_{Vogel}) = -1{,}095 + 0{,}335 \, log_{10}(m_{Vogel}). \tag{A.3}$$

Für einen 1,8 kg schweren Vogel ergibt sich somit eine Dichte von 942,7 kg/m^3, ein Durchmesser von 98 mm und eine Querschnittsfläche von 0,008 m^2.

Für die Relativgeschwindigkeit des Vogels u_0 können die Auslegungsreise-fluggeschwindigkeiten v_c gewählt werden. Bei einer Schallgeschwindigkeit von 343 m/s entsprechen diese Geschwindigkeitswerten von 326 m/s bei Mach 0,95 und von 549 m/s bei Mach 1,6. Nach Gleichung (A.1) ergibt sich somit für Mach 0,95 eine Gesamtkraft F_{Vogel} von 753 kN und für Mach 1,6 eine Last von 2.144 kN. Bei unveränderter Temperatur in einer Höhe von 2438 m würde für das 0,85-fache von Mach 0,95 eine Kraft von 544 kN wirken. Die Geschwindigkeit hat hierbei den größten Einfluss auf die Aufprallkraft, da sie quadratisch in Gleichung (A.1) eingeht.

Auch unter Einbeziehung der Fluggeschwindigkeit des Vogels sind die behördlich nachzuweisenden Geschwindigkeitswerte äußerst konservativ gewählt, sodass die bei den meisten Vogelschlägen auftretenden Lasten deutlich geringer ausfallen. Über die Hälfte aller Vogelschläge findet im Geschwindigkeitsbereich zwischen 57 m/s und 77 m/s statt [309, S. 20]. Im Geschwindigkeitsbereich zwischen 36 m/s und 144 m/s sind es 95 % der Vogelschläge [309, S. 20]. Auch die meisten Vogelschlaguntersuchungen werden bei Geschwindigkeiten zwischen 100 m/s und 130 m/s durchgeführt, vgl. u. a. Heimbs [366] und Hedayati [309]. Nach Gleichung (A.1) wirkt somit in 95 % aller Fälle eine Kraft F_{Vogel} von maximal 147 kN.

A.1.2 Strömungskräfte

Die axial auf den Einlass und seine Aktorik wirkende Strömungslast sowie die auf die Einlasssegmente wirkenden Normalkräfte ergeben sich aus der Differenz der Druckverteilung auf der Einlassoberfläche und dem im Einlass wirkenden Druck. Die Druckverteilung auf der Einlassoberfläche wurde im Rahmen von 2D-Strömungssimulationen ermittelt [315], [331], [301], [330]. Für den internen Einlassdruck wird der Umgebungsdruck in der relevanten Flughöhe angenommen. Diese Annahme begründet sich aus der zur Feuerprävention erforderlichen Ventilation des Einlasses.

In Reiseflughöhe von 14 km herrscht ein Umgebungsdruck von 14050 Pa [331]. Bei supersonischen Fluggeschwindigkeiten tritt vor dem Einlass ein senkrechter Verdichtungsstoß auf. Aufgrund dieses Verdichtungsstoßes ist der statische Druck auf der Einlassoberfläche erhöht und somit auch die auf den Einlass und seine Segmente wirkenden Kräfte. Somit wirken im Überschallreiseflug bei Mach 1,6 größere Belastungen als im Unterschallreiseflug bei Mach 0,95 oder während des Flugzeugstarts.

Die auf die jeweiligen Segmente S1 bis S8 wirkende Kraft F ergibt sich durch Integration der Differenz zwischen der Druckverteilung p_{ext} und dem Umgebungsdruck p_0 über der Segmentfläche $A_{Segment}$:

$$F = \int_{A_{Segment}} (p_{ext} - p_0) dA. \tag{A.4}$$

Die Druckverteilung auf einem Segment bei Mach 1,6 geht aus dem in Abschnitt 4.4.3 vorgestellten Strömungsmodell hervor und kann in Ansys Fluent 18 ausgegeben werden. Auf der Außenseite des Einlasses wirken geringere Strömungslasten, da die Strömung entlang der äußeren Kontur beschleunigt wird und somit der statische Druck sinkt, vgl. Tabelle A.1.

Die axial auf die Aktorik wirkende Strömungslast ergibt sich aus der projizierten Druckverteilung sowie den viskosen Schubspannungen (Reibung) auf der externen und internen Einlasskontur, vgl. Gondelvorkörperkraft D_{fb} in Gleichung (2.6) in Abschnitt 2.3.1. Während des Unterschallreiseflugs bei Mach 0,95 resultiert hierbei eine Zugkraft von ca. 1,6 kN, vgl. Tabelle A.2. Im Überschallreiseflug bei Mach 1,6 ergibt sich eine Druckkraft von ungefähr 2,6 kN. Die negative Kraft im Bereich des Diffusors ergibt sich aus seiner Geometrie.

Tabelle A.1 Auf Segmente wirkende Belastung bei Mach 1,6

ID	Bauteil	Seite	Axiale Position [mm] bis [mm]		Fläche [mm²]	Mittlerer Überdruck [MPa]	Strömungslast [N]
S1	Segment 1	Außen	418	bis 1640	253.706	0,003	703
S2	Segment 2	Innen	720	bis 1640	147.442	0,030	4.488
S3	Segment 3	Außen	73	bis 418	65.664	0,006	375
S4	Segment 4	Innen	156	bis 720	82.003	0,031	2.523
S5	Segment 5	Außen	17	bis 73	10.632	0,007	73
S6	Segment 6	Innen	23	bis 156	19.197	0,031	601
S7	Segment 7	Außen	0	bis 17	6.392	0,016	101
S8	Segment 8	Innen	0	bis 23	6.669	0,032	212

Tabelle A.2 Axiale Strömungslast bei Mach 0,95 und Mach 1,6

Einlassbereich	Mach 0,95			Mach 1,6		
	Druckkraft [N]	Reibung [N]	Gesamtlast [N]	Druckkraft [N]	Reibung [N]	Gesamtlast [N]
Vorkörper	−2.055	291	−1.764	5.193	621	5.813
Lippe	1.962	9	1.971	1.366	1	1.368
Diffusor	−1.850	57	−1.793	−4.734	158	−4.577
			−1.586			**2.604**

A.2   Anforderungsliste

Nachfolgend sind funktionelle Anforderungen an variable Triebwerkseinlässe aufgelistet. Das F steht dabei für Festforderung und das W für einen Wunsch, vgl.
Tabelle A.3. Die Anforderungsliste wurde mit Projektbeginn erstellt und während
des Verlaufs stets aktualisiert und erweitert.

Tabelle A.3 Anforderungsliste für variable Triebwerkseinlässe

Anforderungsliste variabler Einlass	Erstellt durch: Stefan Kazula (SK) Letzte Änderung: 10.05.2020			Version: 07
ID	**Anforderung**	**Beschreibung**	**Art**	**Datum**	**Quelle**
1	**Aerodynamische Anforderungen**				
1.1	Allgemeine Betriebsbedingungen				
1.1.1	Versorgung des Triebwerks mit dem geforderten Luftmassenstrom	Bei allen Betriebs-bedingungen	F	07.09.2017	CS-25.1091
1.1.2	Machzahl Unterschall-Reiseflug	<0,95	F	07.09.2017	[SK]
1.1.3	Machzahl Überschall-Reiseflug	<1,6	F	07.09.2017	[SK]
1.1.4	Massenstrom Reiseflug	<120 kg/s	F	01.09.2018	[SK]
1.1.5	Massenstrom Reiseflug	<120 kg/s	F	01.09.2018	[SK]
1.1.6	Massenstrom Start	<220 kg/s	F	01.09.2018	[SK]
1.1.7	Zulässiger Seitenwind	<46 km/h	F	01.09.2017	CS-25.237
1.2	Geometrische Anforderungen				
1.2.1	Innendurchmesser Fanebene	Ø 1280 mm	F	01.09.2017	[316]
1.2.2	Außendurchmesser Fanebene	Ø 1860 mm	F	01.09.2017	[316]
1.2.3	Anzahl einstellbarer Geometrien	>2	F	01.09.2017	[SK]
1.2.4	Abweichung von Idealkonturen	Minimal	F	01.09.2017	[SK]
1.2.5	Stufenanzahl auf der Kontur	Minimal	W	08.09.2017	[SK]
1.2.6	Stufenhöhe auf der Kontur	<2 mm	W	08.09.2017	[SK]

(Fortsetzung)

Tabelle A.3 (Fortsetzung)

Anforderungsliste variabler Einlass		Erstellt durch: Stefan Kazula (SK) Letzte Änderung: 10.05.2020			Version: 07
ID	**Anforderung**	**Beschreibung**	**Art**	**Datum**	**Quelle**
1.2.7	Spaltanzahl auf der Kontur	Minimal	W	08.09.2017	[SK]
1.2.8	Spaltbreite auf der Kontur	<5 mm	W	08.09.2017	[SK]
1.2.9	Einlasslänge	>0,82 m	F	06.09.2018	[SK]
1.2.10	Einlasslänge	<1,66 m	F	06.09.2018	[SK]
1.2.11	Eintrittsradius	>0,61 m	F	06.09.2018	[SK]
1.2.12	Eintrittsradius	<0,64 m	F	06.09.2018	[SK]
1.2.14	Einlassdicke Kehle	>0,10 m	F	24.09.2018	[SK]
1.2.15	Einlassdicke Kehle	<0,23 m	F	24.09.2018	[SK]
1.2.16	Halber Diffusoröffnungswinkel	<10°	F	01.09.2017	[47, S. 349]
1.2.17	Querschnittsfläche Kehle	$>0,6\,A_0$	F	20.10.2017	[10, S. 977]
1.2.18	Fananström-Machzahl	0,5 bis 0,6	F	13.09.2017	[47, S. 153]
1.2.19	Durchschnittliche Machzahl in der Kehle	<0,75	F	19.10.2017	[10, S. 977]
1.3	Druckrückgewinnungsbeiwerte	Maximal	W	01.09.2017	[SK]
1.3.1	Reiseflug bei Mach 0,95	>0,99	W	02.09.2018	[SK]
1.3.2	Reiseflug bei Mach 1,30	>0,97	W	02.09.2018	[SK]
1.3.3	Reiseflug bei Mach 1,60	>0,89	W	02.09.2018	[SK]
1.4	Gleichförmigkeit der Fananströmung	Maximal	F	01.09.2017	[SK]
1.4.1	Wandschubspannungen	>0 MPa	F	01.09.2017	[SK]

(Fortsetzung)

Tabelle A.3 (Fortsetzung)

Anforderungsliste variabler Einlass		Erstellt durch: Stefan Kazula (SK) Letzte Änderung: 10.05.2020			Version: 07
ID	**Anforderung**	**Beschreibung**	**Art**	**Datum**	**Quelle**
1.4.2	DC60-Koeffizient	<1,0	F	01.09.2017	[SK]
1.5	Luftwiderstand in allen Flugphasen	Minimal	W	01.09.2017	[10, S. 955]
1.5.1	Anteil am Flugzeugwiderstand – subsonisch	<3 %	F	20.10.2017	[10, S. 983]
1.5.2	Widerstand bei Windmilling	Akzeptabel	W	20.10.2017	[10, S. 1740]
1.5.3	Oberflächenrauheit	Ra<12,5	W	20.10.2017	[SK]
2	**Integrierbarkeit**				
2.1	Bauraum	<Konturabmaße	W	01.09.2017	[SK]
2.1.1	Bauraum für Hilfsaggregate und Aktorik	Minimal	F	20.10.2017	[SK]
2.1.2	Materialstärken	Minimal	F	09.09.2017	[SK]
2.2	Gestaltung von Verkabelung und Leitungen	Flexibel	F	02.09.2018	[SK]
2.3	Lärmreduktion	>= 5 PNdB	F	01.09.2017	[100, S. 141]
2.3.1	Fläche für Akustik-auskleidungen	>= starrer Einlass	F	20.10.2017	[SK]
2.3.2	Lärmeinfluss von Spalten, Stufen und Rauheit	Minimal	W	01.09.2017	[SK]
2.4	Eiserkennung und –vermeidung				
2.4.1	Eisschutzsystem	Zu integrieren	F	01.09.2017	[SK]
2.4.2	Maximaler Energiebedarf	<50 kW	W	08.09.2017	[SK]
2.4.3	Maximale Eisdicke	<2 mm	F	08.09.2017	[SK]

(Fortsetzung)

Tabelle A.3 (Fortsetzung)

Anforderungsliste variabler Einlass	Erstellt durch: Stefan Kazula (SK) Letzte Änderung: 10.05.2020			Version: 07	
ID	**Anforderung**	**Beschreibung**	**Art**	**Datum**	**Quelle**
2.5	Datenerfassung, z. B. P2T2-Messsonde	Erforderlich	F	08.09.2017	[SK]
2.6	Stellsystem			01.09.2017	
2.6.1	Bewegungsart	Gleichförmig	W	01.09.2017	[SK]
2.6.2	Bewegungsrichtung	Linear	W	01.09.2017	[SK]
2.6.3	Erforderliche Leistung	<2 kW	W	01.09.2017	[SK]
2.6.4	Stellzeit	<10 s	W	20.10.2017	[SK]
2.6.5	Stellkraft	>= 2,6 kN	W	02.09.2018	[SK]
2.6.6	Anzahl synchron verfahrener Stelltriebe	>2	W	01.09.2017	[SK]
2.6.7	Leckagepotenzial	Minimal	W	01.09.2017	[SK]
2.6.8	Stellvorgang	Geregelt	W	02.09.2018	[SK]
2.6.9	Stellweg	<50 mm	W	01.03.2019	[SK]
2.6.10	Stellwegtoleranz	<1 %	W	01.03.2019	[SK]
2.6.11	Synchronität beim Verfahren der Stelltriebe	>99 %	W	01.03.2019	[SK]
2.7	Schutz elektrischer Komponenten				
2.7.1	Blitzableitung	Erforderlich	W	02.09.2018	[SK]
2.7.2	Erdung	Erforderlich	W	02.09.2018	[SK]
2.7.3	Schutzklasse gegen Spritzwasser und Staub	>= IP55	W	02.09.2018	[SK]
2.7.4	Schutz vor Beeinflussung durch elektromagnetische Strahlung	Gemäß DIN EN 61000	W	02.09.2018	[SK]

(Fortsetzung)

Tabelle A.3 (Fortsetzung)

Anforderungsliste variabler Einlass	Erstellt durch: Stefan Kazula (SK) Letzte Änderung: 10.05.2020			Version: 07
ID	**Anforderung**	**Beschreibung**	**Art**	**Datum**	**Quelle**
3	**Masse und Widerstand gegen Beanspruchungen**				
3.1	Gesamtmasse	<500 kg	W	01.09.2017	[SK]
3.1.1	Materialstärken entsprechend Auslegung	Zu minimieren	W	01.09.2017	[SK]
3.2	Sicherer Betrieb bei Umgebungsbedingungen				
3.2.1	Minimale Betriebstemperatur (Kältester Tag)	>−56 °C	F	01.09.2017	[10, S. 346]
3.2.2	Maximale Betriebstemperatur (Heißester Tag)	<60 °C	F	20.10.2017	[10, S. 376]
3.2.3	Maximale Betriebshöhe	<15.000 m	F	01.09.2017	[SK]
3.2.4	Minimaler Umgebungsdruck	>14050 Pa	F	01.09.2017	[SK]
3.3	Wirkende Ermüdungs- und Grenzlasten				
3.3.1	Sicherheitsfaktor gegen Grenzlasten	>= 1,5	F	20.10.2017	CS-25.303
3.3.2	Aerodynamische Lasten	−1,6 bis +2,6 kN	F	20.10.2017	[SK]
3.3.3	Thermomechanische Spannungen	Zu minimieren	W	09.09.2017	[SK]
3.3.4	Strukturelle Lasten/Vibrationen	Aufwärts: <3 g vorwärts: <9 g seitwärts: <3 g abwärts: <6 g rückwärts: <1,5 g	F	20.10.2017	CS-25.561
3.3.5	Manöverlasten	−1 g bis 2,5 g	F	01.09.2017	CS-25.333

(Fortsetzung)

Tabelle A.3 (Fortsetzung)

Anforderungsliste variabler Einlass	Erstellt durch: Stefan Kazula (SK) Letzte Änderung: 10.05.2020			Version: 07	
ID	**Anforderung**	**Beschreibung**	**Art**	**Datum**	**Quelle**
3.4	Extremlasten				
3.4.1	Vogelschlaglast in 95 % der Fälle	<147 kN	F	21.10.2019	[SK]
3.4.2	Vogelmasse	4 lbs bzw. <2 kg	F	09.09.2017	[SK]
3.4.3	Anzunehmende Vogelschlaggeschwindigkeit auf Höhe des Meeresspiegels bzw. in 2438 m Höhe	1 bzw. 0,85 Reisefluggeschwindigkeit	F	20.10.2017	CS-25.631
3.4.4	Vibrationslasten nach Vogelschlag	Zu minimieren	F	09.09.2017	[SK]
3.4.5	Lasten im Windmillingbetrieb	Zu minimieren	F	09.09.2017	[SK]
3.4.6	Pumplasten	Zu minimieren	F	09.09.2017	CS-25.1103
3.5	Sonderlasten		F	01.09.2017	
3.5.1	Trittlasten bei der Wartung	<150 kg	F	20.10.2017	[SK]
3.5.1	Transportlasten	Zu minimieren	F	20.10.2017	[SK]
3.6	Zulässige Reaktionen auf Beanspruchungen				
3.6.1	Plastische Verformungen durch Regen	Keine	F	20.10.2017	[SK]
3.6.2	Plastische Verformungen durch Hagel	Minimal	F	20.10.2017	[SK]
3.6.3	Plastische Verformungen durch Eisbildung	Keine	F	20.10.2017	[SK]

(Fortsetzung)

Tabelle A.3 (Fortsetzung)

Anforderungsliste variabler Einlass	Erstellt durch: Stefan Kazula (SK) Letzte Änderung: 10.05.2020			Version: 07
ID	**Anforderung**	**Beschreibung**	**Art**	**Datum**	**Quelle**
3.6.4	Plastische Verformungen durch abplatzendes Eis	Keine	F	20.10.2017	[SK]
3.6.5	Chemische Reaktion (z. B. Korrosion durch Feuchtigkeit)	Zu minimieren	F	20.10.2017	[SK]
3.6.6	Starke mechanische Abnutzung durch Erosion	Zu vermeiden	F	20.10.2017	[SK]
3.6.7	Plastische Verformungen durch Fremdkörper	Minimal	F	20.10.2017	[SK]
3.6.8	Versagensfälle pro Flugstunde durch Ermüdungs- und Grenzlasten	Bauteilabhängig 10^{-3} bis 10^{-7}	F	01.09.2017	[SK]
3.6.9	Strukturelles Versagen unter Extremlasten	Unzulässig	F	09.09.2017	[SK]
3.6.10	Funktionsausfall unter Extremlasten	Zulässig nur bei Überführung in sichere Geometrie	F	09.09.2017	[SK]
3.6.11	Erforderliche Feuerbeständigkeit bei Klassifizierung als Feuerzone	Feuerresistent und Löschsystem	F	09.09.2017	CS-25.1103
3.6.12	Plastische Verformungen durch Sonderlasten	Keine	F	09.09.2017	[SK]
4	**Sicherheit des variablen Systems**				
4.1	Eintrittswahrscheinlichkeiten pro Flugstunde				

(Fortsetzung)

Tabelle A.3 (Fortsetzung)

Anforderungsliste variabler Einlass	Erstellt durch: Stefan Kazula (SK) Letzte Änderung: 10.05.2020			Version: 07	
ID	**Anforderung**	**Beschreibung**	**Art**	**Datum**	**Quelle**
4.1.1	Jegliche unbedeutende (Minor) Fehlerfolge	$>10^{-5}$	F	19.10.2017	CS-25.1309
4.1.2	Jegliche bedeutende (Major) Fehlerfolge	$<10^{-5}$	F	19.10.2017	CS-25.1309
4.1.3	Jegliche gefährliche (Hazardous) Fehlerfolge	$<10^{-7}$	F	19.10.2017	CS-25.1309
4.1.4	Jegliche katastrophale (Catastrophic) Fehlerfolge	$<10^{-9}$	F	19.10.2017	CS-25.1309
4.1.5	Eintreten gefährlicher Ereignisse aufgrund eines einzelnen Fehlers	$<10^{-9}$	F	19.10.2017	CS-25.1309
4.1.6	Erforderliche Flugzyklen zur Fehlerdetektion	$<= 1$	F	19.10.2017	CS-25.1309
4.2	Externe Risiken				
4.2.1	Minimale Anzahl an Vogelschlägen bevor gefährliche Folgen eintreten dürfen	>1	F	19.10.2017	CS-25.1309
4.2.2	Erlaubte negative Effekte durch Blitzschläge	Keine	F	19.10.2017	CS-25.1309
4.2.3	Erlaubte negative Effekte durch Eisbildung	Keine	F	19.10.2017	CS-25.1309
4.2.4	Gefährliche Fehlerfolgen durch Feuer	Keine	F	19.10.2017	CS-25.1309

(Fortsetzung)

Tabelle A.3 (Fortsetzung)

Anforderungsliste variabler Einlass	Erstellt durch: Stefan Kazula (SK) Letzte Änderung: 10.05.2020			Version: 07
ID	**Anforderung**	**Beschreibung**	**Art**	**Datum**	**Quelle**
4.3	Variationsmechanismus				
4.3.1	Verhalten bei Ausfall des Variationsmechanismus	Überführung in sichere Geometrie	F	20.10.2018	[SK]
4.3.2	Funktionsausfälle pro Flugstunde bei einem Triebwerk	$<10^{-5}$	F	20.10.2018	[SK]
4.3.3	Funktionsausfälle pro Flugstunde bei mehreren Triebwerken	$<10^{-9}$	F	20.10.2018	[SK]
4.3.4	Funktionsausfälle pro Flugstunde bei Erfassung des Ist-Zustandes der Geometrie	$<10^{-5}$	F	20.10.2018	[SK]
4.3.5	Steuerung des Variationsmechanismus	Redundant	F	20.10.2018	[SK]
4.3.6	Sicherung der eingestellten Kontur durch Feststellmechanismus	Erforderlich	F	20.10.2018	[SK]
4.3.7	Entstehung von Störungen der Umströmung während des Variationsvorganges	Zu vermeiden	F	20.10.2018	[SK]
4.4	Feuerschutz				
4.4.1	Aktives Feuerdetektionssystem	<60 s	F	01.09.2017	CS-25.858
4.4.2	Aktives Feuerlöschsystem	2 Löschbehälter	F	01.09.2017	CS-25.1195

(Fortsetzung)

Tabelle A.3 (Fortsetzung)

Anforderungsliste variabler Einlass		Erstellt durch: Stefan Kazula (SK) Letzte Änderung: 10.05.2020			Version: 07
ID	**Anforderung**	**Beschreibung**	**Art**	**Datum**	**Quelle**
4.4.3	Feuerlöschmittel	Umweltfreundlich	F	01.09.2017	CS-25.1195
4.4.4	Maximal zu ertragende Branddauer	15 Minuten	F	20.10.2017	CS-25.1713
4.4.5	Vermeidung brennbarer Fluidansammlungen	Passive Ventilation, Drainage	F	01.09.2017	CS-25.1187, CS-25.1091
4.4.6	Kompletter Luftaustausch durch Ventilation	3–5-mal pro Minute	F	20.10.2017	CS-25.1187
4.7	Interaktionen mit anderen Teilsystemen				
4.7.1	Beeinflussung der Einlassströmung durch Interaktionen mit dem Flugzeugrumpf oder den Tragflächen	Zu vermeiden	F	09.09.2017	[SK]
4.7.2	Beeinflussung der Tragflächen- oder Leitwerksströmung durch den Einlass	Zu vermeiden	F	09.09.2017	[SK]
4.7.3	Gleichförmigkeit der Fananströmung	Siehe 1.4.2	F	09.09.2017	[SK]
4.7.4	Vibrationsübertragung an die Gondel	Zu minimieren	F	04.09.2017	[SK]
5	**Zuverlässigkeit und Lebenswegkosten**				
5.1	Geforderte Mindestlebensdauer	80.000 Zyklen		20.10.2017	[SK]

(Fortsetzung)

Tabelle A.3 (Fortsetzung)

Anforderungsliste variabler Einlass		Erstellt durch: Stefan Kazula (SK) Letzte Änderung: 10.05.2020			Version: 07
ID	**Anforderung**	**Beschreibung**	**Art**	**Datum**	**Quelle**
5.1.1	Ausfallwahrscheinlichkeit des variablen Einlasssystems pro Flugstunde	$<10^{-3}$	F	20.10.2017	[SK]
5.1.2	Weiterbetrieb des Triebwerks bei Systemausfall	Zu ermöglichen	F	01.09.2017	[SK]
5.1.3	Erlaubte Folgen bei Systemausfall eines Triebwerks	Erhöhter Luftwiderstand	F	01.09.2017	[SK]
5.1.4	Verringerung der Lebensdauer durch Erosion, Reibung, Korrosion	Keine	F	01.09.2017	[SK]
5.2	Komplexität				
5.2.1	Anzahl Bauteile	Zu minimieren	W	01.09.2017	[SK]
5.2.2	Simplifizierungsgrad der Mechanik	Zu maximieren	W	09.09.2017	[SK]
5.3	Anfälligkeit gegenüber Umgebungseinflüssen				
5.3.1	Eindringen von Flüssigkeiten in die Gondel	Zu vermeiden	W	01.09.2017	[SK]
5.3.2	Eindringen von Fremdkörpern in die Gondel	Zu vermeiden	W	20.10.2017	[SK]
5.4	Wartung				
5.4.1	Wartungsintervall in Flugstunden	>500	W	20.10.2017	[SK]
5.4.2	Ermöglichung einer Inspizierung	Wartungsklappen	W	20.10.2017	[SK]

(Fortsetzung)

Tabelle A.3 (Fortsetzung)

Anforderungsliste variabler Einlass	Erstellt durch: Stefan Kazula (SK) Letzte Änderung: 10.05.2020			Version: 07	
ID	**Anforderung**	**Beschreibung**	**Art**	**Datum**	**Quelle**
5.4.3	Anweisungen zur Durchführung der Wartung	Herstellerangaben	W	20.10.2017	[SK]
5.4.4	Personalaufwand	1 Person	W	20.10.2017	[SK]
5.4.5	Wartungsdauer	<1 h	W	20.10.2017	[SK]
5.4.6	Dauer Komponentenzugang	<5 min	W	20.10.2017	[SK]
5.4.7	Dauer Komponenten-austausch	<15 min	W	20.10.2017	[SK]
5.4.8	Sicherheit für das Wartungspersonal	>99,5 %	W	20.10.2017	[SK]
5.4.9	Wartungskosten des variablen Einlasses im Vergleich zu einem statischen	<200 %	W	20.10.2017	[SK]
5.4.10	Versagensfälle pro Flugstunde durch fehlerhafte Montage	Bauteilabhängig 10^{-3} bis 10^{-7}	W	20.10.2017	[SK]
5.5	Betriebskosten	Zu minimieren	W	20.10.2017	[SK]
6	**Entwicklungs- und Produktionskosten**				
6.1	Entwicklung				
6.1.1	Potenzial der Patentregistrierung	Hoch	W	01.09.2017	[SK]
6.1.2	Erfahrungen mit ausgewählter Technologie	Maximal	W	01.09.2017	[SK]
6.1.3	Erfahrungen mit ausgewählten Materialien	Maximal	W	01.09.2017	[SK]
6.1.4	Tests und Validierungskosten	Zu minimieren	W	01.09.2017	[SK]

(Fortsetzung)

Tabelle A.3 (Fortsetzung)

Anforderungsliste variabler Einlass		Erstellt durch: Stefan Kazula (SK) Letzte Änderung: 10.05.2020			Version: 07
ID	**Anforderung**	**Beschreibung**	**Art**	**Datum**	**Quelle**
6.1.5	Entwicklungskosten und -dauer	Zu minimieren	W	01.09.2017	[SK]
6.2	Produktionskosten				
6.2.1	Anteil der Systemkosten an der Gondel	<20 %	W	01.09.2017	[SK]
6.2.2	Materialkosten	Zu minimieren	W	01.09.2017	[SK]
6.2.3	Materialverfügbarkeit	Hoch	W	04.09.2017	[SK]
6.2.4	Fertigungs- und Montageaufwand	Zu minimieren	W	01.09.2017	[SK]
6.3	Entsorgung und Recycling				
6.3.1	Wiederverwendbar-keit	60 %	W	04.09.2017	[SK]
6.3.2	Wiederverwertbarkeit	70 %	W	04.09.2017	[SK]
6.4	Anpassbarkeit des Systems				
6.4.1	Skalierbarkeit des Fandurchmessers	Zu ermöglichen	W	01.09.2017	[SK]
6.4.2	Kontinuierliche Verstellung in Folgeiterationen	Zu ermöglichen	W	20.10.2017	[SK]
6.4.3	Mögliche Montagearten	Flügel- oder Rumpfmontage	W	01.09.2017	[SK]

A.3   Nachweisprüfliste

Nachfolgend sind die Paragrafen der CS-25 aufgelistet, die für das variable Einlasskonzept relevant sein können, vgl. Tabelle A.4. Die Bedeutung der Nachweismethoden MoC1 bis MoC9 gehen aus Tabelle 3.3 hervor.

Tabelle A.4 Nachweisprüfliste variabler Einlass

Nachweisprüfliste Beispielprodukt Teil 1: Nachweismethoden

CS	Titel	Nachweismethode (MoC)										Dokument	Version	Status
		0	1	2	3	4	5	6	7	8	9			
CS 25.143 a-c	Controllability and Manoeuvrability	x						x				–	A	Offen
CS 25.237 a (1–3)	Wind Velocities	x	x					x				–	A	Offen
CS 25.301 a-c	Loads	x		x				x				–	A	Offen
CS 25.302	Interaction of Systems and Structures	x		x				x				–	A	Offen
CS 25.303	Factor of Safety	x										–	A	Offen
CS 25.305 a-f	Strength and Deformation	x		x				x				–	A	Offen
CS 25.307 a, d	Proof of Structure	x		x		x	x	x	x	x		–	A	Offen
CS 25.321 a-d	Flight Loads	x		x		x	x	x	x	x		–	A	Offen
CS 25.333 a-b	Flight Manoeuvring Envelope	x		x		x	x	x	x	x		–	A	Offen
CS 25.337 a-c	Limit Manoeuvring Load Factors	x		x		x	x	x	x	x		–	A	Offen
CS 25.341 a-c	Gust and Turbulence Loads	x		x		x	x	x	x	x		–	A	Offen
CS 25.349 a-b	Rolling Conditions	x		x		x	x	x	x	x		–	A	Offen
CS 25.351 a-d	Yaw Manoeuvre Conditions	x		x		x	x	x	x	x		–	A	Offen
CS 25.371	Gyroscopic Loads	x		x		x	x	x	x	x		–	A	Offen

(Fortsetzung)

Tabelle A.4 (Fortsetzung)

Nachweisprüfliste Beispielprodukt Teil 1: Nachweismethoden

CS	Titel	Nachweismethode (MoC)										Dokument	Version	Status
		0	1	2	3	4	5	6	7	8	9			
CS 25.473	Landing Load Conditions and Assumptions	x				x	x	x	x	x		–	A	Offen
CS 25.479	Level Landing Conditions	x		x		x	x	x	x	x		–	A	Offen
CS 25.481	Tail-down Landing Conditions	x		x		x	x	x	x	x		–	A	Offen
CS 25.561 a, c	Emergency Landing Conditions	x		x		x	x		x			–	A	Offen
CS 25.571 a-e	Damage Tolerance and Fatigue Evaluation of Structure	x	x	x	x		x	x	x			–	A	Offen
CS 25.581 a-c	Lightning Protection	x	x									–	A	Offen
CS 25.601	Design and Construction	x										–	A	Offen
CS 25.603 a-c	Materials	x										–	A	Offen
CS 25.605 a-b	Fabrication Methods	x										–	A	Offen
CS 25.607 a-c	Fasteners	x	x									–	A	Offen
CS 25.609 a, b	Protection of Structure	x	x									–	A	Offen
CS 25.611 a, b	Accessibility Provisions	x	x									–	A	Offen
CS 25.613 a-c, e, f	Material Strength Properties and Material Design Values	x	x	x		x						–	A	Offen

(Fortsetzung)

Tabelle A.4 (Fortsetzung)

Nachweisprüfliste Beispielprodukt Teil 1: Nachweismethoden

CS	Titel	Nachweismethode (MoC)										Dokument	Version	Status
		0	1	2	3	4	5	6	7	8	9			
CS 25.619 a-c	Special Factors	x				x	x					–	A	Offen
CS 25.623 a-b	Bearing Factors	x		x		x						–	A	Offen
CS 25.625 a-c	Fitting Factors	x		x		x	x					–	A	Offen
CS 25.631	Bird Strike Damage	x	x	x		x	x					–	A	Offen
CS 25.671 a, d	Control Systems	x										–	A	Offen
CS 25.672 a, c (1)	Stability Augmentation and Automatic and Power-Operated Systems	x			x			x				–	A	Offen
CS 25.863 a-d	Flammable Fluid Fire Protection	x			x	x					x	–	A	Offen
CS 25.869 a	Fire Protection: Systems	x				x					x	–	A	Offen
CS 25.899 a-b	Electrical Bonding and Protection against Static Electricity	x	x									–	A	Offen
CS 25.901 a-b	Installation	x	x	x								–	A	Offen
CS 25.939 a, c	Turbine Engine Operating Characteristics	x					x	x				–	A	Offen
CS 25.941 a-c	Inlet, Engine, and Exhaust Compatibility	x				x	x	x				–	A	Offen

(Fortsetzung)

Tabelle A.4 (Fortsetzung)

Nachweisprüfliste Beispielprodukt Teil 1: Nachweismethoden

CS	Titel	Nachweismethode (MoC)										Dokument	Version	Status
		0	1	2	3	4	5	6	7	8	9			
CS 25.943	Negative Acceleration	x										–	A	Offen
CS 25.945 a-d	Thrust or Power Augmentation System	x										–	A	Offen
CS 25.1041	General	x					x	x				–	A	Offen
CS 25.1043 a-c	Cooling Tests	x						x				–	A	Offen
CS 25.1045 a-c	Cooling Test Procedures	x										–	A	Offen
CS 25.1091 a-e	Air Intake	x	x			x		x				–	A	Offen
CS 25.1093 b (1 i-iii, 2)	Powerplant Icing	x		x	x	x	x	x				–	A	Offen
CS 25.1103 b-d	Air Intake System Ducts and Air Duct Systems	x	x	x								–	A	Offen
CS 25.1163 b-d	Powerplant Accessories	x	x									–	A	Offen
CS 25.1183 a-c	Flammable Fluid-Carrying Components	x	x			x					x	–	A	Offen
CS 25.1185 a-c	Flammable Fluids	x	x			x					x	–	A	Offen
CS 25.1187 a-e	Drainage and Ventilation of Fire Zones	x	x			x						–	A	Offen
CS 25.1189 a (1–2), c-h	Shut-Off Means	x	x			x		x				–	A	Offen

(Fortsetzung)

Tabelle A.4 (Fortsetzung)

Nachweisprüfliste Beispielprodukt Teil 1: Nachweismethoden

CS	Titel	Nachweismethode (MoC)										Dokument	Version	Status
		0	1	2	3	4	5	6	7	8	9			
CS 25.1191 b (1–4)	Firewalls	x	x			x					x	–	A	Offen
CS 25.1193 a-b, e (2, 3i-ii)	Cowling and Nacelle Skin	x	x			x		x		x		–	A	Offen
CS 25.1195 a-c	Fire-Extinguisher Systems	x	x			x		x			x	–	A	Offen
CS 25.1197 a	Fire-Extinguishing Agents	x				x		x			x	–	A	Offen
CS 25.1201 a-b	Fire-Extinguishing System Materials	x				x					x	–	A	Offen
CS 25.1203 a-h	Fire-Detector System	x	x								x	–	A	Offen
CS 25.1301 a	Equipment Function and Installation	x	x									–	A	Offen
CS 25.1302 a-d	Installed Systems and Equipment for Use by The Flight Crew	x	x	x		x		x				–	A	Offen
CS 25.1305 a (7, 8)	Powerplant Instruments	x										–	A	Offen
CS 25.1307 b-c	Miscellaneous Equipment	x	x									–	A	Offen
CS 25.1309 a-d	Equipment, Systems, and Installations	x	x	x	x						x	–	A	Offen
CS 25.1315	Negative Acceleration	x		x			x	x				–	A	Offen

(Fortsetzung)

Tabelle A.4 (Fortsetzung)

Nachweisprüfliste Beispielprodukt Teil 1: Nachweismethoden

CS	Titel	Nachweismethode (MoC)										Dokument	Version	Status
		0	1	2	3	4	5	6	7	8	9			
CS 25.1316 a-b	Electrical and Electronic System Lightning Protection	x	x		x							–	A	Offen
CS 25.1317 a-c	High-Intensity Radiated Fields (HIRF) Protection	x	x		x							–	A	Offen
CS 25.1322 a-f	Flight Crew Alerting	x			x	x		x		x		–	A	Offen
CS 25.1353 a-e	Electrical Equipment and Installations	x									x	–	A	Offen
CS 25.1357 a-g	Circuit Protective Devices	x				x					x	–	A	Offen
CS 25.1360 a	Precautions against Injury	x	x									–	A	Offen
CS 25.1362	Electrical Supplies for Emergency Conditions	x										–	A	Offen
CS 25.1363 a-b	Electrical System Tests	x				x	x	x				–	A	Offen
CS 25.1419 a-h	Ice Protection	x		x			x	x		x		–	A	Offen
CS 25.1420 a-d	Supercooled Large Drop Icing Conditions	x		x	x			x				–	A	Offen
CS 25.1435 a-c	Hydraulic Systems	x				x	x	x			x	–	A	Offen
CS 25.1436 a-c	Pneumatic Systems – High Pressure	x				x	x	x			x	–	A	Offen

(Fortsetzung)

Tabelle A.4 (Fortsetzung)

Nachweisprüfliste Beispielprodukt Teil 1: Nachweismethoden

CS	Titel	Nachweismethode (MoC)										Dokument	Version	Status
		0	1	2	3	4	5	6	7	8	9			
CS 25.1438	Pressurisation and Low Pressure Pneumatic Systems	x				x	x					–	A	Offen
CS 25.1501 a-b	General	x										–	A	Offen
CS 25.1525	Kinds of Operation	x										–	A	Offen
CS 25.1529	Instructions for Continued Airworthiness	x										–	A	Offen
CS 25.1541 a-b	Operating Limitations and Information	x	x									–	A	Offen
CS 25.1557 b (3)	Miscellaneous Markings and Placards	x										–	A	Offen
CS 25.1581 a-d	General	x										–	A	Offen
CS 25.1585 a-b	Operating Procedures	x		x								–	A	Offen
CS 25.1593	Exposure to Volcanic Cloud Hazards	x				x					x	–	A	Offen
CS 25.1701 a-b	Electrical Wiring Interconnection System (EWIS)	x										–	A	Offen
CS 25.1703 a-e	Function and Installation; EWIS	x	x									–	A	Offen
CS 25.1705 a, b	Systems and Function; EWIS	x										–	A	Offen

(Fortsetzung)

Tabelle A.4 (Fortsetzung)

Nachweisprüfliste Beispielprodukt Teil 1: Nachweismethoden

CS	Titel	Nachweismethode (MoC)										Dokument	Version	Status
		0	1	2	3	4	5	6	7	8	9			
CS 25.1707 a-l	System Separation; EWIS	x	x									–	A	Offen
CS 25.1709 a-b	System Safety; EWIS	x		x	x							–	A	Offen
CS 25.1711 a-e	Component Identification; EWIS	x	x									–	A	Offen
CS 25.1713 a-c	Fire Protection; EWIS	x									x	–	A	Offen
CS 25.1715 a-b	Electrical Bonding and Protection against Static Electricity; EWIS	x	x									–	A	Offen
CS 25.1717	Circuit Protective Devices; EWIS	x										–	A	Offen
CS 25.1719	Accessibility Provisions; EWIS	x	x									–	A	Offen
CS 25.1723	Flammable Fluid Protection; EWIS	x										–	A	Offen
CS 25.1725	Powerplants; EWIS	x	x									–	A	Offen
CS 25.1727	Flammable Fluid Shutoff Means; EWIS	x										–	A	Offen
CS 25.1729	Instructions for Continued Airworthiness; EWIS	x										–	A	Offen

A.4   Konzeptskizzen

Nachfolgend sind die erarbeiteten Konzepte dargestellt, vgl. Abbildung A.1, A.2, A.3, A.4, A.5, A.6, A.7, A.8, A.9, A.10, A.11, A.12, A.13, A.14, A.15, A.16, A.17, A.18, A.19, A.20, A.21, A.22, A.23, A.24, A.25, A.26, A.27, A.28, A.29 und A.30.

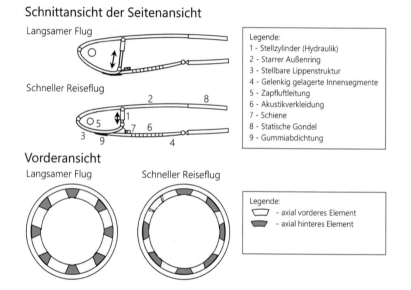

Abbildung A.1   Konzept 1 – Ausdrehen starrer Innenkontursegmente durch radiale Aktoren

Schnittansicht der Seitenansicht

Langsamer Flug

Schneller Reiseflug

Legende:
1 - Linearstellglied
2 - Starrer Außenring
3 - Stellbarer Innenring
4 - Diffusor
5 - Zapfluftleitung
6 - Akustikverkleidung
7 - Schiene
8 - Statische Gondel
9 - Stellring
10 - Stab
11 - Gummilippe

Abbildung A.2 Konzept 2 – Ausdrehen starrer Innenkontursegmente durch axialen Stellring

Schnittansicht der Seitenansicht

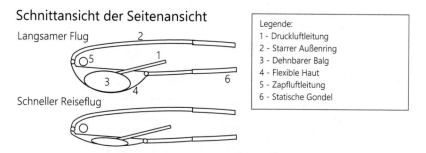

Langsamer Flug

Schneller Reiseflug

Legende:
1 - Druckluftleitung
2 - Starrer Außenring
3 - Dehnbarer Balg
4 - Flexible Haut
5 - Zapfluftleitung
6 - Statische Gondel

Abbildung A.3 Konzept 3 – Aufblasen eines elastischen Balgs im Bereich der Lippe

Schnittansicht der Seitenansicht

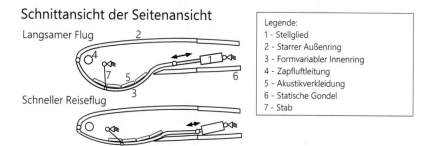

Langsamer Flug

Schneller Reiseflug

Legende:
1 - Stellglied
2 - Starrer Außenring
3 - Formvariabler Innenring
4 - Zapfluftleitung
5 - Akustikverkleidung
6 - Statische Gondel
7 - Stab

Abbildung A.4 Konzept 4 – Verformen einer elastischen Lippe durch axiale Stellglieder

Schnittansicht der Seitenansicht

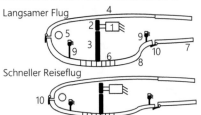

Legende:
1 - E-Motor
2 - Ritzel
3 - Zahnkranz
4 - Starrer Außenring
5 - Zapfluftleitung
6 - Akustikverkleidung
7 - Statische Gondel
8 - Drehbarer Innenring
9 - Schiene
10 - Spaltabdeckungen

Vorderansicht

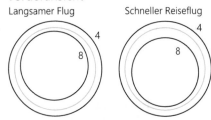

Abbildung A.5 Konzept 5 – Rotation eines Innenrings

Schnittansicht der Seitenansicht

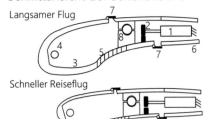

Legende:
1 - E-Motor
2 - Zahnradgetriebe
3 - Drehbarer Einlassring
4 - Zapfluftleitung
5 - Akustikverkleidung
6 - Statische Gondel
7 - Abdeckungen
8 - Wälzlager

Vorderansicht

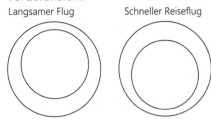

Abbildung A.6 Konzept 6 – Rotation des gesamten Einlasses

Schnittansicht der Seitenansicht

Langsamer Flug

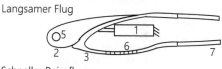

Schneller Reiseflug

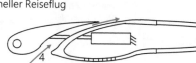

Legende:
1 - Linearstellglied
2 - Starrer Vorderkantenring
3 - Starre und fixierte Einlassgeometrie
4 - Zusätzlicher Strömungskanal
5 - Zapfluftleitung
6 - Akustikverkleidung
7 - Statische Gondel

Abbildung A.7 Konzept 7 – Axial verfahrbare Einlasslippe mit Nebenstromspalt

Schnittansicht der Seitenansicht

Langsamer Flug

Schneller Reiseflug

Legende:
1 - Linearstellglied
2 - Starrer Vorderkantenring
3 - Axial verschiebbare Ringe
4 - Flexible Abdeckungen
5 - Zapfluftleitung
6 - Akustikverkleidung
7 - Statische Gondel
8 - Zugfedern

Vorderansicht

Langsamer Flug   Schneller Reiseflug

A-A   B-B

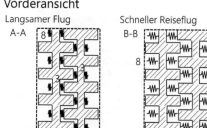

Abbildung A.8 Konzept 8 – Axial verfahrbare verzahnte Ringe zur Längenvariation

Schnittansicht der Seitenansicht

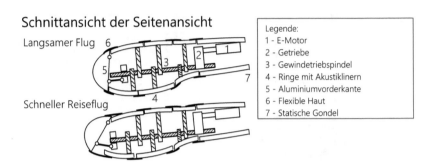

Langsamer Flug

Schneller Reiseflug

Legende:
1 - E-Motor
2 - Getriebe
3 - Gewindetriebspindel
4 - Ringe mit Akustiklinern
5 - Aluminiumvorderkante
6 - Flexible Haut
7 - Statische Gondel

Abbildung A.9 Konzept 9 – Segmentierte Lippe und radial verschiebbare Kontursegmente

Schnittansicht der Seitenansicht

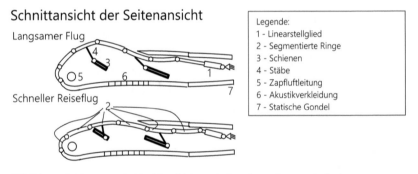

Langsamer Flug

Schneller Reiseflug

Legende:
1 - Linearstellglied
2 - Segmentierte Ringe
3 - Schienen
4 - Stäbe
5 - Zapfluftleitung
6 - Akustikverkleidung
7 - Statische Gondel

Abbildung A.10 Konzept 10 – Verschieben miteinander verketteter Außenkontursegmente

Schnittansicht der Seitenansicht

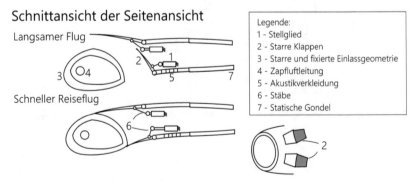

Langsamer Flug

Schneller Reiseflug

Legende:
1 - Stellglied
2 - Starre Klappen
3 - Starre und fixierte Einlassgeometrie
4 - Zapfluftleitung
5 - Akustikverkleidung
6 - Stäbe
7 - Statische Gondel

Abbildung A.11 Konzept 11 – Ausfahrbare Nebenstromöffnungsklappen

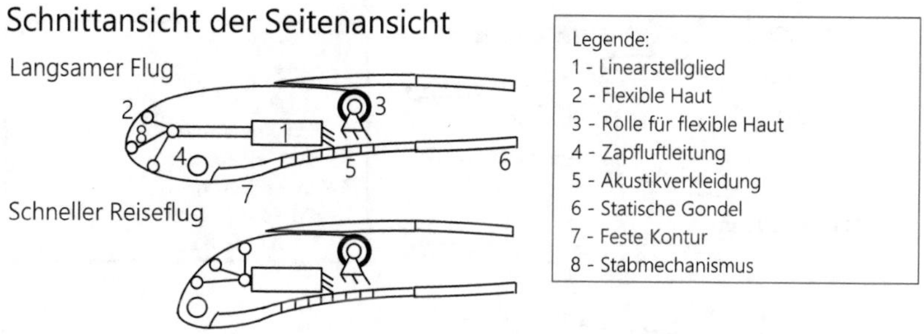

Schnittansicht der Seitenansicht
Langsamer Flug
Schneller Reiseflug
1
2
3
4
5
6
7
8
Legende:
1 - Linearstellglied
2 - Flexible Haut
3 - Rolle für flexible Haut
4 - Zapfluftleitung
5 - Akustikverkleidung
6 - Statische Gondel
7 - Feste Kontur
8 - Stabmechanismus

Abbildung A.12 Konzept 12 – Abrollen einer flexiblen Haut durch Stabmechanismus

Schnittansicht der Seitenansicht
Langsamer Flug
Schneller Reiseflug
1
2
3
4
5
6
7
8
Legende:
1 - Stellglied
2 - Flexible Haut
3 - Zugfeder
4 - Zapfluftleitung
5 - Akustikverkleidung
6 - Statische Gondel
7 - Feste Kontur
8 - Stabmechanismus

Abbildung A.13 Konzept 13 – Dehnen einer flexiblen Haut durch Stabmechanismus

Schnittansicht der Seitenansicht
Langsamer Flug
Schneller Reiseflug
1
2
3
4
5
6
7
Legende:
1 - Stellglied
2 - Flexible Haut
3 - Lippensegment
4 - Starre Kontur
5 - Zapfluftleitung
6 - Akustikverkleidung
7 - Statische Gondel

Abbildung A.14 Konzept 14 – Verformen einer flexiblen Haut durch drehbare Lippensegmente

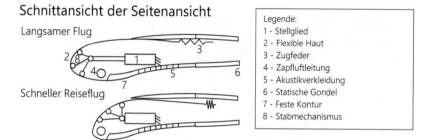

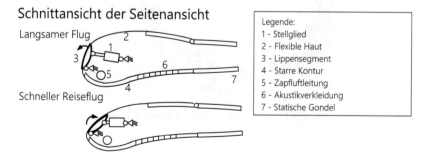

Schnittansicht der Seitenansicht

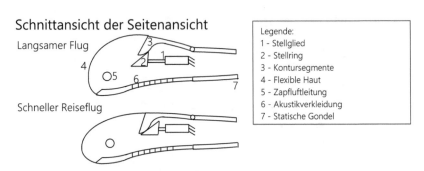

Langsamer Flug

Schneller Reiseflug

Legende:
1 - Stellglied
2 - Stellring
3 - Kontursegmente
4 - Flexible Haut
5 - Zapfluftleitung
6 - Akustikverkleidung
7 - Statische Gondel

Abbildung A.15   Konzept 15 – Verformen einer flexiblen Haut durch verfahrbaren Ring

Schnittansicht der Seitenansicht

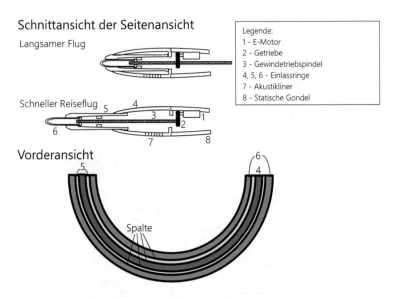

Langsamer Flug

Schneller Reiseflug

Legende:
1 - E-Motor
2 - Getriebe
3 - Gewindetriebspindel
4, 5, 6 - Einlassringe
7 - Akustikliner
8 - Statische Gondel

Vorderansicht

Spalte

Abbildung A.16   Konzept 16 – Teleskopprinzip zur Längenvariation

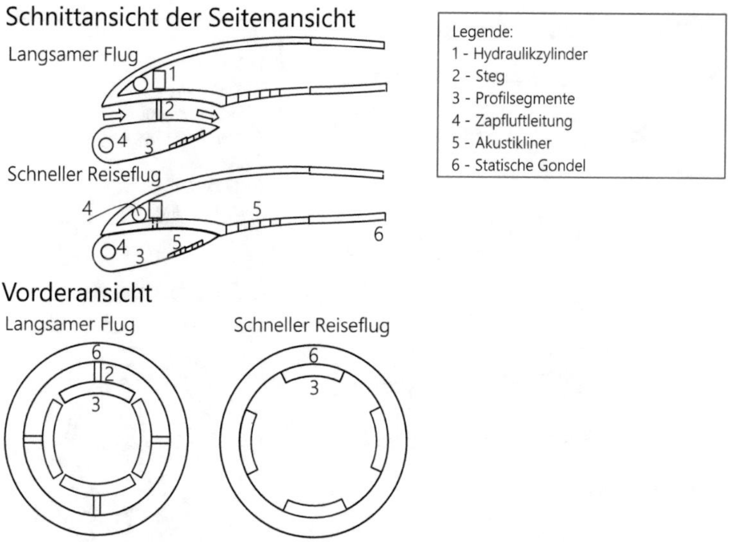

Schnittansicht der Seitenansicht

Langsamer Flug

Schneller Reiseflug

Legende:
1 - Hydraulikzylinder
2 - Steg
3 - Profilsegmente
4 - Zapfluftleitung
5 - Akustikliner
6 - Statische Gondel

Vorderansicht

Langsamer Flug   Schneller Reiseflug

Abbildung A.17 Konzept 17 – Radial verschiebbare Ringsegmente

Schnittansicht der Seitenansicht

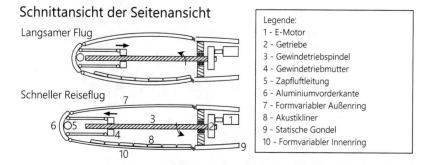

Langsamer Flug

Schneller Reiseflug

Legende:
1 - E-Motor
2 - Getriebe
3 - Gewindetriebspindel
4 - Gewindetriebmutter
5 - Zapfluftleitung
6 - Aluminiumvorderkante
7 - Formvariabler Außenring
8 - Akustikliner
9 - Statische Gondel
10 - Formvariabler Innenring

Abbildung A.18 Konzept 18 – Dehnen einer flexiblen Haut durch verfahrbaren Vorderkantenring

Schnittansicht der Seitenansicht

Langsamer Flug

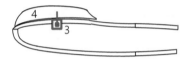

Legende:
1 - E-Motor
2 - Getriebe
3 - Schienenring
4 - Drehbarer Halbring
5 - Akustikliner
6 - Statische Gondel
7 - Abdeckung

Rotationsachse des Halbrings

Triebwerksachse

Schneller Reiseflug

Vorderansicht

Langsamer Flug

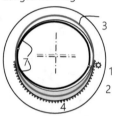

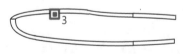

Rotationsachse des Halbrings

Triebwerksachse

Schneller Reiseflug

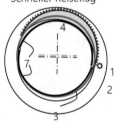

Abbildung A.19   Konzept 19 – Rotation eines verstaubaren Innenrings

Schnittansicht der Einlassunterkante

Langsamer Flug

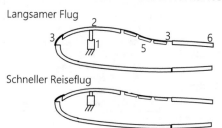

Schneller Reiseflug

Legende:
1 - Stellglied
2 - Halbring
3 - Flexible Haut
4 - Schiene
5 - Akustikliner
6 - Statische Gondel

Vorderansicht

Langsamer Flug   Schneller Reiseflug

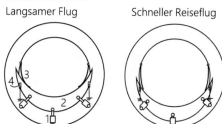

Abbildung A.20 Konzept 20 – Radiales Verschieben eines Halbrings

Schnittansicht der Seitenansicht

Langsamer Flug

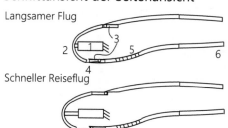

Schneller Reiseflug

Legende:
1 - Stellglied
2 - Starre Vorderkante
3 - Schienenführung
4 - Elastische Haut
5 - Akustikliner
6 - Statische Gondel

Abbildung A.21 Konzept 21 – Axial verfahrbare Vorderkante ohne Nebenstromspalt

Schnittansicht der Seitenansicht

Langsamer Flug

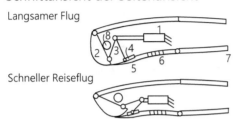

Legende:
1 - Stellglied
2 - Starre Vorderkante
3 - Stäbe
4 - Schienenführung
5 - Starres Innensegment
6 - Akustikliner
7 - Statische Gondel
8 - Zapfluftleitung

Schneller Reiseflug

Abbildung A.22 Konzept 22 – Drehbare segmentierte Vorderkante

Schnittansicht der Seitenansicht

Langsamer Flug

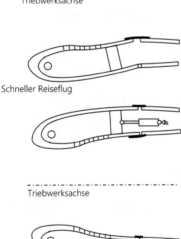

Legende:
1 - Linearstellglied
2 - Starrer, kippbarer Einlass
3 - Abdeckungen
4 - Zapfluftleitung
5 - Akustikverkleidung
6 - Statische Gondel

Triebwerksachse

Schneller Reiseflug

Triebwerksachse

Abbildung A.23 Konzept 23 – Kippbarer Einlassring

Schnittansicht der Seitenansicht

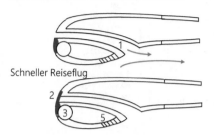

Schneller Reiseflug

Legende:
1 - Strömungskanal
2 - Abdeckender Verschlussring
3 - Linearstellglied
4 - Schiene
5 - Akustikliner

Vorderansicht

Langsamer Flug

Schneller Reiseflug

Stellmechanismus

Abbildung A.24 Konzept 24 – Aktivierbare Strömungskanäle in der Vorderkante

Schnittansicht der Seitenansicht

Langsamer Flug

Legende:
1 - Linearstellglied
2 - Ringsegment mit Wirbelgeneratoren
3 - Starrer Einlass
4 - Zapfluftleitung
5 - Akustikverkleidung
6 - Statische Gondel

Schneller Reiseflug

Draufsicht auf die Wirbelgeneratoren

Strömungsrichtung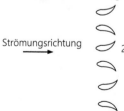

Abbildung A.25 Konzept 25 – Radial ausfahrbare Wirbelgeneratoren

Schnittansicht der Seitenansicht

Langsamer Flug

Legende:
1 - Starrer Einlass
2 - Absaugschlitze
3 - Ventile
4 - Zapfluftleitung
5 - Akustikauskleidung
6 - Statische Gondel
7 - Linearstellglied
8 - Verschluss

Aktuierte Verschlüsse als Alternative zu Ventilen

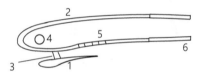

Abbildung A.26 Konzept 26 – Zuschaltbare Grenzschichtabsaugung

Schnittansicht der Seitenansicht

Legende:
1 - Innerer Ring
2 - Äußerer Einlass
3 - Stege
4 - Zapfluftleitung
5 - Akustikauskleidung
6 - Statische Gondel

Vorderansicht

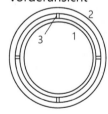

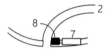

Abbildung A.27 Konzept 27 – Starre radial versetzte Tandemprofile

Schnittansicht der Seitenansicht

Langsamer Flug

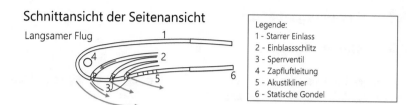

Legende:
1 - Starrer Einlass
2 - Einblassschlitz
3 - Sperrventil
4 - Zapfluftleitung
5 - Akustikliner
6 - Statische Gondel

Abbildung A.28 Konzept 28 – Zuschaltbare Grenzschichteinblasung

Schnittansicht der Seitenansicht

Langsamer Flug

Schneller Reiseflug

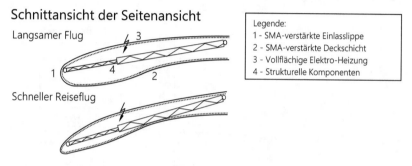

Legende:
1 - SMA-verstärkte Einlasslippe
2 - SMA-verstärkte Deckschicht
3 - Vollflächige Elektro-Heizung
4 - Strukturelle Komponenten

Abbildung A.29 Konzept 29 – Zwei-Wege-Formgedächtnismetallhülle

Schnittansicht der Seitenansicht

Langsamer Flug

Schneller Reiseflug

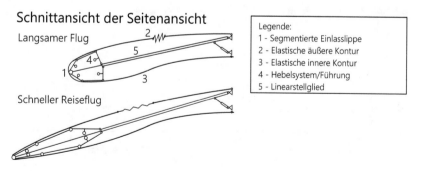

Legende:
1 - Segmentierte Einlasslippe
2 - Elastische äußere Kontur
3 - Elastische innere Kontur
4 - Hebelsystem/Führung
5 - Linearstellglied

Abbildung A.30 Konzept 30 – Dehnen einer flexiblen Haut durch Stützstruktur

A.5   Strömungsanalyse

A.5.1   Modellbildung

Nachfolgend werden Details der Strömungsmodellierung vorgestellt, vgl. Abbildung A.31, A.32, A.33 und A.34 und Tabelle A.5.

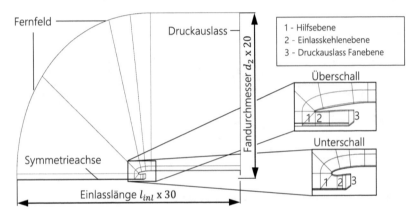

Abbildung A.31   Strömungsfeld und seine Randbedingungen

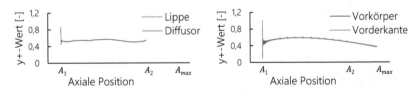

Abbildung A.32   Verteilung der y^+-Werte für den mit 600.000 Knoten vernetzten Einlass

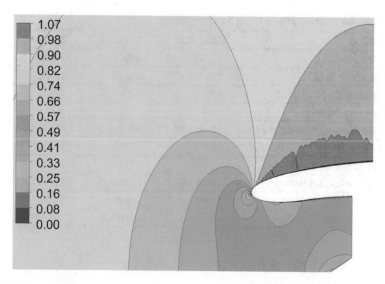

Abbildung A.33 Machzahlverteilung bei Mach 0,85 für die Referenzgeometrie

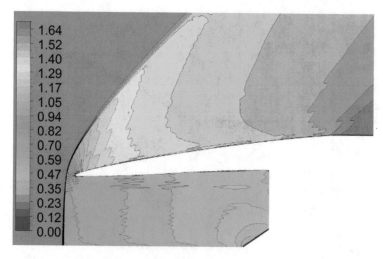

Abbildung A.34 Machzahlverteilung bei Mach 1,6 für eine Überschallgeometrie

Tabelle A.5 Randbedingungen der Strömungsanalyse

Fernfeld	Mach 0,95	Mach 1,3	Mach 1,6
Druck p_0 [Pa]	14050	14050	14050
Temperatur T_0 [K]	218,15	218,15	218,15
Machzahl M_0 [-]	0,95	1,30	1,60
Strömungsrichtung	axial	axial	axial
Druckauslass Strömungsfeld	**Mach 0,95**	**Mach 1,3**	**Mach 1,6**
Druck p_0 [Pa]	14050	14050	14050
Totaltemperatur T_{t0} [K]	257,39	291,63	329,45
Druckauslass Fanebene	**Mach 0,95**	**Mach 1,3**	**Mach 1,6**
Druck p_2 [Pa]	20950	31864	44753
Totaltemperatur T_{t2} [K]	256,76	291,04	328,92

A.5.2 Parameterstudie

Nachfolgend werden Strömungsablösungen als Folge ungeeigneter Kehlendurchmesser dargestellt, vgl. Abbildung A.35 und A.36.

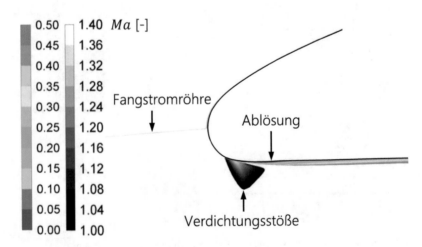

Abbildung A.35 Ablösungen auf der Innenseite des Einlasses bei zu kleinem Kehlendurchmesser im Überschallbetrieb

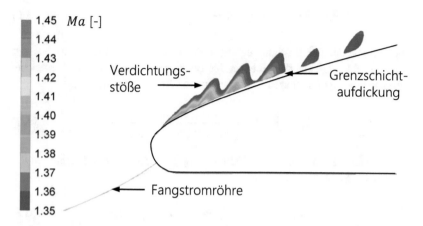

Abbildung A.36 Ablösungen auf der Außenseite bei zu großem Kehlendurchmesser im Überschallbetrieb

A.5.3 Einsparpotenzial

Die Breguet'sche Reichweitenformel beschreibt die Abhängigkeit der Reichweite eines Flugzeugs R von der Fluggeschwindigkeit c_0, der maximalen Startmasse $m_{to,max}$, der mitzuführenden Kraftstoffmenge m_{fuel}, dem Flugzeugluftwiderstand F_D, der Auftriebskraft des Flugzeugs F_L, dem schubspezifischen Brennstoffverbrauch SFC und der Gravitationskonstante g [10, S. 454]:

$$R = \frac{c_0}{g \cdot SFC} \cdot \frac{F_L}{F_D} ln\left[\frac{m_{to,max}}{m_{to,max} - m_{fuel}}\right]. \tag{A.5}$$

Der Flugzeugluftwiderstand F_D beinhaltet den Überlaufwiderstand $D_{nacf,ext}$ des Einlasses und wird entsprechend der Anzahl der eingesetzten variablen Einlässe reduziert. Dabei wird angenommen, dass variable Einlässe den Luftwiderstand des Flugzeugs nicht anderweitig beeinträchtigen.

Bei konstanter Fluggeschwindigkeit, Gravitation und spezifischem Kraftstoffverbrauch sowie der Vereinfachung, dass Auftrieb, maximale Startmasse und mitgeführte Kraftstoffmenge unverändert bleiben, ist die Flugreichweite nur noch vom Luftwiderstand des Flugzeugs abhängig:

$$R \sim \frac{1}{F_D}. \tag{A.6}$$

Dies ermöglicht die Bestimmung der Reichweite R_{vinlet} eines Flugzeugs mit einer Anzahl n Triebwerken, die variable Einlässe nutzen, im Vergleich zu einem Referenzflugzeug mit starren Einlässen und der Reichweite R_{ref}:

$$R_{vinlet} = R_{ref} \cdot \frac{F_{D,ref}}{F_{D,ref} - n \cdot \Delta D_{nacf,ext}}. \tag{A.7}$$

Alternativ kann auch die Verringerung des Kraftstoffverbrauchs $\dot{m}_{fuel}$ bestimmt werden zu [10, S. 393]:

$$\dot{m}_{fuel} = m_{fuel} \cdot \frac{c_0}{R} \rightarrow \dot{m}_{fuel} \sim \frac{1}{R} \sim F_D. \tag{A.8}$$

und

$$\dot{m}_{fuel,vinlet} = \dot{m}_{fuel,ref} \cdot \frac{F_{D,ref} - n \cdot \Delta D_{nacf,ext}}{F_{D,ref}}. \tag{A.9}$$

Der Referenzwiderstand eines Flugzeuges $F_{D,ref}$ lässt sich mit Hilfe der Luftdichte ρ, der Fluggeschwindigkeit c_0, der charakteristischen Fläche A und dem Widerstandskoeffizienten c_D bestimmen:

$$F_D = \frac{1}{2} \cdot \rho \cdot c_0{}^2 \cdot c_D \cdot A. \tag{A.10}$$

Die Luftdichte ρ in der für Geschäftsreiseflugzeuge relevanten Flughöhe von etwa 14.000 m [49] kann mittels barometrischer Höhenformel oder dem Militärhandbuch MIL-310 [337] bestimmt werden. Die Fluggeschwindigkeit c_0 kann aus der Machzahl und der Schallgeschwindigkeit bei den Umgebungstemperaturen in Flughöhe berechnet oder ebenfalls der Literatur [337] entnommen werden. Der Widerstandskoeffizient c_D ist stark von der Flugzeugform, der Wahl der charakteristischen Fläche und der Flugmachzahl abhängig [352]. So sind für den Unterschallflug über Mach 0,7 c_D-Werte von etwa 0,025 üblich und bei Überschallflug bis Mach 1,6 Werte von etwa 0,035 [352], [353], [354], [355]. Als charakteristische Fläche können die Tragflügelfläche, die Stirnfläche oder die Oberfläche des Flugzeugs ausgewählt werden [370]. Zahlenwerte hierfür können beispielsweise der Fachliteratur [74] entnommen werden. Im vorliegenden

Fall wurde die Tragflügelfläche der Gulfstream G650 mit etwa 120 m^2 als charakteristische Fläche ausgewählt [48].

Im Unterschall-Reiseflug bei Mach 0,85 ergibt sich somit in einer Höhe von 14 km ein Flugzeugluftwiderstand $F_{D,ref}$ von ca. 22 kN. Dieser Wert entspricht ungefähr 90 % des Schubes den zwei Rolls-Royce Pearl 15-Triebwerke in dieser Höhe erzeugen können [334].

A.6 Auslegungsrechnungen

A.6.1 Segmente

Die maximal auf die Einlasssegmente S1 bis S8 wirkende Belastung tritt im Fall des Vogelschlags auf, vgl. Anhang A.1.1. Die Segmente müssen dabei ihre strukturelle Integrität wahren und dürfen nicht abgerissen werden, da dies gefährliche Folgen nach sich ziehen könnte. Ein Verformen der Segmente bei Vogelschlag ist hingegen akzeptabel.

Zahlreiche Studien untersuchen die Auslegung diverser Flugzeugkomponenten, wie Flügelvorderkanten, Windschutzscheiben und Triebwerke, gegen Vogelschlag. Heimbs [366] und Hedayati [309] stellen einige dieser Studien in einer Übersicht zusammen.

Hanssen et al. [371] weisen den Durchschlagwiderstand verschiedener Sandwichstrukturen gegen Vogelschlag nach. Die Sandwichstruktur besteht dabei aus einer 0,8 mm starken Deckplatte aus EN AW-2024 T3 Aluminium und Kernen geringer Dichte aus AlSi7Mg0,5. Tests und Simulationen eines Frontalbeschusses von Bauteilen mit besagter Sandwichstruktur wurden mit Vögeln von ca. 2 kg Masse und bei Geschwindigkeiten von bis zu ca. 200 m/s durchgeführt. Daraus geht hervor, dass ein 150 mm dicker Kern bei einer Kerndichte von 150 kg/m^3 erforderlich ist, um ein Durchschlagen durch die Sandwichstruktur zu verhindern [371]. Die Simulationen und Tests von Guida et al. [372] zeigen für den Aufprall eines knapp 4 kg schweren Vogels auf die Vorderkante des Höhenleitwerkes mit einer Geschwindigkeit von 129 m/s keinen Durchschlag. Hierbei wurde das Höhenleitwerk als Sandwichstruktur mit einer 1,4 mm starken EN AW-2024 Aluminium Deckplatte und einem EN AW-5052 Aluminium Honigwabenkern mit 6 mm Höhe umgesetzt. Diese Abmaße sind nicht in den vorhandenen Bauraum, insbesondere im Bereich der Lippensegmente S7 und S8, integrierbar. Deshalb entfällt die Sandwichbauweise als Lösungsmöglichkeit für den Schutz der Einlasssegmente gegen Vogelschlag und wird nicht weiter in Betracht gezogen.

Die Untersuchungen von Anghileri et al. [373] zeigen für die Konus-Struktur des Triebwerks, dass 1,4 mm EN AW-2024 T6 Aluminium-Vollmaterial ein Durchschlagen eines 1 kg schweren Vogels mit einer Geschwindigkeit von 100 m/s durch die Struktur verhindern. Hierbei ist zu beachten, dass die Aufschlagsbelastung durch die Rotation des Konus reduziert wird [373].

Die von Reglero et al. [374] an Vorderkanten durchgeführten Tests offenbaren, dass die Dicke der konturgebenden Aluminiumbeplankung von 2,5 mm auf 1,5 mm reduziert werden kann, indem an besonders gefährdeten Stellen zusätzliches Material geringerer Dichte zur Verstärkung der Struktur integriert wird. Dadurch kann die Gesamtmasse einer Komponente bei besseren strukturellen Eigenschaften reduziert werden [374]. Es ist jedoch zu beachten, dass besagte Tests mit Stahlprojektilen durchgeführt worden sind, deren Dichtewerte stark von denen eines Vogels abweichen und somit keine eindeutige Vergleichbarkeit gegeben ist.

McCarthy et al. [375] untersuchen Flügelvorderkanten in Kompositbauweise. Die Vorderkanten bestehen aus glasfaserverstärkten EN AW-2024 T3 Aluminiumlaminaten, auch als GLARE (Glass Laminate Aluminium Reinforced Epoxy) bekannt, und weisen eine Dicke von 2,2 mm auf. Zur Stabilisation wird die GLARE-Struktur in bestimmten Abständen von Rippen gestützt. Simulationen und Tests mit Vogelmassen von fast 2 kg bei 200 m/s Aufprallgeschwindigkeit weisen die Widerstandsfähigkeit der Struktur gegen ein Durchdringen des Vogels nach [375]. Unter anderem aufgrund dieser Widerstandsfähigkeit findet GLARE großflächige Anwendung in vielen modernen Flugzeugen, wie den Airbus-Flugzeugen A380 oder A400M.

Hedayati et al. [364] identifizieren am Beispiel der Vorderkante des Höhenleitwerks die ideale Materialstärke von EN AW-2024 T3 Aluminium, um strukturelles Versagen bei Vogelschlag zu verhindern. Die Simulationen mit fast 2 kg schweren Vögeln bei 124 m/s zeigen ab einer Materialstärke von 2 mm kein strukturelles Versagen [364]. Es ist zu beachten, dass eine Sandwichkonstruktion, die äquivalenten Belastungen standhalten muss, 30 % der Masse einsparen kann [364]. Andererseits erfordert eine Sandwichstruktur erhöhten Fertigungsaufwand und deutlich mehr Bauraum.

Basierend auf den aufgeführten Ergebnissen obiger Studien werden die Einlasssegmente S1 bis S8 in der ersten Iteration mit 3 mm Dicke und EN AW-2024 T3 Aluminium als Material festgelegt. Diese Materialstärke ist geeignet, um ein Durchschlagen bei Vogelschlag zu vermeiden [364], [373], [374], [375] und gleichzeitig in den vorhandenen Bauraum integrierbar. Für weitere Iterationen ist Potenzial zur Reduktion der Masse durch Verwendung von GLARE- oder Sandwich-Bauweise vorhanden. Insbesondere bei den Segmenten S2 und S4 kann die Sandwich-Bauweise sinnvoll sein, da sie die Funktionsweise herkömmlicher Akustikauskleidungen unterstützt.

Fremdkörpereinschläge, zu denen Hagel, Regen und angesaugte Kleinteile, wie Schrauben, Nieten und Steinchen zählen, werden im Rahmen dieser Auslegung nicht explizit beachtet, da sich deren Einfluss auf variable Einlässe nicht zu dem auf konventionelle unterscheidet. Folglich sollten diese Belastungen von oben beschriebenen Segmenten ohne Einschränkung ausgehalten werden.

A.6.2   Stellring

Der Stellring wird primär auf Biegung beansprucht. Für die Auslegung des Stellrings gegen Biegung sind die zulässige und die vorhandene Biegespannung zu ermitteln. Die vorhandene Biegespannung σ_B errechnet sich aus dem wirkenden Biegemoment M und dem axialen Widerstandsmoment $W_{b,ax}$ [302]:

$$\sigma_B = \frac{M}{W_{b,ax}}. \tag{A.11}$$

Das permanent wirkende Biegemoment M resultiert aus der in vertikale Richtung wirkenden Gewichtskraft $F_{Gewicht}$, die auf den Stellring wirkt, multipliziert mit dem Hebelarm $l_{Hebel,Stellring}$ dieser Kraft, vgl. Abbildung 4.46. Folglich findet die Biegung des Stellrings vorrangig um die y-Achse statt, weshalb das Widerstandsmoment gegen Biegung in y-Richtung zu bestimmen ist. Zur Gewichtkraft tragen die Masse des Stellrings, die Segmente sowie die Verbindungsstäbe zwischen den Segmenten und dem Stellring bei. Die Masse dieser Komponenten ergibt sich im Rahmen der ersten Dimensionierung und ist Tabelle 4.20 zu entnehmen. Eine zusätzliche Masse kann durch Fluide, wie Schmiermittel, Enteisungsfluid und Wasser, aber auch Eisanlagerungen oder Wartungspersonal und -werkzeuge hinzukommen. Die insgesamt auf den Stellring wirkende Masse m wurde für die erste Auslegung konservativ auf 500 kg geschätzt.

Weiterhin können im Betrieb asymmetrisch wirkende vertikale Strömungslasten auftreten, beispielsweise beim Flugzeugstart und im Steigflug. Auch können Manöverlasten, wie unsanfte Landungen (Heavy Landing), auftreten. Diese fließen nach den in Tabelle A.3 aufgelisteten Anforderungen mit der fünffachen Erdbeschleunigung g ein.

Der Stellring hat eine Länge von 1200 mm. Die Länge des Hebelarmes $l_{Hebel,Stellring}$ wird konservativ bei zwei Dritteln dieser Länge angenommen. Somit ergibt sich das wirkende Moment zu:

$$M = m \cdot 5g \cdot l_{Hebel, Stellring} = 19.620.000\,Nmm. \qquad (A.12)$$

Aus Gründen des Bauraums und der Masse ist der Stellring nicht durchgehend als Ring ausgeführt. Stattdessen ist er in vielen axialen Abschnitten über seinen Umfang segmentiert. Aus diesem Aufbau ergeben sich bei der Berechnung des axialen Widerstandsmoments $W_{b,ax}$ zwei Fälle, die unterschieden werden müssen:

- eine zusammenhängende Kreisringquerschnittsfläche oder
- eine Schnittfläche pro 15°-Sektor, siehe Abbildung A.37.

Für eine Kreisringquerschnittsfläche mit einem äußeren Radius r_a von 640 mm und einem inneren Radius r_i von 639 mm ergibt sich das Widerstandsmoment zu [305]:

$$W_{b,ax} = \frac{\pi}{4} \cdot \frac{r_a - r_i}{r_a} = 1.283.784\,mm^3. \qquad (A.13)$$

Nach Gleichung (A.11) ergibt sich somit eine maximal vorhandene Biegespannung σ_B von ca. 15 MPa.

Für die segmentierten Bereiche des Stellrings ergeben sich bei einer Sektorengröße von 15° 24 Schnittflächen über den Umfang, vgl. Abbildung A.37. Im Folgenden wird für die Schnittflächen ein Rechteckprofil mit der Breite b und der Höhe h angenommen. Allerdings können für die Schnittflächen auch komplexere Geometrien mit größeren Trägheitsmomenten gewählt werden, z. B. Hohlprofile oder Doppel-T-Träger, wodurch zusätzlich die Masse reduziert werden kann.

Für die Berechnung der axialen Widerstandsmomente $W_{b,ax}$ eines Profils sind ihre axialen Flächenträgheitsmomente I_{ax} und der maximale Randabstand der neutralen Faser e in die entsprechenden Richtungen erforderlich [305]:

$$W_{b,ax} = I_{ax}/e. \qquad (A.14)$$

Die axialen Flächenträgheitsmomente von Schnittfläche 1 im zugehörigen Flächenschwerpunkt ergeben sich aus ihrer Höhe h und ihrer Breite b [302], vgl. y^*-z^*-Koordinatensystem in Abbildung A.38. Für alle weiteren Schnittflächen errechnen sich die jeweiligen axialen Flächenträgheitsmomente im zugehörigen Flächenschwerpunkt analog, vgl. η^*-ξ^*-Koordinatensystem in Abbildung A.38.

Für die Berechnung des Gesamtträgheitsmoment sind die Flächenträgheitsmomente bezüglich des y-z-Ursprungskoordinatensystems erforderlich. Hierfür sind die entsprechenden Steiner-Anteile der Schnittflächen, die den Abstand

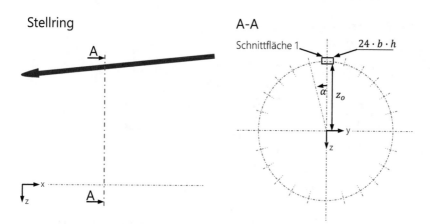

Abbildung A.37 Schnittflächen des Stellrings

des Flächen- vom Körperschwerpunkt z_0 beziehungsweise ξ_0 einbeziehen, zu berechnen [307], vgl. η-ξ-Koordinatensystem in Abbildung A.38.

Anschließend müssen die sich ergebenen Flächenträgheitsmomente bezüglich des Ursprungskoordinatensystems um den Winkel α gedreht werden [307], vgl. y-z-Koordinatensystem in Abbildung A.38. Hierbei wird die Vereinfachung genutzt, dass aufgrund der Symmetrie des Stellrings, die Spannungsnulllinie durch den Schwerpunkt fließt und somit das bi-axiale Flächenmoment I_{yz} zu Null wird [307].

Das gesamte Trägheitsmoment des Stellrings ergibt sich aus der Summe der Einzelträgheitsmomente der Schnittflächen, zum Beispiel in y-Richtung aus:

$$I_{y,ges} = \sum_{i=1}^{24} I_{y,i}. \tag{A.15}$$

Für die errechneten Werte in Tabelle A.6 wurden eine Rechteckhöhe h von 5 mm, eine Rechteckbreite b von 10 mm und ein Radius zu den Schwerpunkten der jeweiligen Schnittflächen von 640 mm gewählt. Somit ergibt sich der maximale Randabstand der neutralen Faser e in beide Richtungen zu 642,5 mm.

Somit ergibt sich aus Gleichung (A.14) ein Widerstandsmoment in y-Richtung von 402.235 mm^3. Eingesetzt in Gleichung (A.11) resultiert für die segmentierten Stellringabschnitte eine maximal vorhandene Biegespannung von ca. 49 Mpa.

Koordinatensystem im jeweiligen
Flächenschwerpunkt

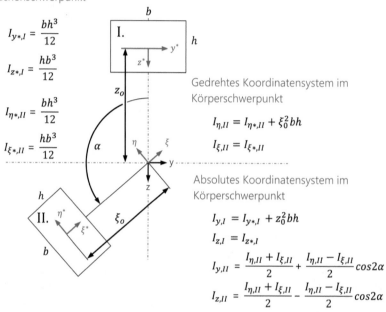

$$I_{y*,I} = \frac{bh^3}{12}$$

$$I_{z*,I} = \frac{hb^3}{12}$$

$$I_{\eta*,II} = \frac{bh^3}{12}$$

$$I_{\xi*,II} = \frac{hb^3}{12}$$

Gedrehtes Koordinatensystem im
Körperschwerpunkt

$$I_{\eta,II} = I_{\eta*,II} + \xi_0^2 bh$$

$$I_{\xi,II} = I_{\xi*,II}$$

Absolutes Koordinatensystem im
Körperschwerpunkt

$$I_{y,I} = I_{y*,I} + z_0^2 bh$$

$$I_{z,I} = I_{z*,I}$$

$$I_{y,II} = \frac{I_{\eta,II} + I_{\xi,II}}{2} + \frac{I_{\eta,II} - I_{\xi,II}}{2} cos2\alpha$$

$$I_{z,II} = \frac{I_{\eta,II} + I_{\xi,II}}{2} - \frac{I_{\eta,II} - I_{\xi,II}}{2} cos2\alpha$$

Abbildung A.38 Flächenträgheitsmomentberechnung

Die zulässige Spannung σ_{zul} ergibt sich bei der vorliegenden dynamischen Belastung des Stellrings aus der Wechselfestigkeit σ_w sowie einem Sicherheitswert gegen Dauerbruch S_D [302]:

$$\sigma_{zul} = \sigma_w / S_D. \qquad (A.16)$$

Als Material für den Stellring ist aufgrund der geringen Dichte eine Aluminiumlegierung vorgesehen. Als Faustformel für Aluminiumknetwerkstoffe nach FKM-Richtlinie kann die Wechselfestigkeit für Zug und Druck basierend auf der Zugfestigkeit R_m wie folgt approximiert werden [307]:

$$\sigma_{w,Z/D} = 0{,}3 \cdot R_m. \qquad (A.17)$$

Tabelle A.6 Flächenträgheitsmoment des Stellrings

Schnittfläche	Drehwinkel	Flächenträgheitsmoment im Flächenschwerpunkt		Flächenträgheitsmoment im Körperschwerpunkt		Flächenträgheitsmoment im Ursprungsystem	
	[°]	$I_{\xi*}$[mm⁴]	$I_{\eta*}$[mm⁴]	I_{ξ}[mm⁴]	I_{η}[mm⁴]	I_z[mm⁴]	I_y[mm⁴]
1	0	417	104	417	20.480.104	417	20.480.104
2	15	417	104	417	20.480.104	8.660.750	11.819.771
3	30	417	104	417	20.480.104	19.992.821	487.700
4	45	417	104	417	20.480.104	14.828.464	5.652.057
5	60	417	104	417	20.480.104	1.903.174	18.577.346
6	75	417	104	417	20.480.104	3.080.041	17.400.479
7	90	417	104	417	20.480.104	16.368.398	4.112.123
8	105	417	104	417	20.480.104	19.291.028	1.189.493
9	120	417	104	417	20.480.104	6.904.311	13.576.210
10	135	417	104	417	20.480.104	160.343	20.320.178
11	150	417	104	417	20.480.104	10.466.526	10.013.994
12	165	417	104	417	20.480.104	20.389.981	90.539
13	180	417	104	417	20.480.104	13.145.213	7.335.308
14	195	417	104	417	20.480.104	986.726	19.493.795
15	210	417	104	417	20.480.104	4.480.566	15.999.955
16	225	417	104	417	20.480.104	17.716.913	2.763.608
17	240	417	104	417	20.480.104	18.306.524	2.173.997
18	255	417	104	417	20.480.104	5.252.074	15.228.447

(Fortsetzung)

Tabelle A.6 (Fortsetzung)

Schnittfläche	Drehwinkel	Flächenträgheitsmoment im Flächenschwerpunkt		Flächenträgheitsmoment im Körperschwerpunkt		Flächenträgheitsmoment im Ursprungsystem	
	[°]	$I_{\xi*}$ [mm^4]	$I_{\eta*}$ [mm^4]	I_ξ [mm^4]	I_η [mm^4]	I_z [mm^4]	I_y [mm^4]
19	270	417	104	417	20.480.104	635.127	19.845.394
20	285	417	104	417	20.480.104	12.265.235	8.215.285
21	300	417	104	417	20.480.104	20.470.105	10.416
22	315	417	104	417	20.480.104	11.371.222	9.109.299
23	330	417	104	417	20.480.104	359.321	20.121.200
24	345	417	104	417	20.480.104	6.061.000	14.419.521
						233.096.279	**258.436.221**

Somit ergibt sich für EN AW-2024 Aluminium eine Wechselfestigkeit von 130 MPa und für EN AW-7075 ein Wert von 160 MPa [307]. Angegeben ist hierbei die Wechselfestigkeit gegen Zug beziehungsweise Druck. Da die Werte der Wechselfestigkeit für Biegung allgemeinhin größer sind als die für Zug und Druck [302], bleibt die Konservativität gewahrt. Die erforderliche Mindestsicherheit gegen Dauerbruch beträgt 3,0 [302]. Weiterhin ist die Anzahl der Schwingspiele bis zum Erreichen der Dauerfestigkeit bei Aluminium deutlich größer als bei Stahl, wodurch eine zusätzliche Sicherheit gegeben sein kann. Nach Gleichung (A.16) ergeben sich somit zulässige Spannungen von 43,3 MPa für EN AW-2024 Aluminium respektive von 53,3 MPa für EN AW-7075 Aluminium. Somit ist der Stellring bei Verwendung von EN AW-7075 Aluminium ausreichend dimensioniert. In künftigen Iterationen könnten durch die Verwendung von EN AW-2024 Aluminium die Materialkosten reduziert werden.

Zu beachten ist, dass die Augen der Gelenkbolzen GRV1 bis GRV8 der Verbindungsstäbe VS1 bis VS8 in den Stellring integriert werden müssen, siehe Anhang A.6.5. Diese werden in dieser ersten Vorauslegung aus S275JR Stahl mit Korrosionsschutz gefertigt. Gegebenenfalls muss im Rahmen der Fertigungsvorbereitung ein anderes Material mit besserer Schweißbarkeit aber geringerer Festigkeit für den Stellring verwendet werden, wie beispielsweise EN AW-5086 Aluminium [307].

Neben der Biegebelastung können auf die Vorderkante des Stellrings Vogelschlaglasten wirken. Der Vogelschlag darf auch hier ein Verformen des Rings nach sich ziehen. Strukturelles Versagen muss allerdings vermieden werden. Dies wird durch eine Mindestdicke des Vorderkantenrings von mehr als 3 mm sichergestellt, vgl. Anhang A.6.1, was im Fall der Vorderkante deutlich erreicht wird.

A.6.3 Führungsschienen

Wie der Stellring werden auch die Führungsschienen und ihre Halterung im statischen Teil des Einlasses primär auf Biegung beansprucht. Folglich kann die erste Auslegung der Führungsschienen und ihrer Halterung analog zu Anhang A.6.2 erfolgen.

Abweichend sind hierbei die auf 600 kg erhöhte angenommene vom System zu tragende Masse sowie der Hebelarm $l_{Hebel,Schiene}$ von 1067 mm, der zwei Dritteln der Gesamtlänge des Einlasses von 1600 mm entspricht, vgl. Abbildung 4.46. Somit ergibt sich das wirkende Moment M analog zu Gleichung (A.12) zu 31.392.000 Nmm.

Die einzelnen Schienen sind über die gemeinsame Halterung miteinander verbunden. Dadurch ergeben sich für den entstehenden Körper und sein zu berechnendes axiales Widerstandsmoment $W_{b,ax}$ mit dem Stellring vergleichbare Schnittflächen:

- eine zusammenhängende Kreisringquerschnittsfläche bzw.
- eine Schnittfläche pro 15°-Sektor, siehe Abbildung A.37.

Für die Kreisringquerschnittsfläche mit einem äußeren Radius von 640 mm und einem inneren Radius von 639 mm ergibt sich somit nach den Gleichungen (A.11) und (A.13) eine maximal vorhandene Biegespannung σ_B von ungefähr 24 MPa.

Für die segmentierten Bereiche, also die Bereiche der Schienen, wurden die Schienen als Rechteckprofile mit einer Höhe h von 8 mm, einer Breite b von 10 mm und einem Radius zu den Schwerpunkten der Schnittflächen von 640 mm approximiert. Dies ist eine konservative Annahme, da übliche Schienenprofile eine größere Flächenträgheit pro Fläche aufweisen als Rechteckprofile. Das finale Profil sollte folglich die Querschnittsfläche des gewählten Rechteckprofils von 80 mm^2 nicht unterschreiten. Aus den angenommenen Werten resultiert eine maximal vorhandene Biegespannung von ca. 49 MPa. Als Material wird auch hier EN AW-7075 Aluminium mit einer zulässigen Spannung σ_{zul} von 53,3 MPa gewählt, wodurch die Schienen und ihre Halterung ausreichend dimensioniert sind.

Die Art der Schienenführung wird in dieser ersten Auslegung nicht festgelegt. Hierfür sind die Vor- und Nachteile der Verwendung von Gleitführungen beziehungsweise Wälzführungen abzuwägen [305]. In einer weiteren Iteration sollte die Führungslänge der Schienen von 200 mm auf die Gefahr des Verkantens sowie bei Verwendung einer Wälzführung auf das Herausfallen von Wälzkörpern überprüft werden [305]. Zudem sollte eine Auslegung bezüglich der geforderten Lebensdauer erfolgen, vgl. Wittel et al. [302, S. 574–580].

A.6.4 Verbindungsstäbe

Die Verbindungsstäbe VS1 bis VS8 zwischen den Segmenten S1 bis S8 und dem Stellring R übertragen die Bewegung des Stellrings auf die Segmente und halten diese in der gewünschten Position. Folglich wirken auf die Verbindungsstäbe die Lasten, die von den Segmenten und dem Stellring auf die Verbindungsstäbe übertragen werden, vgl. Abbildung 4.46. Über den Stellring wird die Aktorlast als Reaktionskraft der Strömungslast in die Verbindungsstäbe eingeleitet. Die auf ein Segment wirkenden Kräfte werden anteilig vom zugehörigen Verbindungsstab und von den Nachbarsegmenten aufgenommen. Von den Segmenten werden im regulären Betrieb Kräfte übertragen, die aus deren Umströmung resultieren, vgl. Anhang A.1.2. Die maximale Strömungsbelastung, die bei jedem Flug zu erwarten ist, wirkt während des Überschallfluges bei Mach 1,6. Weiterhin können Sonderlasten durch die Segmente auf die Verbindungsstäbe übertragen werden. Die größte Belastung stellt dabei Aufprallkraft im Vogelschlagfall dar (vgl. Anhang A.1.1). Weitere Sonderlasten, die von den Segmenten auf die Verbindungsstäbe übertragen werden können, sind beispielsweise Hagel und Fremdkörpereinschläge sowie Windmilling-Lasten beim Triebwerksausfall.

In der Folge werden die konservativen Annahmen getroffen, dass die gesamte Vogelschlaglast auf ein einzelnes Segment wirkt und der zugehörige Verbindungsstab die gesamte Last aufnimmt. Zusätzlich muss davon ausgegangen werden, dass die Vogelschlagkraft oder die Strömungslast exakt in Stabrichtung wirken könnte. Dadurch wirkt insbesondere eine Knickbelastung auf die Verbindungsstäbe.

Ein Abknicken der Verbindungsstäbe kann den Verlust von Einlasskomponenten nach sich ziehen. Dies würde die Einlassumströmung signifikant verschlechtern und könnte zudem andere Komponenten des Fluggerätes beschädigen. Beides könnte gefährliche Folgen hervorrufen und ist zu verhindern.

Aus Anhang A.1 und Tabelle A.1 geht hervor, dass die Strömungslasten im Vergleich zu den wirkenden Kräften im Vogelschlagfall deutlich geringer sind. Daraus resultieren zwei Möglichkeiten für die Auslegung der Verbindungsstäbe, die im weiteren Verlauf erläutert werden:

- Auslegung gegen Sonderlasten im Vogelschlagfall und
- Auslegung gegen Strömungslasten und Nachweis der Sicherheit im Vogelschlagfall.

Auslegung der Verbindungsstäbe gegen Vogelschlag

Die Auslegung der Verbindungsstäbe gegen die Sonderlasten im Vogelschlagfall erfolgt durch Auslegung gegen Knicken und gegen Druck.

Für die Auslegung eines Körpers gegen Knicken muss die kritische Knicklast F_{krit} des Körpers kleiner als die wirkende Knicklast, in diesem Fall die Vogelschlaglast, sein. Die beim Vogelschlag wirkende Belastung beträgt in Abhängigkeit von Vogelmasse und Geschwindigkeit in 95 % der Fälle weniger als 147 kN, wobei der behördlich nachzuweisende Wert jedoch 2.144 kN beträgt, vgl. Anhang A.1.1.

Die kritische Knicklast F_{krit} der Stäbe errechnet sich aus der zulässigen Knickspannung $\sigma_{k,zul}$ und dem Spannungsquerschnitt A [304, S. 94–95]:

$$F_{krit} = A \cdot \sigma_{k,zul}. \tag{A.18}$$

Die Verbindungsstäbe werden im Rahmen dieser ersten Auslegung als Rundstäbe mit dem Radius r angenommen. Somit ergibt sich ihr Flächeninhalt A aus:

$$A = \pi \cdot r^2. \tag{A.19}$$

Die zulässige Knickspannung kann in Abhängigkeit vom Schlankheitsgrad λ des Stabes nach Euler oder nach Tetmajer bestimmt werden [305, S. 77–78], [304, S. 94]. Der Schlankheitsgrad ergibt sich aus der freien Knicklänge l_k und dem Trägheitsradius i [305, S. 77]:

$$\lambda = l_k / i. \tag{A.20}$$

Die Ermittlung der freien Knicklänge basiert auf der Lagerung des Stabes. Bei beidseitig gelenkiger Lagerung (gelenkig-gelenkig) entspricht die freie Knicklänge der Stablänge L. Bei einseitig fester Einspannung und einseitig gelenkiger Lagerung (fest-gelenkig) ergibt sich die freie Knicklänge aus [305, S. 77]:

$$l_k = 0,5 \cdot \sqrt{2L}. \tag{A.21}$$

Der Trägheitsradius i lässt sich mit dem axialen Flächenträgheitsmoment I_{ax} und dem Flächeninhalt A, vgl. Gleichung (A.19), bestimmen:

$$i = \sqrt{I_{ax}/A}. \tag{A.22}$$

Für einen Kreisquerschnitt beträgt das axiale Flächenträgheitsmoment:

$$I_{ax} = \pi (2r)^4 / 64. \tag{A.23}$$

Der Grenzschlankheitsgrad λ_{grenz} ist ein materialabhängiger Parameter der vom Elastizitätsmodul E und der Proportionalitätsgrenze σ_p eines Werkstoffes abhängig ist [304, S. 94–95]:

$$\lambda_{grenz} = \pi \left(E/\sigma_p \right)^{1/2}. \tag{A.24}$$

Für Aluminium EN AW-7075 mit einem Elastizitätsmodul E von 70.000 MPa, einer Zugfestigkeit R_m von 570 MPa [307, E143], einer Dehngrenze $R_{p0,2}$ von 495 MPa [307, E143], und einer Proportionalitätsgrenze σ_p von 195 MPa [305, S. 78] resultiert somit ein Grenzschlankheitsgrad λ_{grenz} von rund 60.

Ist der nach Gleichung (A.20) errechnete Schlankheitsgrad λ größer als der Grenzschlankheitsgrad λ_{grenz}, ist die zulässige Knickspannung $\sigma_{k,zul}$ nach Euler zu berechnen, andernfalls muss sie nach Tetmajer berechnet werden [305, S. 77–78].

Die elastische Knickspannung nach Euler berechnet sich aus dem Elastizitätsmodul E des verwendeten Materials und dem Schlankheitsgrad λ zu [305, S. 78], [304, S. 94–95]:

$$\sigma_{k,Euler} = \pi^2 E / \lambda^2. \tag{A.25}$$

Die unelastische Knickspannung nach Tetmajer lässt sich mit Hilfe der Dehngrenze $R_{p0,2}$ des verwendeten Materials sowie dem Schlankheitsgrad λ und der Grenzschlankheit λ_{grenz} ermitteln [302, S. 291]:

$$\sigma_{k,Tetmajer} = R_{p0,2}[1 - (\lambda / \lambda_{grenz})^2]. \tag{A.26}$$

Zusätzlich sind zum Berechnen der zulässigen Spannung Sicherheitsbeiwerte S von 5,0 für die Knickung nach Euler [304, S. 94–95] und von 2,0 für die Knickung nach Tetmajer erforderlich [302, S. 291]:

$$\sigma_{k,zul} = \sigma_k / S \tag{A.27}$$

Einen Sonderfall stellen Schlankheitsgrade λ dar, deren Wert kleiner als 20 ist. Hierbei tritt keine Knickung mehr auf und die Auslegung ist nur für Druckfestigkeit durchzuführen [302, S. 291].

Der Festigkeitsnachweis der Verbindungsstäbe gegen Druck kann mit Hilfe der zulässigen Druckspannung $\sigma_{D,zul}$ und der vorhandenen Druckspannung σ_D durchgeführt werden. Die vorhandene Spannung ergibt sich aus der wirkenden Druckkraft F, beispielsweise der Vogelschlagkraft oder der Strömungsbelastung, sowie der Querschnittsfläche A der Stäbe, vgl. Gleichung (A.19):

$$\sigma_D = F / A. \tag{A.28}$$

Nach einem Vogelschlag sollten eine Inspektion und ggf. ein Wechsel der betroffenen Komponenten durchgeführt werden. Demzufolge werden die Komponenten

nur mit einem Lastwechsel belastet, weshalb die Auslegung gegen Vogelschlaglasten statisch erfolgen kann [304, S. 104]. Somit ergibt sich die zulässige
Druckspannung $\sigma_{D,zul}$ aus der Zugfestigkeit R_m und einem Sicherheitsbeiwert
gegen Bruch S von 2,0 [304, S. 112]:

$$\sigma_{D,zul} = R_m/S. \tag{A.29}$$

Dies ergibt eine zulässige Druckspannung $\sigma_{D,zul}$ von 285 MPa.

Für die Auslegung gegen die behördlich geforderte Vogelschlaglast von
2.144 kN ergeben sich für alle Stäbe Schlankheitswerte die kleiner als 8 sind, vgl.
Tabelle A.7. Folglich ist nur der Festigkeitsnachweis gegen Druckbeanspruchung
zu führen. Dadurch ergibt sich für alle Verbindungsstäbe ein erforderlicher Radius
von 35 mm, um ein Brechen der Stäbe zu verhindern. Stellstäbe dieser Größenordnung führen zu einer erhöhten Masse und sind insbesondere im Lippenbereich
nicht in den Bauraum integrierbar.

In der Auslegung wird ein einzelner Verbindungsstab mit kreisförmiger Querschnittsfläche belastet, obwohl die Verbindungsstäbe VS1 bis VS6 zweimal pro
Sektor ausgeführt werden und bei den Verbindungsstäben VS7/8 eine doppelte
Ausführung eingeplant wird. Durch die Aufteilung der Last auf mehrere Stellstäbe
könnte der erforderliche Bauraum anders aufgeteilt werden. Weiterhin könnten
die kreisförmigen Stäbe durch Rechteckprofile o. ä. ersetzt werden und so in den
Bauraum integriert werden. Allerdings ändert sich somit der Trägheitsradius und
dadurch auch der Schlankheitsgrad der Profile, wodurch eine Auslegung gegen
Tetmajer- bzw. Euler-Knicken erforderlich werden kann. Dies kann in der Folge
zu noch größeren erforderlichen Querschnitten und mehr Masse führen. Eine weitere Bauraumreduktion könnte zudem durch Verwendung von Stahl oder Titan
erreicht werden.

Auslegung der Verbindungsstäbe gegen Strömungslasten

Die auf die Segmente S1 bis S8 wirkendenden Strömungskräfte, die auf die
jeweiligen Verbindungsstäbe übertragen werden, gehen aus Tabelle A.1 hervor.
Die Auslegung erfolgt analog zu der bei Vogelschlag, sodass davon ausgegangen
wird, dass jeweils ein einzelner Verbindungsstab die Last übertragen kann, die auf
das zugehörige Segment wirkt. Die Radien der Verbindungsstäbe, die erforderlich
sind, um ein Knicken der Stäbe durch die Strömungslasten zu verhindern, sind in
Tabelle A.8 aufgeführt.

Zusätzlich muss die Sicherheit im Vogelschlagfall nachgewiesen werden. Die
Sicherheit ist in einem ausreichenden Maß gegeben, wenn die Wahrscheinlichkeit
von Todesfällen durch Vogelschläge kleiner als 10^{-9} Ereignisse pro Flugstunde

Tabelle A.7 Gegen Vogelschlag ausgelegte Verbindungsstäbe

ID	Bauteilbezeichnung	Lagerungsart	Stablänge [mm]	Radius [mm]	Schlankheitsgrad [-]	σ_D [MPa]
VS1	Verbindungsstab 1	gelenkig-gelenkig	130	35,0	7	279
VS2	Verbindungsstab 2	gelenkig-gelenkig	131		7	
VS3	Verbindungsstab 3	gelenkig-gelenkig	63		4	
VS4	Verbindungsstab 4	gelenkig-gelenkig	82		5	
VS5	Verbindungsstab 5	gelenkig-gelenkig	54		3	
VS6	Verbindungsstab 6	gelenkig-gelenkig	72		4	
VS7	Bestandteil von Segment 7	gelenkig-fest	14		1	
VS8	Bestandteil von Segment 8	gelenkig-fest	16		1	

Tabelle A.8 Gegen Strömungslasten ausgelegte Verbindungsstäbe

ID	Stablänge [mm]	Radius [mm]	Strömungslast [N]	Schlankheitsgrad [-]	Knickfall	Knicklast F_{krit} [N]	Druckspannung σ_D [MPa]
VS1	130	5,0	703	52	Tetmajer	16.471	4
VS2	131	5,0	4.488	52	Tetmajer	16.426	29
VS3	63	3,0	375	42	Tetmajer	6.301	7
VS4	82	3,0	2.523	55	Tetmajer	5.817	45
VS5	54	2,0	73	54	Tetmajer	2.598	3
VS6	72	2,0	601	72	Euler	670	24
VS7	14	2,0	101	10	–	–	4
VS8	16	2,0	212	11	–	–	8

ist [34, AMC 25.1309]. Im Folgenden wird dafür ein Vogelschlagfall analysiert, bei dem ein einzelnes Triebwerk betroffen ist. Dadurch entfällt das Risiko für gefährliche Ereignisse, die durch bei mehreren Triebwerken ungeeignete Einlassgeometrien erzeugt werden, vgl. Kazula et al. [298].

Somit verbleibt der Verlust eines Einlasssegmentes bei Versagen der Verbindungsstäbe und Gelenkbolzen zwischen den Segmenten als zu untersuchende Gefahr im Vogelschlagfall. Der Verlust eines Segmentes kann eine Beschädigung anderer Komponenten des Flugzeugs zur Folge haben und somit ein gefährliches Ereignis hervorrufen. Mit Hilfe der folgenden Annahmen kann rechnerisch gezeigt werden, dass die Wahrscheinlichkeit $P(G)$ von Todesfällen durch Vogelschläge auf das variable Einlasssystem akzeptabel ist:

$$
\begin{aligned}
P(G) = {}& 1 \; Vogelschlag/ \; 2000 \; Flugstunden \\
& \cdot \; 0{,}07 \; Anteil \; schadenverursachender \; Vogelschläge \\
& \cdot \; 0{,}25 \; Wahrscheinlichkeit \; eines \; Einlasstreffers \\
& \cdot \; 0{,}33 \; Wahrscheinlichkeit \; eines \; Außensegmenttreffers \\
& \cdot \; 0{,}25 \; Wahrscheinlichkeit \; eines \; Außensegmentverlustes \\
& \cdot \; 0{,}25 \; Wahrscheinlichkeit, \; dass \; Segment \; nach \; außen \; abfällt \\
& \cdot \; 0{,}10 \; Wahrscheinlichkeit, \; dass \; Segment \; ein \; Leitwerk \; trifft \\
& \cdot \; 0{,}05 \; Wahrscheinlichkeit \; eines \; signifikanten \; Leitwerkschadens \\
& \leq 9{,}0 \cdot 10^{-10}.
\end{aligned}
$$

(A.30)

Statistisch tritt ein Vogelschlag alle 2000 Flüge auf [376]. Eine durchschnittliche Flugdauer von einer Stunde pro Flug kann bei innereuropäischen Flügen als konservative Annahme angesehen werden. Im Vogelschlagfall verursachen 93 % der in der FAA-Datenbank (Federal Aviation Administration) erfassten Vogelschläge keinen Schaden, da die Vögel beispielsweise zu klein sind [309, S. 4]. Nur 2 % der Vogelschläge haben einen beträchtlichen Schaden zur Folge [309, S. 4]. Dies ist auch auf den Bereich verhältnismäßig geringer Geschwindigkeiten zwischen 36 m/s und 144 m/s zurückzuführen, in dem 95 % der Vogelschläge stattfinden [309, S. 20]. Die Wahrscheinlichkeit, dass der Einlass getroffen wird, liegt laut Krupka [368] bei 23,3 % und wird aufgrund der relativ geringen Stichprobengröße auf 25 % erhöht.

Ungefähr 90 % der Vogelschläge finden in Höhen unterhalb von 1000 m statt [309, S. 18]. Dies entspricht dem Höhenbereich, in dem die Unterschallgeometrie eingestellt ist. Da dies sowohl den Start und Steigflug sowie den Sinkflug und die

Landung beinhalten kann, kann keine zuverlässige Aussage über die Fangstromröhre in dieser Höhe getroffen werden. Weiterhin halten sich die Häufigkeiten der gemeldeten Vogelschlagfälle für besagte Flugphasen die Waage [309, S. 22–23]. Somit wird davon ausgegangen, dass sich die Vogelschläge gleichmäßig auf die Innen- und Außenseite des Einlasses sowie den Stellring R verteilen. Hierbei ist ein Aufprall auf den Stellring unkritisch, vgl. Anhang A.6.2.

Die ausgehende Gefahr von Vogelschlägen an der Innenseite des Einlasses ist akzeptabel. Im Bereich der Einlasslippe (Segmente S2 und S4) könnten durch den Aufprall auch mehrere Einlasssegmente verloren gehen. Diese würden das Fan- und Verdichtersystem treffen und könnten signifikante Triebwerksschäden verursachen und auch zum Triebwerksausfall führen. Jedoch würden sich daraus keine gefährlichen Folgen ergeben dürfen, was im Rahmen der Triebwerksentwicklung nachzuweisen ist. Im Bereich des Diffusors (Segmente S2 und S4) würden der Aufprallwinkel und die relative Aufprallgeschwindigkeit so gering werden, dass der Vogel wahrscheinlich an der Geometrie abprallen würde, ohne größeren Schaden zu verursachen [309, S. 170].

Am gefährlichsten sind Vogelschläge auf der Außenseite des Einlasses, da diese nach außen abfallen können und somit sicherheitskritische Strukturen, wie beispielsweise das Leitwerk, treffen können. Der Verlust eines Segmentes oder einer Gruppe von Segmenten kann eintreten, wenn die zugehörigen Verbindungsstäbe oder Gelenkverbindungen sowie die Gelenkverbindungen zu den anschließenden Segmenten versagen. Für diesen Fall kann das Segment nach außen oder ins Innere des Einlasses abfallen. Aufgrund der Geometrie der Einlassaußenseite, des zu erwartenden Aufprallwinkels und der Überlappung der Segmente ist dies verhältnismäßig unwahrscheinlich.

Am wahrscheinlichsten sind Treffer im vorderen Bereich der Außenseite des Einlasses (Segmente S7 und S5). Der zu erwartende Schaden durch den Verlust einzelner vorderer Segmente S5 oder S7 wäre aufgrund der geringen Masse der Komponenten von weniger als 0,2 kg, vgl. Tabelle 4.20, wahrscheinlich gering. Diese Annahme geht aus der Tatsache hervor, dass das Leitwerk gegen Vogelschlag mit teils bis zu 4 kg schweren Exemplaren ausgelegt wird [372]. Zu beachten ist jedoch der Dichteunterschied zwischen Vögeln und Segmenten und das damit verbundene veränderte Kollisionsverhalten, weshalb für einen abschließenden Sicherheitsnachweis Versuche erforderlich sind.

Auch die Segmente S1 und S3 an der Außenseite können von einem Vogel getroffen werden. Aufgrund des voraussichtlichen Aufprallwinkels würde der Vogel hierbei wahrscheinlich vom Einlass abprallen [309, S. 170]. Weiterhin ist

nicht davon auszugehen, dass der Vogel mit seiner maximalen Fluggeschwindigkeit seitlich mit der Gondel kollidieren wird. Somit wären die für diesen Fall zu
erwartenden Belastungen und Schäden relativ gering und folglich akzeptabel.

Gefährlich wäre demzufolge erst der Verlust mehrerer zusammenhängender
Segmente, die nach außen abfallen und dabei eine sicherheitskritische Struk-
tur, zum Beispiel ein Leitwerk, treffen und signifikant beschädigen. Außer Acht
gelassen wird dabei die Flugphase, in der der Schaden eintritt, und welche
Reaktionsmöglichkeiten dem Piloten verbleiben. Gleichung (A.30) zeigt, dass
das Sicherheitsrisiko durch Segmentverlust im Vogelschlagfall akzeptabel wäre.
Jedoch basiert dieses Ergebnis auf zahlreichen Annahmen, weshalb das besagte
Risiko konstruktiv reduziert werden sollte.

Durch unabhängige Redundanz kann das Risiko des Abfallens von Teilen
verringert werden. Somit wird die Störung der Strömung nach einem Vogelschlag reduziert und die Gefahr für Beschädigungen an anderen Komponenten des
Fluggeräts umgangen. Dies wird erreicht, indem die Segmentverbindungen untereinander sowie mit dem statischen Einlass und dem Stellring redundant ausgeführt
werden. Beispielsweise können zugfeste Seile zwischen den besagten Komponenten verbaut werden. Diese Seile wären im regulären Betrieb unbelastet. Nach
einem Vogelschlag, bei dem einzelne Gelenkbolzen oder Verbindungsstäbe brechen, übernehmen besagte Seile die Funktion des Haltens der entsprechenden
Segmente.

Folglich werden die Verbindungsstäbe gegen die Strömungslasten ausgelegt
und für den Fall des Vogelschlags redundant durch einen Seilmechanismus
abgesichert.

A.6.5 Gelenkbolzen

Im variablen Einlasskonzept existieren drei Anwendungen von Bolzenverbindungen zur Realisierung von Gelenken:

- zwischen einzelnen Segmenten eines Sektors BS13/24/35/46/57/68 sowie
  zwischen Segmenten und statischer Gondel BSG1/2,
- zwischen Segmenten und zugehörigen Verbindungsstäben BSV1 bis BSV6 und
- zwischen Verbindungsstäben und Stellring BRV1 bis BRV8.

Auf die Bolzenverbindungen wirken im regulären Betrieb die Strömungslasten,
vgl. Anhang A.1.2, sowie ggf. vom Aktor übertragene Belastungen. Ein Auslegen

der Bolzenverbindungen gegen Vogelschlaglasten ist aufgrund des eingeschränkten Bauraums nicht möglich, da ein überschlägig berechneter Bolzendurchmesser d_b von mehr als 200 mm erforderlich wäre, um einer Vogelschlaglast F_{Vogel} von 2144 kN standzuhalten [302, S. 305–309]. Deshalb wird bei den Gelenkbolzen der gleiche konstruktive Lösungsansatz verfolgt wie bei den Verbindungsstäben in Anhang A.6.4. Im Vogelschlagfall wird ein unkontrolliertes Verlieren größerer Komponenten vermieden, indem die Segmente untereinander redundant, beispielsweise mittels eines Seils, verbunden sind.

In Abbildung A.39 ist der allgemeine Aufbau einer Bolzenverbindung dargestellt.

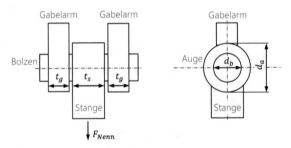

Abbildung A.39 Aufbau einer Bolzenverbindung

Für die überschlägige konservative Bestimmung des erforderlichen Bolzendurchmessers d_b bei einer wirkenden Stangenkraft F_{nenn} sind der Einspannfaktor k, der Anwendungsfaktor für Stöße K_a sowie die zulässige Biegespannung im Bolzen $\sigma_{b,zul}$ erforderlich [302, S. 308]:

$$d_b \approx k \cdot \sqrt{K_a \cdot F_{nenn}/\sigma_{b,zul}}. \qquad (A.31)$$

Der Einspannfaktor k ist abhängig vom Einbaufall des Bolzens sowie von der Einsatzart [302, S. 308]. Bis auf bei den Bolzen BRV7 und BRV8 wird bei allen Bolzen eine Übermaßpassung in der Gabel als Einbaufall gewählt. Die Bolzen realisieren ein Gelenk, weshalb der Wert für den Einspannfaktor k 1,1 annimmt [302, S. 306–308]. Bei den Bolzen BRV7 und BRV8 ist eine Übermaßpassung in der Stange vorgesehen, um ein Gleiten des Bolzens im Stellring R, der gleichzeitig als Gabel fungiert, zu ermöglichen. Durch das Abgleiten des Bolzens wird ein

Gleitlager realisiert, weshalb für den Einspannfaktor k der Wert 1,2 zu wählen ist [302, S. 306–308].

Dem Anwendungsfaktor für Stöße K_a kann aufgrund der relativ gleichmäßigen Umströmung sowie des gleichmäßigen Elektroantriebs der Wert 1 zugewiesen werden [302, TB 3-5].

Die zulässige Biegespannung im Bolzen $\sigma_{b,zul}$ kann für die wechselnde Belastung bei Verwendung eines nicht gehärteten Normbolzens aus Stahl S275JR mit einer Zugfestigkeit R_m von 400 MPa bestimmt werden aus [302, S. 308]:

$$\sigma_{b,zul} = 0,15 \cdot R_m. \tag{A.32}$$

Der Durchmesser der Augen bzw. Naben der Stange und Gabeln können aus dem Bolzendurchmesser ermittelt werden [302, S. 308]:

$$d_a = 2,5 \cdot d_b. \tag{A.33}$$

Die erforderliche Bolzenlänge l_b ergibt sich aus der Stangenbreite t_s und den beiden Gabelästen mit einer jeweiligen Breite von t_g.

Bei den Bolzen BRV7 und BRV8 ist in der Gabel eine Spielpassung umgesetzt. Diese ermöglicht ein Gleiten der Bolzens der Segmente S7 und S8 innerhalb der Schienen des Stellrings. Somit ist die Stangenbreite zu berechnen mit [302, S. 308]:

$$t_s = 1 \cdot d_b. \tag{A.34}$$

Für die Breite der Gabeläste gilt [302, S. 308]:

$$t_g = 0,6 \cdot d_b. \tag{A.35}$$

Bei den restlichen Bolzen herrscht in der Gabel eine Übermaßpassung, die ein Gleiten verhindert. Die Breite der Gabeläste ergibt sich hierbei aus [302, S. 308]:

$$t_g = 0,5 \cdot d_b. \tag{A.36}$$

Die Breite der gleitenden Stange kann berechnet werden aus [302, S. 308]:

$$t_s = 1,6 \cdot d_b. \tag{A.37}$$

Die Auslegung der Bolzenverbindungen erfolgt derart, dass ein einzelner Bolzen die Strömungskraft, die auf das zugehörige Segment wirkt, übertragen kann. Aus Sicherheitsgründen und zur Vereinfachung der Montage wurde kein Bolzendurchmesser kleiner als 4 mm gewählt. Die errechneten Bolzendurchmesser im Lippenbereich sind bis zu 1,2 mm klein. Dies kompensiert teilweise die vereinfachte Annahme, dass nur die Strömungslasten des zugehörigen Segments und nicht aller in der Nähe befindlichen Segmente von einem Bolzen aufnehmbar sein müssen. Zudem sollten alle Bolzen zwei Mal pro 15°-Segment integriert werden.

Die erforderlichen Dimensionen der Bolzenverbindungen des variablen Systems gehen aus Tabelle A.9 hervor.

Beim Werkstoff der Augen der Bolzenverbindung wird ebenfalls von Stahl S275JR ausgegangen. Dies impliziert, dass die Augen an die Segmente aus Aluminium EN AW-2024 und den Stellring aus Aluminium EN AW-7075 gefügt werden müssen. Beispielsweise könnte dies durch Schweißen erfolgen. Dabei ist die teilweise schlechte Schweißbarkeit dieser Materialien zu beachten. Folglich ist in einer nächsten Auslegungsphase die Umsetzbarkeit dieser Verbindung zu prüfen. Sollten die Augen bei den Segmenten und dem Stellring aus Aluminium gefertigt werden müssen, würden die erforderlichen Dimensionen der Verbindungen wahrscheinlich größer ausfallen müssen, um die auftretenden Lasten aufzunehmen.

In einer weiteren Iteration der Auslegung sollte zudem eine vollständige Auslegung der Bolzenverbindung erfolgen, vgl. Wittel et al. [302, S. 308–314]. Weiterhin sollte zur Verschleißminimierung eine dünne Gleitbeschichtung aus Festschmierstoffen, wie Grafit oder Polytetrafluorethylen, in Erwägung gezogen werden.

Tabelle A.9 Dimensionen der Bolzenverbindungen

ID	Stangenkraft F_{nenn} [N]	Gabelseite	Stangenseite	Bolzendurchmesser d_b [mm]	Augendurchmesser d_a [mm]	Gabelarmbreite t_g [mm]	Stangenbreite t_s [mm]	Bolzenlänge l_b [mm]
BSG1	703	G	S1	4,0	10,0	2,0	6,4	10,4
BSG2	4.488	G	S2	10,0	25,0	5,0	16,0	26,0
BS13	375	S1	S3	4,0	10,0	2,0	6,4	10,4
BS24	2.523	S2	S4	8,0	20,0	4,0	12,8	20,8
BS35	73	S3	S5	4,0	10,0	2,0	6,4	10,4
BS46	601	S4	S6	4,0	10,0	2,0	6,4	10,4
BS57	101	S5	S7	4,0	10,0	2,0	6,4	10,4
BS68	212	S6	S8	4,0	10,0	2,0	6,4	10,4
BSV1	703	S1	VS1	4,0	10,0	2,0	6,4	10,4
BSV2	4.488	S2	VS2	10,0	25,0	5,0	16,0	26,0
BSV3	375	S3	VS3	4,0	10,0	2,0	6,4	10,4
BSV4	2.523	S4	VS4	8,0	20,0	4,0	12,8	20,8
BSV5	73	S5	VS5	4,0	10,0	2,0	6,4	10,4
BSV6	601	S6	VS6	4,0	10,0	2,0	6,4	10,4
BRV1	703	R	VS1	4,0	10,0	2,0	6,4	10,4
BRV2	4.488	R	VS2	10,0	25,0	5,0	16,0	26,0
BRV3	375	R	VS3	4,0	10,0	2,0	6,4	10,4
BRV4	2.523	R	VS4	8,0	20,0	4,0	12,8	20,8
BRV5	73	R	VS5	4,0	10,0	2,0	6,4	10,4
BRV6	601	R	VS6	4,0	10,0	2,0	6,4	10,4
BRV7	101	R	VS7	4,0	10,0	2,4	6,4	11,2
BRV8	212	R	VS8	4,0	10,0	2,4	6,4	11,2

A.6.6 Aktorik

Die Bewegung wird durch sechs über den Umfang verteilte elektromotorisch angetriebene Kugelgewindetriebe erzeugt, vgl. Abschnitt 4.5.1. Dabei haben die Gewindetriebe einen Stellweg von 50 mm umzusetzen, wobei die Stellzeit vernachlässigbar ist. Dies wirkt sich positiv auf die erforderliche Spindelsteigung und Genauigkeit des Gewindetriebs sowie die erforderliche Motorleistung und somit auf den erforderlichen Bauraum aus.

Die Auslegung der Gewindetriebe erfolgt gegen die axiale Strömungslast. Die axial auf die Aktorik wirkende Strömungslast beträgt $-1,6$ kN im Unterschallfall und 2,6 kN im Überschallbetrieb, vgl. Anhang A.1.2. Somit wirkt bei einem Sicherheitsfaktor von 1,5 eine Kraft von 650 N pro Gewindetrieb. Durch diesen Sicherheitsfaktor wird eine gewisse Trägheit und wirkende Reibungskräfte innerhalb des variablen Einlasssystems berücksichtigt. Die real auftretenden Lasten sind zudem geringer, da Anteile der Axiallast direkt in den statischen Teil des Einlasses übertragen werden. Jedoch können durch diese konservative Annahme auch geringfügige Abweichungen durch Manöverlasten, Böen und abweichende Anstellwinkel kompensiert werden. Eine Knicklastauslegung gegen Vogelschlag könnte zusätzlich erfolgen, könnte dabei jedoch die Masse und den erforderlichen Bauraum des Aktorsystems erhöhen.

Der Steuerungs- und Automatisierungstechnikhersteller Festo bietet für Umgebungstemperaturen von -50 °C bis 100 °C und einen Stellweg von 50 mm Elektrozylinder mit Kugelgewindetrieb und integriertem Motor der Baureihe EPCO-40-50-5P-ST-E an [361]. Diese erlauben bei einer Masse von weniger als 3 kg und Spindeldurchmesser von 12 mm eine axiale Vorschubkraft von 650 N [361]. Die äußeren Abmessungen betragen 55 mm × 55 mm × 385 mm.

Zusätzlich sind Ausführungen mit hohem Korrosionsschutz sowie Schutz gegen Staub und Strahlwasser durch die Schutzklasse IP65 (International Protection) möglich.

Bei Verwendung der zugehörigen Motorsteuerung CMMO-ST-C5-1-DIOP sollte deren Positionierung im weiteren Verlauf festgelegt werden. Eine Integration in den verfügbaren Bauraum innerhalb des Einlasses wäre hierbei möglich.

Die Erforderlichkeit eines unabhängigen Bremssystems auf einem oder mehreren Gewindetrieben sollte in einer späteren Entwicklungsphase untersucht werden und dieses Bremssystem ggf. ausgelegt werden. Alternativ bietet Festo auch die serienmäßige Integration eines Bremssystems in den Elektrozylinder an.

A.7   Technische Darstellungen des Konzepts

Die nachfolgenden technischen Baugruppenzeichnungen geben einen maßstabsgetreuen Überblick über die Komponenten des vorgestellten Konzepts.
Um die Übersichtlichkeit zu erhöhen, entsprechen die verwendeten Schriftfel-
der und Stücklisten nicht den zugehörigen Normen. Die Verwendung des nach
DIN EN ISO 7200 festgelegten Schriftfelds würde eine maschinelle Datenverar-
beitung unterstützen und sollte von größeren Unternehmen des Maschinenbaus
angewendet werden [377, S. 147], [378, S. 72], [379, S. 151–152]. Jedoch sind
darin enthaltene Angaben über verantwortliche Abteilungen, genehmigende Personen, Dokumentenstatus etc. für eine akademische Studie nicht von Relevanz
oder würden leer stehen. An Stelle dieser Daten wurden optionale Angaben über
Projektionsmethode, Maßstab, Allgemeintoleranzen und Format ergänzt.

Stücklisten können nach DIN EN ISO216 oder DIN6771-2 ausgeführt werden
[377, S. 148], [378, S. 72], [379, S. 155–156]. Genormte Stücklisten enthalten
zusätzliche Angaben über Sachnummern, Norm- und Kurzbeschreibungen und
Bemerkungen, die für die dargestellten Teile nicht erforderlich sind. Zudem wurden aus Gründen der Übersichtlichkeit alle verwendeten Bolzen in der Stückliste
zusammengefasst. Vollständige Auflistungen der Gelenkbolzen können der Bauteilliste in Tabelle 4.18 und der Auflistung der Komponentenabmessungen in
Tabelle 4.20 entnommen werden (Abbildung A.40, A.41 und A.42).

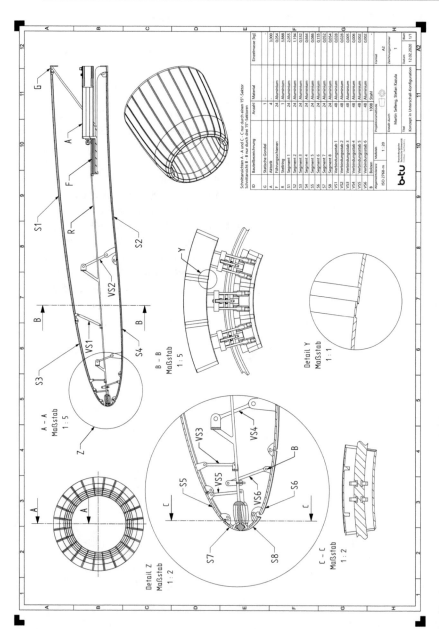

Abbildung A.40 Konzept in Unterschall- Konfiguration

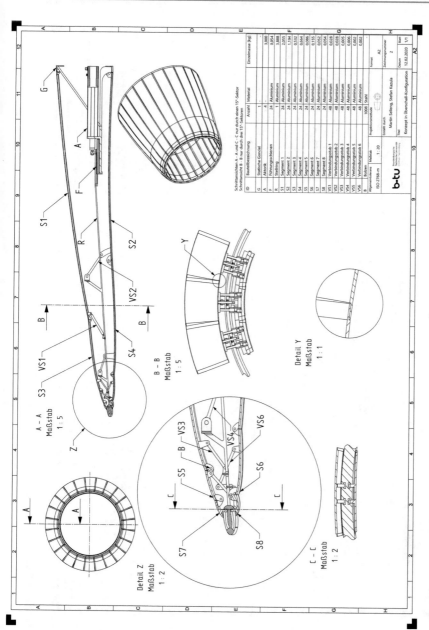

Abbildung A.41 Konzept in Überschall-Konfiguration

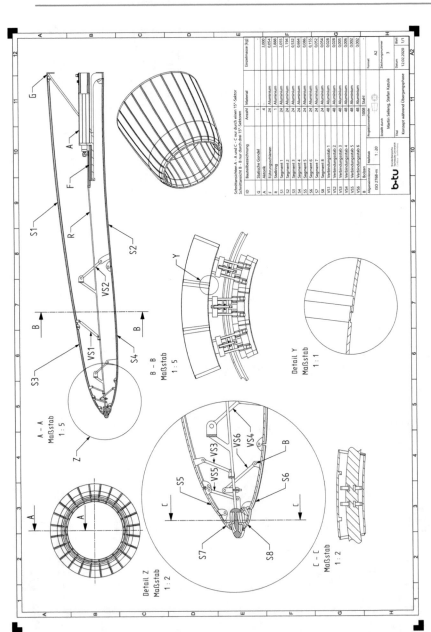

Abbildung A.42 Konzept während Übergangsphase

Literaturverzeichnis

1. Statistisches Bundesamt. *Unfallstatistik – Verkehrsmittel.* [online], 2010 [Zugriff am: 15. Januar 2020]. Verfügbar unter: https://www.destatis.de/DE/ Methoden/WISTA-Wirtschaft-und-Statistik/2010/12/unfallstatistik-122010. pdf?__blob=publicationFile

2. Bundesverband der Deutschen Luftverkehrswirtschaft. *Klimaschutzreport 2018* [online], 2018 [Zugriff am: 15. Januar 2020]. Verfügbar unter: https://www.bdl.aero/wp-content/uploads/2018/10/klimaschutzreport2 018_de_relaunch-web_v3.pdf

3. Deutsche Welle. *Weltklimarat: 1,5-Grad-Ziel nur mit enormen Anstrengungen noch möglich* [online], 2018 [Zugriff am: 15. Januar 2020]. Verfügbar unter: https://www.dw.com/de/weltklimarat-ipcc-15-grad-nur-mit-enormen-anstrengungen-möglich-welt-muss-schnell-handeln/a-45790327

4. European Commission. *European Aeronautics. A vision for 2020.* Luxembourg: Off. for Off. Publ. of the Europ. Communities, 2001. ISBN 9789289405591.

5. European Commission. *Flightpath 2050. Europe's vision for aviation.* Luxembourg: Publ. Off. of the Europ. Union, 2011. ISBN 9789279197246. doi: https://doi.org/10.2777/50266.

6. Deutsche Welle. *Ab wann wird die Luftfahrt grün?* [online], 2018 [Zugriff am: 15. Januar 2020]. Verfügbar unter: https://www.dw.com/de/ab-wann-wird-die-luftfahrt-grün/a-46363190

7. Benson, T.J. und J.A. Seidel. Gas Turbine Engines: Inlets. In: R. Blockley und W. Shyy, Hg. *Encyclopedia of aerospace engineering.* Hoboken, NJ: Wiley Interscience, 2010. ISBN 9780470754405. doi: https://doi.org/ 10.1002/9780470686652.eae088.

8. Rick, H. *Gasturbinen und Flugantriebe. Grundlagen, Betriebsverhalten und Simulation.* Berlin, Germany: Springer, 2013. VDI-Buch. ISBN 9783540794455. doi: https://doi.org/10.1007/978-3-540-79446-2.

© Der/die Herausgeber bzw. der/die Autor(en) 2022
S. Kazula, *Variable Pitot-Triebwerkseinlässe für kommerzielle Überschallflugzeuge*, https://doi.org/10.1007/978-3-658-35456-5

9. Sóbester, A. Tradeoffs in Jet Inlet Design: A Historical Perspective [online]. A Historical Perspective. *Journal of Aircraft,* 2007, **44**(3), 705–717. ISSN 0021-8669. doi: https://doi.org/10.2514/1.26830.

10. Bräunling, W.J.G. *Flugzeugtriebwerke. Grundlagen, Aero-Thermodynamik, ideale und reale Kreisprozesse, thermische Turbomaschinen, Komponenten, Emissionen und Systeme.* 4. Aufl. Berlin, Germany: Springer Vieweg, 2015. VDI-Buch. ISBN 978-3-642-34538-8. doi: https://doi.org/10.1007/978-3-642-34539-5.

11. Seddon, J. und E.L. Goldsmith. *Intake aerodynamics.* 2nd ed. Reston, Va: American Institute of Aeronautics and Astronautics, 1999. ISBN 1563473615.

12. Luidens, R.W., N.O. Stockman und J.H. Diedrich. *An Approach to Optimum Subsonic Inlet Design.* New York, NY: ASME, 1979. doi: https://doi.org/10.1115/79-GT-51.

13. Pierluissi, A., C. Smith und D. Bevis. Intake Lip Design System for Gas Turbine Engines for Subsonic Applications. In: *49th AIAA Aerospace Sciences Meeting.* Reston, Virigina: American Institute of Aeronautics and Astronautics, 2011. ISBN 978-1-60086-950-1. doi: https://doi.org/10.2514/6.2011-1130.

14. Albert, M. und D. Bestle. Aerodynamic Design Optimization of Nacelle and Intake. In: *Volume 2: Aircraft Engine; Coal, Biomass and Alternative Fuels; Cycle Innovations:* ASME, 2013, V002T01A014. ISBN 978-0-7918-5513-3. doi: https://doi.org/10.1115/GT2013-94857.

15. Albert, M. und D. Bestle. Automatic Design Evaluation of Nacelle Geometry Using 3D-CFD. In: *15th AIAA/ISSMO Multidisciplinary Analysis and Optimization Conference.* Reston, Virginia: American Institute of Aeronautics and Astronautics, 2014. ISBN 978-1-62410-283-7. doi: https://doi.org/10.2514/6.2014-2039.

16. Schnell, R. und J. Corroyer. Coupled Fan and Intake Design Optimization for Installed UHBR-Engines with Ultra-Short Nacelles. *Proc. of the 22nd International Symposium on Air Breathing Engines,* 2015.

17. Chen, J., Y. Wu, Z. Wang und A. Wang. Nacelle: Air Intake Aerodynamic Design and Inlet Compatibility [online]. *Proceedings of the ASME 2014 Gas Turbine India Conference,* 2014. doi: https://doi.org/10.1115/GTINDI A2014-8182.

18. Chen, J., Y. Wu, Z. Wang und A. Wang. Nacelle Aerodynamic Optimization and Inlet Compatibility. In: *Proceedings of the ASME Turbo Expo: Turbine Technical Conference and Exposition – 2015. Presented at the ASME 2015 Turbo Expo: Turbine Technical Conference and Exposition, June 15*

– 19, 2015, Montreal, Quebec, Canada. New York, NY: ASME, 2015, V001T01A008. ISBN 978-0-7918-5662-8. doi: https://doi.org/10.1115/GT2 015-42346.

19. Abbott, J. Computational Study of the Aerodynamic Performance of Subsonic Scarf Inlets. In: *40th AIAA/ASME/SAE/ASEE Joint Propulsion Conference and Exhibit.* Reston, Virigina: American Institute of Aeronautics and Astronautics, 2004. ISBN 978-1-62410-037-6. doi: https://doi.org/10.2514/6.2004-3406.

20. Savalyev, A.A. Aerodynamic inlet design for civil aircraft nacelle. *Proc. of 29th Congress of the International Council of the Aeronautical Sciences,* 2014.

21. Baier, H. *Morphelle – Project Final Report* [online]. *Morphing Enabling Technologies for Propulsion System Nacelles,* 2015 [Zugriff am: 25. März 2020]. Verfügbar unter: http://cordis.europa.eu/docs/results/341/341509/fin al1-morphelle_final_report.pdf

22. Majić, F., G. Efraimsson und C.J. O'Reilly. The influence of an adaptive nacelle inlet lip on fan noise propagation [online]. *172nd Meeting of the Acoustical Society of America,* 2017, 30004. doi: https://doi.org/10.1121/2.0000462.

23. da Rocha-Schmidt, L., A. Hermanutz und H. Baier. Progress Towards Adaptive Aircraft Engine Nacelles [online]. *Proc. of the 29th Congress of the International Council of the Aeronautical Sciences,* 2014 [Zugriff am: 27. Januar 2020]. Verfügbar unter: https://pdfs.semanticscholar.org/fc05/181f64 f963d21f7db6b7ee548bbad27339b7.pdf

24. Hermanutz, A., L. da Rocha-Schmidt und H. Baier. Technology Investigation of Morphing Inlet Lip Concepts for Flight Propulsion Nacelles [online]. *EUCASS,* 2015 [Zugriff am: 27. Januar 2020]. Verfügbar unter: https://pdfs. semanticscholar.org/7ae5/4d4b8bba80cbe11578124076a14a1a2ac4ae.pdf

25. Ozdemir, N.G., F. Scarpa, M. Craciun, C. Remillat, C. Lira, Y. Jagessur und L. Da Rocha-Schmidt. Morphing nacelle inlet lip with pneumatic actuators and a flexible nano composite sandwich panel [online]. *Smart Materials and Structures,* 2015, **24**(12), 125018. ISSN 0964-1726. doi: https://doi.org/10. 1088/0964-1726/24/12/125018.

26. Kling, U., A. Seitz, J. Bijewitz, A. Hermanutz, L. da Rocha-Schmidt, F. Scarpa, F. Majić, G. Efraimsson und C.J. O'Reilly. Shape adaptive technology for aircraft engine nacelle inlets. *Proc. of the Royal Aeronautical Society's 5th Aircraft Structural Design Conference,* 2016.

27. Kondor, S. und M. Moore. Experimental Investigation of a Morphing Nacelle Ducted Fan [online]. *Proceedings of the 2004 NASA/ONR Circulation Control Workshop, Part 1,* 2004. Verfügbar unter: https://ntrs.nasa.gov/archive/nasa/casi.ntrs.nasa.gov/20050192632.pdf

28. Kondor, S., B. Englar, W. Lee und M. Moore. Experimental Investigation of Circulation Control on a Shrouded Fan. In: *21st AIAA Applied Aerodynamics Conference,* 2003. doi: https://doi.org/10.2514/6.2003-3409.

29. Kondor, S. Further Experimental Investigations of Circulation Control Morphing Shrouded Fan. In: *43rd AIAA Aerospace Sciences Meeting,* 2005. doi: https://doi.org/10.2514/6.2005-639.

30. Variable contour annular air inlet for an aircraft engine nacelle. Erfinder: J. L. Readnour und J.D. Wright. US5000399 A.

31. Variable area inlet for a gas turbine engine. Erfinder: D. F. Sargisson. US4075833 A.

32. SAE Aerospace. *ARP4754A. Guidelines for Development of Civil Aircraft and Systems.* Warrendale, PA, United States: SAE International, 2010. doi: https://doi.org/10.4271/ARP4754A.

33. Peters, A., Z.S. Spakovszky, W.K. Lord und B. Rose. Ultrashort Nacelles for Low Fan Pressure Ratio Propulsors [online]. *Journal of Turbomachinery,* 2015, **137**(2), 21001. ISSN 0889-504X. doi: https://doi.org/10.1115/1.4028235.

34. European Aviation Safety Agency. *CS-25. Certification Specifications and Acceptable Means of Compliance for Large Aeroplanes, Amendment 18,* 2016.

35. Sun, Y. und H. Smith. Review and prospect of supersonic business jet design [online]. *Progress in Aerospace Sciences,* 2017, **90**, 12–38. ISSN 03760421. doi: https://doi.org/10.1016/j.paerosci.2016.12.003.

36. Slater, J.W. Methodology for the Design of Streamline-Traced External-Compression Supersonic Inlets. In: *50th AIAA/ASME/SAE/ASEE Joint Propulsion Conference.* Reston, Virginia: American Institute of Aeronautics and Astronautics, 2014. ISBN 978-1-62410-303-2. doi: https://doi.org/10.2514/6.2014-3593.

37. Smith, H. A review of supersonic business jet design Issues [online]. *The Aeronautical Journal,* 2007, **111**(1126), 761–776. ISSN 0001-9240 [Zugriff am: 16. Februar 2017]. doi: https://doi.org/10.1017/S0001924000001883.

38. Hans-Reichel, M. *Subsonic versus supersonic business jets. Full concept comparison considering technical, environmental and economic aspects.* Zugl.: Wildau, Techn. Fachhochsch., MA-Thesis/Master, 2011. Hamburg: Diplomica, 2012. ISBN 9783842828094.

39. Sakata, K. Japan's Supersonic Technology and Business Jet Perspectives. In: *51st AIAA Aerospace Sciences Meeting including the New Horizons Forum and Aerospace Exposition*. Reston, Virigina: American Institute of Aeronautics and Astronautics, 2013. ISBN 978-1-62410-181-6. doi: https://doi.org/10.2514/6.2013-21.

40. Liebhardt, B. und K. Lütjens. An Analysis of the Market Environment for Supersonic Business Jets [online]. *DLRK Tagungsband 2011: 60. Deutscher Luft- und Raumfahrtkongress in Bremen*, 2011 [Zugriff am: 27. Januar 2020]. Verfügbar unter: https://elib.dlr.de/75275/

41. Federal Aviation Administration. *Fact Sheet – Supersonic Flight* [online], 2018 [Zugriff am: 22. Februar 2019]. Verfügbar unter: https://www.faa.gov/news/fact_sheets/news_story.cfm?newsId=22754

42. *NASA Thinks It Can Make a Supersonic Jet With No Boom* [online] [Zugriff am: 22. September 2017]. Verfügbar unter: https://www.wired.com/2016/03/nasa-thinks-can-make-supersonic-jet-no-boom/

43. Aerion Supersonic. *No Compromise – Safe, Stylish, Sustainable, and Supersonic* [online], 2020 [Zugriff am: 20. Januar 2020]. Verfügbar unter: https://www.aerionsupersonic.com/as2

44. Flugrevue. *Der Traum von Reisen im Überschallbereich: Aerion SBJ* [online], 2015 [Zugriff am: 20. Januar 2020]. Verfügbar unter: https://www.flugrevue.de/ueberschalltechnik-der-traum-von-reisen-im-ueberschallbereich-aerion-sbj/

45. Aerion Supersonic. *Aerion & Boeing Take the Fast Lane* [online], 2019 [Zugriff am: 22. Februar 2019]. Verfügbar unter: https://www.aerionsupersonic.com

46. Sóbester, A. Propulsion Integration: Supersonic Transport Aircraft. In: R. Blockley und W. Shyy, Hg. *Encyclopedia of aerospace engineering*. Hoboken, NJ: Wiley Interscience, 2010, S. 214. ISBN 9780470754405. doi: https://doi.org/10.1002/9780470686652.eae489.

47. Farokhi, S. *Aircraft propulsion*. Second edition. Chichester, West Sussex, United Kingdom: Wiley, 2014. ISBN 9781118806777.

48. Aviation Week. *Gulfstream G650* [online], 2013 [Zugriff am: 22. Februar 2019]. Verfügbar unter: https://aviationweek.com/business-aviation/gulfstream-g650

49. Gulfstream. *The Gulfstream G650ER* [online], 2019 [Zugriff am: 22. Februar 2019]. Verfügbar unter: http://www.gulfstream.com/aircraft/gulfstream-g650er

50. Verein Deutscher Ingenieure. *VDI 2221. Methodik zum Entwickeln und Konstruieren technischer Systeme und Produkte.* Berlin: Beuth Verlag GmbH, 1993.

51. ARD-aktuell / tagesschau.de. *Abschlussbericht* [online]. *Vorwürfe gegen Boeing und Lion Air,* 2019 [Zugriff am: 30. Januar 2020]. Verfügbar unter: https://www.tagesschau.de/ausland/lion-air-boing-737-max-101.html

52. Verein Deutscher Ingenieure. *VDI 2206. Entwicklungsmethodik für mechatronische Systeme.* Berlin: Beuth Verlag GmbH, 2004.

53. Kritzinger, D. *Aircraft system safety. Assessments for initial airworthiness certification.* Duxford, United Kingdom: Woodhead Publishing, 2016. ISBN 9780081008898.

54. Grasselt, D. *Kopplung von Aktorfunktionen fuer eine variable Sekundaerstromduese und einen Schubumkehrer in einem Flugtriebwerk // Kopplung von Aktorfunktionen für eine variable Sekundärstromdüse und einen Schubumkehrer in einem Flugtriebwerk.* Dissertationsschrift. Berlin: Brandenburgische Technische Universität Cottbus-Senftenberg, 2019. ISBN 9783967290417.

55. NASA. *Technology Readiness Level* [online], 2012. 7 August 2017 [Zugriff am: 18. Januar 2020]. Verfügbar unter: https://www.nasa.gov/directorates/heo/scan/engineering/technology/txt_accordion1.html

56. Deutsches Institut für Normung e. V. *DIN ISO 16290. Raumfahrtsysteme – Definition des Technologie-Reifegrades (TRL) und der Beurteilungskriterien (ISO 16290:2013).* Berlin: Beuth Verlag GmbH, 2016. doi: https://doi.org/10.31030/2535642.

57. SAE Aerospace. *ARP4761. Guidelines and Methods for Conducting the Safety Assessment Process on Civil Airborne Systems and Equipment.* Warrendale, PA, United States: SAE International, 1996. doi: https://doi.org/10.4271/ARP4761.

58. Grasselt, D. und K. Höschler. Safety Assessment of Aero Engine Thrust Reverser Actuation Systems [online]. *Proc. of the 22nd International Symposium on Air Breathing Engines,* 2015 [Zugriff am: 27. Januar 2020]. Verfügbar unter: http://hdl.handle.net/2374.UC/745815

59. Grasselt, D., K. Höschler und S. Kazula. A Design Approach for a Coupled Actuator System for Variable Nozzles and Thrust Reverser of Aero Engines. *Proc. of the 23rd International Symposium on Air Breathing Engines,* 2017.

60. Grieb, H. *Projektierung von Turboflugtriebwerken.* Basel: Birkhäuser Basel, 2004. Technik der Turboflugtriebwerke. ISBN 9783034896276. doi: https://doi.org/10.1007/978-3-0348-7938-5.

61. MacIsaac, B. und R. Langton. *Gas Turbine Propulsion Systems.* Chichester, West Sussex, United Kingdom: Wiley, 2011. Aerospace series. ISBN 978-0-470-06563-1.

62. Mattingly, J.D. *Elements of Propulsion. Gas Turbines and Rockets.* Reston, VA: American Institute of Aeronautics and Astronautics, 2006. ISBN 978-1-56347-779-9. doi: https://doi.org/10.2514/4.861789.

63. Müller, R. *Luftstrahltriebwerke. Grundlagen, Charakteristiken Arbeitsverhalten.* Wiesbaden: Vieweg + Teubner Verlag, 1997. ISBN 9783322903259. doi: https://doi.org/10.1007/978-3-322-90324-2.

64. Münzberg, H.-G. *Flugantriebe. Grundlagen, Systematik und Technik der Luft- und Raumfahrtantriebe.* Berlin, Heidelberg: Springer Berlin Heidelberg, 1972. ISBN 9783662117583. doi: https://doi.org/10.1007/978-3-662-11757-6.

65. Oates, G.C., Hg. *Aircraft propulsion systems technology and design.* Washington, DC: American Institute of Aeronautics and Astronautics, 1989. AIAA education series. ISBN 9780930403249.

66. Rolls-Royce plc. *The jet engine.* Chichester: Wiley, 2015. ISBN 9781119065999.

67. Rolls-Royce plc. *The Jet engine.* [6. ed.]. London, 2005. ISBN 0 902121 235.

68. Urlaub, A. *Flugtriebwerke. Grundlagen, Systeme, Komponenten.* Zweite Auflage. Berlin, Heidelberg: Springer Berlin Heidelberg, 1995. ISBN 9783540570097. doi: https://doi.org/10.1007/978-3-642-78386-9.

69. Brockhaus, R. *Flugregelung.* Zweite, neu bearbeitete Auflage. Berlin: Springer, 2001. ISBN 9783662072653. doi: https://doi.org/10.1007/978-3-662-07264-6.

70. El-Sayed, A.F. *Fundamentals of aircraft and rocket propulsion.* ISBN 9781447167969.

71. Sforza, P.M. *Theory of aerospace propulsion.* Second edition. Oxford, United Kingdom: Butterworth-Heinemann, 2017. Aerospace engineering. ISBN 978-0-12-809326-9.

72. Greatrix, D.R. *Powered flight. The engineering of aerospace propulsion.* London: Springer, 2012. ISBN 978-1-4471-2484-9. doi: https://doi.org/10.1007/978-1-4471-2485-6.

73. Cumpsty, N.A. und A. Heyes. *Jet propulsion. A simple guide to the aerodynamics and thermodynamic design and performance of jet engines.* Third edition. New York, NY: Cambridge University Press, 2015. ISBN 9781107511224.

74. Kundu, A.K. *Aircraft design.* Cambridge: Cambridge University Press, 2010. Cambridge aerospace series. 27. ISBN 9780521885164. doi: https://doi.org/ 10.1017/CBO9780511844652.

75. Bose, T. *Airbreathing Propulsion.* New York, NY: Springer New York, 2012. ISBN 978-1-4614-3531-0. doi: https://doi.org/10.1007/978-1-4614-3532-7.

76. Linke-Diesinger, A. *Systeme von Turbofan-Triebwerken. Funktionen der Triebwerkssysteme von Verkehrsflugzeugen.* Berlin: Springer Vieweg, 2014. ISBN 9783662445693.

77. Rossow, C.-C., K. Wolf und P. Horst. *Handbuch der Luftfahrzeugtechnik. Mit 34 Tabellen.* München: Hanser, 2014. ISBN 978-3-446-42341-1.

78. Moir, I. und A.G. Seabridge. *Aircraft systems. Mechanical, electrical, and avionics subsystems integration.* 3. ed., reprinted. Chichester: Wiley, 2009. Aerospace series. ISBN 978-0-470-05996-8.

79. Moir, I., A. Seabridge und M. Jukes. *Civil Avionics Systems.* Second edition. Chichester, UK: John Wiley & Sons, Ltd, 2013. Aerospace series. ISBN 9781118341803. doi: https://doi.org/10.1002/9781118536704.

80. Moir, I. und A. Seabridge. *Design and development of aircraft systems.* 2. ed. Reston, Va.: AIAA; Wiley, 2013. AIAA education series. ISBN 9781624101809.

81. Fielding, J.P. *Introduction to aircraft design.* Second edition. New York, NY: Cambridge University Press, 2017. Cambridge aerospace series. ISBN 978-1107680791.

82. Pratt & Whitney und General Electric Aircraft Engines. *Critical Propulsion Components Volume 4: Inlet and Fan/Inlet Accoustics Team. NASA/CR— 2005-213584/VOL4,* 2005.

83. Smyth, R. Transport Aircraft Aerodynamic Integration: Subsonic. In: R. Blockley und W. Shyy, Hg. *Encyclopedia of aerospace engineering.* Hoboken, NJ: Wiley Interscience, 2010. ISBN 9780470754405. doi: https://doi.org/10.1002/9780470686652.eae488.

84. Jakubowski, A. und R.W. Luidens. Internal cowl-separation at high incidence angles. In: *13th Aerospace Sciences Meeting,* 1975. doi: https://doi.org/10.2514/6.1975-64.

85. Oswatitsch, K. *Grundlagen der Gasdynamik.* Vienna: Springer Vienna, 1976. ISBN 978-3-7091-8416-5. doi: https://doi.org/10.1007/978-3-7091-8415-8.

86. Harpur, N.F. Concorde structural development [online]. *Journal of Aircraft,* 1968, **5**(2), 176–183. ISSN 0021-8669 [Zugriff am: 20. Februar 2020]. doi: https://doi.org/10.2514/3.43926.

87. Eberhart, J. When the SST Is Too Slow [online]. *Science News,* 1967, **91**(22), 528. ISSN 00368423. doi: https://doi.org/10.2307/3951418.

88. Albers, J. und B. Miller. Effect of Subsonic Inlet Lip Geometry on Predicted Surface and Flow Mach Number Distributions [online]. NASA-TN-D-7446, 1973 [Zugriff am: 11. Februar 2020]. Verfügbar unter: https://ntrs.nasa.gov/archive/nasa/casi.ntrs.nasa.gov/19740003699.pdf

89. Albers, J., N.O. Stockman und J.J. Hirn. Aerodynamic analysis of several high throat Mach number inlets for the quiet clean short-haul experimental engine [online]. NASA-TM-X-3183, 1975 [Zugriff am: 11. Februar 2020]. Verfügbar unter: https://ntrs.nasa.gov/archive/nasa/casi.ntrs.nasa.gov/19750006651.pdf

90. Boles, M.A. und N.O. Stockman. Use of Experimental Separation Limits in the Theoretical Design of V/STOL Inlets [online]. *Journal of Aircraft*, 1979, **16**(1), 29–34. ISSN 0021-8669. doi: https://doi.org/10.2514/3.58479.

91. Boles, M.A., R.W. Luidens und N.O. Stockman. Theoretical flow characteristics of inlets for tilting-nacelle VTOL aircraft [online]. NASA-TP-1205, 1978 [Zugriff am: 11. Februar 2020]. Verfügbar unter: https://ntrs.nasa.gov/archive/nasa/casi.ntrs.nasa.gov/19780013171.pdf

92. Hawk, J.D. und N.O. Stockman. Theoretical study of VTOL tilt-nacelle axisymmetric inlet geometries [online]. NASA-TP-1380, 1979 [Zugriff am: 11. Februar 2020]. Verfügbar unter: https://ntrs.nasa.gov/archive/nasa/casi.ntrs.nasa.gov/19790006825.pdf

93. Luidens, R.W., N.O. Stockman und J.H. Diedrich. Optimum subsonic, high-angle-of-attack nacelles [online]. NASA-TM-81491. *12th Congr. of the Intern. Council of the Aeron. Sci.; October 13, 1980 – October 17, 1980; Munich; Germany*United States*, 1979 [Zugriff am: 11. Februar 2020]. Verfügbar unter: https://ntrs.nasa.gov/archive/nasa/casi.ntrs.nasa.gov/19800011792.pdf

94. Smith, A.M.O. High-Lift Aerodynamics [online]. *Journal of Aircraft*, 1975, **12**(6), 501–530. ISSN 0021-8669. doi: https://doi.org/10.2514/3.59830.

95. Liebeck, R.H. Design of Subsonic Airfoils for High Lift [online]. *Journal of Aircraft*, 1978, **15**(9), 547–561. ISSN 0021-8669. doi: https://doi.org/10.2514/3.58406.

96. Albers, J. und E. Felderman. Boundary-layer Analysis of Subsonic Inlet Diffuser Geometries for Engine Nacelles [online]. NASA TN D-7520, 1974 [Zugriff am: 31. Januar 2020]. Verfügbar unter: https://ntrs.nasa.gov/archive/nasa/casi.ntrs.nasa.gov/19740010812.pdf

97. Nicolai, L.M. und G.E. Carichner. *Aircraft design*. Reston, Va.: AIAA American Inst. of Aeronautics and Astronautics, 2010. AIAA education series. / Leland M. Nicolai; Grant Carichner; Vol. 1. ISBN 9781600867514.

98. Translating multi-ring inlet for gas turbine engines. Erfinder: R. W. Demetrick. US 3908683.

99. Montetagaud, F. und S. Montoux. Negatively Scarfed Intake: Design and Acoustic Performances. In: *11th AIAA/CEAS Aeroacoustics Conference.* Reston, Virigina: American Institute of Aeronautics and Astronautics, 2005. ISBN 978-1-62410-052-9. doi: https://doi.org/10.2514/6.2005-2944.

100. Smith, M.J.T. *Aircraft noise.* Cambridge: Cambridge University Press, 2004. Cambridge aerospace series. ISBN 9780521616997.

101. Aircraft engine variable highlight inlet. Erfinder: W. E. Skidmore, B.E. Syltebo und W.S. Viall. US 3664612 A.

102. Jet engine nacelle. Erfinder: P. Tracksdorf. US4865268 A.

103. Cumpsty, N.A. *Compressor aerodynamics.* Repr. Harlow, Essex: Longman, 1998. ISBN 0-470-21334-5.

104. Pearson, H. und A.B. McKenzie. Wakes in Axial Compressors [online]. *Journal of the Royal Aeronautical Society,* 1959, **63**(583), 415–416. ISSN 0368-3931. doi: https://doi.org/10.1017/S0368393100071273.

105. Cousins, W.T. und M.W. Davis. Evaluating Complex Inlet Distortion With a Parallel Compressor Model: Part 1—Concepts, Theory, Extensions, and Limitations. In: *Proceedings of the ASME Turbo Expo 2011.* New York, NY: ASME, 2012, S. 1–12. ISBN 978-0-7918-5461-7. doi: https://doi.org/10.1115/GT2011-45067.

106. Davis, M.W. und W.T. Cousins. Evaluating Complex Inlet Distortion With a Parallel Compressor Model: Part 2—Applications to Complex Patterns. In: *Proceedings of the ASME Turbo Expo 2011.* New York, NY: ASME, 2012, S. 13–23. ISBN 978-0-7918-5461-7. doi: https://doi.org/10.1115/GT2011-45068.

107. Grieb, H. *Verdichter für Turbo-Flugtriebwerke.* Berlin, Heidelberg: Springer Berlin Heidelberg, 2009. ISBN 978-3-540-34373-8. doi: https://doi.org/10.1007/978-3-540-34374-5.

108. Cousins, W.T. History, Philosophy, Physics, and Future Directions of Aircraft Propulsion System/Inlet Integration. In: *Proceedings of the ASME Turbo Expo 2004. Presented at the 2004 ASME Turbo Expo, June 14 – 17, 2004, Vienna, Austria.* New York, NY: ASME, 2004, S. 305–320. ISBN 0-7918-4167-7. doi: https://doi.org/10.1115/GT2004-54210.

109. Bissinger, N.C. und T. Breuer. Basic Principles – Gas Turbine Compatibility – Intake Aerodynamic Aspects. In: R. Blockley und W. Shyy, Hg. *Encyclopedia of aerospace engineering.* Hoboken, NJ: Wiley Interscience, 2010. ISBN 9780470754405. doi: https://doi.org/10.1002/9780470686652.eae487.

110. SAE International. *ARP1420C. Gas Turbine Engine Inlet Flow Distortion Guidelines.* Warrendale, PA, United States: SAE International, 2017. doi: https://doi.org/10.4271/ARP1420C.

111. Rademakers, R. Influence of Secondary Flow within Integrated Engine Inlets on the Performance and Stability of a Jet Engine [online]. *Proc. of the 22nd International Symposium on Air Breathing Engines,* 2015 [Zugriff am: 2. November 2017]. Verfügbar unter: https://drc.libraries.uc.edu/bitstream/han dle/2374.UC/745645/ISABE-2015-20020_Rademakers.pdf?sequence=2

112. Goraj, Z. An Overview of the De-Icing and Anti-icing Technologies with Prospects for the Future. *24th International Congress of the Aeronautical Sciences (ICAS),* 2004.

113. Gent, R.W. Ice Detection and Protection. In: R. Blockley und W. Shyy, Hg. *Encyclopedia of aerospace engineering.* Hoboken, NJ: Wiley Interscience, 2010, S. 7. ISBN 9780470754405. doi: https://doi.org/10.1002/978047068 6652.eae471.

114. Gent, R.W., N.P. Dart und J.T. Cansdale. Aircraft icing [online]. *Philosophical Transactions of the Royal Society of London. Series A: Mathematical, Physical and Engineering Sciences,* 2000, **358**(1776), 2873–2911. ISSN 1471-1962. doi: https://doi.org/10.1098/rsta.2000.0689.

115. Tropea, C., M. Schremb und I. Roisman. Physics of SLD Impact and Solidification [online]. 20 pages. *Proc. of the 7th European Conference for Aeronautics and Space Sciences (Eucass),* 2017. doi: https://doi.org/10. 13009/EUCASS2017-512.

116. Bansmer, S. und A. Baumert. From high altitude clouds to an icing wind tunnel: en route to understand ice crystal icing [online]. 10 pages. *Proc. of the 7th European Conference for Aeronautics and Space Sciences (Eucass),* 2017. doi: https://doi.org/10.13009/EUCASS2017-265.

117. McClain, S., M. Vargas, J.-C. Tsao, A. Broeren und S. Lee. Ice Accretion Roughness Measurements and Modeling [online]. 14 pages. *Proc. of the 7th European Conference for Aeronautics and Space Sciences (Eucass),* 2017. doi: https://doi.org/10.13009/EUCASS2017-555.

118. Blockley, R. und W. Shyy, Hg. *Encyclopedia of aerospace engineering.* Hoboken, NJ: Wiley Interscience, 2010. ISBN 9780470754405. doi: https:// doi.org/10.1002/9780470686652.

119. Jackson, D.G. und J.I. Goldberg. Ice Detection Systems: A Historical Perspective. In: *SAE Technical Paper Series:* SAE International400 Commonwealth Drive, Warrendale, PA, United States, 2007. doi: https://doi.org/ 10.4271/2007-01-3325.

120. Ice Detector. Erfinder: Penny & Giles Avionic Systems Limited. WO/1995/012523.

121. FAA. *Aircraft Ice Detectors and Related Technologies for Onground and Inflight Applications.* Springfield, Virginia: FAA Technical Center, 1993.

122. UTC Aerospace Systems. *Primary & Advisory Ice Detection Systems.* Burnsville, MN: Rosemount Aerospac Inc., 2017.

123. Laforte, C., C. Blackburn und J. Perron. A Review of Icephobic Coating Performances over the Last Decade. In: *SAE Technical Paper Series:* SAE International400 Commonwealth Drive, Warrendale, PA, United States, 2015. doi: https://doi.org/10.4271/2015-01-2149.

124. Dynys, F., E. Kreeger und A. Sehirlioglu. *Multi-functional Coating for Icephobic Surfaces:* NASA, 2011.

125. Laforte, C., C. Blackburn, J. Perron und R. Aubert. Icephobic Coating Evaluation for Aerospace Application. In: *55th AIAA/ASME/ASCE/AHS/ASC Structures, Structural Dynamics, and Materials Conference.* Reston, Virginia: American Institute of Aeronautics and Astronautics, 2014. ISBN 978-1-62410-314-8. doi: https://doi.org/10.2514/6.2014-1327.

126. Al-Khalil, K. Thermo-Mechanical Expulsive Deicing System – TMEDS [online]. *AIAA,* 2007, 7. doi: https://doi.org/10.2514/6.2007-692.

127. Moir, I. und A. Seabridge. Aircraft Pneumatic Subsystems. In: R. Blockley und W. Shyy, Hg. *Encyclopedia of aerospace engineering.* Hoboken, NJ: Wiley Interscience, 2010, S. 1–18. ISBN 9780470754405. doi: https://doi.org/10.1002/9780470686652.eae615.

128. Martin, C.A. und J.C. Putt. Advanced pneumatic impulse ice protection system (PIIP) for aircraft [online]. *Journal of Aircraft,* 1992, **29**(4), 714–716. ISSN 0021-8669. doi: https://doi.org/10.2514/3.46227.

129. CAV Ice Protection. *About TKS Ice Protection Systems* [online], 2018. 13 März 2019, 12:00. Verfügbar unter: https://www.caviceprotection.com/content/about-tks-ice-protection-systems

130. CAV Ice Protection. *TKS®DTD 406B Ice Protection Fluid* [online], 2018. 13 März 2019, 12:00. Verfügbar unter: https://www.caviceprotection.com/content/tks-fluid

131. Newton, D.W. *Severe weather flying.* 3rd ed. Newcastle (Wash.): Aviation Supplies & Academics, op. 2002. ISBN 978-1560274278.

132. Zumwalt, G.W., R.L. Shrag, W.D. Bernhart und R.A. Friedberg. *Electro-Impulse De-Icing Testing, Analysis and Design.* Wichita, Kansas: NASA Lewis Research Center, 1988.

133. Bond, T.H., J. Shin und G.A. Mesander. Advanced ice protection systems test in the NASA Lewis icing research tunnel. *47th Annual Forum and Technology Display; Phoenix, AZ; United States,* 1991.

134. Cox & Company, Inc. *Low Power Ice Protection Systems* [online], 2019. Verfügbar unter: http://www.coxandco.com/low_power_ips.html

135. Endres, M., H. Sommerwerk, C. Mendig, M. Sinapius und P. Horst. Experimental study of two electro-mechanical de-icing systems applied on a wing section tested in an icing wind tunnel [online]. *CEAS Aeronautical Journal,* 2017, **8**(3), 429–439. ISSN 1869-5582. doi: https://doi.org/10.1007/s13272-017-0249-0.

136. Maschke, C. und H. Fastl. Schallwirkungen beim Menschen. In: G. Müller und M. Möser, Hg. *Taschenbuch der Technischen Akustik.* Berlin, Heidelberg: Springer Berlin Heidelberg, 2016, S. 1–29. ISBN 978-3-662-43966-1. doi: https://doi.org/10.1007/978-3-662-43966-1_4-1.

137. European Aviation Safety Agency. *CS-36. Certification Specifications for Aircraft Noise. Amendment 2,* 2009.

138. International Civil Aviation Organization. *Environmental Technical Manual. Volume I Procedures for the Noise Certification of Aircraft.*

139. Bauerfeind, K. *Steuerung und Regelung der Turboflugtriebwerke.* Basel: Birkhäuser Basel, 1999. Technik der Turboflugtriebwerke. ISBN 9783034897488. doi: https://doi.org/10.1007/978-3-0348-8734-2.

140. Sutliff, D.L., M.G. Jones und T.C. Hartley. High-Speed Turbofan Noise Reduction Using Foam-Metal Liner Over-the-Rotor [online]. *Journal of Aircraft,* 2013, **50**(5), 1491–1503. ISSN 0021-8669. doi: https://doi.org/10.2514/1.C032021.

141. Fuchs, H.V. und M. Möser. Schallabsorber. In: G. Müller und M. Möser, Hg. *Taschenbuch der Technischen Akustik.* Berlin, Heidelberg: Springer Berlin Heidelberg, 2016, S. 1–61. ISBN 978-3-662-43966-1. doi: https://doi.org/10.1007/978-3-662-43966-1_9-2.

142. Leylekian, L., M. Lebrun und P. Lempereur. An Overview of Aircraft Noise Reduction Technologies [online]. *Journal AerospaceLab,* 2014. doi: https://doi.org/10.12762/2014.AL07-01.

143. Active control of aircraft engine inlet noise using compact sound sources and distributed error sensors. Erfinder: Virginia Tech Intellectual Properties Inc. US5355417A.

144. Rotating devices for mitigation of adverse flow conditions in ultra-short nacelle inlet. Erfinder: A. M. Dorsey, D.C. Hoffman, F.D. Palacios und Z.C. Hoisington. EP3421373A1.

145. Translating turning vanes for a nacelle inlet. Erfinder: Z. C. Hoisington, F.D. Palacios, D.C. Hoffman, A.M. Dorsey, K.J. Sequeira, R.C. Frazier und S.E. Chapel. Anmeldung: 2019. US10436112B2.

146. Shape Memory Alloy Actuator System for Composite Aircraft Structures. Erfinder: M. A. Dilligan, F.T. Calkins, T.J. Zimmermann, J.H. Mabe und K.Y. Blohowiak. US 20160229519 A1.

147. Variable geometry inlet for a ducted fan and method of assembling same. Erfinder: E. J. Filter. US 9297333 B2.

148. Variable-capture supersonic inlet. Erfinder: T. Huynh und D.J. Wilson. US 20160288917 A1.

149. Variable geometry inlet system. Erfinder: M. Labrecque, V. Couture-Gagnon und R. Ullyott. US20160053683 A1.

150. Dual-rib morphing leading edge. Erfinder: B. K. Rawdon, B.A. Harber und N.A. Harrison. US 9415856 B2.

151. Morphing wing leading edge. Erfinder: J. Gordon, C. Borgstrom, N. Fisher, C. Fuhrmeister, N. Madigan und C. Parkins. US8925870 B1.

152. Shape Memory Alloy Rods for Actuation of Continuous Surfaces. Erfinder: C. L. Madsen. US 20150129715 A1.

153. Air intake and a method of controlling the same. Erfinder: N. Horwarth. US 20140311580 A1.

154. Variable-geometry rotating spiral cone engine inlet compression system and method. Erfinder: T. Huynh. US8690097 B1.

155. Variable contraction ratio nacelle assembly for a gas turbine engine. Erfinder: A. K. Jain und M. Winter. EP1992810B1.

156. Variable contraction ratio nacelle assembly for a gas turbine engine. Erfinder: A. K. Jain und M. Winter. US20080283676 A1.

157. Mass flow increase at takeoff in supersonic airliner. Erfinder: P. A. Kosheleff. US8622339 B2.

158. Gas turbine engine having slim-line nacelle. Erfinder: S. A. Morford und M.J. Larkin. US8726632 B2.

159. Turbojet nacelle and method for controlling separation in a turbojet nacelle. Erfinder: T. Surply und C. Bourdeau. US8640986 B2.

160. Variable shape inlet section for a nacelle assembly of a gas turbine engine. Erfinder: A. K. Jain und Z.A. Chaudhry. US 8402739 B2.

161. Nacelle assembly having inlet airfoil for a gas turbine engine. Erfinder: A. K. Jain und M. Winter. Anmeldung: 2013. US 8408491 B2.

162. Nacelle flow assembly. Erfinder: A. K. Jain. US8596573 B2.

163. Adjustable angle inlet for turbojet engines. Erfinder: Shammoh, Ali A. A. J. US 8544793 B1.

164. Gas turbine engine nacelle (having a symmetric flowpath). Erfinder: A. R. Smith und D. Arzoglou. US20100019100A1.

165. Method and apparatus for pressure adaptive morphing structure. Erfinder: R. Vos und R.M. Barret. US8366057 B2.

166. Fan nacelle flow control. Erfinder: M. Winter. US8529188 B2.

167. Morphing structure (and method). Erfinder: J. H. Wood und J.P. Dunne. US8397485 B2.

168. Integrated air inlet system for multi-propulsion aircraft engines. Erfinder: M. J. Bulman und F.S. Billig. USRE43731.

169. Nacelle assembly having inlet bleed. Erfinder: M. Haas. US8192147 B2.

170. Nacelle Flow Assembly. Erfinder: A. K. Jain. US8282037B2.

171. Variable geometry nacelle assembly for a gas turbine engine. Erfinder: A. K. Jain und M. Winter. Anmeldung: 2012. US8205430B2.

172. Gondelanordnung mit Einlassprofil für ein Gasturbinentriebwerk. Erfinder: A. K. Jain und M. Winter. EP 1988266 A2.

173. Supersonic engine inlet diffuser with deployable vortex generators. Erfinder: T. R. Quackenbuch, R.M. McKillip und P.V. Danilov. US20120325325 A1.

174. Ice shed reduction for leading edge structures. Erfinder: E. A. Rainos, B.L. Allmon, J.G. Loewe, W.C. Brooks, L.A. Blanton, C.J. Tudor und V.S. Budinger. US20120312924 A1.

175. Shape changing airfoil system. Erfinder: J. H. Wood und J.P. Dunne. US8256719 B2.

176. Morphing ducted fan for vertical take-off and landing vehicle. Erfinder: E. Goossen, P.A. Cox und P. O'Brien. US20110147533 A1.

177. Gas turbine engine system providing simulated boundary layer thickness increase. Erfinder: M. Winter und A.K. Kain. US8209953 B2.

178. Engine intake flap for being arranged on the housing of an air intake of an aircraft engine, as well as engine with such an engine intake flap and aircraft system. Erfinder: L. Bolender und S. Wagnon. US20100307442A1.

179. Aerodynamisches Bauteil mit verformbarer Außenhaut. Erfinder: O. Heintze, M. Kintscher, T. Lorkowski, H.P. Monner und J. Riemenschneider. DE 102009026457 A1.

180. Luftatmende Gondel mit integriertem Turbolader. Erfinder: O. Kosing und U. Schmidt-Eisenlohr. DE102008027275 A1.

181. Nacelle assembly with turbulators. Erfinder: M. Haas. US8186942 B2.

182. Active flow control for nacelle inlet. Erfinder: W. Hurwitz und S.S. Ochs. US9157368 B2.

183. Turbomachine with variable contour nacelle assembly and corresponding operating method EP2011987A2. Erfinder: A. K. Jain und M. Winter. EP2011987 A2.

184. Aircraft engine nacelle with translating inlet cowl. Erfinder: M. P. Mcdonough, K.T. Brown und S. Gilzean. EP 2199204 A2.

185. Systems and methods for altering inlet airflow of gas turbine engines. Erfinder: M. Winter. US20090092482A1.

186. Passive bondary layer bleed system for nacelle inlet airflow control. Erfinder: S. H. Zysman, W.K. Lord, R.M. Miller und O.V. Atassi. US 20090301095 A1.

187. Nacelle with articulating leading edge slates. Erfinder: Z. A. Chaudhry. US20080308684 A1.

188. Variable geometry gas turbine engine nacelle assembly with nanoelectromechanical system. Erfinder: A. K. Jain. US20080310956 A1.

189. Air intake and method for breathing air using an air intake. Erfinder: H. Kobayashi, N. Tanatsugu, T. Sato, T. Kojima und Y. Maru. US7322179 B2.

190. Shape changing structure. Erfinder: J. H. Wood. US 20060124801 A1.

191. Variable position intake for an aircraft mounted gas turbine engine. Erfinder: A. M. Bagnall. US6945494 B2.

192. Apparatus and methods for varying inlet lip geometry of a jet engine inlet. Erfinder: S. Sakurai, S. Fox und K. Grimlund. US20050022866A1.

193. Supersonic external-compression diffuser and method for designing same. Erfinder: B. W. Sanders, J.L. Koncsek und L.S. Hedges. US6793175 B1.

194. Rotatable scarf inlet for an aircraft engine and method of using the same. Erfinder: M. M. K. V. Sankrithi und P.E. Nelson. US6764043 B2.

195. Apparatus for variation of a wall skin. Erfinder: J. P. Dunne, D.M. Pitt, K.J. Kilian und E.V. White. US6588709 B1.

196. System and method for actively changing an effective flow-through area of an inlet region of an aircraft engine. Erfinder: A. Gupta, P. Graziosi und R. Mani. US6655632 B1.

197. Low sonic boom inlet for supersonic aircraft. Erfinder: B. W. Sanders und L.J. Weir. US7048229 B2.

198. Mission adaptive inlet. Erfinder: C. A. Gruensfelder und R.H. Wille. US6231006 B1.

199. System for the admission of air into a working section of a gas turbine engine. Erfinder: T. P. Bargadi und G.E.A. Jourdain. US6082669 A.

200. Variable geometry ramjet for aircraft. Erfinder: A. Chevalier und M. Bouchez. US5894722 A.

201. Telescoping centerbody wedge for a supersonic inlet. Erfinder: P. H. Kutschenreuter, JR. US5301901 A.
202. Engine nacelle. Erfinder: R. G. Patilla. US5145126 A.
203. Variable air intake. Erfinder: A. F. Perry. US 5116001 A.
204. Variable area aircraft air intake. Erfinder: W. J. Lewis und C.S. Woodward. US4782657 A.
205. Controllable diffuser for an air intake of an aircraft. Erfinder: J. T. Haas und R.-L. Hadwin. US4641678 A.
206. Variable-geometry inlet. Erfinder: A. J. Karanian. US4620679 A.
207. Vented cowl variable geometry inlet for aircraft. Erfinder: D. G. Boulton und G.T. Arcengeli. US4477039 A.
208. Variable camber leading edge mechanism with Krüger flap. Erfinder: M. E. McKinney und P.K. Rudolph. US4427168 A.
209. Continuous skin, variable camber airfoil edge actuating mechanism. Erfinder: F. D. Statkus. US4351502 A.
210. Variable double lip quiet inlet. Erfinder: J. J. Frantz. US4132240 A.
211. Variable camber inlet for supersonic aircraft. Erfinder: W. H. Ball und K.K. Ishimitsu. US4012013.
212. Variable air inlet system for a gas turbine engine. Erfinder: D. F. Sargisson. US3915413 A.
213. Air inlet flap. Erfinder: J. Dupcak und J. Traksel. US3770228 A.
214. Air intake for a gas turbine engine. Erfinder: L. G. Wilde und L.J. Rodgers. US 3763874 A.
215. Air intakes for gas turbine engines. Erfinder: M. Poucher. US3623494 A.
216. Variable profile air inlet lip for an aircraft engine. Erfinder: O. Gero. US3532305 A.
217. Air intake duct for a gas turbine engine. Erfinder: D. Brown. US3485252 A.
218. Fixed spike inlet with variable throat and capture area. Erfinder: J. R. Moorehead. US3242671 A.
219. Wodehouse, A., G. Vasantha, J. Corney, R. Maclachlan und A. Jagadeesan. The generation of problem-focussed patent clusters: a comparative analysis of crowd intelligence with algorithmic and expert approaches [online]. *Design Science,* 2017, **3**. doi: https://doi.org/10.1017/dsj.2017.19.
220. Niu, M.C.-Y. *Airframe structural design. Practical design information and data on aircraft structures.* 2. ed., 2. publ., with minor corr. Hong Kong: Conmilit Press, 2002. ISBN 9789627128090.
221. Monner, H., M. Kintscher, T. Lorkowski und S. Storm. Design of a Smart Droop Nose as Leading Edge High Lift System for Transportation Aircrafts. In: *50th AIAA/ASME/ASCE/AHS/ASC Structures, Structural Dynamics, and*

Materials Conference. Reston, Virigina: American Institute of Aeronautics and Astronautics, 2009, S. 3. ISBN 978-1-60086-975-4. doi: https://doi.org/10.2514/6.2009-2128.

222. Kintscher, M. und M. Wiedemann. Investigation of Multi-material Laminates for Smart Droop Nose Devices [online]. *ICAS,* 2014 [Zugriff am: 27. Januar 2020]. Verfügbar unter: https://www.icas.org/ICAS_ARCHIVE/ICAS2014/data/papers/2014_0489_paper.pdf

223. Vasista, S., O. Mierheim und M. Kintscher. Morphing Structures, Applications of. In: H. Altenbach und A. Öchsner, Hg. *Encyclopedia of Continuum Mechanics.* Berlin, Heidelberg: Springer Berlin Heidelberg, 2019, S. 1–13. ISBN 978-3-662-53605-6. doi: https://doi.org/10.1007/978-3-662-53605-6_247-1.

224. Rudenko, A., A. Hannig, H.P. Monner und P. Horst. Extremely deformable morphing leading edge: Optimization, design and structural testing [online]. *Journal of Intelligent Material Systems and Structures,* 2018, **29**(5), 764–773. doi: https://doi.org/10.1177/1045389X17721036.

225. Dunne, J.P., M.A. Hopkins, E.W. Baumann, D.M. Pitt und E.V. White. Overview of the SAMPSON smart inlet. In: J.H. Jacobs, Hg. *Smart Structures and Materials 1999: Industrial and Commercial Applications of Smart Structures Technologies:* SPIE, 1999, S. 380–390. doi: https://doi.org/10.1117/12.351575.

226. Pitt, D., J. Dunne, E. White und E. Garcia. SAMPSON smart inlet SMA powered adaptive lip design and static test. In: *19th AIAA Applied Aerodynamics Conference.* Reston, Virigina: American Institute of Aeronautics and Astronautics, 2001, S. 1. doi: https://doi.org/10.2514/6.2001-1359.

227. Pitt, D.M., J.P. Dunne, E.V. White und E. Garcia. Wind tunnel demonstration of the SAMPSON Smart Inlet. In: A.-M.R. McGowan, Hg. *Smart Structures and Materials 2001: Industrial and Commercial Applications of Smart Structures Technologies:* SPIE, 2001, S. 345–356. doi: https://doi.org/10.1117/12.429674.

228. Pitt, D.M., J.P. Dunne und E.V. White. SAMPSON smart inlet design overview and wind tunnel test: II. Wind tunnel test. In: A.-M.R. McGowan, Hg. *Smart Structures and Materials 2002: Industrial and Commercial Applications of Smart Structures Technologies:* SPIE, 2002, S. 24–36. doi: https://doi.org/10.1117/12.475073.

229. Pitt, D.M., J.P. Dunne und E.V. White. SAMPSON smart inlet design overview and wind tunnel test: I. Design overview. In: A.-M.R. McGowan, Hg.

Smart Structures and Materials 2002: Industrial and Commercial Applications of Smart Structures Technologies: SPIE, 2002, S. 13–23. doi: https://doi.org/10.1117/12.475064.

230. Aircraft Owners and Pilots Association. *Sukhoi SU-29* [online]. *Russian Rush*, 1992 [Zugriff am: 21. März 2020]. Verfügbar unter: https://www.aopa.org/news-and-media/all-news/1992/november/pilot/sukhoi-su-29

231. Greenblatt, D., I.J. Wygnanski und C.L. Rumsey. Aerodynamic Flow Control. In: R. Blockley und W. Shyy, Hg. *Encyclopedia of aerospace engineering*. Hoboken, NJ: Wiley Interscience, 2010, S. 2205. ISBN 9780470754405. doi: https://doi.org/10.1002/9780470686652.eae019.

232. Lord, W., D. MacMartin und G. Tillman. Flow control opportunities in gas turbine engines. In: *Fluids 2000 Conference and Exhibit*. Reston, Virigina: American Institute of Aeronautics and Astronautics, 2000. doi: https://doi.org/10.2514/6.2000-2234.

233. Hamstra, J.W. und B.N. McCallum. Tactical Aircraft Aerodynamic Integration. In: R. Blockley und W. Shyy, Hg. *Encyclopedia of aerospace engineering*. Hoboken, NJ: Wiley Interscience, 2010, S. 473. ISBN 9780470754405. doi: https://doi.org/10.1002/9780470686652.eae490.

234. Joslin, R.D. *Overview of Laminar Flow Control. NASA/TP-1998-208705.* Hampton, VA United States: NASA Lewis Research Center, 1998.

235. Gerke, W. *Elektrische Maschinen und Aktoren. Eine anwendungsorientierte Einführung.* München: Oldenbourg, 2012. Technik 10-2012. ISBN 9783486712650. doi: https://doi.org/10.1524/9783486719840.

236. Janocha, H. *Unkonventionelle Aktoren. Eine Einführung.* 2., erg. und aktualisierte Aufl. München: Oldenbourg, 2013. ISBN 9783486718867. doi: https://doi.org/10.1524/9783486756920.

237. Wolff, M. *Sensor-Technologien. Band 1: Position, Entfernung, Verschiebung, Schichtdicke.* Berlin: De Gruyter Oldenbourg, 2016. De Gruyter Studium. ISBN 9783110460926. doi: https://doi.org/10.1515/9783110460957.

238. Wolff, M. *Sensor-Technologien.* Berlin: De Gruyter Oldenbourg, 2018. De Gruyter Studium. ISBN 9783110477825.

239. Hüning, F. *Sensoren und Sensorschnittstellen.* Berlin, Boston: De Gruyter Oldenbourg, 2016. De Gruyter Studium. ISBN 9783110438543. doi: https://doi.org/10.1515/9783110438550.

240. van Schagen, K. Elektromechanische Aktuatoren statt Pneumatik- oder Hydraulikzylinder: Kosten- und Leistungsvorteile [online]. *Konstruktion*, 2017, (10), 38–42 [Zugriff am: 14. März 2020]. Verfügbar unter: https://www.skf.com/de/news-and-media/news-search/2017-05-11-elektromechanis

che-skf-aktuatoren-statt-pneumatik-oder-hydraulikzylinder-kosten-und-lei
stungsvorteile-fur-den-kunden.html

241. Murugan, S. und M.I. Friswell. Morphing wing flexible skins with curvilinear fiber composites [online]. *Composite Structures,* 2013, **99**, 69–75. ISSN 02638223. doi: https://doi.org/10.1016/j.compstruct.2012.11.026.

242. Baier, H. und L. Datashvili. Active and Morphing Aerospace Structures-A Synthesis between Advanced Materials, Structures and Mechanisms [online]. *International Journal of Aeronautical and Space Sciences,* 2011, **12**(3), 225–240. ISSN 2093-274X. doi: https://doi.org/10.5139/IJASS.2011. 12.3.225.

243. Beguin, B., C. Breitsamter und N. Adams. Experimental Investigations of an Elasto-flexible Morphing Wing Concept. *ICAS,* 2010.

244. Rao, A., A.R. Srinivasa und J.N. Reddy. *Design of Shape Memory Alloy (SMA) Actuators.* Cham: Springer International Publishing, 2015. ISBN 978-3-319-03187-3. doi: https://doi.org/10.1007/978-3-319-03188-0.

245. Akhras, G. Nano & Smart NDE Systems – Applications in Aerospace and Perspectives. *4th International Symposium on NDT in Aerospace,* 2012.

246. Straub, F.K., D.K. Kennedy, D.B. Domzalski, A.A. Hassan, H. Ngo, V. Anand und T. Birchette. Smart Material-Actuated Rotor Technology – SMART [online]. *Journal of Intelligent Material Systems and Structures,* 2004, **15**(4), 249–260. doi: https://doi.org/10.1177/1045389X04042795.

247. Crawley, E.F. Intelligent structures for aerospace – A technology overview and assessment [online]. *AIAA Journal,* 1994, **32**(8), 1689–1699. ISSN 0001-1452. doi: https://doi.org/10.2514/3.12161.

248. Wada, B.K. Adaptive structures – An overview [online]. *Journal of Spacecraft and Rockets,* 1990, **27**(3), 330–337. ISSN 0022-4650. doi: https://doi. org/10.2514/3.26144.

249. Valasek, J. *Morphing aerospace vehicles and structures.* Chichester, West Sussex: American Institute of Aeronautics and Astronautics, 2012. AIAA progress series. ISBN 978-0-470-97286-1.

250. Mohd Jani, J., M. Leary, A. Subic und M.A. Gibson. A review of shape memory alloy research, applications and opportunities [online]. *Materials & Design,* 2014, **56**, 1078–1113. ISSN 02613069. doi: https://doi.org/10.1016/ j.matdes.2013.11.084.

251. Winzer, P. *Generic Systems Engineering. Ein methodischer Ansatz zur Komplexitätsbewältigung.* Berlin: Springer Vieweg, 2013. ISBN 9783642303654.

252. IEEE and ISO/IEC. *ISO/IEC/IEEE 24765. Systems and software engineering—Vocabulary.* New York: Institute of Electrical and Electronics Engineers, Inc, 2017.

253. Adams, K.M. *Nonfunctional Requirements in Systems Analysis and Design.* Cham: Springer International Publishing, 2015. 28. ISBN 978-3-319-18343-5. doi: https://doi.org/10.1007/978-3-319-18344-2.

254. Cross, N. A History of Design Methodology. In: M.J. Vries, N. Cross und D.P. Grant, Hg. *Design Methodology and Relationships with Science.* Dordrecht: Springer Netherlands, 1993, S. 15–27. ISBN 978-90-481-4252-1. doi: https://doi.org/10.1007/978-94-015-8220-9_2.

255. Lindemann, U. *Methodische Entwicklung technischer Produkte. Methoden flexibel und situationsgerecht anwenden.* 3., korrigierte Aufl. Berlin, Heidelberg: Springer-Verlag Berlin Heidelberg, 2009. VDI-Buch. doi: https://doi.org/10.1007/978-3-642-01423-9.

256. Wulf, J.E. *Elementarmethoden zur Lösungssuche.* München: Verl. Dr. Hut, 2002. Produktentwicklung. ISBN 3-934767-77-X.

257. Roth, K. *Konstruieren mit Konstruktionskatalogen. Band 1: Konstruktionslehre.* 3. Auflage. Berlin: Springer, 2000. ISBN 9783642620997. doi: https://doi.org/10.1007/978-3-642-17466-7.

258. Roth, K. *Konstruieren mit Konstruktionskatalogen. Band 2: Kataloge.* 3. Auflage. Berlin: Springer Berlin Heidelberg, 2001. ISBN 9783642621000. doi: https://doi.org/10.1007/978-3-642-17467-4.

259. Roth, K. *Konstruieren mit Konstruktionskatalogen. Band 3: Verbindungen und Verschlüsse, Lösungsfindung.* 2. Auflage. Berlin, Heidelberg: Springer Berlin Heidelberg, 1996. ISBN 9783642872204. doi: https://doi.org/10.1007/978-3-642-87219-8.

260. Feldhusen, J. und K.-H. Grote. *Pahl/Beitz Konstruktionslehre. Methoden und Anwendung erfolgreicher Produktentwicklung.* 8., vollständig überarbeitete Auflage. Berlin: Springer Vieweg, 2013. ISBN 978-3-642-29568-3. doi: https://doi.org/10.1007/b137606.

261. Verein Deutscher Ingenieure. *VDI 2221 Blatt 1. Methodik zum Entwickeln und Konstruieren technischer Systeme und Produkte.* Berlin: Beuth Verlag GmbH, 2019.

262. Verein Deutscher Ingenieure. *VDI 2221 Blatt 2. Methodik zum Entwickeln und Konstruieren technischer Systeme und Produkte.* Berlin: Beuth Verlag GmbH, 2019.

263. Ehrlenspiel, K., A. Kiewert, U. Lindemann und M. Mörtl. *Kostengünstig Entwickeln und Konstruieren. Kostenmanagement bei der integrierten Produktentwicklung.* 7. Aufl. Berlin: Springer Vieweg, 2014. VDI-Buch. ISBN 9783642419584. doi: https://doi.org/10.1007/978-3-642-41959-1.

264. Doran, T. IEEE 1220: For Practical Systems Engineering [online]. *Computer,* 2006, **39**(5), 92–94. ISSN 0018-9162. doi: https://doi.org/10.1109/MC. 2006.164.

265. Günther, S. *Design for Six Sigma. Konzeption und Operationalisierung von alternativen Problemlösungszyklen auf Basis evolutionärer Algorithmen.* Wiesbaden: Gabler Verlag / GWV Fachverlage GmbH Wiesbaden, 2010. Forum Marketing. ISBN 9783834925077. doi: https://doi.org/10.1007/978-3-8349-6032-0.

266. Brandt, S.A., R.J. Stiles, J.J. Bertin und R. Whitford. *Introduction to aeronautics: a design perspective.* Third edition. Reston, Virginia: American Institute of Aeronautics and Astronautics Inc, 2015. AIAA education series. ISBN 9781624103278.

267. Conrad, K.J. *Grundlagen der Konstruktionslehre. Methoden und Beispiele für den Maschinenbau und die Gerontik.* s.l.: Carl Hanser Fachbuchverlag, 2013. ISBN 9783446435339.

268. Verein Deutscher Ingenieure. *VDI 4521 Blatt 1. Erfinderisches Problemlösen mit TRIZ Grundlagen und Begriffe.* Berlin: Beuth Verlag GmbH, 2016.

269. Verein Deutscher Ingenieure. *VDI 4521 Blatt 2. Erfinderisches Problemlösen mit TRIZ Zielbeschreibung, Problemdefinition und Lösungspriorisierung.* Berlin: Beuth Verlag GmbH, 2018.

270. Verein Deutscher Ingenieure. *VDI 4521 Blatt 3. Erfinderisches Problemlösen mit TRIZ Lösungssuche.* Berlin: Beuth Verlag GmbH, 2019.

271. Koltze, K. und V. Souchkov. *Systematische Innovation. TRIZ-Anwendung in der Produkt- und Prozessentwicklung.* 2., überarbeitete Auflage. München: Hanser, 2017. Praxisreihe Qualitätswissen. ISBN 9783446451278. doi: https://doi.org/10.3139/9783446452572.

272. Verein Deutscher Ingenieure, Hg. *Sicherheit komplexer Verkehrssysteme.* Düsseldorf: VDI-Verl., 2000. VDI-Berichte. 1546. ISBN 3180915463.

273. Bertsche, B. und G. Lechner. *Zuverlässigkeit im Fahrzeug- und Maschinenbau. Ermittlung von Bauteil- und System-Zuverlässigkeiten.* 3., überarbeitete und erweiterte Auflage. Berlin: Springer, 2004. VDI-Buch. ISBN 9783540208716. doi: https://doi.org/10.1007/3-540-34996-0.

274. Verein Deutscher Ingenieure. *VDI 4003. Zuverlässigkeitsmanagement.* Berlin: Beuth Verlag GmbH, 2007.

275. Meyna, A. und B. Pauli. *Taschenbuch der Zuverlässigkeitstechnik. Quantitative Bewertungsverfahren.* 2., überarb. und erw. Aufl. München: Hanser, 2010. Praxisreihe Qualitätswissen. ISBN 978-3-446-41966-7.

276. O'Connor, P.D.T. und A. Kleyner. *Practical reliability engineering.* 5. ed., [elektronische Ressource]. Oxford: Wiley-Blackwell, 2012. ISBN 978-0-470-97982-2. doi: https://doi.org/10.1002/9781119961260.

277. Department of Defence of the United States of America. *MIL-HDBK-217F. Military Handbook: Reliability Prediction of Electronic Equipment,* 1990.

278. Ullman, D.G. *The mechanical design process.* Fifth edition. New York, NY: McGraw-Hill Education, 2016. McGraw-Hill series in mechanical engineering. ISBN 978-0-07-339826-6.

279. Kritzinger, D.E. *Aircraft system safety. Military and civil aeronautical applications.* Cambridge: Woodhead Publishing Limited, 2006. Woodhead publishing in mechanical engineering. ISBN 978-1-84569-136-3.

280. Hasson, J. und D. Crotty. *Boeing's safety assessment processes for commercial airplane designs:* Avionics Systems Conference AIAA/IEEE, 1997. doi: https://doi.org/10.1109/DASC.1997.635076.

281. Hinsch, M. *Industrielles Luftfahrtmanagement. Technik und Organisation luftfahrttechnischer Betriebe.* 2., aktualisierte Auflage. Berlin: Springer Vieweg, 2012. ISBN 9783642305696. doi: https://doi.org/10.1007/978-3-642-30570-2.

282. Florio, F. de. *Airworthiness. An introduction to aircraft certification.* 2. ed. Amsterdam: Elsevier/Butterworth-Heinemann, 2011. ISBN 9780080968025.

283. Drysdale, A.T. Safety and Integrity in Vehicle Systems. In: R. Blockley und W. Shyy, Hg. *Encyclopedia of aerospace engineering.* Hoboken, NJ: Wiley Interscience, 2010. ISBN 9780470754405. doi: https://doi.org/10.1002/978 0470686652.eae475.

284. Sadraey, M.H. *Aircraft design. A systems engineering approach.* Chichester, West Sussex, United Kingdom: Wiley, 2013. Aerospace series. ISBN 9781118352700.

285. Verein Deutscher Ingenieure. *VDI 2519 Blatt 1. Vorgehensweise bei der Erstellung von Lasten-/ Pflichtenheften.* Berlin: Beuth Verlag GmbH, 2001.

286. Verein Deutscher Ingenieure. *VDI 2519 Blatt 2. Lasten-/Pflichtenheft für den Einsatz von Förder- und Lagersystemen.* Berlin: Beuth Verlag GmbH, 2001.

287. European Aviation Safety Agency. CS-E. Certification Specifications for Engines. Amendment 3, 2010.

288. Saaty, T.L. Fundamentals of the Analytic Hierarchy Process. In: K. von Gadow, T. Pukkala, M. Tomé, D.L. Schmoldt, J. Kangas, G.A. Mendoza

und M. Pesonen, Hg. *The Analytic Hierarchy Process in Natural Resource and Environmental Decision Making.* Dordrecht: Springer Netherlands, 2001, S. 15–35. ISBN 978-90-481-5735-8. doi: https://doi.org/10.1007/978-94-015-9799-9_2.

289. Pahl, G., W. Beitz, L. Blessing, J. Feldhusen, K.-H. Grote und K. Wallace. *Engineering Design. A Systematic Approach.* Third Edition. London: Springer-Verlag London Limited, 2007. ISBN 978-1-84628-318-5. doi: https://doi.org/10.1007/978-1-84628-319-2.

290. Skolaut, W. *Maschinenbau. Ein Lehrbuch für das ganze Bachelor-Studium.* Berlin: Springer Vieweg, 2014. ISBN 9783827425539. doi: https://doi.org/10.1007/978-3-8274-2554-6.

291. Verein Deutscher Ingenieure. *VDI 2803 Blatt 1. Funktionenanalyse Grundlagen und Methode.* Berlin: Beuth Verlag GmbH, 1996.

292. Koller, R. und N. Kastrup. *Prinziplösungen zur Konstruktion technischer Produkte.* 2., neubearbeitete Auflage. Berlin: Springer, 1998. ISBN 9783642637124. doi: https://doi.org/10.1007/978-3-642-58755-9.

293. Verein Deutscher Ingenieure. *VDI 2222 Blatt 2. Konstruktionsmethodik – Erstellung und Anwendung von Konstruktionskatalogen.* Berlin: Beuth Verlag GmbH, 1982.

294. Verein Deutscher Ingenieure. *VDI 2222 Blatt 1. Konstruktionsmethodik – Methodisches Entwickeln von Lösungsprinzipien.* Berlin: Beuth Verlag GmbH, 1997.

295. Deutsches Institut für Normung e. V. *DIN 25424 – Teil 1. Fehlerbaumanalyse: Methode und Bildzeichen.* Berlin: Beuth Verlag GmbH, 1981.

296. Verein Deutscher Ingenieure. *VDI 2225 Blatt 3. Konstruktionsmethodik – Technisch-wirtschaftliches Konstruieren – Technisch-wirtschaftliche Bewertung.* Berlin: Beuth Verlag GmbH, 1998.

297. Lloyd, E. und W. Tye. *Systematic safety. Safety assessment of aircraft systems.* Repr. London: Civil Aviation Authority, 1998. ISBN 9780860391418.

298. Kazula, S., D. Grasselt, M. Mischke und K. Höschler. Preliminary safety assessment of circular variable nacelle inlet concepts for aero engines in civil aviation. In: S. Haugen, A. Barros, C. van Gulijk, T. Kongsvik und J.E. Vinnem, Hg. *Safety and reliability – safe societies in a changing world. Proceedings of the 28th International European Safety and Reliability Conference (ESREL 2018), Trondheim, Norway, 17–21 June 2018.* Boca Raton: CRC Press, Taylor et Francis Group, 2018, S. 2459–2467. ISBN 9781351174664. doi: https://doi.org/10.1201/9781351174664-309.

299. Kazula, S., D. Grasselt und K. Höschler. Common Cause Analysis of Circular Variable Nacelle Inlet Concepts for Aero Engines in Civil Aviation.

In: J.F. Silva Gomes und S.A. Meguid, Hg. *IRF2018. Proceedings of the 6th International Conference on Integrity-Reliability-Failure: (Lisbon/Portugal, 22–26 July 2018)*. Porto: FEUP-INEGI, 2018. ISBN 978-989-20-8313-1.

300. Kazula, S. und K. Höschler. Ice detection and protection systems for circular variable nacelle inlet concepts [online]. *CEAS Aeronautical Journal*, 2020, **11**(1), 229–248. ISSN 1869-5582. doi: https://doi.org/10.1007/s13272-019-00413-1.

301. Kazula, S., M. Wöllner, D. Grasselt und K. Höschler. Parametric design and aerodynamic analysis of circular variable aero engine inlets for transonic and supersonic civil aviation [online]. *Proc. of the 24th International Symposium on Air Breathing Engines*, 2019, (ISABE-2019-24018) [Zugriff am: 5. Juni 2020]. Verfügbar unter: https://drive.google.com/drive/folders/1PZaMaLOL sybB3KFLmvP8hwM_lwmk3e4B

302. Wittel, H., D. Jannasch, J. Voßiek und C. Spura. *Roloff/Matek Maschinenelemente*. Wiesbaden: Springer Fachmedien Wiesbaden, 2019. ISBN 978-3-658-26279-2. doi: https://doi.org/10.1007/978-3-658-26280-8.

303. Forschungskuratorium Maschinenbau. *Rechnerischer Festigkeitsnachweis für Maschinenbauteile aus Stahl, Eisenguss- und Aluminiumwerkstoffen.* 6., überarb. Ausg. Frankfurt am Main: VDMA-Verl., 2012. FKM-Richtlinie. ISBN 978-3816306054.

304. Decker, K.-H. und K. Kabus. *Maschinenelemente.* 20., neu bearbeitete Auflage. München: Hanser, 2018. ISBN 978-3-446-45029-5.

305. Krause, W., Hg. *Grundlagen der Konstruktion. Elektronik – Elektrotechnik – Feinwerktechnik – Mechatronik.* 10., aktualisierte Auflage. München: Carl Hanser Verlag GmbH & Co. KG, 2018. ISBN 978-3-446-45470-5. doi: https://doi.org/10.3139/9783446455696.

306. Böge, A. und W. Böge, Hg. *Handbuch Maschinenbau*. Wiesbaden: Springer Fachmedien Wiesbaden, 2017. ISBN 978-3-658-12528-8. doi: https://doi. org/10.1007/978-3-658-12529-5.

307. Grote, K.-H., B. Bender und D. Göhlich. *Dubbel*. Berlin, Heidelberg: Springer Berlin Heidelberg, 2018. ISBN 978-3-662-54804-2. doi: https://doi.org/10.1007/978-3-662-54805-9.

308. Czichos, H. und M. Hennecke, Hg. *Hütte. Das Ingenieurwissen: Jubiläumsausgabe 150 Jahre Hütte.* 33., aktualisierte Aufl. Berlin: Springer, 2008. ISBN 9783540718512. doi: https://doi.org/10.1007/978-3-540-71852-9.

309. Hedayati, R. und M. Sadighi. *Bird strike. An experimental, theoretical and numerical investigation*. Cambridge: Woodhead Publishing, 2016. ISBN 978-0-08-100093-9.

310. Kazula, S. und K. Höschler. A Systems Engineering Approach to Variable Intakes for Civil Aviation [online]. *Proceedings of the 7th European Conference for Aeronautics and Space Sciences (Eucass), Milan, Italy,* 2017. doi: https://doi.org/10.13009/EUCASS2017-20.

311. Kazula, S. und K. Höschler. A systems engineering approach to variable intakes for civil aviation [online]. *Proceedings of the Institution of Mechanical Engineers, Part G: Journal of Aerospace Engineering,* 2020, **234**(10), 1721–1729. ISSN 0954-4100. doi: https://doi.org/10.1177/095441001983 6903.

312. Pauly, P. *Konzeption variabler Einläufe für zivile Flugtriebwerke in Unterschallanwendung.* Bachelorarbeit. Cottbus, 2016.

313. Schellin, F. *Musterzulassungsanalyse variabler Einlaufkonzepte für zivile Flug-Triebwerke in Unterschallanwendung.* Masterarbeit. Cottbus, 2017.

314. Genßler, J. *Analyse und Modellierung von Enteisungsmechanismen variabler Einlaufkonzepte für zivile Flug-Triebwerke.* Bachelorarbeit. Cottbus, 2017.

315. Wöllner, M. *Parameterstudie idealer Geometrien für variable Triebwerkseinlässe in der zivilen Luftfahrt.* Masterarbeit. Cottbus, 2018.

316. European Aviation Safety Agency. *Type-Certificate Data Sheet for BR700-710 engines,* 2018.

317. Federal Aviation Administration. *Risk Management Handbook* [online], 2016 [Zugriff am: 27. Januar 2020]. Verfügbar unter: https://www.faa.gov/regulations_policies/handbooks_manuals/aviation/media/faa-h-8083-2.pdf

318. Rochard, B. The UK Civil Aviation Authority's Approach to Bird Hazard Risk Assessment. In: *International Bird Strike Committee,* 2000, S. 2000.

319. JACDEC. *2017-09-30 Air France Airbus A380 engine cowl separation over Canada » JACDEC* [online], 2017 [Zugriff am: 6. November 2017]. Verfügbar unter: http://www.jacdec.de/2017/10/04/2017-09-30-air-france-airbus-a380-engine-cowl-separation-over-canada/

320. Aviation Herald. *Incident: France A388 over Greenland on Sep 30th 2017, uncontained engine failure, fan and engine inlet separated* [online], 2017 [Zugriff am: 6. November 2017]. Verfügbar unter: http://avherald.com/h?article=4af15205

321. Barnes, W.J.P. Materials science. Biomimetic solutions to sticky problems [online]. *Science (New York, N.Y.),* 2007, **318**(5848), 203–204. doi: https://doi.org/10.1126/science.1149994.

322. Frey, R., I. Volodin und E. Volodina. A nose that roars: anatomical specializations and behavioural features of rutting male saiga [online]. *Journal of anatomy,* 2007, **211**(6), 717–736. ISSN 0021-8782. doi: https://doi.org/10.1111/j.1469-7580.2007.00818.x.

323. Frey, R., A. Gebler, G. Fritsch, K. Nygrén und G.E. Weissengruber. Nordic rattle: the hoarse vocalization and the inflatable laryngeal air sac of reindeer (Rangifer tarandus) [online]. *Journal of anatomy,* 2007, **210**(2), 131–159. ISSN 0021-8782. doi: https://doi.org/10.1111/j.1469-7580.2006.00684.x.

324. Russell, A.P. und H.N. Bryant. Claw retraction and protraction in the Carnivora: the cheetah (Acinonyx jubatus) as an atypical felid [online]. *Journal of Zoology,* 2001, **254**(1), 67–76. ISSN 09528369. doi: https://doi.org/10.1017/S0952836901000565.

325. Mischke, M., S. Kazula und K. Höschler. A Comparative Concept Study and Evaluation for New Broadband Noise Absorbing Acoustic Liner Concepts for Civil Aviation. *Proceedings of Global Power and Propulsion Society,* 2019.

326. Mischke, M., S. Kazula und K. Hoeschler. Preliminary safety Assessment on System Design Level for Broadband Acoustic Liner Concepts for Aviation [online]. *MATEC Web of Conferences,* 2019, **304**, 4010. doi: https://doi.org/10.1051/matecconf/201930404010.

327. König, P., M. Mischke, S. Kazula und K. Höschler. Concept Development and Evaluation for a Broadband Noise Absorbing Acoustic Liner Concept for Aviation. *Proc. of the 24th International Symposium on Air Breathing Engines,* 2019.

328. Sepahi-Younsi, J., B. Forouzi Feshalami, S.R. Maadi und M.R. Soltani. Boundary layer suction for high-speed air intakes: A review [online]. *Proceedings of the Institution of Mechanical Engineers, Part G: Journal of Aerospace Engineering,* 2019, **233**(9), 3459–3481. ISSN 0954-4100. doi: https://doi.org/10.1177/0954410018793262.

329. Braslow, A.L. *A History of Suction-Type Laminar-Flow Control with Emphasis on Flight Research. Monograph in Aerospace History, No. 13, 1999.* Washington, D.C.: NASA, 1999. ISBN 978-1780393384.

330. Kazula, S., M. Wöllner, D. Grasselt und K. Höschler. Parametric Design Study on Aerodynamic Characteristics of Variable Pitot Inlets for Transonic and Supersonic Civil Aviation [online]. *9th EASN International Conference on "Innovation in Aviation & Space", MATEC Web Conf. (MATEC Web of Conferences),* 2019, **304**(12), 2017. doi: https://doi.org/10.1051/matecconf/201930402017.

331. Kazula, S., M. Wöllner, D. Grasselt und K. Höschler. Ideal Geometries and Potential Benefit of Variable Pitot Inlets for Subsonic and Supersonic Business Aviation [online]. *Proceedings of the 8th European Conference for Aeronautics and Space Sciences (Eucass), Madrid, Spain,* 2019. doi: https://doi.org/10.13009/EUCASS2019-314.

332. Kazula, S., M. Wöllner und K. Höschler. Identification of efficient geo-
     metries for variable pitot inlets for supersonic transport [online]. *Aircraft
     Engineering and Aerospace Technology,* 2020, **92**(7), 981–992. ISSN 1748-
     8842. doi: https://doi.org/10.1108/AEAT-11-2019-0228.

333. Kulfan, B. und J. Bussoletti. "Fundamental" Parameteric Geometry Repre-
     sentations for Aircraft Component Shapes. In: *Multidisciplinary Analysis
     Optimization Conferences. 11th AIAA/ISSMO Multidisciplinary Analysis and
     Optimization Conference.* Portsmouth, Virginia: AIAA, 2006, S. 71. ISBN
     978-1-62410-020-8. doi: https://doi.org/10.2514/6.2006-6948.

334. Rolls-Royce Plc. *Pearl 15* [online], 2018 [Zugriff am: 22. Februar
     2019]. Verfügbar unter: https://www.rolls-royce.com/products-and-services/
     civil-aerospace/business-aviation/pearl-15.aspx#/

335. Bombardier. *Global 6500* [online], 2019 [Zugriff am: 22. Februar 2019].
     Verfügbar unter: https://businessaircraft.bombardier.com/en/aircraft/global-
     6500

336. Schlichting, H., K. Gersten und E. Krause. *Grenzschicht-Theorie. Mit 22
     Tabellen.* 10., überarbeitete Auflage. Berlin, Heidelberg: Springer-Verlag
     Berlin Heidelberg, 2006. ISBN 978-3-540-23004-5. doi: https://doi.org/10.
     1007/3-540-32985-4.

337. Department of Defence of the United States of America. *MIL-HDBK-310.
     Military Handbook: Global Climatic Data for Developing Military Products,*
     1997.

338. Laurien, E. und H. Oertel. *Numerische Strömungsmechanik.* Wiesbaden:
     Springer Fachmedien Wiesbaden, 2013. ISBN 978-3-658-03144-2. doi:
     https://doi.org/10.1007/978-3-658-03145-9.

339. Surek, D. und S. Stempin. *Technische Strömungsmechanik.* Wiesbaden:
     Springer Fachmedien Wiesbaden, 2014. ISBN 978-3-658-06061-9. doi:
     https://doi.org/10.1007/978-3-658-06062-6.

340. Cummings, R.M., W.H. Mason, S.A. Morton und D.R. McDaniel. *Applied
     Computational Aerodynamics:* Cambridge University Press, 2018. ISBN
     9781107053748. doi: https://doi.org/10.1017/CBO9781107284166.

341. Chao, D.D. und C.P. van Dam. Wing Drag Prediction and Decomposition
     [online]. *Journal of Aircraft,* 2006, **43**(1), 82–90. ISSN 0021-8669. doi:
     https://doi.org/10.2514/1.12311.

342. van Dam, C.P. Recent experience with different methods of drag predic-
     tion [online]. *Progress in Aerospace Sciences,* 1999, **35**(8), 751–798. ISSN
     03760421. doi: https://doi.org/10.1016/S0376-0421(99)00009-3.

343. White, F.M. *Fluid mechanics*. 5. ed., International ed. Boston: McGraw-Hill, 2003. McGraw-Hill series in mechanical engineering. ISBN 978-0072402179.

344. Lecheler, S. *Numerische Strömungsberechnung*. 4., überarbeitete und aktualisierte Auflage. Wiesbaden: Springer Vieweg, 2018. ISBN 978-3-658-19191-7. doi: https://doi.org/10.1007/978-3-658-19192-4.

345. ANSYS Inc. *ANSYS Fluent Theory Guide. Release 18.2*. Canonsburg, PA, United States, 2017.

346. Menter, F.R. Two-equation eddy-viscosity turbulence models for engineering applications [online]. *AIAA Journal*, 1994, **32**(8), 1598–1605. ISSN 0001-1452. doi: https://doi.org/10.2514/3.12149.

347. Wilcox, D.C. Formulation of the k-w Turbulence Model Revisited [online]. *AIAA Journal*, 2008, **46**(11), 2823–2838. ISSN 0001-1452. doi: https://doi.org/10.2514/1.36541.

348. Robinson, M., D.G. MacManus und C. Sheaf. Aspects of aero-engine nacelle drag [online]. *Proceedings of the Institution of Mechanical Engineers, Part G: Journal of Aerospace Engineering*, 2018, **138**, 095441001876557. ISSN 0954-4100. doi: https://doi.org/10.1177/0954410018765574.

349. Ambrosio, J.A.C. *Advanced Design of Mechanical Systems: From Analysis to Optimization*. s.l.: Springer Verlag Wien, 2009. CISM courses and lectures. no. 511. ISBN 978-3-211-99460-3.

350. ANSYS Inc. *DesignXplorer User's Guide. Release 18.2*. Canonsburg, PA, United States, 2017.

351. Radespiel, R., R. Niehuis, N. Kroll und K. Behrends. *Advances in Simulation of Wing and Nacelle Stall. Results of the Closing Symposium of the DFG Research Unit FOR 1066, December 1–2, 2014, Braunschweig, Germany.* Cham: Springer International Publishing, 2016. Notes on numerical fluid mechanics and multidisciplinary design. 131. ISBN 9783319211275. doi: https://doi.org/10.1007/978-3-319-21127-5.

352. Morrow, J.D. und E. Katz. *Flight Investigation at Mach Numbers From .6 to 1.7 to Determine Drag and Base Pressures on a Blunt-Trailing-Edge Airfoil and Drag of Diamond and Circular-Arc Airfoils at Zero Lift*. Washington, DC: National Advisory Commitee for Aeronautics (NACA), 1950.

353. Martinez-Val, R. und E. Perez. Optimum cruise lift coefficient in initial design of jet aircraft [online]. *Journal of Aircraft*, 1992, **29**(4), 712–714. ISSN 0021-8669. doi: https://doi.org/10.2514/3.46226.

354. Filippone, A. Data and performances of selected aircraft and rotorcraft [online]. *Progress in Aerospace Sciences*, 2000, **36**(8), 629–654. ISSN 03760421. doi: https://doi.org/10.1016/S0376-0421(00)00011-7.

355. Kundu, A.K., D. Riordan und M. Price. *Theory and practice of aircraft performance.* Place of publication not identified: Wiley, 2016. Aerospace series. ISBN 978-1119074175.

356. Spura, C. *Technische Mechanik 1. Stereostatik.* Wiesbaden: Springer Fachmedien Wiesbaden, 2016. ISBN 978-3-658-14984-0. doi: https://doi.org/10.1007/978-3-658-14985-7.

357. Gross, D., W. Hauger, J. Schröder und W.A. Wall. *Technische Mechanik 1.* Berlin, Heidelberg: Springer Berlin Heidelberg, 2013. ISBN 978-3-642-36267-5. doi: https://doi.org/10.1007/978-3-642-36268-2.

358. Zverkov, I., B. Zanin und V. Kozlov. Disturbances Growth in Boundary Layers on Classical and Wavy Surface Wings [online]. *AIAA Journal,* 2008, **46**(12), 3149–3158. ISSN 0001-1452. doi: https://doi.org/10.2514/1.37562.

359. Decker, K.-H. und K. Kabus. *Maschinenelemente.* 19., aktualisierte Auflage. München: Hanser, 2014. ISBN 978-3-446-43856-9.

360. Aerospaceweb.org. *Concorde History III* [online], 2019 [Zugriff am: 25. September 2019]. Verfügbar unter: http://www.aerospaceweb.org/question/planes/q0199a.shtml

361. Festo AG & Co. KG. *Bauteilkatalog Elektrozylinder EPCO, mit Spindelantrieb* [online], 2018 [Zugriff am: 29. Dezember 2019]. Verfügbar unter: https://www.festo.com/cat/en-gb_gb/data/doc_DE/PDF/DE/EPCO_DE.PDF

362. Selleng, M. *Vogelschlaganalysen an einem variablen Pitot-Einlasskonzept für zukünftige Überschall-Flugzeuge.* Masterarbeit. Cottbus, 2020, in prep.

363. Wilbeck, J.S. Impact behavior of low strength projectiles (No. AFML-TR-77-134) [online]. *Air Force Materials Lab Wright-Patterson AFB OH,* 1978 [Zugriff am: 27. Januar 2020]. Verfügbar unter: https://apps.dtic.mil/dtic/tr/fulltext/u2/a060423.pdf

364. Hedayati, R. und S. Ziaei-Rad. Foam-Core Effect on the Integrity of Tailplane Leading Edge During Bird-Strike Event [online]. *Journal of Aircraft,* 2011, **48**(6), 2080–2089. ISSN 0021-8669. doi: https://doi.org/10.2514/1.C031451.

365. Anghileri, M., L. Castelletti und Invernizzi, F., Mascheroni, M. Birdstrike onto the Composite Intake of a Turbofan Engine. *5th European LS-DYNA Users Conference,* 2005.

366. Heimbs, S. Computational methods for bird strike simulations: A review [online]. *Computers & Structures,* 2011, **89**(23–24), 2093–2112. ISSN 00457949. doi: https://doi.org/10.1016/j.compstruc.2011.08.007.

367. Mao, R.H., S.A. Meguid und T.Y. Ng. Transient three dimensional finite element analysis of a bird striking a fan blade [online]. *International Journal*

of Mechanics and Materials in Design, 2008, **4**(1), 79–96. ISSN 1569-1713. doi: https://doi.org/10.1007/s10999-008-9067-1.

368. Krupka, R. Collision of the Czech Air Forces aircraft with birds during 1993–1999. In: *Proceedings of International Bird Strike Commitee,* 2000, S. 17–21.

369. Thorpe, J. Fatalities and destroyed civil aircraft due to bird strikes, 1912–2002. In: *International Bird Strike Committee, 26th Meeting. Warsaw, Poland,* 2003, S. 28.

370. NASA. *The Drag Coefficient* [online], 2019 [Zugriff am: 22. Februar 2019]. Verfügbar unter: https://www.grc.nasa.gov/www/k-12/airplane/dragco.html

371. Hanssen, A.G., Y. Girard, L. Olovsson, T. Berstad und M. Langseth. A numerical model for bird strike of aluminium foam-based sandwich panels [online]. *International Journal of Impact Engineering,* 2006, **32**(7), 1127–1144. ISSN 0734743X. doi: https://doi.org/10.1016/j.ijimpeng.2004.09.004.

372. Guida, M., F. Marulo, M. Meo und M. Riccio. Analysis of Bird Impact on a Composite Tailplane Leading Edge [online]. *Applied Composite Materials,* 2008, **15**(4–6), 241–257. ISSN 0929-189X. doi: https://doi.org/10.1007/s10443-008-9070-6.

373. Anghileri, M., L.-M.L. Castelletti, D. Molinelli und F. Motta. A strategy to design bird-proof spinners [online]. *Proc. of the 7th European LS-DYNA Conference,* 2009 [Zugriff am: 27. Januar 2020]. Verfügbar unter: https://www.dynamore.it/en/downloads/papers/09-conference/papers/H-I-02.pdf

374. Reglero, J.A., M.A. Rodríguez-Pérez, E. Solórzano und J.A. de Saja. Aluminium foams as a filler for leading edges: Improvements in the mechanical behaviour under bird strike impact tests [online]. *Materials & Design,* 2011, **32**(2), 907–910. ISSN 02613069. doi: https://doi.org/10.1016/j.matdes.2010.08.035.

375. McCarthy, M.A., J.R. Xiao, C.T. McCarthy, A. Kamoulakos, J. Ramos, J.P. Gallard und V. Melito. Modelling of Bird Strike on an Aircraft Wing Leading Edge Made from Fibre Metal Laminates – Part 2: Modelling of Impact with SPH Bird Model [online]. *Applied Composite Materials,* 2004, **11**(5), 317–340. ISSN 0929-189X. doi: https://doi.org/10.1023/B:ACMA.0000037134.93410.c0.

376. Khan, A., R. Kapania und E. Johnson. A Review of Soft Body Impact on Composite Structure. In: *51st AIAA/ASME/ASCE/AHS/ASC Structures, Structural Dynamics, and Materials Conference.* Reston, Viriginia: American Institute of Aeronautics and Astronautics, 2010, S. 258. ISBN 978-1-60086-961-7. doi: https://doi.org/10.2514/6.2010-2865.

377. Hoischen, H. und A. Fritz, Hg. *Technisches Zeichnen. Grundlagen, Normen, Beispiele, darstellende Geometrie: Lehr-, Übungs- und Nachschlagewerk für Schule, Fortbildung, Studium und Praxis, mit mehr als 100 Tabellen und weit über 1.000 Zeichnungen.* 35., überarbeitete und erweiterte Auflage. Berlin: Cornelsen, 2016. ISBN 9783061510404.

378. Rund, W. und A. Fritz. *Praxis des Technischen Zeichnens Metall. Arbeitsbuch für Ausbildung, Fortbildung und Studium.* 17., neu bearbeitete Auflage. Berlin: Cornelsen, 2016. ISBN 9783061510428.

379. Grollius, H.-W. *Technisches Zeichnen für Maschinenbauer.* 3., aktualisierte Auflage. München: Fachbuchverlag Leipzig im Carl Hanser Verlag, 2017. Hanser eLibrary. ISBN 9783446446410.

Lizenzhinweise zu verwendeten Abbildungen

A1. *Gulfstream G650*: Rob Hodgkins (https://commons.wikimedia.org/wiki/File:G-ULFS_Gulfstream_G650_CVT_05-05-16_(27046023031)_(cro pped).jpg), „G-ULFS Gulfstream G650 CVT 05-05-16 (27046023031) (cropped)", Ausschnitt, https://creativecommons.org/licenses/by-sa/2.0/leg alcode;
Flug-Triebwerk: Copyright © 2007 David Monniaux (https://commons.wikimedia.org/wiki/File:Airbus_A380_Rolls-Royce_Trent_900_P1230160.jpg), „Airbus A380 Rolls-Royce Trent 900 P1230160", Ausschnitt, https://creativecommons.org/licenses/by-sa/3.0/legalcode;
Concorde-Einlässe: Tim Sheerman-Chase (https://commons.wikimedia.org/wiki/File:Concorde_Engine_Intakes_(7946071276).jpg), „Concorde Engine Intakes (7946071276)", Ausschnitt, https://creativecommons.org/licenses/by/2.0/legalcode

A2. *Gulfstream G650*: Rob Hodgkins (https://commons.wikimedia.org/wiki/File:G-ULFS_Gulfstream_G650_CVT_05-05-16_(27046023031)_(cro pped).jpg), „G-ULFS Gulfstream G650 CVT 05-05-16 (27046023031) (cropped)", Ausschnitt, https://creativecommons.org/licenses/by-sa/2.0/leg alcode;
Flug-Triebwerk: Copyright © 2007 David Monniaux (https://commons.wikimedia.org/wiki/File:Airbus_A380_Rolls-Royce_Trent_900_P1230160.jpg), „Airbus A380 Rolls-Royce Trent 900 P1230160", Ausschnitt, https://creativecommons.org/licenses/by-sa/3.0/legalcode

A3. *Lockheed Martin F-16*: David Raykovitz (https://commons.wikimedia.org/wiki/File:F-16e_block60.jpg), „F-16e block60", Ausschnitt, https://creativecommons.org/publicdomain/zero/1.0/legalcode;

Dassault Rafale: Tony Hisgett from Birmingham, UK (https://commons.wik imedia.org/wiki/File:Dassault_Rafale_14_(41861218465).jpg), „Dassault Rafale 14 (41861218465)", Ausschnitt, https://creativecommons.org/lic enses/by/2.0/legalcode

A4. *Concorde-Einlässe:* Tim Sheerman-Chase (https://commons.wikimedia.org/ wiki/File:Concorde_Engine_Intakes_(7946071276).jpg), „Concorde Engine Intakes (7946071276)", Ausschnitt, https://creativecommons.org/licenses/ by/2.0/legalcode;

Tupolev Tu-144: mroach (https://commons.wikimedia.org/wiki/File:Tup olev_Tu-144.jpg), „Tupolev Tu-144", Ausschnitt, https://creativecomm ons.org/licenses/by-sa/2.0/legalcode; *Lockheed SR-71*: Andrew Baster-field (https://www.flickr.com/photos/andrewbasterfield/27376174542/), Aus-schnitt, https://creativecommons.org/licenses/by-sa/2.0/legalcode;

MiG-21F: Rob Schleiffert (https://commons.wikimedia.org/wiki/File:MiG-21MF_(12866082514).jpg), „MiG-21MF (12866082514)", Ausschnitt, https://creativecommons.org/licenses/by-sa/2.0/legalcode

A48. *Saiga Antilope*: Andrey Giljov (https://commons.wikimedia.org/wiki/File: Saiga_antelope_at_the_Stepnoi_Sanctuary.jpg), Ausschnitt, https://creativec ommons.org/licenses/by-sa/4.0/legalcode;

Klappmützenrobbe: Ziko van Dijk (https://commons.wikimedia.org/wiki/ File:2016-klappmützemuseumkoenig.jpg), Ausschnitt, https://creativecomm ons.org/licenses/by-sa/4.0/legalcode;

Qualle: Johann Jaritz (https://commons.wikimedia.org/wiki/File:Trieste_H afenbecken_Qualle_09022008_05.jpg), „Trieste Hafenbecken Qualle 09022008 05", Ausschnitt, https://creativecommons.org/licenses/by-sa/3.0/ legalcode

Alle verbleibenden Abbildungen entsprechen eigenen Darstellungen.

Vorangegangene Veröffentlichungen

Inhaltliche Auszüge einiger Kapitel zu den Forschungsergebnissen der vorliegenden Dissertation wurden bereits vorab als Hauptautor in den nachfolgenden Fachzeitschriften und auf wissenschaftlichen Konferenzen veröffentlicht.

Beiträge in Fachzeitschriften	Kapitel
Kazula, S. und K. Höschler. A systems engineering approach to variable intakes for civil aviation. *Proceedings of the Institution of Mechanical Engineers, Part G: Journal of Aerospace Engineering,* 2019. ISSN 0954-4100. doi: https://doi.org/10.1177/0954410019836903	4.1.1, 4.1.4, 4.2.1, 4.2.2, 4.2.4, 4.3.1, 4.3.2
Kazula, S. und K. Höschler. Ice detection and protection systems for circular variable nacelle inlet concepts. *CEAS Aeronautical Journal,* 2020, **11**(1), 229–248. ISSN 1869-5582. doi: https://doi.org/10.1007/s13272-019-00413-1	4.3.3, 4.4.2
Kazula, S. und K. Höschler. Evaluation of variable pitot inlet concepts for transonic and supersonic civil aviation. *Aircraft Engineering and Aerospace Technology,* 2020, **92**(6), 807–815. ISSN 1748-8842. doi: https://doi.org/10.1108/AEAT-11-2019-0225	4.3.3, 4.4.4
Kazula, S., M. Wöllner und K. Höschler. Identification of efficient geometries for variable pitot inlets for supersonic transport. *Aircraft Engineering and Aerospace Technology,* 2020, **92**(7), 981–992. ISSN 1748-8842. doi: https://doi.org/10.1108/AEAT-11-2019-0228	4.4.3

Beiträge auf wissenschaftlichen Konferenzen	Kapitel
Kazula, S. und K. Höschler. A Systems Engineering Approach to Variable Intakes for Civil Aviation. *Proceedings of the 7th European Conference for Aeronautics and Space Sciences (Eucass), Milan, Italy,* 2017. doi: https://doi.org/10.13009/EUCASS2017-20	4.1.1, 4.1.4, 4.2.1, 4.2.2, 4.2.4, 4.3.1, 4.3.2

Beiträge auf wissenschaftlichen Konferenzen	Kapitel
Kazula, S., D. Grasselt, M. Mischke und K. Höschler. Preliminary safety assessment of circular variable nacelle inlet concepts for aero engines in civil aviation. In: S. Haugen, A. Barros, C. van Gulijk, T. Kongsvik und J.E. Vinnem, Hg. *Safety and reliability – safe societies in a changing world. Proceedings of the 28th International European Safety and Reliability Conference (ESREL 2018), Trondheim, Norway, 17–21 June 2018.* Boca Raton: CRC Press, Taylor et Francis Group, 2018, S. 2459–2467. ISBN 9781351174664. doi: https://doi.org/10.1201/9781351174664-309	4.2.2, 4.2.3, 4.3.4
Kazula, S., D. Grasselt und K. Höschler. Common Cause Analysis of Circular Variable Nacelle Inlet Concepts for Aero Engines in Civil Aviation. In: J.F. Silva Gomes und S.A. Meguid, Hg. *IRF2018. Proceedings of the 6th International Conference on Integrity-Reliability-Failure: (Lisbon/Portugal, 22–26 July 2018).* Porto: FEUP-INEGI, 2018. ISBN 978-989-20-8313-1	4.4.1
Kazula, S. und K. Höschler. Ice detection and protection systems for circular variable nacelle inlet concepts. *Proceedings of the Deutscher Luft- und Raumfahrtkongress 2018, Friedrichshafen, Germany,* 2018. doi: https://doi.org/10.25967/480129	4.3.3, 4.4.2
Kazula, S., B. Rich, K. Höschler und R. Woll. Awakening the Interest of High School Pupils in Science, Technology, Engineering and Mathematics Studies and Careers through Scientific Projects. In: *2018 IEEE International Conference on Teaching, Assessment, and Learning for Engineering (TALE):* IEEE, 2018, S. 259–265. ISBN 978-1-5386-6522-0. doi: https://doi.org/10.1109/TALE.2018.8615418	4.3.1, 4.3.3
Kazula, S., M. Wöllner, D. Grasselt und K. Höschler. Ideal Geometries and Potential Benefit of Variable Pitot Inlets for Subsonic and Supersonic Business Aviation. *Proceedings of the 8th European Conference for Aeronautics and Space Sciences (Eucass), Madrid, Spain,* 2019. doi: https://doi.org/10.13009/EUCASS2019-314	4.4.3
Kazula, S., M. Mischke, P. König und K. Höschler. Evaluation of Variable Pitot Inlet Concepts for Transonic and Supersonic Civil Aviation. *9th EASN International Conference on "Innovation in Aviation & Space", MATEC Web of Conferences,* 2019, **304**(12), 2016. doi: https://doi.org/10.1051/matecconf/201930402016	4.4.4
Kazula, S., M. Wöllner, D. Grasselt und K. Höschler. Parametric Design Study on Aerodynamic Characteristics of Variable Pitot Inlets for Transonic and Supersonic Civil Aviation. *9th EASN International Conference on "Innovation in Aviation & Space", MATEC Web of Conferences,* 2019, **304**(12), 2017. doi: https://doi.org/10.1051/matecconf/201930402017	4.4.3

Beiträge auf wissenschaftlichen Konferenzen	Kapitel
Kazula, S., M. Wöllner, D. Grasselt und K. Höschler. *Parametric design and aerodynamic analysis of circular variable aero engine inlets for transonic and supersonic civil aviation. Proc. of the 24th International Symposium on Air Breathing Engines,* 2019, (ISABE-2019-24018) [Zugriff am: 5. Juni 2020]. Verfügbar unter: https://drive.google.com/drive/folders/1PZaMaLOLsybB3KFLmvP8hwM_lwmk3e4B	4.4.3

Printed in the United States
by Baker & Taylor Publisher Services